软件开发视频大讲堂

Android 开发从入门到精通
（第 2 版）

明日科技　编著

清华大学出版社

北　京

内 容 简 介

《Android 开发从入门到精通（第 2 版）》从初学者的角度出发，通过通俗易懂的语言、丰富多彩的实例，详细介绍了 Android 应用程序开发应该掌握的各方面技术。全书共分 15 章，内容包括 Android 快速入门、Android 模拟器与常用命令、用户界面设计、高级用户界面设计、基本程序单元 Activity、Android 应用核心 Intent、Android 事件处理、资源访问、图形图像处理技术、多媒体应用开发、Content Provider 实现数据共享、线程与消息处理、Service 应用、网络编程及 Internet 应用和基于 Android 的家庭理财通程序的设计过程。所有知识都结合具体实例进行介绍，涉及的程序代码给出了详细的注释，可以使读者轻松领会 Android 应用程序开发的精髓，快速提高开发技能。另外，本书除了纸质内容之外，配书光盘中还给出了海量开发资源库，主要内容如下：

☑ 语音视频讲解：总时长约 30 小时，共 95 段　　☑ 技术资源库：600 页专业参考文档

☑ 实例资源库：436 个经典实例　　　　　　　　　☑ 面试资源库：369 道面试真题

☑ 能力测试题库：138 道能力测试题目　　　　　　☑ PPT 电子教案

本书适合作为软件开发入门者的自学用书，也适合作为高等院校相关专业的教学参考书，并可供开发人员查阅、参考。

本书封面贴有清华大学出版社防伪标签，无标签者不得销售。

版权所有，侵权必究。举报：010-62782989，beiqinquan@tup.tsinghua.edu.cn。

图书在版编目（CIP）数据

Android 开发从入门到精通/明日科技编著. —2 版. —北京：清华大学出版社，2017（2022.1重印）

（软件开发视频大讲堂）

ISBN 978-7-302-44873-0

I. ①A… II. ①明… III. ①移动终端-应用程序-程序设计 IV. ①TN929.53

中国版本图书馆 CIP 数据核字（2016）第 201659 号

责任编辑：赵洛育

封面设计：刘洪利

版式设计：魏　远

责任校对：王　云

责任印制：宋　林

出版发行：清华大学出版社

　　　　网　　址：http://www.tup.com.cn, http://www.wqbook.com

　　　　地　　址：北京清华大学学研大厦 A 座　　　邮　　编：100084

　　　　社 总 机：010-62770175　　　　　　　　　邮　　购：010-62786544

　　　　投稿与读者服务：010-62776969，c-service@tup.tsinghua.edu.cn

　　　　质量反馈：010-62772015，zhiliang@tup.tsinghua.edu.cn

印 装 者：三河市科茂嘉荣印务有限公司

经　　销：全国新华书店

开　　本：203mm×260mm　　印　　张：34　字　　数：930 千字

　　　　（附海量开发资源库 DVD 1 张）

版　　次：2012 年 9 月第 1 版　　2017 年 6 月第 2 版　　印　　次：2022 年 1 月第 8 次印刷

定　　价：79.80 元

产品编号：058850-01

如何使用本书开发资源库

在学习《Android 开发从入门到精通（第 2 版）》一书时，随书附配光盘提供了"Java 开发资源库"系统，可以帮助读者快速提升编程水平和解决实际问题的能力。《Android 开发从入门到精通（第 2 版）》和 Java 开发资源库配合学习流程如图 1 所示。

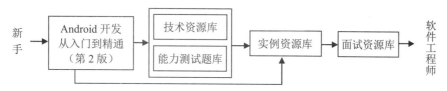

图 1　本书与 Java 开发资源库配合学习流程图

打开光盘的"Java 开发资源库"文件夹，运行 Java 开发资源库.exe 程序，即可进入"Java 开发资源库"系统，主界面如图 2 所示。

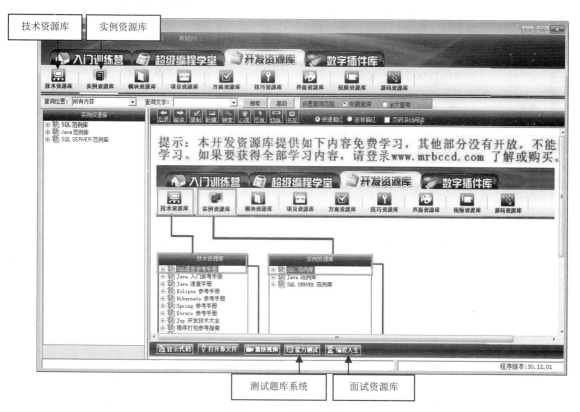

图 2　Java 开发资源库主界面

在学习本书的过程中，可以选择技术资源库、实例资源库的相应内容，全面提升个人综合编程技能和解决实际开发问题的能力，为成为软件开发工程师打下坚实基础。具体技术资源库、实例资源库目录如图 3 所示。

图 3　技术资源库、实例资源库目录

对于数学逻辑能力和英语基础较为薄弱的读者，或者想了解个人数学逻辑思维能力和编程英语基础的用户，本书提供了数学及逻辑思维能力测试和编程英语能力测试供练习和测试，如图 4 所示。

图 4　数学及逻辑思维能力测试和编程英语能力测试目录

万事俱备，该到软件开发的主战场上接受洗礼了。面试资源库提供了大量国内外软件企业的常见面试真题，同时还提供了程序员职业规划、程序员面试技巧、虚拟面试系统等精彩内容，是程序员求职面试的绝佳指南。面试资源库的具体内容如图 5 所示。

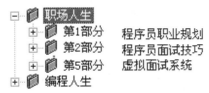

图 5　面试资源库具体内容

如果您在使用本书开发资源库时遇到问题，可加我们的 QQ：4006751066（可容纳 10 万人），我们将竭诚为您服务。

前　言
Preface

丛书说明："软件开发视频大讲堂"丛书（第 1 版）于 2008 年 8 月出版，因其编写细腻，易学实用，配备全程视频等，在软件开发类图书市场上产生了很大反响，绝大部分品种在全国软件开发零售图书排行榜中名列前茅，2009 年多个品种被评为"全国优秀畅销书"。

"软件开发视频大讲堂"丛书（第 2 版）于 2010 年 8 月出版，出版后，绝大部分品种在全国软件开发类零售图书排行榜中依然名列前茅。丛书中多个品种被百余所高校计算机相关专业、软件学院选为教学参考书，在众多的软件开发类图书中成为最耀眼的品牌之一。丛书累计销售 40 多万册。

"软件开发视频大讲堂"丛书（第 3 版）于 2012 年 8 月出版，根据读者需要，增删了品种，重新录制了视频，提供了从"入门学习→实例应用→模块开发→项目开发→能力测试→面试"等各个阶段的海量开发资源库。因丛书编写结构合理、实例选择经典实用，丛书迄今累计销售 90 多万册。

"软件开发视频大讲堂"丛书（第 4 版）在继承前 3 版所有优点的基础上，修正了前 3 版图书中发现的疏漏之处，并结合目前市场需要，进一步对丛书品种进行了完善，对相关内容进行了更新优化，使之更适合读者学习，为了方便教学，还提供了教学课件 PPT。

Android 是 Google 公司推出的专为移动设备开发的平台，自 2007 年 11 月 5 日推出以来，在短短的几年时间里就超越了称霸 10 年的诺基亚 Symbian 系统，成为全球最受欢迎的智能手机平台。应用 Android 不仅可以开发在手机或平板电脑等移动设备上运行的工具软件，而且可以开发 2D 甚至 3D 游戏。

目前，关于 Android 的书籍很多，但是真正从初学者的角度出发，把技术及应用讲解透彻的并不是很多。本书从初学者的角度出发，循序渐进地讲解使用 Android 开发应用项目和游戏时应该掌握的各项技术，需要说明的是，本书采用的 Android 版本是目前最新版本 7.1。

本书内容

本书提供了从入门到编程高手所必备的各类知识，共分 3 篇，大体结构如下图所示。

第 1 篇：基础篇。本篇内容包括 Android 快速入门、Android 模拟器与常用命令、用户界面设计、高级用户界面设计、基本程序单元 Activity、Android 应用核心 Intent、Android 事件处理、资源访问，并结合大量的图示、范例、经典应用和视频录像等使读者快速掌握 Android 应用开发的基础知识，并为以后编程奠定坚实的基础。

第 2 篇：高级篇。本篇内容包括图形图像处理技术、多媒体应用开发、Content Provider 实现数据共享、线程与消息处理、Service 应用、网络编程及 Internet 应用，并结合大量的图示、范例、经典应用和视频录像等使读者快速掌握 Android 开发中的高级内容，学习完本篇，读者可以掌握更深一层的 Android 开发技术。

第 3 篇：项目实战篇。本篇通过一个完整的家庭理财通实例，运用软件工程的设计思想，介绍如何进行 Android 桌面应用程序的开发。书中按照"系统分析→系统设计→系统开发及运行环境→数据

库与数据表设计→创建项目→系统文件夹组织结构→公共类设计→登录模块设计→系统主窗体设计→
收入管理模块设计→便签管理模块设计→系统设置模块设计→运行项目→将程序安装到 Android 手机
上"的流程进行介绍，带领读者一步步亲身体验开发项目的全过程。

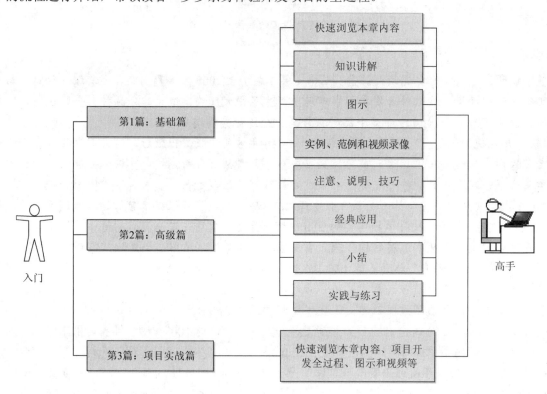

本书特点

- ❑ **由浅入深，循序渐进。** 本书以初、中级程序员为对象，从了解 Android 和搭建开发环境学起，
  再学习 Android 开发的基础技术，然后学习 Android 开发的高级内容，最后学习如何开发一个
  完整项目。讲解过程中步骤详尽、版式新颖，并在操作的内容图片上进行了标注，让读者在
  阅读时一目了然，从而快速地掌握书中内容。
- ❑ **语音视频，讲解详尽。** 书中每一章节均提供声图并茂的教学录像，读者可以根据书中提供的
  录像位置在光盘中找到。这些录像能够引导初学者快速地入门，感受编程的快乐和成就感，
  增强进一步学习的信心，从而快速成为编程高手。
- ❑ **实例典型，轻松易学。** 通过实例进行学习是最好的学习方式，本书通过一个知识点、一个实
  例、一个结果、一段评析、一个综合应用的模式，透彻详尽地讲述了实际开发中所需的各类
  知识。另外，为了便于读者阅读程序代码，快速学习编程技能，书中几乎每行代码都提供了
  注释。
- ❑ **精彩栏目，贴心提醒。** 本书根据需要在各章安排了很多"注意"、"说明"和"技巧"等
  小栏目，使读者在学习过程中更轻松地理解相关知识点及概念，更快地掌握个别技术的应用

技巧。

- ❑ **应用实践，随时练习**。书中几乎每章都提供了"实践与练习"，以让读者通过对问题的解答重新回顾、熟悉所学知识，举一反三，为进一步学习做好充分的准备。

读者对象

- ☑ 初学编程的自学者
- ☑ 大中专院校的老师和学生
- ☑ 进行毕业设计的学生
- ☑ 程序测试及维护人员

- ☑ 编程爱好者
- ☑ 相关培训机构的老师和学员
- ☑ 初、中级程序开发人员
- ☑ 参加实习的"菜鸟"程序员

读者服务

为了方便解决本书疑难问题，读者朋友可加我们的 QQ：4006751066（可容纳 10 万人），也可以登录 www.mingribook.com 留言，我们将竭诚为您服务。

致读者

本书由明日科技 Android 程序开发团队组织编写。明日科技是一家专业从事软件开发、教育培训以及软件开发教育资源整合的高科技公司，其编写的教材既注重选取软件开发中的必需、常用内容，又注重内容的易学、方便以及相关知识的拓展，深受读者喜爱。其编写的教材多次荣获"全行业优秀畅销品种""中国大学出版社优秀畅销书"等奖项，多个品种长期位居同类图书销售排行榜的前列。

本书主要参与编写的程序员有董刚、王国辉、王小科、申小琦、赛奎春、房德山、杨丽、高春艳、辛洪郁、周佳星、张鑫、张宝华、葛忠月、刘杰、白宏健、张雩霆、马新新、冯春龙、宋万勇、李文欣、王东东、柳琳、王盛鑫、徐明明、杨柳、赵宁、王佳雪、于国良、李磊、李彦骏、王泽奇、贾景波、谭慧、李丹、吕玉翠、孙巧辰、赵颖、江玉贞、周艳梅、房雪坤、裴莹、郭铁、张金辉、王敬杰、高茹、李贺、陈威、高飞、刘志铭、高润岭、于国槐、郭锐、郭鑫、邹淑芳、李根福、杨贵发、王喜平等。在编写的过程中，我们以科学、严谨的态度，力求精益求精，但错误、疏漏之处在所难免，敬请广大读者批评指正。

感谢您购买本书，希望本书能成为您编程路上的领航者。

"零门槛"编程，一切皆有可能。

祝读书快乐！

编　者

目　录

Contents

第1篇　基　础　篇

第 2 篇 高 级 篇

第 3 篇　项目实战篇

光盘"开发资源库"目录

第1大部分　技术资源库

（600 页专业参考文档，光盘路径：开发资源库\技术资源库）

第 2 大部分　实例资源库

（436 个完整实例分析，光盘路径：开发资源库\实例资源库）

第 3 大部分　能力测试资源库

（138 道能力测试题目，光盘路径：开发资源库\能力测试）

- 数学及逻辑思维能力测试
  - 基本测试
  - 进阶测试
  - 高级测试
- 面试能力测试

- 常规面试测试
- 编程英语能力测试
  - 英语基础能力测试
  - 英语进阶能力测试

第 4 大部分　面试系统资源库

（369 项面试真题，光盘路径：开发资源库\编程人生）

- 程序员职业规划
  - 你了解程序员吗
  - 程序员自我定位
- 程序员面试技巧
  - 面试的三种方式

- 如何应对企业面试
- 英语面试
- 电话面试
- 智力测试
- 虚拟面试系统

基础篇

　　本篇内容包括 Android 快速入门、Android 模拟器与常用命令、用户界面设计、高级用户界面设计、基本程序单元 Activity、Android 应用核心 Intent、Android 事件处理和资源访问，并结合大量的图示、范例、经典应用和视频等使读者快速掌握 Android 应用开发的基础知识，并为以后编程奠定坚实的基础。

第 1 章

Android 快速入门

（ 教学录像：2 小时 41 分钟 ）

随着移动设备的不断普及与发展，相关软件的开发也越来越受到程序员的青睐。目前，移动开发领域以 Android 的发展最为迅猛，在短短几年时间里，就撼动了诺基亚 Symbian 的霸主地位。通过其在线市场，程序员不仅能向全世界贡献自己的程序，而且可以通过销售获得不菲的收入。作为 Android 开发的起步，本章重点介绍如何搭建 Android 开发环境以及如何开发 Android 程序。

通过阅读本章，您可以：

➤➤ 了解 Android 平台特性及架构

➤➤ 掌握搭建 Android 开发环境的方法

➤➤ 了解 Android 模拟器的使用

➤➤ 掌握使用 Eclipse 开发 Android 应用的方法

➤➤ 了解 Android 项目的目录结构

➤➤ 了解 Android 项目的运行与调试

1.1　什么是 Android

教学录像：光盘\TM\lx\1\什么是 Android.exe

Android 是专门为移动设备开发的平台，其中包含操作系统、中间件和核心应用等。Android 最早由 Andy Rubin 创办，于 2005 年被 Google 收购。2007 年 11 月 5 日，Google 正式发布 Android 平台。2010 年年底，Android 已经超越称霸 10 年的诺基亚 Symbian 系统，成为全球最受欢迎的智能手机平台。采用 Android 平台的手机厂商主要包括 HTC、Samsung、Motorola、LG、Sony Ericsson 等。

1.1.1　平台特性

Android 平台具有如下特性：
- ☑ 允许重用和替换组件的应用程序框架
- ☑ 专门为移动设备优化的 Dalvik 虚拟机
- ☑ 基于开源引擎 Webkit 的内置浏览器
- ☑ 自定义的 2D 图形库提供了最佳的图形效果，此外还支持基于 OpenGL ES 1.0 规范的 3D 效果（需要硬件支持）
- ☑ 支持数据结构化存储的 SQLite
- ☑ 支持常见的音频、视频和图片格式（如 MPEG4、MP3、AAC、AMR、JPG、PNG、GIF）
- ☑ 支持 GSM 电话（需要硬件支持）
- ☑ 支持蓝牙、EDGE、3G 和 WiFi（需要硬件支持）
- ☑ 支持摄像头、GPS、指南针和加速计（需要硬件支持）
- ☑ 包括设备模拟器、调试工具、优化工具和 Eclipse 开发插件等丰富的开发环境

1.1.2　平台架构

Android 平台主要包括 Applications、Application Framework、Libraries、Android Runtime 和 Linux Kernel 几部分，如图 1.1 所示。

1. Applications（应用程序）

Android 提供了一组应用程序，包括 Email 客户端、SMS 程序、日历、地图、浏览器、通讯录等。这部分程序均使用 Java 语言编写。本书将重点讲解如何开发自己的应用程序。

2. Application Framework（应用程序框架）

无论是 Android 提供的应用程序还是开发人员自己编写的应用程序，都需要使用 Application Framework（应用程序框架）。通过使用 Application Framework，不仅可以大幅度简化代码的编写，而

且可以提高程序的复用性。

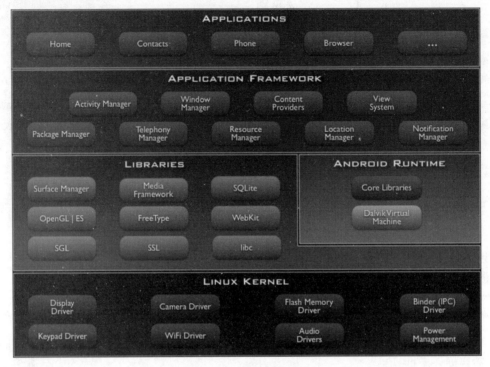

图 1.1　Android 平台架构

3．Libraries（库）

Android 提供了一组 C/C++库，它们可以被平台的不同组件所使用。开发人员通过 Application Framework 来使用这些库所提供的不同功能。

4．Android Runtime（Android 运行时）

Android 运行时包括核心库和 Dalvik 虚拟机两部分。核心库中提供了 Java 语言核心库中包含的大部分功能，虚拟机负责运行程序。Dalvik 虚拟机专门针对移动设备进行编写，不仅效率更高，而且占用更少的内存。

5．Linux Kernel（Linux 内核）

Android 平台使用 Linux 2.6 版内核提供的核心系统服务，包括安全性、内存管理、进程管理等。

1.1.3　Android 市场

Android 市场是 Google 公司为 Android 平台提供的在线应用商店，Android 平台用户可以在该市场中浏览、下载和购买第三方人员开发的应用程序。

对于开发人员，有两种获利方式：一种方式是销售软件，开发人员可以获得该应用销售额的 70%，其余 30%作为其他费用；另一种方式是加广告，即将自己的软件定为免费软件，通过增加广告链接，靠点击率获利。

说明

在上传软件之前，需要在 Android 市场进行注册并交纳 25 美元的费用。

1.2　搭建 Android 开发环境

教学录像：光盘\TM\lx\1\搭建 Android 开发环境.exe

1.2.1　系统需求

本节讲述使用 Android SDK 进行开发所必需的硬件和软件要求。对于硬件方面，要求 CPU 和内存尽量大。Android SDK 占用空间比较大，因此不是必要建议不要下载全部版本。由于开发过程中需要反复重启模拟器，而每次重启都会消耗几分钟的时间（视机器配置而定），因此使用高配置的机器能节约不少时间。

对于软件需求，这里重点介绍两个方面：操作系统和开发环境。

支持 Android SDK 的操作系统及其要求如表 1.1 所示。

表 1.1　Android SDK 对操作系统的要求

操 作 系 统	要　　　求
Windows	Vista（32 或 64 位）
	Windows 7（32 或 64 位）
	Windows 8（32 或 64 位）
Mac OS	1 Mac OS X 10.8.5 或更高
Linux（在 Ubuntu 的 10.04 版测试）	Linux GNOME 或 KDE（K 桌面环境）

对于开发环境，除了常用的 Eclipse IDE，还可以使用 Android Studio 进行开发。对于 Eclipse，要求其版本号为 3.6 或更新，根据具体版本选择 Eclipse IDE for Java Developers 即可。此外，还需要安装 JDK（推荐使用 JDK 7），以及 Android Development Tools 插件（简称 ADT 插件）。

1.2.2　JDK 的下载

JDK 原本是 Sun 公司的产品，不过由于 Sun 公司已经被 Oracle 收购，因此 JDK 需要到 Oracle 公司的官方网站（http://www.oracle.com/index.html）下载。目前最新的版本是 JDK 8 Update 111/112。下面将以 JDK 8 Update 112 为例介绍下载 JDK 的方法，具体步骤如下：

（1）打开浏览器，在地址栏中输入 Oracle 官方主页的网址 http://www.oracle.com/index.html，然后

按 Enter 键，将进入到 Oracle 官方主页，将鼠标移动到 Downloads 菜单上，将显示如图 1.2 所示的菜单。

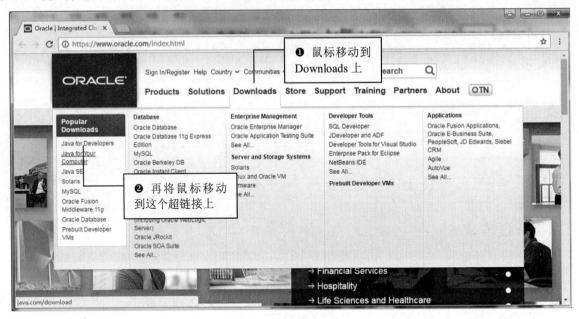

图 1.2　Oracle 官方主页

（2）单击 Java for Developers 超链接，在跳转的页面中单击 Java 图标下的 DOWNLOAD 按钮，如图 1.3 所示。

图 1.3　JDK 下载位置

（3）在进入的界面中，滚动到如图 1.4 所示的位置。

（4）选中 Accept License Agreement 单选按钮，接受许可协议，并根据电脑硬件和系统选择适当的版本进行下载，如图 1.5 所示。

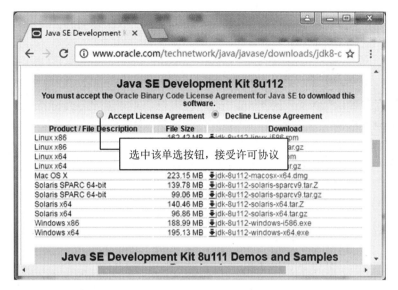

图 1.4　JDK 下载页面

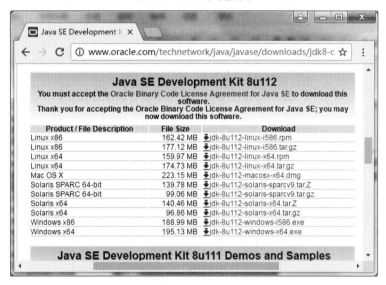

图 1.5　接受许可协议并下载

说明 如果您的系统是 Windows 32 位，那么下载 jdk-8u112-windows-i586.exe，如果系统是 Windows 64 位，那么下载 jdk-8u112-windows-x64.exe。

1.2.3　JDK 的安装

下载完适合自己系统的 JDK 版本后，就可以进行安装了。下面以 Windows 系统为例，讲解 JDK 的安装步骤。

（1）双击刚刚下载的 JDK 程序，弹出如图 1.6 所示的 JDK 安装向导对话框。

（2）单击"下一步"按钮，将弹出"自定义安装"对话框，在该对话框中可以选择安装的功能组件，这里选择默认设置，如图 1.7 所示。

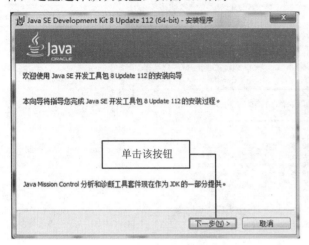

图 1.6　JDK 安装向导对话框　　　　　　　　　图 1.7　JDK 自定义安装对话框

（3）单击"更改"按钮，将弹出更改文件夹的对话框，在该对话框中将 JDK 的安装路径更改为 C:\Java\jdk1.8.0_112\，如图 1.8 所示，单击"确定"按钮，将返回到自定义安装对话框中。

图 1.8　更改 JDK 的安装路径对话框

注意　在 Windows 系统中，软件默认安装到 Program Files 文件夹中，该路径中包含一个空格，通常建议将 JDK 安装到没有空格的路径中。

（4）单击"下一步"按钮，开始安装。在安装过程中会弹出 JRE 的"目标文件夹"对话框，这里更改 JRE 的安装路径为 C:\Java\jre1.8.0_112\，如图 1.9 所示。

注意　在更改 JRE 的安装路径时，需要在 Java 目录中新创建一个名称为 jre1.8.0_112 的文件夹，然后将安装路径选择到该文件夹上，不能直接选择 Java 文件夹。

（5）单击"下一步"按钮，安装向导会继续安装进程。安装完成后，将弹出如图 1.10 所示的对话框，单击"关闭"按钮即可。

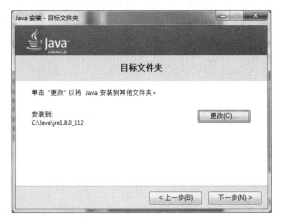
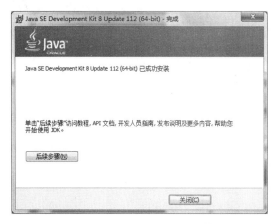

图 1.9　JRE 安装路径　　　　　　　　　　图 1.10　JDK 安装完成对话框

1.2.4　Android SDK 的下载与安装

学习开发 Android 应用程序，首先需要下载并安装 Android SDK。Android SDK 中包含模拟器、教程、API 文档和示例代码等内容，下面详细介绍下载与安装 Android SDK 的步骤。

（1）打开浏览器（如 IE），在地址栏中输入 http://www.android.com/，进入 Android 官方主页，如图 1.11 所示。

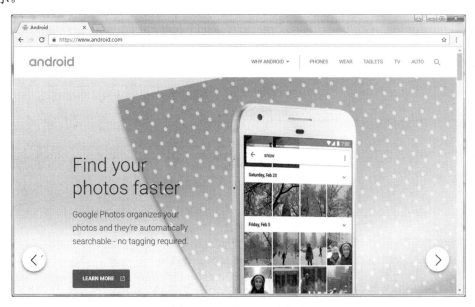

图 1.11　Android 官方主页

（2）将页面滚动到屏幕的最底部，首先选择"中国-中文"，切换到中文页面，然后单击"开发者"

9

右侧的倒置三角符号，将显示包括 4 个菜单命令的子菜单，如图 1.12 所示。

图 1.12　For developers 菜单

（3）选择 Android SDK 命令，将进入 Android SDK 下载页面，在这个页面中，可以下载 SDK Tools 或者包含开发工具（Android Studio）最新版本的 Android SDK，如图 1.13 所示。

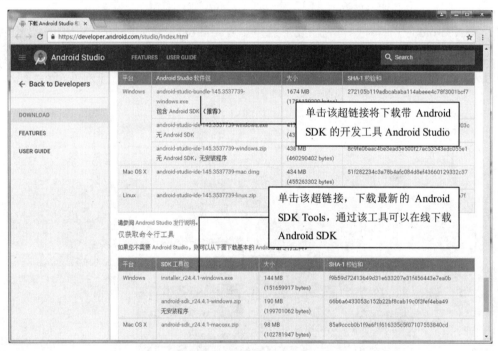

图 1.13　Android SDK 下载页面

（4）在 SDK Tools Only 列表中单击 installer_r24.4.1-windows.exe 超链接，下载 Windows 操作系统对应的 SDK 工具。这时将进入如图 1.14 所示的接受许可协议的页面。

（5）选中"我已阅读并同意上述条款及条件"复选框，下面的 DOWNLOAD INSTALLER_R24.4.1-WINDOWS.EXE 按钮将被激活，如图 1.15 所示。

图 1.14　许可协议页面

图 1.15　接受许可协议

（6）单击该按钮，将显示如图 1.16 所示的下载对话框，单击"保存"按钮右侧的倒置三角形，将下载后的文件另存到本地硬盘的任意位置即可。

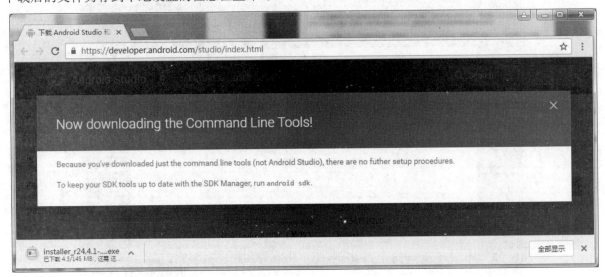

图 1.16 文件下载对话框

（7）文件下载完成后，将得到一个名称为 installer_r24.4.1-windows.exe 的安装文件，双击该文件，将弹出"打开文件-安全警告"对话框，在该对话框中直接单击"运行"按钮，将弹出如图 1.17 所示的安装向导对话框。

（8）单击 Next 按钮，如果已经正确安装 SDK，则显示如图 1.18 所示的对话框。

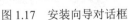

图 1.17 安装向导对话框

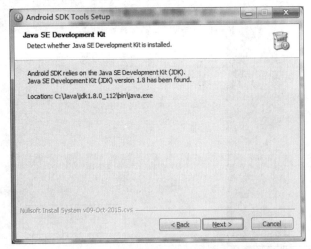

图 1.18 检测 SDK 安装情况的对话框

（9）单击 Next 按钮，将打开选择用户对话框，在该对话框中，可以选择只有自己可用或任何使用该电脑的人都可以使用，这里选中 Install for anyone using this computer 单选按钮，如图 1.19 所示。

（10）单击 Next 按钮，将打开选择 Android SDK 安装路径对话框，在该对话框中修改安装路径为

D:\Android\android-sdk，如图 1.20 所示。

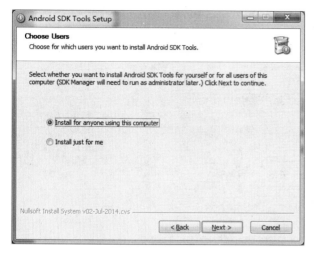

图 1.19　选择用户窗口

图 1.20　设置 Android SDK 的安装路径

（11）单击 Next 按钮，将打开询问是否在开始菜单中创建快捷方式对话框，这里采用默认，如图 1.21 所示。

（12）单击 Install 按钮，将显示安装进度对话框，安装过程中，Next 按钮不可用，如图 1.22 所示，安装完成后，Next 按钮将变为可用。

图 1.21　询问是否在开始菜单中创建快捷方式

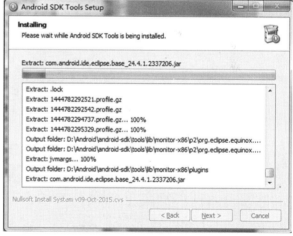

图 1.22　安装进度对话框

（13）单击 Next 按钮，将显示如图 1.23 所示的完成对话框。

（14）单击 Finish 按钮，将自动打开 Android SDK Manager 对话框，可自动联网搜索可以下载的软件包，即在线下载 Android SDK，如图 1.24 所示。

（15）在下载过程中，如果弹出如图 1.25 所示的日志对话框，则说明 Android 官网不能正常访问，请换个时间再试试，或者到网上搜索一下具体的解决方法。

图 1.23　安装完成对话框

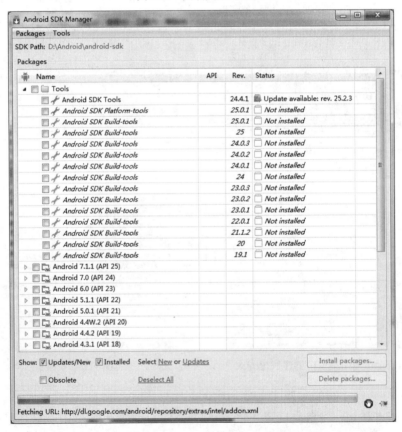

图 1.24　Android SDK Manager 对话框

（16）可以下载的软件包搜索完成后，将自动选中必须下载的软件包，如图 1.26 所示。

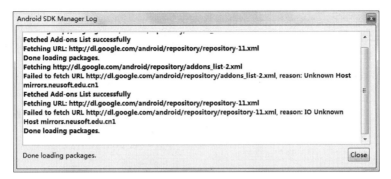

图 1.25 安装日志对话框

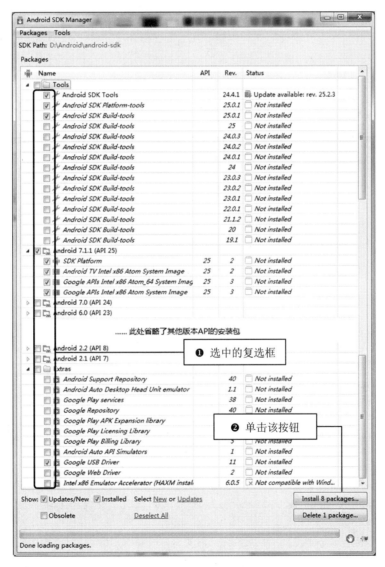

图 1.26 选中必须下载的软件包

（17）单击 Install 8 packages 按钮，将打开如图 1.27 所示的接受协议的对话框。

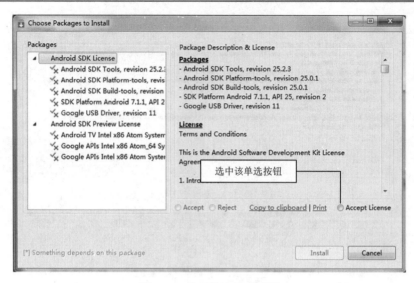

图 1.27　接受协议的对话框

（18）选中 Accept License 单选按钮，下面的 Install 按钮将变为可用状态，如图 1.28 所示。

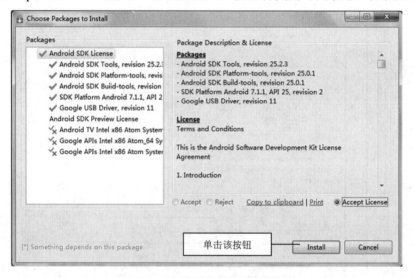

图 1.28　接受协议的对话框

（19）单击 Install 按钮，将返回到 Android SDK Manager 对话框，开始在线下载。

> **说明**　在线下载 Android SDK 时，需要耐心等待，并且不要长时间离开，因为在下载过程中还会出现需要单击 Install X packages 按钮，并且接受协议的情况，这时只需要按照步骤（17）到步骤（19）操作就可以了。

（20）Android SDK 安装完成后，还需要在系统的环境变量中配置 ANDROID_SDK_HOME 系统环境变量。具体方法如下：

① 在"开始"菜单的"计算机"图标上单击鼠标右键，在弹出的快捷菜单中选择"属性"命令，在

弹出的"属性"对话框左侧单击"高级系统设置"超链接，将出现如图 1.29 所示的"系统属性"对话框。

　　② 单击"环境变量"按钮，将弹出"环境变量"对话框，如图 1.30 所示，单击"系统变量"栏中的"新建"按钮，创建新的系统变量。

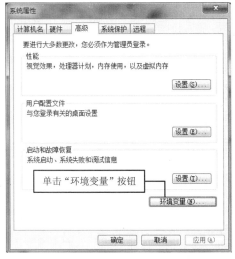

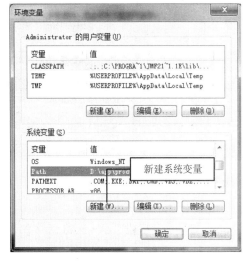

图 1.29　"系统属性"对话框　　　　　　图 1.30　"环境变量"对话框

　　③ 弹出"新建系统变量"对话框，分别输入变量名"ANDROID_SDK_HOME"和变量值（即 Android SDK 的安装路径），其中变量值是笔者的 SDK 安装路径，读者需要根据自己的计算机环境进行修改，如图 1.31 所示。单击"确定"按钮，关闭"新建系统变量"对话框。

图 1.31　"新建系统变量"对话框　　　　　图 1.32　设置 Path 环境变量值

　　④ 在图 1.30 所示的"环境变量"对话框中双击 Path 变量对其进行修改，在原变量值最前端添加"%ANDROID_SDK_HOME%\platform-tools;%ANDROID_SDK_HOME%\tools;"变量值（注意：最后的";"不要丢掉，它用于分割不同的变量值），如图 1.32 所示。单击"确定"按钮完成环境变量的设置。

　　自从 Android 平台发布以来，大约每半年有一次重要更新。每代 Android 平台都以甜点命名，如表 1.2 所示，别名的首字母依次为 C、D、E、F、G、H、I、J、K、L、M、N 等。

表 1.2　Android 平台别名

版　本　号	别　　名	发　布　时　间
1.5	Cupcake（纸杯蛋糕）	2009 年 4 月 30 日
1.6	Donut（甜甜圈）	2009 年 9 月 15 日
2.1	Éclair（闪电泡芙）	2009 年 10 月 26 日
2.2	Froyo（冻酸奶）	2010 年 5 月 20 日
2.3	Gingerbread（姜饼）	2010 年 12 月 7 日
3.0	Honeycomb（蜂窝）	2011 年 2 月 2 日

续表

版 本 号	别 名	发 布 时 间
4.0	Ice Create Sandwich（冰激凌三明治）	2011 年 10 月 19 日
4.1	Jelly Bean（果冻豆）	2012 年 6 月 28 日
4.2		2012 年 10 月 30 日
4.3		2013 年 7 月 25 日
4.4	KitKat（奇巧巧克力）	2013 年 11 月 1 日
5.0	Lollipop（棒棒糖）	2014 年 10 月 15 日
6.0	Marshmallow（棉花糖）	2015 年 5 月 29 日
7.0	Nougat（牛轧糖）	2016 年 8 月 22 日
7.1		2016 年 10 月 12 日

1.2.5　Eclipse 的下载与安装

在 Eclipse 官网上，提供了 Android 版本的 Eclipse，通过它可以十分方便地进行 Android 应用开发。下面详细讲解 Eclipse 4.6.1 的下载与安装过程。

（1）打开浏览器，在地址栏中输入 http://www.eclipse.org，进入 Eclipse 官方主页，如图 1.33 所示。

图 1.33　Eclipse 官方网站首页

（2）单击 DOWNLOAD 超链接，进入 Eclipse 的下载页面，在该页面中提供了 Windows 64 位操作系统的标准版 Eclipse 的安装文件，这里不能直接下载这个版本的 Eclipse，需要单击 Download Packages 超链接，如图 1.34 所示。

（3）进入 Eclipse 的下载列表页面，如图 1.35 所示。在该页面中，包括很多 Eclipse IDE 开发工具，并且它们用于不同的开发语言，例如 C/C++、PHP 等。

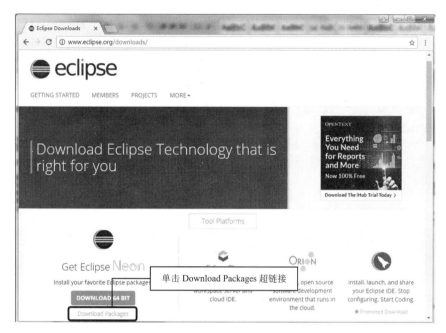

图 1.34　Eclipse 下载页面

图 1.35　Eclipse 下载列表页面

（4）在图 1.35 中找到 Eclipse for Android Developers，单击其右侧的 Windows 32 Bit 超链接，下载 32 位 Windows 操作系统所使用的 Eclipse；单击 Windows 64 Bit 超链接，下载 64 位 Windows 操作系统所使用的 Eclipse。这里单击 Windows 64 Bit 超链接进入 Eclipse IDE 的下载页面，如图 1.36 所示，下载 Windows 系统应用的 Eclipse 版本。在该页面中，系统会自动选择最适合的下载服务器。如果推荐的下载地址无法下载，可以选择其他的下载链接。这里单击推荐的下载超链接。

图 1.36　Eclipse IDE 的下载页面

（5）单击 DOWNLOAD 按钮，将打开如图 1.37 所示的 Thank you for downloading Eclipse 页面，在该页面中，稍等片刻会自动显示下载框，如果没有出现，也可以单击 click here 超链接，显示下载框，从而实现将 Eclipse 的安装文件下载到本地计算机中。

图 1.37　Eclipse IDE 的下载页面

（6）下载后的文件名称为 eclipse-android-neon-1a-incubation-win32-x86_64.zip。Eclipse 下载完成后，将解压后的文件放置在自己喜欢的路径下，即可完成 Eclipse 的安装。

1.2.6　Eclipse 的汉化

直接解压完的 Eclipse 是英文版的，为了适应国际化，Eclipse 提供了多国语言包，我们只需要下载对应语言环境的语言包，就可以实现 Eclipse 的本地化。例如，我们当前的语言环境为简体中文，就可以下载 Eclipse 提供的中文语言包。Eclipse 提供的多国语言包，可以到 http://www.eclipse.org/babel/中下载。在该网站中，可以找到所用 Eclipse 版本对应的中文语言包。下面将介绍为 Eclipse 4.4.2 安装中文语言包的具体步骤。

（1）在 IE 地址栏中输入 http://www.eclipse.org/babel/，按 Enter 键打开 Babel 项目的首页，找到如图 1.38 所示位置。

图 1.38　Babel 项目的首页

（2）单击 Downloads 超链接，进入如图 1.39 所示的 Babel 项目的下载页面。

（3）单击 Neon 版本对应的超链接 Neon，打开此 Eclipse 提供的多国语言包下载页面。找到简体中文对应的语言包，如图 1.40 所示。

（4）一般情况下，我们只需要下载 Language:Chinese(Simplified)中对应的 BabelLanguagePack-eclipse-zh_4.6.0.v20161126060001.zip (86.44%)就可以了，这时只需要单击该超链接，将进入如图 1.41 所示的页面。

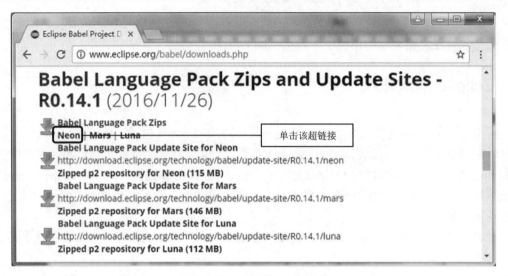

图 1.39　Babel 项目下载页面

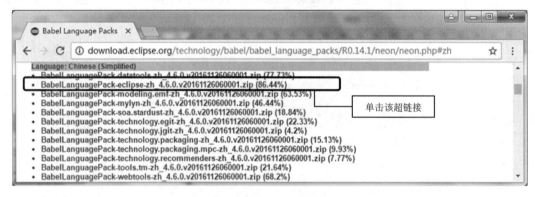

图 1.40　简体中文对应的语言包

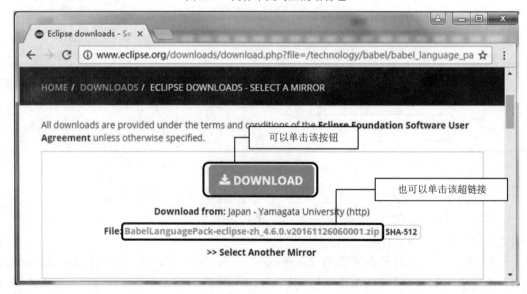

图 1.41　下载页面

（5）在图 1.41 中，单击 DOWNLOAD 按钮，将进入如图 1.42 所示的下载页面，稍等片刻会自动显示下载框，如果没有出现，也可以单击 click here 超链接，显示下载框，从而实现将该语言包下载到本地计算机中。

图 1.42　下载多国语言包页面

（6）打开 Eclipse 的安装目录，如图 1.43 所示。

图 1.43　Eclipse 的安装目录

（7）将下载的汉化包打开（使用解压缩软件例如 WinRAR 打开），如图 1.44 所示。

（8）将图 1.44 中的文件夹 features 和 plugins 拖动到 Eclipse 安装目录中，替换 Eclipse 安装目录中 features 和 plugins 文件夹中的内容，即可完成 Eclipse 的汉化。汉化后，再次打开 Eclipse 时，将显示如图 1.45 所示的中文的工作空间启动程序对话框。

图 1.44　打开汉化包

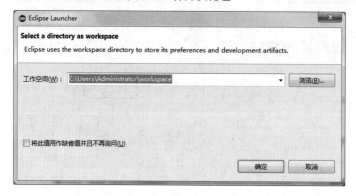

图 1.45　中文显示的工作空间启动程序对话框

1.2.7　启动 Eclipse 并配置 AVD

下载 Android 版本的 Eclipse 后，就可以进行 Android 应用开发了。要进行 Android 应用开发，需要启动 Eclipse 并配置 AVD。下面分别进行介绍。

1. 启动 Eclipse

打开 Eclipse 的安装路径，双击 Eclipse.exe 文件即可启动 Eclipse。在初次启动时，需要设置一个工作空间（例如：.\workspace），如图 1.46 所示。

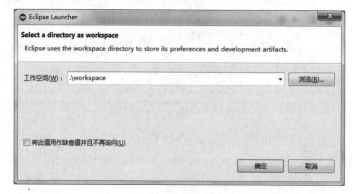

图 1.46　设置工作空间

单击"确定"按钮，将显示"欢迎"界面，如图 1.47 所示。在该界面中单击⊠按钮，关闭"欢迎"界面。

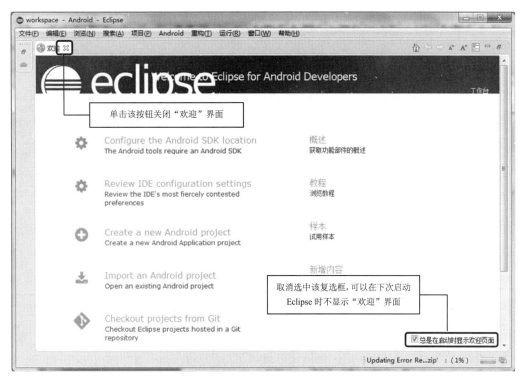

图 1.47 "欢迎"界面

进入到 Eclipse 的工作台，如图 1.48 所示。

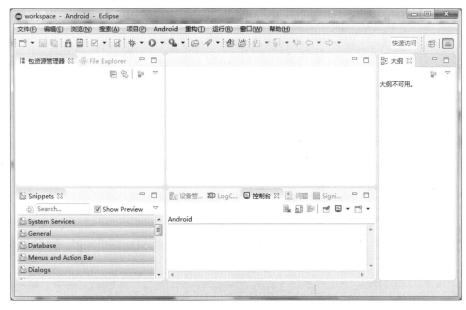

图 1.48 Eclipse 的工作台

25

2. 配置 AVD

Eclipse 启动后，还需要配置 SDK 路径及 AVD，具体步骤如下。

（1）进入 Eclipse 的工作台后，稍等片刻，将显示如图 1.49 所示的对话框，提示打开 Android SDK Manager 配置 Android SDK。

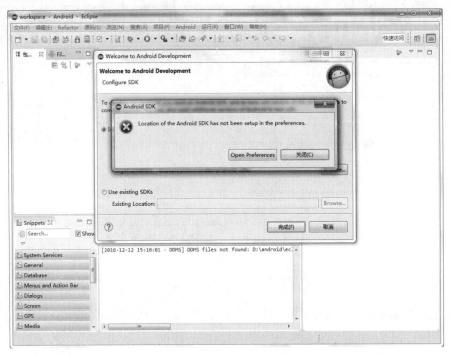

图 1.49　提示打开 Android SDK Manager 配置 Android SDK

说明　如果弹出如图 1.50 所示的对话框，那么选中 Use existing SDKs 单选按钮，并且在下方的文本框中指定 Android SDK 的放置路径。之后单击"下一步"按钮，打开如图 1.51 所示的对话框询问是否将使用情况统计信息发送给 Google，这时可以选择 No（不发送），单击"完成"按钮即可。

图 1.50　配置 SDK 路径的对话框　　　　图 1.51　询问是否将使用情况统计信息发送给 Google

（2）如果 Android SDK 已经下载完毕，可以直接单击 Open Preferences 按钮，打开"首选项"对话框，在该对话框中，单击"浏览"按钮，选择已经安装完毕的 SDK 路径，如图 1.52 所示。否则单击 Open SDK Manager 按钮，打开 SDK 管理器来下载 Android SDK。

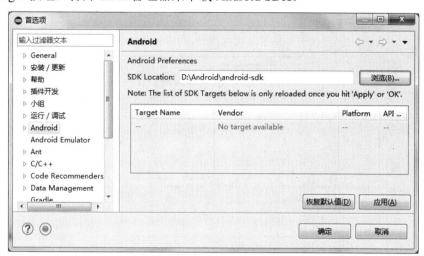

图 1.52　选择已经安装完毕的 SDK 路径

（3）单击"应用"按钮，将弹出如图 1.53 所示的对话框，提示需要创建 AVD。在该对话框中，如果单击"是"按钮，将打开创建新设备对话框，输入 AVD 的名称，单击"下一步"按钮，将打开创建 AVD 对话框，在该对话框中输入相应的信息即可。这里我们不通过这种方法创建 AVD，因为这个对话框，并不是每次都会弹出。这里单击"否"按钮，关闭该对话框。

图 1.53　Create AVD 对话框

（4）再在"首选项"对话框中单击"确定"按钮，返回 Eclipse 的工作台窗口，单击 Eclipse 工具栏中的█图标，显示 AVD 管理工具对话框，如图 1.54 所示。

（5）在图 1.54 中单击 Create 按钮。在 AVD Name 文本框中输入 AVD，在 Device 下拉列表框中选择 3.2" HVGA slider（ADP1）（320×480: mdpi），在 Target 下拉列表框中选择 Android 7.1.1-API Level 25，在 CPU/ABI 下拉列表框中选择 Google APIs IntelAtorm(x86_64)，在 Skin 下拉列表框中选择 No skin，在 SD Card 的 Size 文本框中输入 128，其他使用默认设置，如图 1.55 所示。单击"确定"按钮，完成创建。

说明　Name 栏可以使用的字符包括 a～z、A～Z、0～9、.、-、_。其中 a～z 表示从 a 到 z 的 26 个字母。

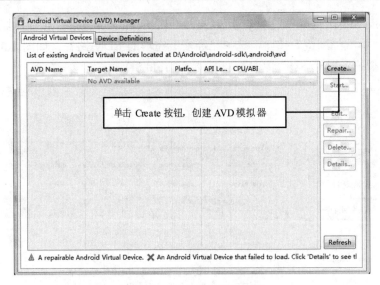

图 1.54　AVD 管理器对话框

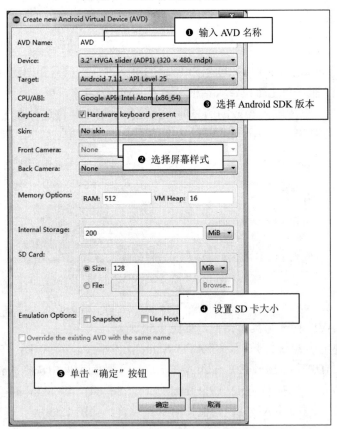

图 1.55　创建 AVD 对话框

（6）创建完 Android 虚拟设备后，打开如图 1.56 所示的窗口。

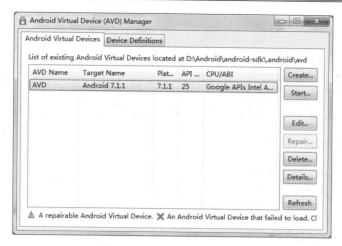

图 1.56　AVD 管理工具窗口

（7）选中刚刚创建的 AVD，单击 Start 按钮，在打开的窗口中单击 Launch 按钮，启动 Android 模拟器，启动后的效果如图 1.57 所示。

如果启动模拟器时，弹出如图 1.58 所示的错误对话框，那么需要安装英特尔硬件加速管理器。安装英特尔硬件加速管理器的具体步骤如下：

图 1.57　Android 模拟器效果图

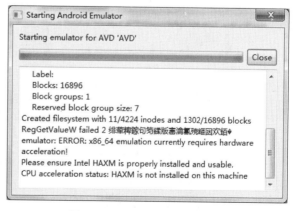

图 1.58　启动 Android 模拟器出错

（1）在浏览器的地址栏中输入官网地址 https://software.intel.com/zh-cn，进入到如图 1.59 所示的英特尔开发人员专区页面。

（2）选择"工具"\"Android*"菜单命令，在进入的如图 1.60 所示的页面中，单击"英特尔® 硬件加速执行管理器 ›"超链接。

图 1.59　英特尔开发人员专区页面

图 1.60　安卓工具页面

（3）进入"英特尔硬件加速执行管理器"下载列表页面。在该页面中找到如图 1.61 所示的 Windows 操作系统对应的安装文件。

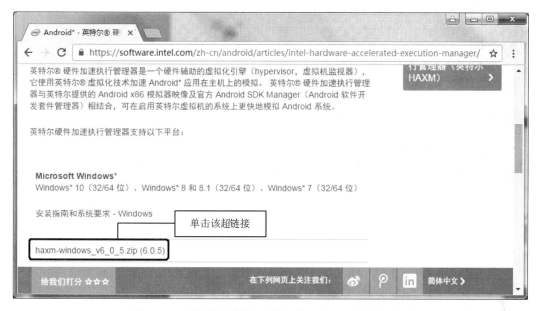

图 1.61　"英特尔硬件加速执行管理器"下载列表页面

（4）单击 haxm-windows_v6_0_5.zip (6.0.5)超链接，进入如图 1.62 所示的接受许可协议并下载页面。

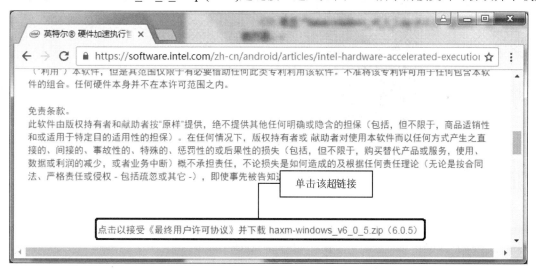

图 1.62　接受许可协议并下载页面

（5）单击"点击以接受《最终用户许可协议》并下载 haxm-windows_v6_0_5.zip（6.0.5）"超链接，下载 haxm-windows_v6_0_5.zip 文件。

（6）下载完成后，将得到一个名称为 haxm-windows_v6_0_5.zip 的压缩文件，将其解压缩后，双击其中的 intelhaxm-android.exe 文件，将打开如图 1.63 所示的安装向导安装英特尔硬件加速管理器。

（8）单击 Next 按钮，将弹出如图 1.64 所示的分配内存的对话框，这里采用默认设置。

（9）单击 Next 按钮，将弹出确认安装英特尔硬件加速管理器的对话框，在该对话框中，单击 Install 按钮，开始安装英特尔硬件加速管理器。

图 1.63　英特尔硬件加速管理器的安装向导对话框

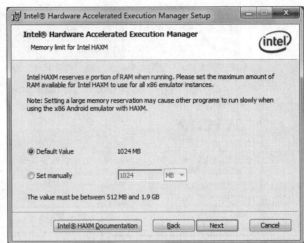
图 1.64　分配内存对话框

（10）安装完成后，将弹出安装完成对话框，在该对话框中取消选中 Launch Intel HAXM Documentation 复选框，如图 1.65 所示，单击 finish 按钮即可。

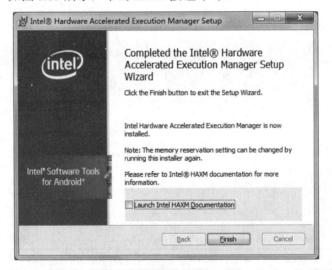

图 1.65　安装完成对话框

安装英特尔硬件加速管理器后，再重新启动模拟器即可正常启动。

1.3　第一个 Android 程序

教学录像：光盘\TM\lx\1\第一个 Android 程序.exe

作为程序开发人员，学习新语言的第一步就是练习输出 Hello World。下面将详细讲解如何使用 Eclipse 工具开发这个程序。（实例位置：光盘\TM\sl\1\1.1）

1.3.1　创建 Android 应用程序

创建 Android 应用程序的具体步骤如下：

（1）启动 Eclipse，选择"文件" / "新建" / "项目"命令，打开新建项目窗口，如图 1.66 所示。

图 1.66　新建项目窗口

（2）选择 Android 节点下的 Android Application Project 子节点，单击"下一步"按钮将弹出 New Android Application 对话框，在该对话框中首先输入应用程序名称、项目名称和包名，然后分别在 Minimum Required SDK、Target SDK、Compile With 和 Theme 下拉列表中选择可以运行的最低版本、创建 Android 程序的版本，以及编译时使用的版本和使用的主题，如图 1.67 所示。

> **说明**　在设置 Minimum Required SDK（要求最小的 SDK 版本）时，需要设置为 API 14 或以上版本，否则在创建项目后，将自动生成一个名称为 appcompat_v7 的项目，用于兼容 API 14 以下版本。

> **注意**　设置包名时，一定不能使用中文（如 com.明日科技），或者单纯的数字（如 com.mr.03）。否则，项目将不能成功创建。

（3）单击"下一步"按钮，将进入如图 1.68 所示的配置项目存放位置的窗口，这里采用默认设置。

（4）单击"下一步"按钮，进入 Configure Launcher Icon 窗口，在该窗口中可以对 Android 程序的图标相关信息进行设置，如图 1.69 所示。

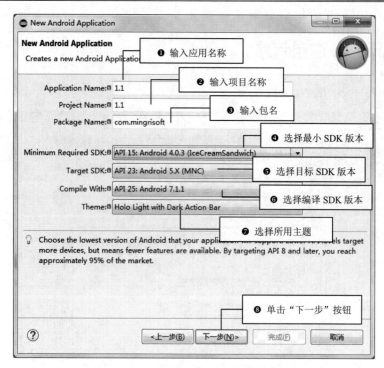

图 1.67　新建 Android 项目对话框

图 1.68　配置项目存放位置的窗口

（5）单击"下一步"按钮，进入 Create Activity 窗口，该窗口设置要生成的 Activity 的模板，如图 1.70 所示。

（6）单击"下一步"按钮，进入 Empty Activity 窗口，在该窗口设置 Activity 的相关信息，包括 Activity 的名称、布局文件名称等，如图 1.71 所示。

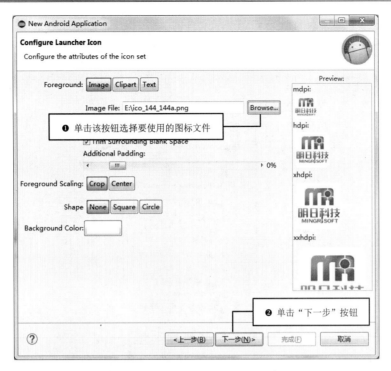

图 1.69　Configure Launcher Icon 窗口

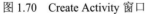

图 1.70　Create Activity 窗口

图 1.71　Empty Activity 窗口

（7）单击"完成"按钮，即可创建一个 Android 程序。项目创建完成后，将自动在 Eclipse 中打开该项目，此时，在"控制台"面板中，将显示如图 1.72 所示的错误信息。

解决的方法为：在 Eclipse 工作台左侧的"包资源管理器"面板中，将 mipmap-XXX 节点下的 ic_launcher.png 文件复制到对应的 drawable-XXX 节点下（例如，将 mipmap-xhdpi 节点下的 ic_launcher.png 文件复制到对应的 drawable-xhdpi 节点下），完成后的效果如图 1.73 所示。

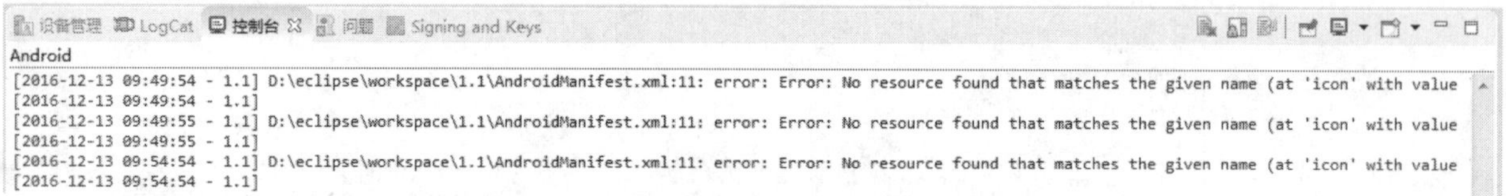

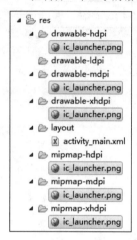

图 1.72　"控制台"中显示的错误信息

图 1.73　解决找不到图标文件的问题

说明　如果在打开的 activity_main.xml 面板中，显示如图 1.74 所示的提示信息，并且不能正常显示预览界面，则需要下载低版本的 SDK Platform。例如，笔者当前的环境需要使用 Android 5.1.1（即 API 22）的 SDK Platform，那么就需要下载 Android 5.1.1 版本的 SDK Platform，下载后，在 activity_main.xml 面板中选择"API 22: Android 5.1.1"，然后就能正常显示界面的预览效果了，如图 1.75 所示。

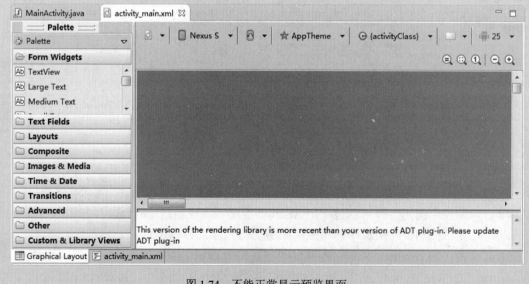

图 1.74　不能正常显示预览界面

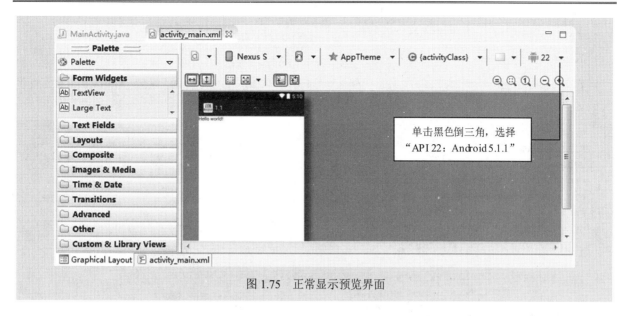

图 1.75　正常显示预览界面

1.3.2　Android 项目结构说明

默认情况下，使用 ADT 插件创建 Android 项目后，其目录结构如图 1.76 所示。

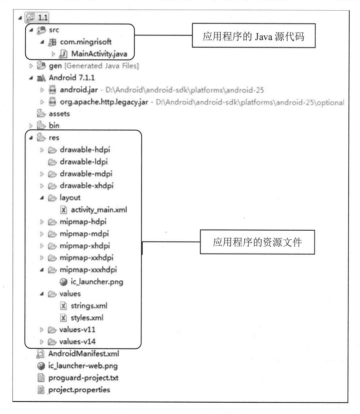

图 1.76　Android 项目结构

下面对图 1.76 中常用的包和文件进行说明。

1. src 包

在 src 包中，保存的是应用程序的源代码，如 Java 文件和 AIDL 文件等。MainActivity.java 文件的代码如下：

```
package com.mingrisoft;
//导入需要的包
import android.app.Activity;
import android.os.Bundle;
import android.view.Menu;
import android.view.MenuItem;
public class MainActivity extends Activity {
    //该方法在创建 Activity 时被回调，用于对该 Activity 执行初始化
    @Override
    protected void onCreate(Bundle savedInstanceState) {
        super.onCreate(savedInstanceState);
        setContentView(R.layout.activity_main);
    }
}
```

2. gen 包

在 gen 包中，包含由 ADT 生成的 Java 文件，如 R.java 和 AIDL 文件创建的接口等。R 文件的代码如下：

```
package com.mingrisoft;
public final class R {
    public static final class attr {
    }
    public static final class drawable {
        public static final int ic_launcher=0x7f020000;
    }
    public static final class layout {
        public static final int activity_main=0x7f040000;
    }
    public static final class mipmap {
        public static final int ic_launcher=0x7f030000;
    }
    public static final class string {
        public static final int app_name=0x7f050000;
        public static final int hello_world=0x7f050001;
    }
    public static final class style {
        public static final int AppBaseTheme=0x7f060000;
        public static final int AppTheme=0x7f060001;
    }
}
```

从上面的代码可以看到，R 文件内部由很多静态内部类组成，内部类中又包含很多常量，这些常量

分别表示 res 包（将在下面介绍）中的不同资源。

注意

> 不能手动修改 R 文件，当 res 包中资源发生变化时，该文件会自动修改。

3．android.jar 文件

android.jar 文件包含了 Android 项目需要使用的工具类、接口等。如果开发不同版本的 Android 应用，该文件会自动替换。

4．assets 包

assets 包用于保存原始资源文件，其中的文件会编译到.apk 中，并且原文件名会被保留。可以使用 URI 来定位该文件夹中的文件，然后使用 AssetManager 类以流的方式来读取文件内容。通常用于保存文本、游戏数据等内容。

5．res 包

res 包用来保存资源文件，当该包中文件发生变化时，R 文件会自动修改。

drawable 子包通常用来保存图片资源。由于 Android 设备多种多样，其屏幕的大小也不尽相同。为了保证良好的用户体验，会为不同的分辨率提供不同的图片。图片的质量通常分为高、中、低 3 种。

layout 子包通常用来保存应用布局文件，Android 版的 Eclipse 提供了可视化工具来辅助用户开发布局文件，如图 1.77 所示。

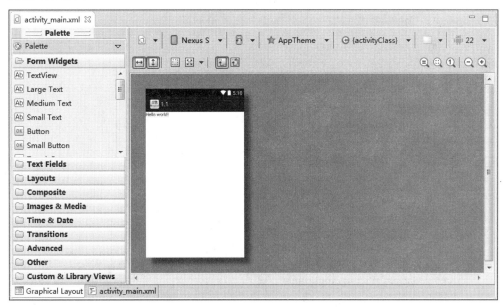

图 1.77　布局编辑器

layout 子包 activity_main.xml 文件的代码如下：

```
<RelativeLayout xmlns:android="http://schemas.android.com/apk/res/android"
    xmlns:tools="http://schemas.android.com/tools"
```

```
        android:layout_width="match_parent"
        android:layout_height="match_parent"
        tools:context="${relativePackage}.${activityClass}" >
        <TextView
            android:layout_width="wrap_content"
            android:layout_height="wrap_content"
            android:text="@string/hello_world" />
</RelativeLayout>
```

values 子包通常用于保存应用中使用的字符串，开发国际化程序时，这种方式尤为方便。strings.xml
文件的代码如下：

```
<?xml version="1.0" encoding="utf-8"?>
<resources>
    <string name="app_name">1.1</string>
    <string name="hello_world">Hello world!</string>
</resources>
```

说明 读者可以将 R 文件与 res 包中的内容进行对比，就可以了解两者之间的关系。例如，R 文件中内部类 string 对应 values 子包中的 strings.xml 文件。

6. AndroidManifest.xml 文件

每个 Android 应用程序必须包含一个 AndroidManifest.xml 文件，该文件位于根目录中。在该文件内，需要标明 Activity、Service 等信息，否则程序不能正常启动。

```
<?xml version="1.0" encoding="utf-8"?>
<manifest xmlns:android="http://schemas.android.com/apk/res/android"
    package="com.mingrisoft"
    android:versionCode="1"
    android:versionName="1.0" >
    <uses-sdk
        android:minSdkVersion="15"
        android:targetSdkVersion="23" />
    <application
        android:allowBackup="true"
        android:icon="@drawable/ic_launcher"
        android:label="@string/app_name"
        android:theme="@style/AppTheme" >
        <activity
            android:name=".MainActivity"
            android:label="@string/app_name" >
            <intent-filter>
                <action android:name="android.intent.action.MAIN" />
                <category android:name="android.intent.category.LAUNCHER" />
            </intent-filter>
        </activity>
    </application>
</manifest>
```

7．project.properties 文件

Android 项目的属性配置文件。用于记录项目使用的 Android SDK 的版本，供 Eclipse 使用。

1.3.3　运行 Android 应用程序

运行 Android 应用程序的具体步骤如下：

（1）在"包资源管理器"中选择项目名称节点（这里为 1.1），单击 Eclipse 工具条中的 按钮，弹出如图 1.78 所示的项目运行方式选择对话框。

（2）选择 Android Application，单击"确定"按钮运行程序。程序运行后，将显示如图 1.79 所示的运行结果。

图 1.78　项目运行方式

图 1.79　程序运行结果

1.3.4　调试 Android 应用程序

在开发过程中，肯定会遇到各种各样的问题，这就需要开发人员耐心地进行调试。下面简单介绍如何调试 Android 程序。

在 com.mingrisoft 包中，有一个名为 MainActivity 的类，将该类的代码替换为如下内容。

```java
public class MainActivity extends Activity {
    @Override
    public void onCreate(Bundle savedInstanceState) {
        super.onCreate(savedInstanceState);
        Object object = null;
        object.toString();
        setContentView(R.layout. activity_main);
    }
}
```

学习过 Java 语言的读者都知道，运行上面的代码会发生 NullPointerException 错误。启动模拟器后，运行效果如图 1.80 所示。

但是此时 Eclipse 控制台上并没有给出任何错误提示，如图 1.81 所示。

图 1.80　Android 程序出现错误

图 1.81　Eclipse 控制台信息

那么该如何查看程序哪里出现问题了呢？可以使用 LogCat 视图，如图 1.82 所示。其中有一行信息说明 com.mingrisoft 包的 MainActivity 的 onCreate()方法中发生了异常，代码位于 MainActivity.java 文件的第 13 行。

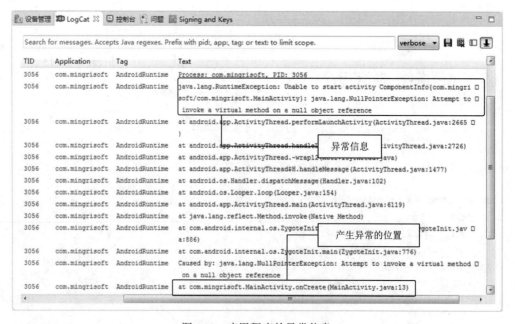

图 1.82　应用程序的异常信息

在此，读者只需要了解如果程序出现问题，则在 LogCat 视图中查找即可。

1.3.5　Android 应用开发流程

前文介绍了如何创建第一个 Android 应用，为了加强读者对于 Android 开发流程的了解，下面总结一下开发的基本步骤。

（1）创建 Android 虚拟设备或者硬件设备。

开发人员需要创建 Android 虚拟设备（AVD）或者链接硬件设备来安装应用程序。

（2）创建 Android 项目。

Android 项目中包含应用程序使用的全部代码和资源文件。它被构建成可以在 Android 设备安装的.apk 文件。

（3）构建并运行应用程序。

如果使用 Eclipse 开发工具，每次保存修改时都会自动构建。而且可以单击"运行"按钮来安装应用程序到模拟器。如果使用其他 IDE，开发人员可以使用 Ant 工具进行构建，使用 adb 命令进行安装。

（4）使用 SDK 和日志工具调试应用。

（5）使用测试框架测试应用程序。

1.4　小　　结

"千里之行始于足下"，本章从 Android 平台特性开始，重点讲述了如何搭建 Android 开发环境以及如何使用 Android 进行开发。开发人员学习 Android 的一个重要动力就是可以用此盈利，因此介绍了在 Android 市场中获利的两种方式。对于不擅长英语的用户，特别增加了"Eclipse 的汉化"部分。由于 Android 开发与普通的 Java 开发有所不同，尤其是在调试程序上，因此又简单介绍了一下 LogCat 视图。本章的主要目的是让读者对 Android 开发有一个大致了解，如果有哪些部分不懂，可以参考后面章节的详细内容。

1.5　实践与练习

1. 参考本章提供的步骤，搭建 Android 开发环境。

2. 在本章"Hello World"程序的基础上进行修改，将程序名称由"1.1"替换为"FirstApp"，显示的字符串"Hello World！"替换为"我的第一个 Android 应用程序！"。（**答案位置：光盘\TM\sl\1\1.2**）

第 **2** 章

Android 模拟器与常用命令

（ 📹 教学录像：1 小时 25 分钟）

为了降低开发 Android 应用的成本，Android SDK 中提供了一个模拟器，在计算机中开发的应用程序都可以在其中进行测试。因此，开发人员需要掌握模拟器的使用。此外，有些常用功能需要使用控制台上的命令来完成，这些内容也将在本章进行讲解。

通过阅读本章，您可以：

▶▶ 了解 Android 模拟器

▶▶ 掌握模拟器的启动与停止

▶▶ 掌握模拟器的使用

▶▶ 掌握虚拟 SD 卡的使用

▶▶ 掌握在模拟器上安装和卸载应用

▶▶ 掌握常用的 Andriod 命令

2.1　使用 Android 模拟器

教学录像：光盘\TM\lx\2\使用 Android 模拟器.exe

Android SDK 中包含了可以在计算机上运行的虚拟移动设备模拟器，开发人员不必使用物理设备就可以开发、测试 Android 应用程序。

除了不能真正实现通话，Android 模拟器可以模拟典型移动设备的所有硬件和软件特性。它提供了多种导航和控制键，开发人员可以通过鼠标或键盘来为应用程序生成事件；它还提供了一个屏幕，用于显示开发的应用程序以及其他正在运行的 Android 应用。

为了简化模拟和测试应用程序，模拟器使用 Android 虚拟设备（AVD）配置。AVD 允许用户设置模拟手机的特定硬件属性（如 RAM 大小），并且允许用户创建多个配置以便在不同的 Android 平台和硬件组合下进行测试。一旦应用程序在模拟器上运行，它可以使用 Android 平台的服务来启动其他应用、访问网络、播放声音和视频、存储和检索数据、通知用户以及渲染图形渐变和主题。

模拟器也包括多种调试功能，如记录内核输出的控制台、模拟应用中断（如收到短信或电话）和模拟数字通道的延迟及丢失。

2.1.1　模拟器概述

Android 模拟器是一个基于 QEMU 的程序，提供了可以运行 Android 应用的虚拟 ARM 移动设备。它在内核级别运行一个完整的 Android 系统栈，其中包含了一组可以在自定义应用中访问的预定义应用程序（如拨号器）。开发人员通过定义 AVD 来选择模拟器运行的 Android 系统版本，此外，还可以自定义移动设备皮肤和键盘映射。在启动和运行模拟器时，开发人员可以使用多种命令和选项来控制模拟器行为。

随 SDK 分发的 Android 系统镜像包含用于 Android Linux 内核的 ARM 机器码、本地库、Dalvik 虚拟机和不同的 Android 包文件（如 Android 框架和预安装应用）。模拟器 QEMU 层提供从 ARM 机器码到开发者系统和处理器架构的动态二进制翻译。

通过向底层 QEMU 服务增加自定义功能，Android 模拟器支持多种移动设备的硬件特性，例如：

- ☑ ARMv5 中央处理器和对应的内存管理单元（MMU）。
- ☑ 16 位液晶显示器。
- ☑ 一个或多个键盘（基于 QWERTY 键盘和相关的 Dpad/Phone 键）。
- ☑ 具有输出和输入能力的声卡芯片。
- ☑ 闪存分区（通过计算机上的磁盘镜像文件模拟）。
- ☑ 包括模拟 SIM 卡的 GSM 调制解调器。

2.1.2　Android 虚拟设备和模拟器

Android 虚拟设备（AVD）是模拟器的一种配置。开发人员通过定义需要的硬件和软件选项，来使用 Android 模拟器模拟真实的设备。

一个 Android 虚拟设备（AVD）由以下几部分组成。

☑ 硬件配置：定义虚拟设备的硬件特性。例如，开发人员可以定义该设备是否包含摄像头、是否使用物理 QWERTY 键盘和拨号键盘、内存大小等。

☑ 映射的系统镜像：开发人员可以定义虚拟设备运行的 Android 平台版本。

☑ 其他选项：开发人员可以指定需要使用的模拟器皮肤，这将控制屏幕尺寸、外观等。此外，还可以指定 Android 虚拟设备使用的 SD 卡。

☑ 开发计算机上的专用存储区域：用于存储当前设备的用户数据（如安装的应用程序、设置等）和模拟 SD 卡。

根据需要模拟设备的类型不同，开发人员可以创建多个 AVD。由于一个 Android 应用通常可以在很多类型的硬件设备上运行，开发人员需要创建多个 AVD 来进行测试。

为 AVD 选择系统镜像目标时，请牢记以下要点：

☑ 目标的 API 等级非常重要。在应用程序的配置文件（AndroidManifest 文件）中，使用 minSdkVersion 属性标明了需要使用的 API 等级。如果系统镜像等级低于该值，将不能运行这个应用。

☑ 建议开发人员创建一个 API 等级大于应用程序所需等级的 AVD，主要用于测试程序的向后兼容性。如果应用程序配置文件中说明需要使用额外的类库，则其只能在包含该类库的系统镜像中运行。

2.1.3　Android 模拟器启动与停止

在启动 Android 模拟器时，有以下 3 种常见方式：

☑ 使用 AVD 管理工具。

☑ 使用 Eclipse 运行 Android 程序。

☑ 使用 emulator 命令。

在第 1 章中讲解了如何使用 AVD 管理工具来启动模拟器；如果使用 Eclipse 开发 Android 应用，在运行或者测试应用程序时，ADT 插件会自动安装程序并启动模拟器；关于第 3 种方式将在 2.2.3 节中进行讲解。

如果需要停止模拟器，将模拟器窗口关闭即可。

2.1.4　控制模拟器

用户可以使用启动选项和控制台命令来控制模拟器环境的行为和特性。当模拟器运行时，用户可以像使用真实移动设备那样使用模拟移动设备，不同的是需要使用鼠标来"触摸"屏幕，使用键盘来"按下"按键。

模拟器按键与键盘按键的对应关系如表 2.1 所示。

表 2.1　模拟器按键与键盘按键的对应关系

模拟器按键	键盘按键
Home	Home 键
Menu	F2 或者 Page Up 键
Star	Shift+F2 组合键或者 Page Down 键
Back	Esc 键
Call	F3 键
Hangup	F4 键
Search	F5 键
Power	F7 键
音量增加	KEYPAD_PLUS（+）或者 Ctrl+F5
音量减少	KEYPAD_MINUS（-）或者 Ctrl+F6
Camera	Ctrl+KEYPAD_5 或者 Ctrl+F3
切换到先前的布局方向（如横向或纵向）	KEYPAD_7 或者 Ctrl+F11
切换到下一个布局方向（如横向或纵向）	KEYPAD_9 或者 Ctrl+F12
开启/关闭电话网络	F8 键
切换代码分析	F9 键（与-trace 启动选项连用）
切换全屏模式	Alt+Enter 键
切换轨迹球模式	F6 键
临时进入轨迹球模式（当键按下时）	Delete 键
DPad 左/上/右/下	KEYPAD_4/8/6/2
DPad 中间键	KEYPAD_5
透明度增加/减少	KEYPAD_MULTIPLY(*) / KEYPAD_DIVIDE(/)

注意

如果使用小键盘按键，需要关闭 Num Lock 键。

2.1.5　模拟器与磁盘镜像

模拟器使用计算机上可挂载的磁盘镜像来模拟真实设备的闪存分区。例如，它使用包含模拟器专用内核的磁盘镜像、ram 磁盘镜像以及保存用户数据和模拟 SD 卡的可写镜像。

正常启动模拟器，需要用到一组特定的磁盘镜像文件。默认情况下，模拟器总是在 AVD 使用的私有存储区域查找磁盘镜像。如果模拟器启动时没有找到镜像文件，它会根据 SDK 中存储的默认版本在 AVD 文件夹中创建磁盘镜像。

说明　在 Windows 7 系统中，AVD 的默认存储位置是 C:\Users\kira\.android\avd，其中 kira 是用户名。如果在系统环境变量中配置了 ANDROID_SDK_HOME 变量，那么 AVD 将存储在该变量所指定的路径下的.android\avd 目录下。例如，配置 ANDROID_SDK_HOME 变量的值为 D:\Android\android-sdk，那么 AVD 的存储路径为 D:\Android\android-sdk\.android\avd。

为了便于开发人员修改或者自定义镜像文件版本，模拟器提供了启动选项来使用新的磁盘镜像。

当使用这些选项时，模拟器在开发人员指定的镜像名称或者位置来查找镜像文件，如果查找失败，则使用默认的镜像。

模拟器使用 3 种类型的镜像文件：默认镜像文件、运行时镜像文件和临时镜像文件。在运行时镜像文件中，包含用户数据和 SD 卡；当关闭模拟器时，用户进行的设置都会被保存到用户数据中。关于 SD 卡的使用将在后面进行详细讲解。

2.1.6　Android 模拟器介绍

在 Android 中，模拟器同时支持手机与平板电脑。下面以手机为例（使用 HVGA 皮肤），介绍一下 Android 模拟器，如图 2.1 所示。

图中的功能区域主要有 8 个，分别使用了不同的数字进行标注，下面进行简单介绍。

① 应用程序图标：单击 $\wedge$ 图标，或者拖动该图标向上滑动会显示系统安装的应用程序。

② 设备状态：包括时间、信号强度、电量等。

③ 短信息程序的快捷图标：单击后可启动短信息应用。

④ Chrome 浏览器快捷图标：单击后可启动 Chrome 浏览器。

⑤ Google 地图的快捷图标：单击后可启动 Google 地图应用。

⑥ Google 搜索的快捷图标：单击后可启动 Google 搜索应用。

⑦ 日期栏：用于显示当前日期。

⑧ 工具栏：该工具栏用于模拟手机中的一些硬件的功能。例如，实现关机、音量控制、旋转屏幕、拍照、缩放、返回、回主屏，以及查看最近使用项目等常用操作。

图 2.1　Android 系列模拟器界面

2.1.7　模拟器限制

在当前版本中，模拟器有如下限制：

☑　不支持拨打或接听真实电话，但是可以使用模拟器控制台模拟电话呼叫。

☑　不支持 USB 连接。

☑　不支持设备连接耳机。

☑　不支持确定连接状态。

☑　不支持确定电量水平和交流充电状态。

☑　不支持确定 SD 卡插入/弹出。

☑　不支持蓝牙。

2.1.8　范例 1：设置模拟器语言

前面介绍了 Android 模拟器的配置及启动。在启动模拟器后，默认情况下使用的是英文。为了方便不熟悉英语的用户使用，下面演示如何设置语言为简体中文。

（1）启动模拟器，单击 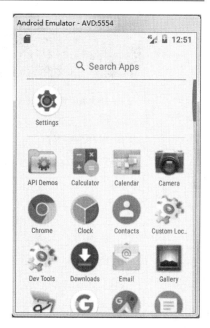 图标，进入如图 2.2 所示的应用程序界面。

（2）单击最上面一栏中的 Settings 图标，打开 Settings 界面，在该界面中，滚动到如图 2.3 所示的位置。

（3）选择 Language & input 选项，进入选择语言和输入法的 Language & input 页面，如图 2.4 所示。

（4）选择 Language 选项，进入 Language 界面，在该页面中，默认采用的英文，如图 2.5 所示。

图 2.2　应用程序界面

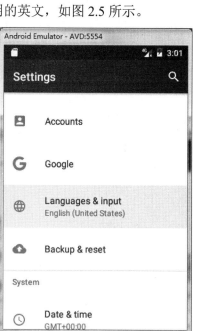

图 2.3　设置界面

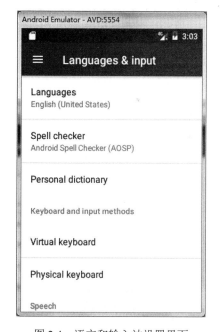

图 2.4　语言和输入法设置界面

（5）选择 Add a language 选项，滚动到页面最底部"简体中文"的位置，如图 2.6 所示。

（6）选择"简体中文"选项，进入如图 2.7 所示的界面，选择"中国"选项，返回语言设置界面，在该界面多了一个"简体中文（中国）"的选项，此时，向上拖动该选项右侧的 图标，将其拖动到第一位，这样即可将模拟器的语言设置为简体中文。设置后，依次返回到 Android 模拟器的设置界面，如图 2.8 所示。

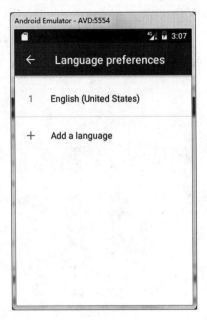

图 2.5　语言设置界面

图 2.6　选择语言界面

图 2.7　设置简体中文界面

图 2.8　设置界面

2.1.9　范例 2：设置时区和时间

Android 模拟器启动后，显示的时间与系统当前时间并不相同，这主要是因为模拟器的时区与系统的不同，下面将演示如何设置时区和时间。

（1）在设置界面中滚动到"日期和时间"位置，如图 2.9 所示。

（2）选择"日期和时间"选项，进入"日期和时间"设置界面，在该界面中，将"自动确定时区"右侧的开关按钮设置为关闭状态，如图 2.10 所示。

图 2.9　定位日期和时间的位置

图 2.10　取消自动确定时区

（3）在图 2.10 中，选择"选择时区"选项，滚动时区到"中国标准时间"，如图 2.11 所示。

（4）选择"中国标准时间"选项，完成时区设置，如图 2.12 所示。

图 2.11　选择时区界面

图 2.12　设置时区后的设置日期和时间界面

（5）在图 2.12 中，向上滑动，找到"使用 24 小时制"选项，将该选项右侧的开关按钮设置为开启状态，此时屏幕右下角会显示与计算机上相同的时间，如图 2.13 所示。

图 2.13　设置使用 24 小时制

2.2　SDK 中常用命令

📽 **教学录像：光盘\TM\lx\2\SDK 中常用命令.exe**

本节开始介绍 Android SDK 中提供的常用命令。为了使用方便，需要先将 SDK 中 platform-tools 和 tools 两个文件夹的位置添加到环境变量中，具体方法请见本书 1.2.4 节。

2.2.1　adb 命令

Android 调试桥（adb）是一个多用途命令行工具，允许开发人员与模拟器实例或者连接的 Android 设备进行通信。它是一个由 3 部分组成的客户端—服务器程序。

☑ 运行于计算机的客户端：开发人员通过 adb 命令来调用客户端，如 ADT 插件和 DDMS 等 Android 工具也创建 adb 客户端。

☑ 运行于计算机后台进程的服务器：服务器管理客户端和运行 adb 守护进程的模拟器/设备的通信。

☑ 守护进程：作为后台进程运行于每个模拟器/设备实例。

✐ **说明**

　　adb 命令位于 platform-tools 文件夹中。

启动 adb 客户端时，它会检查 adb 服务器进程是否运行。如果没有，则启动该进程。在服务器启动后，它绑定到本地 TCP 的 5037 端口并监听 adb 客户端发送的命令。所有 adb 客户端使用 5037 端口号与 adb 服务器进行通信。

接下来，服务器与所有运行的模拟器/设备实例建立连接。它通过扫描 5555～5585 之间的奇数端口来定位模拟器/设备实例。当服务器发现 adb 守护进程时，就建立一个该端口的连接。每个模拟器/设备实例需要一对连续的端口：偶数端口用于控制台连接，奇数端口用于 adb 连接。例如：

☑　模拟器 1，控制台：5554。

☑　模拟器 1，adb：5555。

☑　模拟器 2，控制台：5556。

☑　模拟器 2，adb：5557。

如上所示，通过端口 5554 连接的控制台与通过端口 5555 连接的 adb 是同一个模拟器。

一旦服务器与所有模拟器实例建立连接，开发人员就可以使用 adb 命令控制和访问这些实例。由于服务器管理模拟器/设备实例的连接并且处理多个 adb 客户端命令，开发人员可以从任何客户端（或者脚本）控制任何模拟器/设备实例。

说明　如果使用 Android 版本的 Eclipse 进行开发，则可以不使用 adb 命令。

1．查询模拟器/设备实例

在使用 adb 命令前，需要先知道有哪些模拟器/设备被连接到 adb 服务器。使用如下命令可以输入模拟器/设备列表：

```
adb devices
```

在图 2.14 中，显示了当前连接的模拟器/设备列表。输出的结果由两部分组成：序列号和状态。序列号由设备类型和端口号两部分组成；状态包括 offline（未连接）和 device（已连接）两种。

说明　device 只表示模拟器/设备处于连接状态，并不表示启动完成。

2．指定模拟器/设备实例

如果当前系统中运行多个模拟器/设备实例，在运行命令时需要指定目标实例。其命令格式如下：

```
adb -s <serialNumber> <command>
```

<serialNumber>参数表示序列号；<command>参数表示执行的命令。

例如，需要在 emulator-5554 上安装 HelloWorld.apk 应用，可以执行如下命令：

```
adb -s emulator-5554 install HelloWorld.apk
```

注意　如果运行多个模拟器/设备，则不进行指定会报错。

3．安装应用程序

使用 adb 命令可以在模拟器/设备上安装新的应用程序，其命令格式如下：

adb install <path_to_apk>

其中，<path_to_apk>参数表示 apk 文件的路径。

> **说明** 如果使用 ADT 插件，每次运行应用时它会自动在模拟器上安装该应用。

例如，在模拟器上安装 ImageViewer.apk 程序，命令如下：

adb install d:\ImageViewer.apk

在控制台上的输出效果如图 2.15 所示。

图 2.14　连接设备列表　　　　　　图 2.15　安装应用程序输出效果

4．模拟器/设备实例的文件复制

使用 adb 命令可以完成文件的复制功能。与文件安装不同，它可以用于任意类型的文件。
将文件从本地计算机复制到模拟器/设备实例中的命令如下：

adb push <local> <remote>

<local>参数表示计算机上的文件（文件夹）位置；<remote>参数表示模拟器/设备实例上的文件（文件夹）位置。

将文件从模拟器/设备实例复制到本地计算机中的命令如下：

adb pull <remote> <local>

各个参数的含义同上。

> **说明** 使用 adb 命令也可以完成向 SD 卡复制文件的操作。

5．进入 Shell

Android 平台底层使用 Linux 内核，因此可以使用 Shell 来进行操作。使用如下命令可以进入 Shell：

adb shell

2.2.2　android 命令

android 命令是一个非常重要的开发工具，其功能如下：

☑　创建、删除和查看 Android 虚拟设备（AVD）。

☑　创建和更新 Android 项目。

☑　更新 Android SDK，内容包括新平台、插件和文档等。

说明　如果使用 Android 版本的 Eclipse 进行开发，则可以不使用 android 命令。

1．获得可用的 Android 平台

在安装 Android SDK 时，下载了很多 Android 平台，使用 android 命令可以获得所有可用的 Android 平台列表，该命令如下：

android list targets

在 DOS 控制台上输出的部分结果如下：

```
id: 2 or "android-25"
      Name: Android 7.1.1
      Type: Platform
      API level: 25
      Revision: 3
      Skins: HVGA, QVGA, WQVGA400, WQVGA432, WSVGA, WVGA800 (default), WVGA854, W
XGA720, WXGA800, WXGA800-7in
 Tag/ABIs : android-tv/x86, google_apis/x86, google_apis/x86_64
```

说明　android 命令通过扫描 SDK 安装文件夹中 add-ons 和 platforms 子文件夹生成这些信息。

2．创建 AVD

除了前面介绍的使用 AVD 管理工具来管理 AVD 外，还可以使用 android 命令。下面介绍如何使用 android 命令创建 AVD，其命令格式如下：

android create avd -n <name> -t <targetID> [-<option> <value>] ...

<name>参数表示 AVD 名称，如 AVD 1，通常在名称中添加版本号以示区别；<targetID>参数是由 android 工具分配的一个整数，它与系统镜像名称、API 等级等属性无关，需要使用 android list targets 命令来查看。例如，Android 25 的 id 值是 2（或者使用 android-25）。

```
id: 2 or "android-25"
      Name: Android 7.1.1
      Type: Platform
      API level: 25
      Revision: 3
      Skins: HVGA, QVGA, WQVGA400, WQVGA432, WSVGA, WVGA800 (default), WVGA854, W
XGA720, WXGA800, WXGA800-7in
 Tag/ABIs : android-tv/x86, google_apis/x86, google_apis/x86_64
```

除了上面两个必需的参数外，还可以同时提供模拟器 SD 卡大小、模拟器皮肤、用户数据文件位

置等信息。

例如，下面的命令创建了一个名为 AVD1 的 AVD，targetID 使用 2。

```
android create avd -n     AVD1 -t 2 -b google_apis/x86_64
```

在控制台上的输出效果如图 2.16 所示。

图 2.16　使用命令创建 AVD

执行上面的命令时，会提示用户是否需要定制 AVD 的硬件，可以选择 yes 或者 no，如果输入 no，即可直接开始创建 AVD 设备，如果输入 yes 或者直接按 Enter 键，将开始定制 AVD 硬件的各种选项，定制完成后系统开始创建 AVD 设备。

3．删除 AVD

如果需要删除 AVD，则可以使用如下命令：

```
android delete avd -n <name>
```

<name>参数表示 AVD 名称。

2.2.3　emulator 命令

Android SDK 中提供了一个移动设备模拟器，开发人员不必准备真实的移动设备就可以进行 Android 开发，使用 emulator 命令可以控制模拟器，该命令的格式如下：

```
emulator -avd <avd_name> [-<option> [<value>]] ... [-<qemu args>]
```

表 2.2 总结了可用的选项及其含义。

表 2.2　emulator 命令中的可用选项及含义

分　类	选　项	描　述
帮助	-help	打印所有模拟器选项列表
	-help-all	打印所有启动选项帮助
	-help-<option>	打印特定启动选项帮助
	-help-debug-tags	打印用于-debug <tags>的标签列表
	-help-disk-images	打印使用模拟器磁盘镜像帮助
	-help-environment	打印模拟器环境变量帮助
	-help-keys	打印当前模拟器与键盘按键映射关系

分　　类	选　　项	描　　述
帮助	-help-keyset-file	打印自定义键盘映射文件帮助
	-help-virtual-device	打印 Android 虚拟设备使用帮助
AVD	-avd <avd_name>或@<avd_name>	指定当前模拟器加载的 AVD 实例（必需）
磁盘镜像	-cache <filepath>	使用<filepath>作为工作缓存分区镜像
	-data <filepath>	使用<filepath>作为工作用户数据磁盘镜像
	-initdata <filepath>	重置用户数据镜像时，复制该文件注释到新文件
	-nocache	启动没有缓冲分区的模拟器
	-ramdisk <filepath>	使用<filepath>作为 RAM 磁盘镜像
	-sdcard <filepath>	使用<filepath>作为 SD 卡磁盘镜像
	-wipe-data	重置当前用户数据磁盘镜像
调试	-debug <tags>	启用/禁用特定调试标签（多个，使用逗号分隔）的调试信息
	-debug-<tag>	启用/禁用特定调试标签（单个）的调试信息
	-debug-no-<tag>	禁用特定调试标签（单个）的调试信息
	-logcat <logtags>	启用给定的标签 logcat 输出
	-shell	在当前终端创建 root shell 控制台
	-shell-serial <device>	启动 root shell 并指定与之通信的 QEMU 字符设备
	-show-kernel <name>	显示内核信息
	-trace <name>	启动代码分析（按 F9 键开始）并写入到指定文件
	-verbose	启动详细输出
媒体	-audio <backend>	使用特定音频后端
	-audio-in <backend>	使用特定音频输入后端
	-audio-out <backend>	使用特定音频输出后端
	-noaudio	禁用当前模拟器实例音频支持
	-radio <device>	重定向无限调制解调器接口到主机字符设备
	-useaudio	启动当前模拟器实例音频输出
网络	-dns-server <servers>	使用指定 DNS 服务器
	-http-proxy <proxy>	使用指定 HTTP/HTTPS 代理所有 TCP 连接
	-netdelay <delay>	设置模拟器网络延迟<delay>
	-netfast	-netspeed full -netdelay none 的简写
	-netspeed <speed>	设置模拟器网络速度<speed>
	-port <port>	设置当前模拟器实例使用的控制台端口号
	-report-console <socket>	启动模拟器前，报告为其分配的控制台端口号到远程应用
系统	-cpu-delay <delay>	设置模拟器 CPU 减慢<delay>
	-gps <device>	重定向 NMEA GPS 到字符设备
	-nojni	在 Dalvik 运行时禁用 JNI 检查
	-qemu	传递参数到 qemu
	-qemu -h	显示 qemu 帮助
	-radio <device>	重定向无线模式到特定字符设备
	-timezone <timezone>	设置模拟设备时区为<timezone>
	-version	显示模拟设备版本

续表

分　类	选　项	描　述
UI	-dpi-device <dpi>	调制模拟器分辨率以便匹配物理设备屏幕大小
	-no-boot-anim	禁用模拟器启动动画
	-no-window	禁用模拟器图形窗口显示
	-scale <scale>	调整模拟器窗口
	-raw-keys	禁用 Unicode 键盘反向映射
	-noskin	不使用模拟器皮肤
	-keyset <file>	使用指定键映射文件代替默认文件
	-onion <image>	支持屏幕上使用叠加图像
	-onion-alpha <percent>	设置透明度
	-onion-rotation <position>	设置旋转

2.2.4　mksdcard 命令

mksdcard 命令可以快速创建 FAT32 磁盘镜像，启动模拟器时加载该磁盘镜像，可以模拟真实设备的 SD 卡。在创建 AVD 时，也可以同时创建 SD 卡。使用该命令的好处是可以在多个模拟器间共享 SD 卡。该命令的格式如下：

mksdcard -l <label> <size> <file>

<label>参数表示磁盘镜像的卷标签；<size>参数表示 SD 卡的大小，可以使用 KB、MB 等单位；<file>参数表示 SD 卡的路径/名称。

 说明　SD 卡文件类型为 FAT32，其最小为 9MB，最大为 1023GB。

2.2.5　范例 1：在 SD 卡上创建/删除文件夹

使用 adb 命令可以向/从 SD 卡中复制文件，但是并没有提供创建/删除文件夹的功能。如果开发人员需要创建/删除文件夹，则需要进入 shell 控制台进行操作，下面介绍其详细步骤。

（1）在控制台中输入 adb shell 命令，进入 shell 控制台，如图 2.17 所示。

（2）在 shell 控制台中输入 cd sdcard 命令，进入 SD 卡中，如图 2.18 所示。

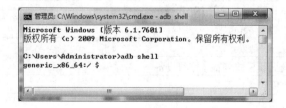

图 2.17　进入 shell 控制台

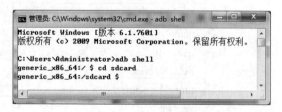

图 2.18　进入 SD 卡

（3）在 shell 控制台中输入 ls -al 命令，查看 SD 卡中包含的全部文件和文件夹，如图 2.19 所示。

（4）在 shell 控制台中输入 mkdir mrsoft 命令，创建一个名为 mrsoft 的文件夹，如图 2.20 所示。

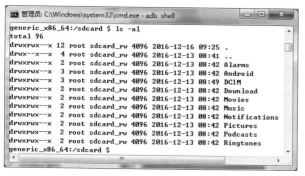

图 2.19　查看 SD 卡内容

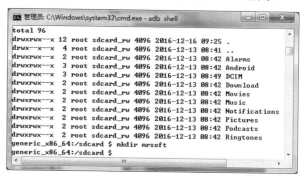

图 2.20　创建新文件夹 mrsoft

（5）在 shell 控制台中输入 ls -al 命令，查看 SD 卡中包含的全部文件和文件夹，如图 2.21 所示。可以看到，文件夹 mrsoft 已经创建。

（6）在 shell 控制台中输入 rmdir mrsoft 命令，可以删除刚刚创建的 mrsoft 文件夹，如图 2.22 所示。

（7）在 shell 控制台中输入 ls -al 命令，查看 SD 卡中包含的全部文件和文件夹，如图 2.23 所示。可以看到，文件夹 mrsoft 已经删除。

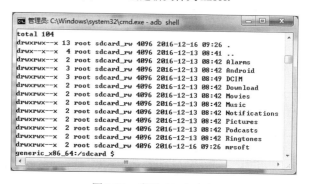

图 2.21　查看 SD 卡内容

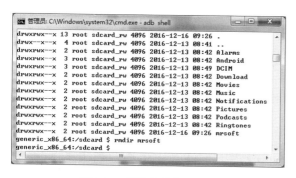

图 2.22　删除文件夹 mrsoft

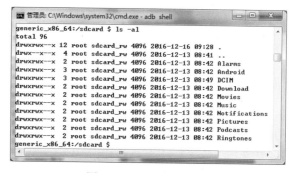

图 2.23　查看 SD 卡内容

说明

使用 rm 命令可以删除 SD 卡中的文件。

2.2.6　范例 2：使用 DDMS 透视图管理 SD 卡

如果使用 Android 版本的 Eclipse 来开发 Android 程序，则可以进入 DDMS 透视图来操作 SD 卡。

下面详细介绍其步骤。

（1）选择"窗口"/Perspective/"打开透视图"/DDMS 命令，打开 DDMS 透视图，如图 2.24 所示。

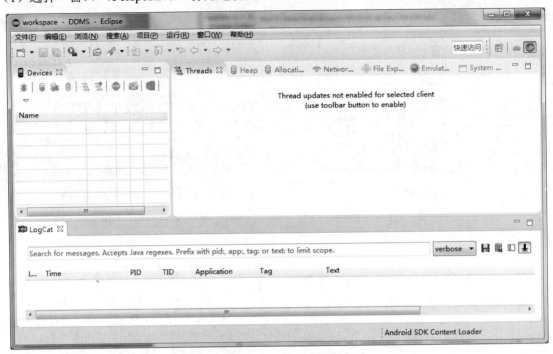

图 2.24　DDMS 透视图

（2）运行 Android 模拟器，此时在 DDMS 透视图中会显示启动信息，如图 2.25 所示。

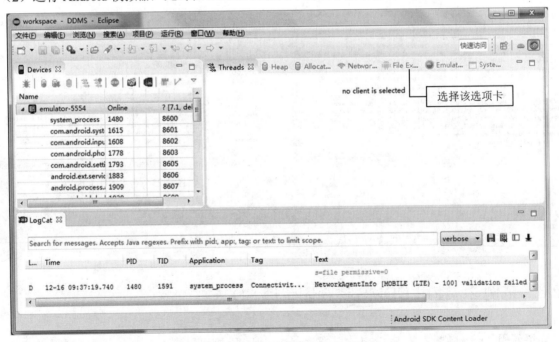

图 2.25　启动模拟器后的 DDMS 透视图

（3）选择 File Explorer 选项卡，滚动到 storage 节点所在位置，并展开该节点，如图 2.26 所示。

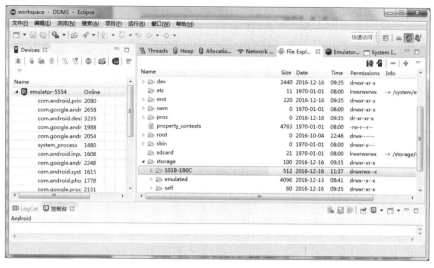

图 2.26　sdcard 文件夹内容

说明　如果已经启动模拟器，在选择 File Explorer 选项卡后，没有显示如图 2.26 所示的文件列表，那么需要更新 Eclipse 中的 "ddmlib.jar" 文件（笔者的位于 "D:\eclipse\configuration\org.eclipse.osgi\85\0\.cp\libs" 目录下）。更新方法为：首先到 "http://code.google.com/p/android/issues/detail?id=211616" 网站中下载 ddmlib.jar 文件，然后退出 Eclipse，再到 Eclipse 的安装目录下搜索 ddmlib.jar 文件，并且用新下载的 ddmlib.jar 替换原有的 ddmlib.jar 文件。

（4）选中 storage/101B-1B0C 节点（其中 101B-1B0C 节点的名称每次启动 Eclipse 可能都不相同，只要找到类似的节点选中即可），此时右上角的 图标变成可用状态。其中， 用于从设备中复制文件/文件夹； 用于向设备中复制文件/文件夹； 用于删除选中的文件/文件夹； 用于新建文件/文件夹。单击 图标，如图 2.27 所示，选择需要复制的文件即可完成复制。

图 2.27　选择需要复制的文件

注意 只有当选中可删除的文件时，━按钮才可以使用。

2.3 经典范例

2.3.1 卸载已安装的应用

对于不再使用的应用程序，可以将其卸载以节约系统资源。下面以第一章已经安装的 1.1 应用为例，详细介绍如何在模拟器中卸载程序。

（1）启动模拟器，进入应用程序界面，在该界面中，按住"1.1"的图标，向上拖动到屏幕上方如图 2.28 所示的垃圾桶上，直到其变为红色。

（2）松开鼠标，将弹出如图 2.29 所示的对话框。

图 2.28　拖动要卸载的应用

图 2.29　询问是否卸载

（3）在图 2.29 所示的对话框中，单击"确定"按钮，即可完成第一个 Android 应用程序 1.1 的卸载。

2.3.2 使用模拟器拨打电话

Android 模拟器提供了模拟拨号功能，下面将介绍其使用步骤。

（1）启动两个 Android 模拟器，在其中一个模拟器应用中进入应用程序界面，然后单击"电话"图标，在进入的界面中，选择中间的选项卡，如图 2.30 所示。

（2）单击"拨打电话"文字按钮，在进入的拨号界面中，输入另一个模拟器的端口号，如 5556，如图 2.31 所示。

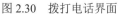

图 2.30　拨打电话界面

图 2.31　拨号界面

（3）单击绿色背景的电话图标，将显示如图 2.32 所示的正在拨号界面。

图 2.32　正在拨号界面

（4）切换到另一个模拟器，可以看到如图 2.33 所示的显示来电界面。在该界面中，单击 ANSWER 按钮接听电话，显示效果如图 2.34 所示。如果不想接听电话，也可以单击 DISMISS 按钮挂断电话。

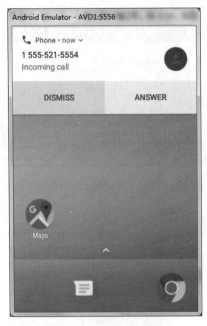

图 2.33　显示来电界面

图 2.34　正在通话界面

2.4　小　　结

本章重点讲解了 Android 模拟器与常用命令的使用。迄今为止，Google 已经推出了多个版本的 Android 平台。正是由于有了模拟器，才大幅度地减少了购买硬件设备的开支。对于 Android 应用，一般可以在多个平台上运行。在开发时，也可以创建多个模拟器进行测试。使用 Android 版本的 Eclipse 能够简化 Android 开发，但是有些功能需要使用命令行来完成。因此，本章也介绍了初学阶段常用的 Android 命令。

2.5　实践与练习

1. 使用命令创建 AVD，要求使用最新版本的 Android，SD 卡大小为 256MB。
2. 启动两个 Android 模拟器，使用一个向另一个发送短信。

第 3 章

用户界面设计

(📹 教学录像：7 小时 16 分钟)

通过前面的学习，相信读者已经对 Android 有了一定的了解，本章将学习 Android 开发中一项很重要的内容——用户界面设计。Android 提供了多种控制 UI 界面的方法、布局方式，以及大量功能丰富的 UI 组件，通过这些组件，可以像搭积木一样，开发出优秀的用户界面。

通过阅读本章，您可以：

▸▸ 掌握控制 UI 界面的 4 种方法

▸▸ 掌握线性布局、表格布局、帧布局和相对布局管理器的应用

▸▸ 掌握文本框和编辑框的基本应用

▸▸ 掌握单选按钮、单选按钮组和复选框的基本应用

▸▸ 掌握普通按钮和图片按钮的使用方法

▸▸ 掌握图像视图和列表视图的应用

▸▸ 掌握列表选择框的使用方法

▸▸ 掌握日期、时间选择器及计时器的基本应用

3.1 控制 UI 界面

📹 **教学录像：光盘\TM\lx\3\控制 UI 界面.exe**

用户界面设计是 Android 应用开发的一项重要内容。在进行用户界面设计时，首先需要了解页面中的 UI 元素如何呈现给用户，也就是如何控制 UI 界面。Android 提供了 4 种控制 UI 界面的方法，下面分别进行介绍。

3.1.1 使用 XML 布局文件控制 UI 界面

Android 提供了一种非常简单、方便的方法用于控制 UI 界面。该方法采用 XML 文件来进行界面布局，从而将布局界面的代码和逻辑控制的 Java 代码分离开来，使程序的结构更加清晰、明了。

使用 XML 布局文件控制 UI 界面可以分为以下两个关键步骤。

（1）在 Android 应用的 res\layout 目录下编写 XML 布局文件，可以采用任何符合 Java 命名规则的文件名。创建后，R.java 会自动收录该布局资源。

（2）在 Activity 中使用以下 Java 代码显示 XML 文件中布局的内容。

```
setContentView(R.layout.main);
```

在上面的代码中，main 是 XML 布局文件的文件名。

通过上面的步骤就可轻松实现布局并显示 UI 界面的功能。下面通过一个具体的例子来演示如何使用 XML 布局文件控制 UI 界面。

例 3.1 在 Eclipse 中创建 Android 项目，名称为 3.1，使用 XML 布局文件实现游戏的开始界面。（**实例位置：光盘\TM\sl\3\3.1**）

（1）修改新建项目 3.1 的 res\layout 目录下的布局文件 main.xml。在该文件中，采用帧布局（FrameLayout），并且添加两个 TextView 组件，第 1 个用于显示提示文字，第 2 个用于在窗体的正中间位置显示开始游戏按钮。修改后的代码如下：

```xml
<?xml version="1.0" encoding="utf-8"?>
<FrameLayout xmlns:android="http://schemas.android.com/apk/res/android"
    android:layout_width="fill_parent"
    android:layout_height="fill_parent"
    android:background="@drawable/background"
    >
    <!-- 添加提示文字 -->
    <TextView
        android:layout_width="fill_parent"
        android:layout_height="wrap_content"
        android:text="@string/title"
        style="@style/text"
    />
```

```
    <!-- 添加开始按钮 -->
    <TextView
        android:id="@+id/startButton"
        android:layout_gravity="center_vertical|center_horizontal"
        android:text="@string/start"
        android:layout_width="wrap_content"
        android:layout_height="wrap_content"
        style="@style/text"
    />
</FrameLayout>
```

说明　在布局文件 main.xml 中，通过设置布局管理器的 android:background 属性，可以为窗体设置背景图片；通过设置具体组件的 style 属性，可以为组件设置样式；使用 android:layout_gravity="center_vertical|center_horizontal"，可以让该组件在帧布局中居中显示。

（2）修改 res\values 目录下的 strings.xml 文件，并且在该文件中添加一个用于定义开始按钮内容的常量，名称为 start，内容为"单击开始游戏……"。修改后的代码如下：

```
<?xml version="1.0" encoding="utf-8"?>
<resources>
    <string name="title">使用 XML 布局文件控制 UI 界面</string>
    <string name="app_name">3.1</string>
    <string name="start">单击开始游戏……</string>
</resources>
```

说明　strings.xml 文件用于定义程序中应用的字符串常量。其中，每一个<string>子元素都可以定义一个字符串常量，常量名称由 name 属性指定，常量内容写在起始标记<string>和结束标记</string>之间。

（3）为了改变窗体中文字的大小，需要为 TextView 组件添加 style 属性，用于指定应用的样式。具体的样式需要在 res\values 目录中创建的样式文件中指定。在本实例中，创建一个名称为 styles.xml 的样式文件，并在该文件中创建一个名称为 text 的样式，用于指定文字的大小和颜色。创建 styles.xml 文件的具体代码如下：

```
<?xml version="1.0" encoding="utf-8"?>
<resources>
    <style name="text">
     <item name="android:textSize">24dp</item>
     <item name="android:textColor">#111111</item>
    </style>
</resources>
```

（4）在主活动，也就是 MainActivity 中，应用以下代码指定活动应用的布局文件。

```
setContentView(R.layout.main);
```

67

> **说明** 在应用 Eclipse 创建 Android 项目时，Eclipse 会自动在主活动的 onCreate()方法中添加指定布局文件 main.xml 的代码。

在模拟器上运行木实例，将显示如图 3.1 所示的运行结果。

3.1.2　在代码中控制 UI 界面

Android 支持像 Java Swing 那样完全通过代码控制 UI 界面。也就是所有的 UI 组件都通过 new 关键字创建出来，然后将这些 UI 组件添加到布局管理器中，从而实现用户界面。

在代码中控制 UI 界面可以分为以下 3 个关键步骤。

（1）创建布局管理器，可以是帧布局管理器、表格布局管理器、线性布局管理器和相对布局管理器等，并且设置布局管理器的属性。例如，为布局管理器设置背景图片等。

（2）创建具体的组件，可以是 TextView、ImageView、EditText 和 Button 等任何 Android 提供的组件，并且设置组件的布局和各种属性。

（3）将创建的具体组件添加到布局管理器中。

下面通过一个具体的实例来演示如何使用 Java 代码控制 UI 界面。

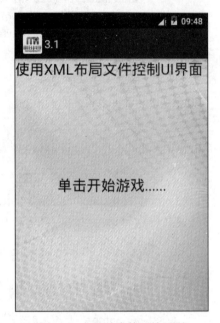

图 3.1　实现游戏的开始界面

例 3.2　在 Eclipse 中创建 Android 项目，名称为 3.2，完全通过代码实现游戏的进入界面。（**实例位置：光盘\TM\sl\3\3.2**）

（1）在新创建的项目中，打开 src\com\mingrisoft 目录下的 MainActivity.java 文件，然后将默认生成的下面这行代码删除。

```
setContentView(R.layout.main);
```

（2）在 MainActivity 的 onCreate()方法中，创建一个帧布局管理器，并为该布局管理器设置背景，关键代码如下：

```
FrameLayout frameLayout = new FrameLayout(this);              //创建帧布局管理器
frameLayout. setBackgroundResource(R.drawable.background);    //设置背景
setContentView(frameLayout);                                  //设置在 Activity 中显示 frameLayout
```

（3）创建一个 TextView 组件 text1，设置其文字大小和颜色，并将其添加到布局管理器中，具体代码如下：

```
TextView text1 = new TextView(this);
text1.setText("在代码中控制 UI 界面");                          //设置显示的文字
text1.setTextSize(TypedValue.COMPLEX_UNIT_SP, 24);           //设置文字大小，单位为 sp
text1.setTextColor(Color.rgb(1, 1, 1));                      //设置文字的颜色
frameLayout.addView(text1);                                  //将 text1 添加到布局管理器中
```

（4）声明一个 TextView 组件 text2，因为在为该组件添加的事件监听中，要通过代码改变该组件的值，所以需要将其设置为 MainActivity 的一个属性，关键代码如下：

```
public TextView text2;
```

（5）实例化 text2 组件，设置其显示文字、文字大小、颜色和布局，具体代码如下：

```
text2 = new TextView(this);
text2.setText("单击进入游戏......");                                    //设置显示文字
text2.setTextSize(TypedValue.COMPLEX_UNIT_SP, 24);                    //设置文字大小，单位为 sp
text2.setTextColor(Color.rgb(1, 1, 1));                              //设置文字的颜色
LayoutParams params = new LayoutParams(
        ViewGroup.LayoutParams.WRAP_CONTENT,
        ViewGroup.LayoutParams.WRAP_CONTENT);                        //创建保存布局参数的对象
params.gravity = Gravity.CENTER_HORIZONTAL | Gravity.CENTER_VERTICAL;    //设置居中显示
text2.setLayoutParams(params);                                       //设置布局参数
```

说明　在通过 setTextSize()方法设置 TextView 的文字大小时，可以指定使用的单位。在上面的代码中，int 型的常量 TypedValue.COMPLEX_UNIT_SP 表示单位是比例像素，如果要设置单位为磅，可以使用常量 TypedValue.COMPLEX_UNIT_PT，这些常量可以在 Android 官方提供的 API 中找到。

（6）为 text2 组件添加单击事件监听器，并将该组件添加到布局管理器中，具体代码如下：

```
text2.setOnClickListener(new OnClickListener() {                         //为 text2 添加单击事件监听器

    @Override
    public void onClick(View v) {
        new AlertDialog.Builder(MainActivity.this).setTitle("系统提示")        //设置对话框的标题
                .setMessage("游戏有风险，进入需谨慎，真的要进入吗？")  //设置对话框的显示内容
                .setPositiveButton("确定",                             //为"确定"按钮添加单击事件
                        new DialogInterface.OnClickListener() {

                            @Override
                            public void onClick(DialogInterface dialog, int which) {
                                Log.i("3.2", "进入游戏");                 //输出消息日志
                            }
                }).setNegativeButton("退出",                           //为"退出"按钮添加单击事件
                        new DialogInterface.OnClickListener() {

                            @Override
                            public void onClick(DialogInterface dialog, int which) {
                                Log.i("3.2", "退出游戏");                 //输出消息日志
                                finish();                             //结束游戏
                            }
                }).show();                                           //显示对话框
    }
});
frameLayout.addView(text2);                                              //将 text2 添加到布局管理器中
```

运行本实例，将显示如图 3.2 所示的运行结果。单击文字"单击进入游戏……"，将弹出如图 3.3 所示的提示对话框。

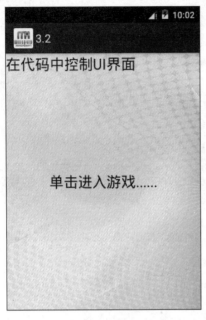

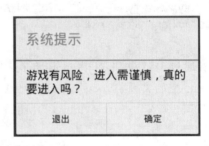

图 3.2　通过代码布局游戏开始界面　　　　图 3.3　系统提示对话框

 说明 完全通过代码控制 UI 界面虽然比较灵活，但是其开发过程比较繁琐，而且不利于高层次的解耦，因此不推荐采用这种方式控制 UI 界面。

3.1.3　使用 XML 和 Java 代码混合控制 UI 界面

完全通过 XML 布局文件控制 UI 界面，实现比较方便快捷，但是有失灵活；而完全通过 Java 代码控制 UI 界面，虽然比较灵活，但是开发过程比较繁琐。鉴于这两种方法的优缺点，下面来看另一种控制 UI 界面的方法，即使用 XML 和 Java 代码混合控制 UI 界面。

使用 XML 和 Java 代码混合控制 UI 界面，习惯上把变化小、行为比较固定的组件放在 XML 布局文件中，把变化较多、行为控制比较复杂的组件交给 Java 代码来管理。下面通过一个具体的实例来演示如何使用 XML 和 Java 代码混合控制 UI 界面。

例 3.3　在 Eclipse 中创建 Android 项目，名称为 3.3，通过 XML 和 Java 代码在窗体中横向并列显示 4 张图片。（**实例位置：光盘\TM\sl\3\3.3**）

（1）修改新建项目的 res\layout 目录下的布局文件 main.xml，将默认创建的<TextView>组件删除，然后将默认创建的相对布局管理器修改为水平线性布局管理器，并且为该线性布局设置 id 属性。修改后的代码如下：

```
<?xml version="1.0" encoding="utf-8"?>
<LinearLayout xmlns:android="http://schemas.android.com/apk/res/android"
```

```
    android:orientation="horizontal"
    android:layout_width="fill_parent"
    android:layout_height="fill_parent"
        android:id="@+id/layout"
    >
</LinearLayout>
```

（2）在 MainActivity 中，声明 img 和 imagePath 两个成员变量，其中，img 是一个 ImageView 类型的一维数组，用于保存 ImageView 组件；imagePath 是一个 int 型的一维数组，用于保存要访问的图片资源。关键代码如下：

```
private    ImageView[] img=new ImageView[4];              //声明一个保存 ImageView 组件的数组
private int[] imagePath=new int[]{
R.drawable.img01,R.drawable.img02,R.drawable.img03,R.drawable.img04
};                                                        //声明并初始化一个保存访问图片的数组
```

（3）在 MainActivity 的 onCreate()方法中，首先获取在 XML 布局文件中创建的线性布局管理器，然后通过一个 for 循环创建 4 个显示图片的 ImageView 组件，并将其添加到布局管理器中。关键代码如下：

```
setContentView(R.layout.main);
LinearLayout layout=(LinearLayout)findViewById(R.id.layout);   //获取 XML 文件中定义的线性布局管理器
for(int i=0;i<imagePath.length;i++){
    img[i]=new ImageView(this);                                //创建一个 ImageView 组件
    img[i].setImageResource(imagePath[i]);                     //为 ImageView 组件指定要显示的图片
    img[i].setPadding(5, 5, 5, 5);                             //设置 ImageView 组件的内边距
    LayoutParams params=new LayoutParams(120,70);              //设置图片的宽度和高度
    img[i].setLayoutParams(params);                            //为 ImageView 组件设置布局参数
    layout.addView(img[i]);                                    //将 ImageView 组件添加到布局管理器中
}
```

运行本实例，将显示如图 3.4 所示的运行结果。

图 3.4　在窗体中横向并列显示 4 张图片

3.1.4　开发自定义的 View

在 Android 中，所有的 UI 界面都是由 View 类和 ViewGroup 类及其子类组合而成的。其中，View 类是所有 UI 组件的基类，而 ViewGroup 类是容纳这些 UI 组件的容器，其本身也是 View 类的子类。在 ViewGroup 类中，除了可以包含普通的 View 类外，还可以再次包含 ViewGroup 类。View 类和 ViewGroup 类的层次结构如图 3.5 所示。

一般情况下，开发 Android 应用程序的 UI 界面，都不直接使用 View 和 ViewGroup 类，而是使用这两个类的子类。例如，要显示一张图片，就可以使用 View 类的子类 ImageView。虽然 Android 提供了很多继承了 View 类的 UI 组件，但是在实际开发时，还会出现不足以满足程序需要的情况。这时，用户就可以通过继承 View 类来开发自己的组件。开发自定义的 View 组件大致分为以下 3 个步骤。

（1）创建一个继承 android.view.View 类的 View 类，并且重写构造方法。

（2）根据需要重写相应的方法。可以通过下面的方法找到可以被重写的方法。

在代码中单击鼠标右键，在弹出的快捷菜单中选择"源代码"/"覆盖/实现方法"命令，将打开如图 3.6 所示的窗口，在该窗口的列表框中显示出了可以被重写的方法。只需要选中要重写方法前面的复选框，并单击"确定"按钮，Eclipse 将自动重写指定的方法。通常情况下，不需要重写全部方法。

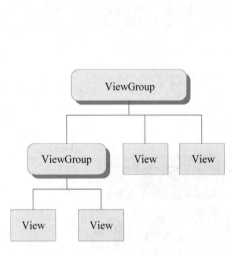

图 3.5　Android UI 组件的层次结构

图 3.6　"覆盖/实现方法"窗口

（3）在项目的活动中，创建并实例化自定义 View 类，并将其添加到布局管理器中。

下面通过一个具体的实例来演示如何开发自定义的 View 类。

例 3.4　在 Eclipse 中创建 Android 项目，名称为 3.4，自定义 View 组件实现跟随手指的小兔子。（**实例位置：光盘\TM\sl\3\3.4**）

（1）修改新建项目的 res\layout 目录下的布局文件 main.xml，将默认创建的<RelativeLayout>和<TextView>组件删除，然后添加一个帧布局管理器 FrameLayout，并且设置其背景和 id 属性。修改后的代码如下：

```xml
<?xml version="1.0" encoding="utf-8"?>
<FrameLayout xmlns:android="http://schemas.android.com/apk/res/android"
    android:layout_width="match_parent"
    android:layout_height="match_parent"
    android:background="@drawable/background"
    android:id="@+id/mylayout"
    >
</FrameLayout>
```

（2）创建一个名称为 RabbitView 的 Java 类，该类继承自 android.view.View 类，重写带一个参数 Context 的构造方法和 onDraw()方法。其中，在构造方法中设置兔子的默认显示位置，在 onDraw()方法 中根据图片绘制小兔子。RabbitView 类的关键代码如下：

```java
public class RabbitView extends View {
    public float bitmapX;                              //小兔子显示位置的 X 坐标
    public float bitmapY;                              //小兔子显示位置的 Y 坐标
    public RabbitView(Context context) {               //重写构造方法
        super(context);
        bitmapX = 290;                                 //设置小兔子默认显示位置的 X 坐标
        bitmapY = 130;                                 //设置小兔子默认显示位置的 Y 坐标
    }
    @Override
    protected void onDraw(Canvas canvas) {
        super.onDraw(canvas);
        Paint paint = new Paint();                     //创建并实例化 Paint 的对象
        Bitmap bitmap = BitmapFactory.decodeResource(this.getResources(),
                R.drawable.rabbit);                    //根据图片生成位图对象
        canvas.drawBitmap(bitmap, bitmapX, bitmapY, paint);        //绘制小兔子
        if (bitmap.isRecycled()) {                     //判断图片是否回收
            bitmap.recycle();                          //强制回收图片
        }
    }
}
```

（3）在主活动的 onCreate()方法中，首先获取帧布局管理器并实例化小兔子对象 rabbit，然后为 rabbit 添加触摸事件监听器，在重写的触摸事件中设置 rabbit 的显示位置并重绘 rabbit 组件，最后将 rabbit 添 加到布局管理器中，关键代码如下：

```java
FrameLayout frameLayout=(FrameLayout)findViewById(R.id.mylayout);        //获取帧布局管理器
final RabbitView rabbit=new RabbitView(MainActivity.this);               //创建并实例化 RabbitView 类
//为小兔子添加触摸事件监听器
rabbit.setOnTouchListener(new OnTouchListener() {

    @Override
    public boolean onTouch(View v, MotionEvent event) {
        rabbit.bitmapX=event.getX();                                     //设置小兔子显示位置的 X 坐标
```

```
            rabbit.bitmapY=event.getY();              //设置小兔子显示位置的 Y 坐标
            rabbit.invalidate();                      //重绘 rabbit 组件
            return true;
        }
    });
    frameLayout.addView(rabbit);                      //将 rabbit 添加到布局管理器中
```

运行本实例，将显示如图 3.7 所示的运行结果。当用手指在屏幕上拖动时，小兔子将跟随手指的拖动轨迹移动。

图 3.7　跟随手指的小兔子

3.2　布局管理器

📀 **教学录像：光盘\TM\lx\3\布局管理器.exe**

在 Android 中，每个组件在窗体中都有具体的位置和大小，在窗体中摆放各种组件时，很难进行判断。不过，使用 Android 布局管理器可以很方便地控制各组件的位置和大小。Android 中提供了线性布局管理器（LinearLayout）、表格布局管理器（TableLayout）、帧布局管理器（FrameLayout）、相对布局管理器（RelativeLayout）和绝对布局管理器（AbsoluteLayout），对应于这 5 种布局管理器，Android 提供了 5 种布局方式，其中，绝对布局在 Android 2.0 中被标记为已过期，可以使用帧布局或相对布局替代，所以本节将只对前 4 种布局方式进行详细介绍。

3.2.1　线性布局

线性布局是将放入其中的组件按照垂直或水平方向来布局，也就是控制放入其中的组件横向或纵向排列。在线性布局中，每一行（针对垂直排列）或每一列（针对水平排列）中只能放一个组件，并且 Android 的线性布局不会换行，当组件排列到窗体的边缘后，后面的组件将不会被显示出来。

说明　在线性布局中，排列方式由 android:orientation 属性来控制，对齐方式由 android:gravity 属性来控制。

在 Android 中，可以在 XML 布局文件中定义线性布局管理器，也可以使用 Java 代码来创建（推荐使用前者）。在 XML 布局文件中定义线性布局管理器时，需要使用<LinearLayout>标记，其基本的语法格式如下：

```
<LinearLayout xmlns:android="http://schemas.android.com/apk/res/android"
   属性列表
   >
</LinearLayout>
```

在线性布局管理器中，常用的属性包括 android:orientation、android:gravity、android:layout_width、android:layout_height、android:id 和 android:background。其中，前两个属性是线性布局管理器支持的属性，后面 4 个是 android.view.View 和 android.view.ViewGroup 支持的属性，下面进行详细介绍。

1．android:orientation 属性

android:orientation 属性用于设置布局管理器内组件的排列方式，其可选值为 horizontal 和 vertical，默认值为 vertical。其中，horizontal 表示水平排列；vertical 表示垂直排列。

2．android:gravity 属性

android:gravity 属性用于设置布局管理器内组件的对齐方式，其可选值包括 top、bottom、left、right、center_vertical、fill_vertical、center_horizontal、fill_horizontal、center、fill、clip_vertical 和 clip_horizontal。这些属性值也可以同时指定，各属性值之间用竖线隔开。例如，要指定组件靠右下角对齐，可以使用属性值 right|bottom。

3．android:layout_width 属性

android:layout_width 属性用于设置组件的基本宽度，其可选值包括 fill_parent、match_parent 和 wrap_content。其中，fill_parent 表示该组件的宽度与父容器的宽度相同；match_parent 与 fill_parent 的作用完全相同，从 Android 2.2 开始推荐使用；wrap_content 表示该组件的宽度恰好能包裹它的内容。

说明　android:layout_width 属性是 ViewGroup.LayoutParams 所支持的 XML 属性，对于其他的布局管理器同样适用。

4．android:layout_height 属性

android:layout_height 属性用于设置组件的基本高度，其可选值包括 fill_parent、match_parent 和 wrap_content。其中，fill_parent 表示该组件的高度与父容器的高度相同；match_parent 与 fill_parent 的作用完全相同，从 Android 2.2 开始推荐使用；wrap_content 表示该组件的高度恰好

能包裹它的内容。

说明 android:layout_height 属性是 ViewGroup.LayoutParams 所支持的 XML 属性，对于其他的布局管理器同样适用。

5．android:id 属性

android:id 属性用于为当前组件指定一个 id 属性，在 Java 代码中可以应用该属性单独引用这个组件。为组件指定 id 属性后，在 R.java 文件中，会自动派生一个对应的属性，在 Java 代码中，可以通过 findViewById()方法来获取它。

6．android:background 属性

android:background 属性用于为组件设置背景，可以是背景图片，也可以是背景颜色。为组件指定背景图片时，可以将准备好的背景图片复制到目录下，然后使用下面的代码进行设置：

```
android:background="@drawable/background"
```

如果想指定背景颜色，可以使用颜色值。例如，要想指定背景颜色为白色，可以使用下面的代码：

```
android:background="#FFFFFFFF"
```

说明 在线性布局中，还可以使用 android.view.View 类支持的其他属性，更加详细的内容可以参阅 Android 官方提供的 API 文档。

下面给出一个在程序中使用线性布局的实例。

例 3.5 在 Eclipse 中创建 Android 项目，名称为 3.5，实现采用线性布局显示一组按钮。（**实例位置：光盘\TM\sl\3\3.5**）

修改新建项目的 res\layout 目录下的布局文件 main.xml，将默认添加的相对布局管理器修改为垂直线性布局管理器，并且在该布局管理器中添加 4 个按钮，然后将每个按钮的 android:layout_width 属性值设置为 match_parent。修改后的代码如下：

```xml
<?xml version="1.0" encoding="utf-8"?>
<LinearLayout xmlns:android="http://schemas.android.com/apk/res/android"
    android:orientation="vertical"
    android:layout_width="fill_parent"
    android:layout_height="fill_parent"
    android:background="@drawable/background"
    >
    <Button android:text="按钮 1" android:id="@+id/button1"
     android:layout_width="match_parent"
     android:layout_height="wrap_content"/>
    <Button android:text="按钮 2" android:id="@+id/button2"
     android:layout_width="match_parent"
     android:layout_height="wrap_content"/>
    <Button android:text="按钮 3" android:id="@+id/button3"
```

```
    android:layout_width="match_parent"
    android:layout_height="wrap_content"/>
  <Button android:text="按钮 4" android:id="@+id/button4"
    android:layout_width="match_parent"
    android:layout_height="wrap_content"/>
</LinearLayout>
```

运行本实例，将显示如图 3.8 所示的运行结果。

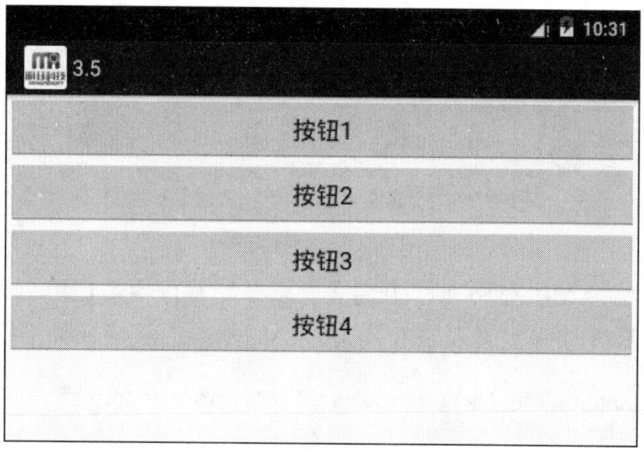

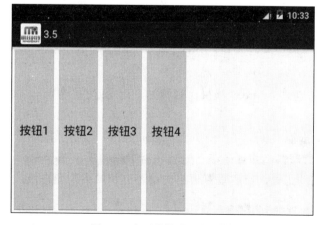

图 3.8　垂直线性布局的效果

在本实例中，如果将 android:orientation 属性的值设置为 horizontal，将采用水平线性布局。由于在水平线性布局中，当组件排列到窗体的边缘后，后面的组件将不会被显示出来，所以在窗体中将只显示"按钮 1"，不显示其他按钮。为了让其他按钮也显示到窗体中，需要将各按钮的 android:layout_width属性值和 android:layout_height 属性值互换，代码如下：

```
android:layout_width="wrap_content"
android:layout_height="match_parent"
```

这时，再运行程序，将显示如图 3.9 所示的运行结果。

图 3.9　水平线性布局的效果

3.2.2 表格布局

表格布局与常见的表格类似，以行、列的形式来管理放入其中的 UI 组件。表格布局使用 <TableLayout>标记定义，在表格布局中，可以添加多个<TableRow>标记，每个<TableRow>标记占用一行。由于<TableRow>标记也是容器，所以还可在该标记中添加其他组件，每添加一个组件，表格就会增加一列。在表格布局中，列可以被隐藏，也可以被设置为伸展的，从而填充可利用的屏幕空间，还可以设置为强制收缩，直到表格匹配屏幕大小。

 说明

　　　　如果在表格布局中，直接向<TableLayout>中添加 UI 组件，那么该组件将独占一行。

在 Android 中，可以在 XML 布局文件中定义表格布局管理器，也可以使用 Java 代码来创建。推荐使用前者。在 XML 布局文件中定义表格布局管理器的基本语法格式如下：

```
<TableLayout   xmlns:android="http://schemas.android.com/apk/res/android"
    属性列表
>
    <TableRow 属性列表> 需要添加的 UI 组件 </TableRow>
    多个<TableRow>
</TableLayout>
```

TableLayout 继承了 LinearLayout，因此它完全支持 LinearLayout 所支持的全部 XML 属性，此外，TableLayout 还支持如表 3.1 所示的 XML 属性。

表 3.1　TableLayout 支持的 XML 属性

XML 属性	描　　述
android:collapseColumns	设置需要被隐藏的列的列序号（序号从 0 开始），多个列序号之间用逗号","分隔
android:shrinkColumns	设置允许被收缩的列的列序号（序号从 0 开始），多个列序号之间用逗号","分隔
android:stretchColumns	设置允许被拉伸的列的列序号（序号从 0 开始），多个列序号之间用逗号","分隔

下面给出一个在程序中使用表格布局的实例。

例 3.6　在 Eclipse 中创建 Android 项目，名称为 3.6，应用表格布局实现用户登录界面。（**实例位置：光盘\TM\sl\3\3.6**）

修改新建项目的 res\layout 目录下的布局文件 main.xml，将默认添加的布局代码删除，然后添加一个 TableLayout 表格布局管理器，并且在该布局管理器中添加 3 个 TableRow 表格行，再在每个表格行中添加用户登录界面相关的组件，最后设置表格的第 1 列和第 4 列允许被拉伸。修改后的代码如下：

```
<?xml version="1.0" encoding="utf-8"?>
<TableLayout android:id="@+id/tableLayout1"
    android:layout_width="fill_parent"
```

```
android:layout_height="fill_parent"
xmlns:android="http://schemas.android.com/apk/res/android"
android:background="@drawable/background_a"
android:gravity="center_vertical"
android:stretchColumns="0,3"
>
<!-- 第 1 行 -->
<TableRow android:id="@+id/tableRow1"
    android:layout_width="wrap_content"
    android:layout_height="wrap_content">
    <TextView/>
    <TextView android:text="用户名："
        android:id="@+id/textView1"
        android:layout_width="wrap_content"
        android:textSize="24sp"
        android:layout_height="wrap_content"
        />
    <EditText android:id="@+id/editText1"
        android:textSize="24sp"
        android:layout_width="wrap_content"
        android:layout_height="wrap_content" android:minWidth="200dp"/>
    <TextView />
</TableRow>
<!-- 第 2 行 -->
<TableRow android:id="@+id/tableRow2"
    android:layout_width="wrap_content"
    android:layout_height="wrap_content">
    <TextView/>
    <TextView android:text="密    码："
        android:id="@+id/textView2"
        android:textSize="f24sp"
        android:layout_width="wrap_content"
        android:layout_height="wrap_content"/>
    <EditText android:layout_height="wrap_content"
        android:layout_width="wrap_content"
        android:textSize="24sp"
        android:id="@+id/editText2"
        android:inputType="textPassword"/>
    <TextView />
</TableRow>
<!-- 第 3 行 -->
<TableRow android:id="@+id/tableRow3"
    android:layout_width="wrap_content"
    android:layout_height="wrap_content">
    <TextView/>
    <Button android:text="登录"
        android:id="@+id/button1"
```

```
            android:layout_width="wrap_content"
            android:layout_height="wrap_content"/>
        <Button android:text="退出"
            android:id="@+id/button2"
            android:layout_width="wrap_content"
            android:layout_height="wrap_content"/>
        <TextView />
    </TableRow>
</TableLayout>
```

说明 在本实例中，添加了 6 个 TextView 组件，并且设置对应列允许拉伸，这是为了让用户登录表单在水平方向上居中显示而设置的。

运行本实例，将显示如图 3.10 所示的运行结果。

图 3.10　应用表格布局实现用户登录界面

3.2.3　帧布局

在帧布局管理器中，每加入一个组件，都将创建一个空白的区域，通常称为一帧，这些帧都会根据 gravity 属性执行自动对齐。默认情况下，帧布局从屏幕的左上角（0,0）坐标点开始布局，多个组件层叠排序，后面的组件覆盖前面的组件。

在 Android 中，可以在 XML 布局文件中定义帧布局管理器，也可以使用 Java 代码来创建。推荐使用前者。在 XML 布局文件中定义帧布局管理器可以使用<FrameLayout>标记，其基本的语法格式如下：

```
< FrameLayout xmlns:android="http://schemas.android.com/apk/res/android"
    属性列表
>
</FrameLayout>
```

FrameLayout 支持的常用 XML 属性如表 3.2 所示。

表 3.2　FrameLayout 支持的常用 XML 属性

XML 属性	描　述
android:foreground	设置该帧布局容器的前景图像
android:foregroundGravity	定义绘制前景图像的 gravity 属性，即前景图像显示的位置

下面给出一个在程序中使用帧布局的实例。

例 3.7　在 Eclipse 中创建 Android 项目，名称为 3.7，应用帧布局居中显示层叠的正方形。（实例位置：光盘\TM\sl\3\3.7）

修改新建项目的 res\layout 目录下的布局文件 main.xml，将默认添加的布局代码删除，然后添加一个 FrameLayout 帧布局管理器，并且为其设置背景和前景，以及前景图像显示的位置，最后在该布局管理器中添加 3 个居中显示的 TextView 组件，并且为其指定不同的颜色和大小，以更好地体现层叠效果。修改后的代码如下：

```
<?xml version="1.0" encoding="utf-8"?>
<FrameLayout
    android:id="@+id/frameLayout1"
    android:layout_width="fill_parent"
    android:layout_height="fill_parent"
    xmlns:android="http://schemas.android.com/apk/res/android"
    android:background="@drawable/background"
    android:foreground="@drawable/icon"
    android:foregroundGravity="bottom|right"
    >
    <!-- 添加居中显示的红色背景的 TextView，将显示在最下层   -->
<TextView android:text="红色背景的 TextView"
    android:id="@+id/textView1"
    android:background="#FFFF0000"
    android:layout_gravity="center"
    android:layout_width="240dp"
    android:layout_height="240dp"/>
    <!-- 添加居中显示的橙色背景的 TextView，将显示在中间层   -->
<TextView android:text="橙色背景的 TextView"
android:id="@+id/textView2"
android:layout_width="180dp "
android:layout_height="180dp"
android:background="#FFFF6600"
android:layout_gravity="center"
/>
    <!-- 添加居中显示的黄色背景的 TextView，将显示在最上层   -->
<TextView android:text="黄色背景的 TextView"
android:id="@+id/textView3"
android:layout_width="120dp"
android:layout_height="120dp"
```

```
    android:background="#FFFFFEE00"
    android:layout_gravity="center"
    />
</FrameLayout>
```

运行本实例，将显示如图 3.11 所示的运行结果。

图 3.11 应用帧布局居中显示层叠的正方形

说明 帧布局经常应用在游戏开发中，用于显示自定义的视图。例如，在 3.1.4 节的例 3.4 中，实现跟随手指的小兔子时就应用了帧布局。

3.2.4 相对布局

相对布局是指按照组件之间的相对位置来进行布局，如某个组件在另一个组件的左边、右边、上方或下方等。

在 Android 中，可以在 XML 布局文件中定义相对布局管理器，也可以使用 Java 代码来创建。推荐使用前者。在 XML 布局文件中定义相对布局管理器可以使用<RelativeLayout>标记，其基本的语法格式如下：

```
<RelativeLayout xmlns:android="http://schemas.android.com/apk/res/android"
    属性列表
>
</RelativeLayout>
```

RelativeLayout 支持的常用 XML 属性如表 3.3 所示。

表 3.3 RelativeLayout 支持的常用 XML 属性

XML 属性	描　　述
android:gravity	用于设置布局管理器中各子组件的对齐方式
android:ignoreGravity	用于指定哪个组件不受 gravity 属性的影响

在相对布局管理器中，只有上面介绍的两个属性是不够的，为了更好地控制该布局管理器中各子组件的布局分布，RelativeLayout 提供了一个内部类 RelativeLayout.LayoutParams，通过该类提供的大量 XML 属性，可以很好地控制相对布局管理器中各组件的分布方式。RelativeLayout.LayoutParams 支持的 XML 属性如表 3.4 所示。

表 3.4 RelativeLayout.LayoutParams 支持的常用 XML 属性

XML 属性	描　　述
android:layout_above	其属性值为其他 UI 组件的 id 属性，用于指定该组件位于哪个组件的上方
android:layout_alignBottom	其属性值为其他 UI 组件的 id 属性，用于指定该组件与哪个组件的下边界对齐
android:layout_alignLeft	其属性值为其他 UI 组件的 id 属性，用于指定该组件与哪个组件的左边界对齐
android:layout_alignParentBottom	其属性值为 boolean 值，用于指定该组件是否与布局管理器底端对齐
android:layout_alignParentLeft	其属性值为 boolean 值，用于指定该组件是否与布局管理器左边对齐
android:layout_alignParentRight	其属性值为 boolean 值，用于指定该组件是否与布局管理器右边对齐
android:layout_alignParentTop	其属性值为 boolean 值，用于指定该组件是否与布局管理器顶端对齐
android:layout_alignRight	其属性值为其他 UI 组件的 id 属性，用于指定该组件与哪个组件的右边界对齐
android:layout_alignTop	其属性值为其他 UI 组件的 id 属性，用于指定该组件与哪个组件的上边界对齐
android:layout_below	其属性值为其他 UI 组件的 id 属性，用于指定该组件位于哪个组件的下方
android:layout_centerHorizontal	其属性值为 boolean 值，用于指定该组件是否位于布局管理器水平居中的位置
android:layout_centerInParent	其属性值为 boolean 值，用于指定该组件是否位于布局管理器的中央位置
android:layout_centerVertical	其属性值为 boolean 值，用于指定该组件是否位于布局管理器垂直居中的位置
android:layout_toLeftOf	其属性值为其他 UI 组件的 id 属性，用于指定该组件位于哪个组件的左侧
android:layout_toRightOf	其属性值为其他 UI 组件的 id 属性，用于指定该组件位于哪个组件的右侧

下面给出一个在程序中使用相对布局的实例。

例 3.8　在 Eclipse 中创建 Android 项目，名称为 3.8，应用相对布局实现显示软件更新提示界面。（实例位置：光盘\TM\sl\3\3.8）

修改新建项目的 res\layout 目录下的布局文件 main.xml，在默认添加的相对布局管理器中添加一个 TextView 和两个 Button，并设置它们的显示位置及对齐方式。修改后的代码如下：

```
<RelativeLayout xmlns:android="http://schemas.android.com/apk/res/android"
    xmlns:tools="http://schemas.android.com/tools"
    android:layout_width="match_parent"
    android:layout_height="match_parent"
    android:paddingBottom="@dimen/activity_vertical_margin"
    android:paddingLeft="@dimen/activity_horizontal_margin"
    android:paddingRight="@dimen/activity_horizontal_margin"
    android:paddingTop="@dimen/activity_vertical_margin"
```

```
tools:context="com.mingrisoft.MainActivity" >    <!-- 添加一个居中显示的文本视图 textView1 -->
<TextView android:text="发现有 Widget 的新版本，您想现在就安装吗？"
  android:id="@+id/textView1"
  android:textSize="20sp"
  android:layout_height="wrap_content"
  android:layout_width="wrap_content"
  android:layout_centerInParent="true"
  />
  <!-- 添加一个在 button2 左侧显示的按钮 button1 -->
<Button
  android:text="现在更新"
  android:id="@+id/button1"
  android:layout_height="wrap_content"
  android:layout_width="wrap_content"
  android:layout_below="@+id/textView1"
  android:layout_toLeftOf="@+id/button2"
  />
  <!-- 添加一个按钮 button2，该按钮与 textView1 的右边界对齐 -->
<Button
  android:text="以后再说"
  android:id="@+id/button2"
  android:layout_height="wrap_content"
  android:layout_width="wrap_content"
  android:layout_alignRight="@+id/textView1"
  android:layout_below="@+id/textView1"
  />
</RelativeLayout>
```

说明 在上面的代码中，将文本视图 textView1 设置为在屏幕中央显示，然后设置按钮 button2 在 textView1 的下方并与其右边界对齐，最后设置按钮 button1 在 button2 的左侧显示。

运行本实例，将显示如图 3.12 所示的运行结果。

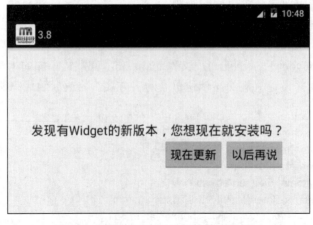

图 3.12   应用相对布局显示软件更新提示

3.2.5 范例 1：使用表格布局与线性布局实现分类工具栏

例 3.9 在 Eclipse 中创建 Android 项目，名称为 3.9，应用表格布局和线性布局分类显示快捷工具栏。（实例位置：光盘\TM\sl\3\3.9）

（1）修改新建项目的 res\layout 目录下的布局文件 main.xml，将默认添加的布局代码删除，然后添加一个 TableLayout 表格布局管理器，并且在该布局管理器中添加 3 个 TableRow 表格行，并将这 3 个表格行的 android:layout_weight 属性值均设置为 1，表示这 3 行平均分配整个视图空间，也就是每行占据整个屏幕 1/3 的空间。修改后的代码如下：

```xml
<?xml version="1.0" encoding="utf-8"?>
<TableLayout
    android:id="@+id/tableLayout1"
    android:layout_width="fill_parent"
    android:layout_height="fill_parent"
    android:background="@drawable/background"
    android:padding="10dp"
    xmlns:android="http://schemas.android.com/apk/res/android">
    <!-- 第 1 行 -->
    <TableRow
        android:id="@+id/tableRow1"
        android:layout_width="fill_parent"
        android:layout_weight="1">
    </TableRow>
    <!-- 第 2 行 -->
    <TableRow
        android:id="@+id/tableRow2"
        android:layout_width="fill_parent"
        android:layout_weight="1">
    </TableRow>
    <!-- 第 3 行 -->
    <TableRow
        android:id="@+id/tableRow3"
        android:layout_width="fill_parent"
        android:layout_weight="1"
        android:background="@drawable/blockbg_big">
    </TableRow>
</TableLayout>
```

（2）在第 1 个表格行中添加具体的内容。首先添加两个水平方向的线性布局管理器，并且设置这两个线性布局管理器各占行宽的 1/2，然后在第 1 个线性布局管理器中添加 1 个 TextView 组件，并设置为居中显示，用于显示日期和时间，接下来在第 2 个线性布局管理器中添加 3 个 ImageView 组件，并设置这 3 个 ImageView 组件平均分配其父视图中的可用空间，用于显示快捷图标，最后为第 2 个线性布局管理器设置内边距，并设置各 ImageView 组件的左外边距。具体代码如下：

```
<LinearLayout
    android:id="@+id/linearLayout1"
    android:layout_width="wrap_content"
    android:layout_height="fill_parent"
    android:layout_weight="1"
    android:background="@drawable/blockbg_big">
    <TextView
        android:id="@+id/textView1"
        android:text="@string/time"
        style="@style/text"
        android:layout_width="fill_parent"
        android:gravity="center"
        android:layout_height="fill_parent" />
</LinearLayout>
<LinearLayout
    android:id="@+id/linearLayout2"
    android:layout_height="fill_parent"
    android:layout_weight="1"
    android:background="@drawable/blockbg_big"
    android:padding="10dp">
    <ImageView
        android:src="@drawable/img01"
        android:id="@+id/imageView1"
        android:layout_weight="1"
        android:layout_width="wrap_content"
        android:layout_height="fill_parent" />
    <ImageView
        android:src="@drawable/img02"
        android:id="@+id/imageView2"
        android:layout_weight="1"
        android:layout_marginLeft="5dp"
        android:layout_width="wrap_content"
        android:layout_height="fill_parent" />
    <ImageView
        android:src="@drawable/img03a"
        android:id="@+id/imageView3"
        android:layout_weight="1"
        android:layout_marginLeft="0dp"
        android:layout_width="wrap_content"
        android:layout_height="fill_parent" />
</LinearLayout>
```

（3）在第 2 个表格行中添加具体的内容。首先添加两个水平方向的线性布局管理器，并且设置这两个线性布局管理器各占行宽的 1/2，然后在第 1 个线性布局管理器中添加 3 个 ImageView 组件，并设置这 3 个 ImageView 平均分配其父视图中的可用空间，用于显示快捷图标，接下来在第 2 个线性布局管理器中添加一个 ImageView 组件和一个 TextView 组件，并设置 ImageView 组件占其父视图可用空间的 1/4，TextView 组件占其父视图可用空间的 3/4，用于显示"转到音乐"工具栏，最后为这两个线性布局管理器设置内边距，并设置各 ImageView 组件的外边距。具体代码如下：

```xml
<LinearLayout
    android:id="@+id/linearLayout3"
    android:layout_height="fill_parent"
    android:layout_weight="1"
    android:background="@drawable/blockbg_big"
    android:padding="40dp">
    <ImageView
        android:src="@drawable/img04"
        android:id="@+id/imageView4"
        android:layout_weight="1"
        android:layout_width="wrap_content"
        android:layout_height="fill_parent" />
    <ImageView
        android:src="@drawable/img05"
        android:id="@+id/imageView5"
        android:layout_weight="1"
        android:layout_marginLeft="10dp"
        android:layout_width="wrap_content"
        android:layout_height="fill_parent" />
    <ImageView
        android:src="@drawable/img06"
        android:id="@+id/imageView6"
        android:layout_weight="1"
        android:layout_marginLeft="10dp"
        android:layout_width="wrap_content"
        android:layout_height="fill_parent" />
</LinearLayout>
<LinearLayout
    android:id="@+id/linearLayout4"
    android:layout_height="fill_parent"
    android:layout_weight="1"
    android:background="@drawable/blockbg_big">
    <ImageView
        android:src="@drawable/img07"
        android:id="@+id/imageView7"
        android:layout_weight="1"
        android:layout_margin="10dp"
        android:layout_width="wrap_content"
        android:layout_height="fill_parent" />
    <TextView
        android:id="@+id/textView2"
        android:text="转到音乐"
        android:gravity="center_vertical"
        style="@style/text"
        android:layout_weight="3"
        android:layout_width="wrap_content"
        android:layout_height="fill_parent" />
</LinearLayout>
```

（4）在第 3 个表格行中添加具体的内容。首先添加一个水平方向的线性布局管理器，然后在该布局管理器中添加一个 ImageView 组件和一个 TextView 组件，并设置这两个组件及线性布局管理器的左外边距，最后设置 TextView 组件垂直居中显示。具体代码如下：

```
<LinearLayout
    android:id="@+id/linearLayout5"
    android:layout_height="fill_parent"
    android:layout_weight="1"
    android:layout_marginLeft="20dp">
    <ImageView
        android:src="@drawable/email"
        android:id="@+id/imageView8"
        android:layout_marginLeft="10dp"
        android:layout_width="wrap_content"
        android:layout_height="fill_parent" />
    <TextView android:id="@+id/textView2"
        android:text="电子邮件"
        android:layout_marginLeft="10dp"
        android:gravity="center_vertical"
        style="@style/text"
        android:layout_width="wrap_content"
        android:layout_height="fill_parent" />
</LinearLayout>
```

运行本实例，将显示如图 3.13 所示的运行结果。

图 3.13　布局分类显示的快捷工具栏

3.2.6　范例 2：布局个性游戏开始界面

例 3.10　在 Eclipse 中创建 Android 项目，名称为 3.10，应用线性布局和相对布局实现个性游戏开始界面。（**实例位置：光盘\TM\sl\3\3.10**）

（1）修改新建项目的 res\layout 目录下的布局文件 main.xml，将默认添加的相对布局管理器修改为垂直的线性布局管理器，并且将默认添加的 TextView 组件删除，然后添加一个 ImageView 组件，用于显示顶部图片，并设置其缩放方式为对图片横向、纵向独立缩放，使得图片完全适应于该 ImageView。修改后的代码如下：

```xml
<?xml version="1.0" encoding="utf-8"?>
<LinearLayout xmlns:android="http://schemas.android.com/apk/res/android"
    android:orientation="vertical"
    android:layout_width="fill_parent"
    android:layout_height="fill_parent">
    <!-- 添加顶部图片 -->
    <ImageView android:layout_width="match_parent"
        android:layout_height="wrap_content"
        android:scaleType="fitXY"
        android:layout_weight="1"
        android:src="@drawable/top" />
</LinearLayout>
```

（2）在 ImageView 组件的下方添加一个相对布局管理器，用于显示控制按钮。在该布局管理器中添加 5 个 ImageView 组件，并且第 1 个 ImageView 组件显示在相对布局管理器的中央，其他 4 个环绕在第 1 个组件的四周，具体代码如下：

```xml
<!-- 添加一个相对布局管理器 -->
<RelativeLayout android:layout_weight="2"
    android:layout_height="wrap_content"
    android:background="@drawable/bottom"
    android:id="@+id/relativeLayout1"
    android:layout_width="match_parent">
    <!-- 添加中间位置的图片按钮 -->
    <ImageView android:layout_width="wrap_content"
        android:layout_height="wrap_content"
        android:id="@+id/imageButton0"
        android:src="@drawable/enter"
        android:layout_centerInParent="true"/>
    <!-- 添加上方显示的图片 -->
    <ImageView android:layout_width="wrap_content"
        android:layout_height="wrap_content"
        android:id="@+id/imageButton1"
        android:src="@drawable/setting"
        android:layout_above="@+id/imageButton0"
        android:layout_alignParentTop="true"
        android:layout_centerInParent="true" />
    <!-- 添加下方显示的图片 -->
    <ImageView android:layout_width="wrap_content"
        android:layout_height="wrap_content"
        android:id="@+id/imageButton2"
        android:src="@drawable/exit"
        android:layout_below="@+id/imageButton0"
        android:layout_alignParentBottom="true"
        android:layout_centerInParent="true" />
    <!-- 添加左侧显示的图片-->
    <ImageView android:layout_width="wrap_content"
        android:layout_height="wrap_content"
        android:id="@+id/imageButton3"
```

```
        android:src="@drawable/help"
        android:layout_toLeftOf="@+id/imageButton0"
        android:layout_centerInParent="true" />
    <!-- 添加右侧显示的图片 -->
    <ImageView android:layout_width="wrap_content"
        android:layout_height="wrap_content"
        android:id="@+id/imageButton4"
        android:src="@drawable/board"
        android:layout_toRightOf="@+id/imageButton0"
        android:layout_centerInParent="true" />
</RelativeLayout>
```

（3）在主活动中，获取各 ImageView 组件代表的按钮，并为各按钮添加单击事件监听器。例如，为"进入"按钮添加单击事件监听器，代码如下：

```
//为"进入"按钮添加单击事件监听器
ImageView img0=(ImageView)findViewById(R.id.imageButton0);
img0.setOnClickListener(new OnClickListener() {
    @Override
    public void onClick(View v) {
        Toast.makeText(MainActivity.this, "进入游戏", Toast.LENGTH_SHORT).show();
    }
});
```

说明

为其他按钮添加单击事件监听器的方法与"进入"按钮相同，这里不再赘述。

运行本实例，将显示如图 3.14 所示的运行结果。

图 3.14　布局个性游戏开始界面

3.3　基本组件

教学录像：光盘\TM\lx\3\基本组件.exe

Android 应用程序的人机交互界面由很多 Android 组件组成。例如，在前面两节中使用的 TextView

和 ImageView 都是 Android 提供的组件。本节将对 Android 提供的基本组件进行详细介绍。

3.3.1　文本框与编辑框

Android 中提供了两种文本组件：一种是文本框（TextView），用于在屏幕上显示文本；另一种是编辑框（EditText），用于在屏幕上显示可编辑的文本框。其中，EditText 是 TextView 类的子类。下面分别对文本框和编辑框进行介绍。

1．文本框

在 Android 中，文本框使用 TextView 表示，用于在屏幕上显示文本。与 Java 中的文本框组件不同，TextView 相当于 Java 中的标签，也就是 JLable。需要说明的是，Android 中的文本框组件可以显示单行文本，也可以显示多行文本，还可以显示带图像的文本。

在 Android 中，可以使用两种方法向屏幕中添加文本框：一种是通过在 XML 布局文件中使用 <TextView>标记添加；另一种是在 Java 文件中通过 new 关键字创建。推荐采用第一种方法，也就是通过<TextView>标记在 XML 布局文件中添加文本框，其基本的语法格式如下：

```
<TextView
    属性列表
>
</TextView>
```

TextView 支持的常用 XML 属性如表 3.5 所示。

表 3.5　TextView 支持的 XML 属性

XML 属性	描　　述
android:autoLink	用于指定是否将指定格式的文本转换为可单击的超链接形式，其属性值有 none、web、email、phone、map 和 all
android:drawableBottom	用于在文本框内文本的底端绘制指定图像，该图像可以是放在 res\drawable 目录下的图片，通过"@drawable/文件名（不包括文件的扩展名）"设置
android:drawableLeft	用于在文本框内文本的左侧绘制指定图像，该图像可以是放在 res\drawable 目录下的图片，通过"@drawable/文件名（不包括文件的扩展名）"设置
android:drawableRight	用于在文本框内文本的右侧绘制指定图像，该图像可以是放在 res\drawable 目录下的图片，通过"@drawable/文件名（不包括文件的扩展名）"设置
android:drawableTop	用于在文本框内文本的顶端绘制指定图像，该图像可以是放在 res\drawable 目录下的图片，通过"@drawable/文件名（不包括文件的扩展名）"设置
android:gravity	用于设置文本框内文本的对齐方式，可选值有 top、bottom、left、right、center_vertical、fill_vertical、center_horizontal、fill_horizontal、center、fill、clip_vertical 和 clip_horizontal 等。这些属性值也可以同时指定，各属性值之间用竖线隔开。例如，要指定组件靠右下角对齐，可以使用属性值 right|bottom
android:hint	用于设置当文本框中文本内容为空时，默认显示的提示文本

续表

XML 属性	描　述
android:inputType	用于指定当前文本框显示内容的文本类型，其可选值有 textPassword、textEmailAddress、phone 和 date 等，可以同时指定多个，使用"|"分隔
android:singleLine	用于指定该文本框是否为单行模式，其属性值为 true 或 false，为 true 表示该文本框不会换行，当文本框中的文本超过一行时，其超出的部分将被省略，同时在结尾处添加"…"
android:text	用于指定该文本框中显示的文本内容，可以直接在该属性值中指定，也可以通过在 strings.xml 文件中定义文本常量的方式指定
android:textColor	用于设置文本框内文本的颜色，其属性值可以是#rgb、#argb、#rrggbb 或#aarrggbb 格式指定的颜色值
android:textSize	用于设置文本框内文本的字体大小，其属性由代表大小的数值和单位组成，其单位可以是 dp、px、pt、sp 和 in 等
android:width	用于指定文本框的宽度，其单位可以是 dp、px、pt、sp 和 in 等
android:height	用于指定文本框的高度，其单位可以是 dp、px、pt、sp 和 in 等

说明 在表 3.5 中，只给出了 TextView 组件常用的部分属性，关于该组件的其他属性，可以参阅 Android 官方提供的 API 文档。

下面给出一个关于文本框的实例。

例 3.11　在 Eclipse 中创建 Android 项目，名称为 3.11，实现为文本框中的 E-mail 地址添加超链接、显示带图像的文本、显示不同颜色的单行文本和多行文本。（**实例位置：光盘\TM\sl\3\3.11**）

（1）修改新建项目的 res\layout 目录下的布局文件 main.xml，将默认添加的相对布局管理器修改为垂直线性布局管理器，并为默认添加的 TextView 组件设置高度和对其中的 E-mail 格式的文本设置超链接，修改后的代码如下：

```
<?xml version="1.0" encoding="utf-8"?>
<LinearLayout xmlns:android="http://schemas.android.com/apk/res/android"
    android:orientation="vertical"
    android:layout_width="fill_parent"
    android:layout_height="fill_parent" >
    <TextView
        android:layout_width="wrap_content"
        android:layout_height="wrap_content"
        android:text="@string/hello"
        android:autoLink="email"
        android:height="30dp" />
</LinearLayout>
```

（2）在默认添加的 TextView 组件后面添加一个 TextView 组件，设置该组件显示带图像的文本（图像在文字的上方），具体代码如下：

```
<TextView
    android:layout_width="wrap_content"
```

```
    android:id="@+id/textView1"
    android:text="带图片的 TextView"
    android:drawableTop="@drawable/icon"
    android:layout_height="wrap_content" />
```

（3）在步骤（2）添加的 TextView 组件的后面添加两个 TextView 组件，一个设置为可以显示多行文本（默认的），另一个设置为只能显示单行文本，并将这两个 TextView 组件设置为不同颜色，具体代码如下：

```
<TextView
    android:id="@+id/textView2"
    android:textColor="#0f0"
    android:textSize="20dp"
    android:text="多行文本：在很久很久以前，有一位老人他带给我们一个苹果"
    android:width="300dp"
    android:layout_width="wrap_content"
    android:layout_height="wrap_content" />
<TextView
    android:id="@+id/textView3"
    android:textColor="#f00"
    android:textSize="20dp"
    android:text="单行文本：在很久很久以前，有一位老人他带给我们一个苹果"
    android:width="300dp"
    android:singleLine="true"
    android:layout_width="wrap_content"
    android:layout_height="wrap_content" />
```

运行本实例，将显示如图 3.15 所示的运行结果。

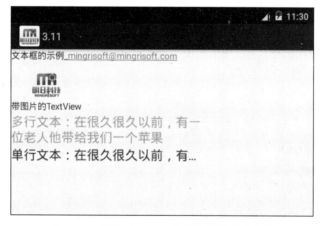

图 3.15　应用 TextView 显示多种样式的文本

2．编辑框

在 Android 中，编辑框使用 EditText 表示，用于在屏幕上显示文本输入框，这与 Java 中的文本框组件功能类似。需要说明的是，Android 中的编辑框组件可以输入单行文本，也可以输入多行文本，还可以输入指定格式的文本（如密码、电话号码、E-mail 地址等）。

在 Android 中，可以使用两种方法向屏幕中添加编辑框：一种是通过在 XML 布局文件中使用 <EditText>标记添加；另一种是在 Java 文件中通过 new 关键字创建。推荐采用第一种方法，也就是通过<EditText>标记在 XML 布局文件中添加编辑框，其基本的语法格式如下：

```
<EditText
    属性列表
>
</EditText>
```

由于 EditText 类是 TextView 的子类，所以对于表 3.5 中列出的 XML 属性，同样适用于 EditText 组件。需要特别注意的是，在 EditText 组件中，android:inputType 属性可以帮助输入框显示合适的类型。例如，要添加一个密码框，可以将 android:inputType 属性设置为 textPassword。

 技巧 在 Eclipse 中，打开布局文件，通过 Graphical Layout 视图，可以在可视化界面中通过拖曳的方式添加编辑框组件，并且在可视化界面中还列出了不同类型的输入框（如密码框、数字密码框和输入电话号码的编辑框等），只需要将其拖曳到布局文件中即可。

在屏幕中添加编辑框后，还需要获取编辑框中输入的内容，这可以通过编辑框组件提供的 getText() 方法实现。使用该方法时，先要获取到编辑框组件，然后再调用 getText()方法。例如，要获取布局文件中添加的 id 属性为 login 的编辑框的内容，可以通过以下代码实现：

```
EditText login=(EditText)findViewById(R.id.login);
String loginText=login.getText().toString();
```

下面给出一个关于编辑框的实例。

例 3.12 在 Eclipse 中创建 Android 项目，名称为 3.12，实现会员注册界面。（实例位置：光盘\TM\sl\3\3.12）

（1）修改新建项目的 res\layout 目录下的布局文件 main.xml，将默认添加的布局代码删除，然后添加一个 TableLayout 表格布局管理器，并且在该布局管理器中添加 4 个 TableRow 表格行，并为表格布局管理器设置外边距。修改后的代码如下：

```
<?xml version="1.0" encoding="utf-8"?>
<TableLayout xmlns:android="http://schemas.android.com/apk/res/android"
    android:id="@+id/tableLayout1"
    android:layout_width="fill_parent"
    android:layout_height="fill_parent"
    android:layout_margin="10dp"
>
    <TableRow android:id="@+id/tableRow1"
        android:layout_width="wrap_content"
        android:layout_height="wrap_content">    </TableRow>
    …… <!-- 省略了第 2 个和第 3 个表格行的代码 -->
    <TableRow android:id="@+id/tableRow4"
        android:layout_width="wrap_content"
        android:layout_height="wrap_content">    </TableRow>
</TableLayout>
```

（2）在表格的第 1 行，添加一个用于显示提示信息的文本框和一个输入会员昵称的单行编辑框，并为该单行编辑框设置提示文本，具体代码如下：

```
<TextView
    android:layout_width="wrap_content"
    android:layout_height="wrap_content"
    android:text="会员昵称："
    android:height="50dp" />
<EditText android:id="@+id/nickname"
    android:hint="请输入会员昵称"
    android:layout_width="300dp"
    android:layout_height="wrap_content"
    android:singleLine="true"
    />
```

（3）在表格的第 2 行，添加用于显示提示信息的文本框和一个输入密码的密码框，具体代码如下：

```
<TextView
    android:layout_width="wrap_content"
    android:layout_height="wrap_content"
    android:inputType="textPassword"
    android:text="输入密码："
    android:height="50dp" />
<EditText android:id="@+id/pwd"
    android:layout_width="300dp"
    android:inputType="textPassword"
    android:layout_height="wrap_content"
    />
```

（4）在表格的第 3 行，按照步骤（3）的方法添加一个确认密码的密码框，其具体的实现代码与步骤（3）类似，这里不再赘述。

（5）在表格的第 4 行，添加用于显示提示信息的文本框和一个输入 E-mail 地址的编辑框，具体代码如下：

```
<TextView
    android:layout_width="wrap_content"
    android:layout_height="wrap_content"
    android:inputType="textEmailAddress"
    android:text="E-mail："
    android:height="50dp" />
<EditText android:id="@+id/email"
    android:layout_width="300dp"
    android:layout_height="wrap_content"
    android:inputType="textEmailAddress"
    />
```

（6）添加一个水平线性布局管理器，并在该布局管理器中添加两个按钮，具体代码如下：

```
<LinearLayout
android:orientation="horizontal"
android:layout_width="wrap_content"
android:layout_height="wrap_content" >
<Button android:text="注册"
    android:id="@+id/button1"
    android:layout_width="wrap_content"
    android:layout_height="wrap_content"/>
<Button android:text="重置"
    android:id="@+id/button2"
    android:layout_width="wrap_content"
    android:layout_height="wrap_content"/>
</LinearLayout>
```

（7）在主活动的 onCreate()方法中，为"注册"按钮添加单击事件监听器，用于在用户单击"注册"按钮后，在日志面板（LogCat）中显示输入的内容，关键代码如下：

```
Button button1=(Button)findViewById(R.id.button1);
button1.setOnClickListener(new OnClickListener() {
    @Override
    public void onClick(View v) {
        EditText nicknameET=(EditText)findViewById(R.id.nickname);   //获取会员昵称编辑框组件
        String nickname=nicknameET.getText().toString();             //获取输入的会员昵称
        EditText pwdET=(EditText)findViewById(R.id.pwd);             //获取密码编辑框组件
        String pwd=pwdET.getText().toString();                       //获取输入的密码
        EditText emailET=(EditText)findViewById(R.id.email);         //获取 E-mail 编辑框组件
        String email=emailET.getText().toString();                   //获取输入的 E-mail 地址
        Log.i("编辑框的应用","会员昵称:"+nickname);
        Log.i("编辑框的应用","密码:"+pwd);
        Log.i("编辑框的应用","E-mail 地址:"+email);
    }
});
```

运行本实例，在屏幕中将显示"会员昵称"和"输入密码"等编辑框，输入如图 3.16 所示的内容后，单击"注册"按钮，将在日志中显示如图 3.17 所示的内容。

图 3.16　应用 EditText 实现会员注册界面　　　　图 3.17　在日志面板中显示的编辑框中输入的内容

3.3.2　按钮

Android 中提供了普通按钮和图片按钮两种按钮组件。这两种按钮组件都用于在 UI 界面上生成一个可以单击的按钮。当用户单击按钮时，将会触发一个 onClick 事件，可以通过为按钮添加单击事件监听器指定所要触发的动作。下面分别对普通按钮和图片按钮进行详细介绍。

1．普通按钮

在 Android 中，可以使用两种方法向屏幕中添加按钮：一种是通过在 XML 布局文件中使用<Button>标记添加；另一种是在 Java 文件中通过 new 关键字创建。推荐采用第一种方法，也就是通过<Button>标记在 XML 布局文件中添加普通按钮，其基本的语法格式如下：

```
<Button
    android:text="显示文本"
    android:id="@+id/button1"
    android:layout_width="wrap_content"
    android:layout_height="wrap_content"
>
</Button>
```

在屏幕上添加按钮后，还需要为按钮添加单击事件监听器，才能让按钮发挥其特有的用途。Android 提供了两种为按钮添加单击事件监听器的方法，一种是在 Java 代码中完成，例如，在 Activity 的 onCreate() 方法中完成，具体的代码如下：

```
import android.view.View.OnClickListener;
import android.widget.Button;

Button login=(Button)findViewById(R.id.login);          //通过 ID 获取布局文件中添加的按钮
login.setOnClickListener(new OnClickListener() {         //为按钮添加单击事件监听器

    @Override
    public void onClick(View v) {
        //编写要执行的动作代码
    }
});
```

另一种是在 Activity 中编写一个包含 View 类型参数的方法，并且将要触发的动作代码放在该方法中，然后在布局文件中，通过 android:onClick 属性指定对应的方法名实现。例如，在 Activity 中编写一个名为 myClick() 的方法，关键代码如下：

```
public void myClick(View view){
    //编写要执行的动作代码
}
```

那么就可以在布局文件中通过 android:onClick="myClick" 语句为按钮添加单击事件监听器。

2. 图片按钮

图片按钮与普通按钮的使用方法基本相同，只不过图片按钮使用<ImageButton>标记定义，并且可以为其指定 android:src 属性，用于设置要显示的图片。在布局文件中添加图像按钮的基本语法格式如下：

```
<ImageButton
    android:id="@+id/imageButton1"
    android:src="@drawable/图片文件名"
    android:background="#000"
    android:layout_width="wrap_content"
    android:layout_height="wrap_content">
</ImageButton>
```

同普通按钮一样，也需要为图片按钮添加单击事件监听器，具体添加方法同普通按钮，这里不再赘述。

下面给出一个关于按钮的实例。

例 3.13　在 Eclipse 中创建 Android 项目，名称为 3.13，实现添加普通按钮和图片按钮并为其设置单击事件监听器。（**实例位置：光盘\TM\sl\3\3.13**）

（1）修改新建项目的 res\layout 目录下的布局文件 main.xml，将默认添加的相对布局管理器修改为水平线性布局管理器，在该布局管理器中添加一个普通按钮（id 属性为 login）和一个图片按钮，并为图片按钮设置 android:src 属性、android:background 属性和 android:onClick 属性，具体代码如下：

```
<?xml version="1.0" encoding="utf-8"?>
<LinearLayout xmlns:android="http://schemas.android.com/apk/res/android"
    android:orientation="horizontal"
    android:layout_width="wrap_content"
    android:layout_height="wrap_content" >
    <Button android:text="登录"
        android:id="@+id/login"
        android:layout_width="wrap_content"
        android:layout_height="wrap_content"/>
    <ImageButton
        android:id="@+id/login1"
        android:layout_width="wrap_content"
        android:src="@drawable/login"
        android:onClick="myClick"
        android:background="#0000"
        android:layout_height="wrap_content">
    </ImageButton>
</LinearLayout>
```

（2）在主活动 MainActivity 的 onCreate()方法中，应用下面的代码为普通按钮添加单击事件监听器。

```
Button login=(Button)findViewById(R.id.login);          //通过 ID 获取布局文件中添加的按钮
login.setOnClickListener(new OnClickListener() {        //为按钮添加单击事件监听器
    @Override
    public void onClick(View v) {
```

```
        Toast toast=Toast.makeText(MainActivity.this, "您单击了普通按钮", Toast.LENGTH_SHORT);
        toast.show();                          //显示提示信息
    }
});
```

（3）在 MainActivity 类中编写一个方法 myClick()，用于指定将要触发的动作代码，具体代码如下：

```
public void myClick(View view){
    Toast toast=Toast.makeText(MainActivity.this, "您单击了图片按钮", Toast.LENGTH_SHORT);
    toast.show();                          //显示提示信息
}
```

运行本实例，将显示如图 3.18 所示的运行结果，单击普通按钮，将显示"您单击了普通按钮"的提示信息；单击图片按钮，将显示"您单击了图片按钮"的提示信息。

3.3.3　单选按钮和复选框

在 Android 中，单选按钮和复选框都继承了普通按钮，因此，它们都可以直接使用普通按钮支持的各种属性和方法。与普通按钮不同的是，它们提供了可选中的功能。下面分别对单选按钮和复选框进行详细介绍。

图 3.18　添加普通按钮和图片按钮

1. 单选按钮

在默认情况下，单选按钮显示为一个圆形图标，并且在该图标旁边放置一些说明性文字。在程序中，一般将多个单选按钮放置在按钮组中，使这些单选按钮表现出某种功能，当用户选中某个单选按钮后，按钮组中的其他按钮将被自动取消选中状态。在 Android 中，单选按钮使用 RadioButton 表示，而 RadioButton 类又是 Button 的子类，所以单选按钮可以直接使用 Button 支持的各种属性。

在 Android 中，可以使用两种方法向屏幕中添加单选按钮：一种是通过在 XML 布局文件中使用 <RadioButton>标记添加；另一种是在 Java 文件中通过 new 关键字创建。推荐采用第一种方法，也就是通过<RadioButton>在 XML 布局文件中添加单选按钮，其基本语法格式如下：

```
<RadioButton
    android:text="显示文本"
    android:id="@+id/ID 号"
    android:checked="true|false"
    android:layout_width="wrap_content"
    android:layout_height="wrap_content"
>
</RadioButton>
```

RadioButton 组件的 android:checked 属性用于指定选中状态，属性值为 true 时，表示选中；属性值为 false 时，表示取消选中，默认为 false。

通常情况下，RadioButton 组件需要与 RadioGroup 组件一起使用，组成一个单选按钮组。在 XML 布局文件中，添加 RadioGroup 组件的基本格式如下：

```
<RadioGroup
        android:id="@+id/radioGroup1"
        android:orientation="horizontal"
        android:layout_width="wrap_content"
        android:layout_height="wrap_content">
    <!-- 添加多个 RadioGroup 组件 -->
</RadioGroup>
```

例 3.14 在 Eclipse 中创建 Android 项目，名称为 3.14，实现在屏幕上添加选择性别的单选按钮组。（实例位置：光盘\TM\sl\3\3.14）

修改新建项目的 res\layout 目录下的布局文件 main.xml，将默认添加的相对布局管理器修改为水平线性布局管理器，在该布局管理器中添加一个 TextView 组件、一个包含两个单选按钮的单选按钮组和一个用于提交的按钮，具体代码如下：

```
<?xml version="1.0" encoding="utf-8"?>
<LinearLayout xmlns:android="http://schemas.android.com/apk/res/android"
    android:orientation="horizontal"
    android:layout_width="wrap_content"
    android:layout_height="wrap_content"
    android:background="@drawable/background">
    <TextView
        android:layout_width="wrap_content"
        android:layout_height="wrap_content"
        android:text="性别： "
        android:height="50dp" />
    <RadioGroup
        android:id="@+id/radioGroup1"
        android:orientation="horizontal"
        android:layout_width="wrap_content"
        android:layout_height="wrap_content">
        <RadioButton
            android:layout_height="wrap_content"
            android:id="@+id/radio0"
            android:text="男"
            android:layout_width="wrap_content"
            android:checked="true"/>
        <RadioButton
            android:layout_height="wrap_content"
            android:id="@+id/radio1"
            android:text="女"
            android:layout_width="wrap_content"/>
    </RadioGroup>
    <Button android:text="提交" android:id="@+id/button1" android:layout_width="wrap_content" android:layout_
height="wrap_content"></Button>
</LinearLayout>
```

运行本实例，将显示如图 3.19 所示的运行结果。

在屏幕中添加单选按钮组后，还需要获取单选按钮组中选中项的值，通常存在以下两种情况：一种是在改变单选按钮组的值时获取；另一种是在单击其他按钮时获取。下面分别介绍这两种情况所对应的实现方法。

图 3.19 添加选择性别的单选按钮组

☑ 在改变单选按钮组的值时获取

在改变单选按钮组的值时获取选中项的值，首先需要获取单选按钮组，然后为其添加 OnCheckedChangeListener，并在其 onCheckedChanged()方法中根据参数 checkedId 获取被选中的单选按钮，并通过其 getText()方法获取该单选按钮对应的值。例如，要获取 id 属性为 radioGroup1 的单选按钮组的值，可以通过下面的代码实现。

```
RadioGroup sex=(RadioGroup)findViewById(R.id.radioGroup1);
sex.setOnCheckedChangeListener(new OnCheckedChangeListener() {

    @Override
    public void onCheckedChanged(RadioGroup group, int checkedId) {
        RadioButton r=(RadioButton)findViewById(checkedId);
        r.getText();              //获取被选中的单选按钮的值
    }
});
```

☑ 单击其他按钮时获取

单击其他按钮时获取选中项的值时，首先需要在该按钮的单击事件监听器的 onClick()方法中，通过 for 循环语句遍历当前单选按钮组，并根据被遍历到的单选按钮的 isChecked()方法判断该按钮是否被选中，当被选中时，通过单选按钮的 getText()方法获取对应的值。例如，要在单击"提交"按钮时，获取 id 属性为 radioGroup1 的单选按钮组的值，可以通过下面的代码实现。

```
final RadioGroup sex=(RadioGroup)findViewById(R.id.radioGroup1);
Button button=(Button)findViewById(R.id.button1);                 //获取一个提交按钮
button.setOnClickListener(new OnClickListener() {

    @Override
    public void onClick(View v) {
        for(int i=0;i<sex.getChildCount();i++){
            RadioButton r=(RadioButton)sex.getChildAt(i);      //根据索引值获取单选按钮
            if(r.isChecked()){                                 //判断单选按钮是否被选中
                r.getText();                                   //获取被选中的单选按钮的值
                break;                                         //跳出 for 循环
            }
        }
    }
});
```

下面以例 3.14 中介绍的实例为例，具体说明如何获取单选按钮组的值。首先打开例 3.14 中的主活动 MainActivity，然后在 onCreate()方法中编写获取单选按钮组的值的代码。这里，通过以下两种方式来完成。

（1）在改变单选按钮组的值时获取

获取单选按钮组，并为其添加事件监听器，在该事件监听器的 onCheckedChanged()方法中获取被选择的单选按钮的值，并输出到日志中，具体代码如下：

```
final RadioGroup sex = (RadioGroup) findViewById(R.id.radioGroup1);      //获取单选按钮组
//为单选按钮组添加事件监听器
sex.setOnCheckedChangeListener(new OnCheckedChangeListener() {

    @Override
    public void onCheckedChanged(RadioGroup group, int checkedId) {
        RadioButton r = (RadioButton) findViewById(checkedId);           //获取被选中的单选按钮
        Log.i("单选按钮", "您的选择是：" + r.getText());
    }
});
```

（2）单击"提交"按钮时获取

获取"提交"按钮，并为"提交"按钮添加单击事件监听器，在重写的 onClick()方法中通过 for 循环遍历单选按钮组，并获取到被选择项，具体代码如下：

```
Button button = (Button) findViewById(R.id.button1);                     //获取提交按钮
//为"提交"按钮添加单击事件监听器
button.setOnClickListener(new OnClickListener() {
    @Override
    public void onClick(View v) {
        //通过 for 循环遍历单选按钮组
        for (int i = 0; i < sex.getChildCount(); i++) {
            RadioButton r = (RadioButton) sex.getChildAt(i);
            if (r.isChecked()) {                                         //判断单选按钮是否被选中
                Log.i("单选按钮", "性别：" + r.getText());
                break;                                                   //跳出 for 循环
            }
        }
    }
});
```

这时，再次运行例 3.14，选中单选按钮"女"后，单击"提交"按钮，在日志面板中将显示如图 3.20 所示的内容。

2．复选框

在默认情况下，复选框显示为一个方块图标，并且在该图标旁边放置一些说明性文字。与单选按钮唯一不同的是，复选框可以进行多选设置，每一个复选框都提供"选中"和"不选中"两种状态。在 Android 中，复选框使用 CheckBox 表示，而 CheckBox 类又是 Button 的子类，所以可以直接使用 Button 支持的各种属性。

图 3.20　在日志面板中显示获取到的单选按钮的值

在 Android 中，可以使用两种方法向屏幕中添加复选框：一种是通过在 XML 布局文件中使用 <CheckBox>标记添加；另一种是在 Java 文件中通过 new 关键字创建。推荐采用第一种方法，也就是通过<CheckBox>在 XML 布局文件中添加复选框，其基本语法格式如下：

```
<CheckBox android:text="显示文本"
    android:id="@+id/ID 号"
    android:layout_width="wrap_content"
    android:layout_height="wrap_content"
>
</CheckBox>
```

由于使用复选框可以选中多项，所以为了确定用户是否选择了某一项，还需要为每一个选项添加事件监听器。例如，要为 id 为 like1 的复选框添加状态改变事件监听器，可以使用下面的代码：

```
final CheckBox like1=(CheckBox)findViewById(R.id.like1);          //根据 id 属性获取复选框
like1.setOnCheckedChangeListener(new OnCheckedChangeListener() {

    @Override
    public void onCheckedChanged(CompoundButton buttonView, boolean isChecked) {
        if(like1.isChecked()){                                   //判断该复选框是否被选中
            like1.getText();                                     //获取选中项的值
        }
    }
});
```

例 3.15　在 Eclipse 中创建 Android 项目，名称为 3.15，实现在屏幕上添加选择爱好的复选框，并获取选择的值。（实例位置：光盘\TM\sl\3\3.15）

（1）修改新建项目的 res\layout 目录下的布局文件 main.xml，将默认添加的相对布局管理器修改为水平线性布局管理器，在该布局管理器中添加一个 TextView 组件、3 个复选框和一个提交按钮，关键代码如下：

```
<TextView
    android:layout_width="wrap_content"
    android:layout_height="wrap_content"
    android:text="爱好："
    android:width="100dp"
    android:gravity="right"
```

```
            android:height="50dp" />
<CheckBox android:text="体育"
      android:id="@+id/like1"
      android:layout_width="wrap_content"
      android:layout_height="wrap_content"/>
<CheckBox android:text="音乐"
      android:id="@+id/like2"
      android:layout_width="wrap_content"
      android:layout_height="wrap_content"/>
<CheckBox android:text="美术"
      android:id="@+id/like3"
      android:layout_width="wrap_content"
      android:layout_height="wrap_content"/>
<Button android:text="提交" android:id="@+id/button1" android:layout_width="wrap_content" android: layout_height=
"wrap_content"></Button>
```

（2）在主活动中创建并实例化一个 OnCheckedChangeListener 对象，在实例化该对象时，重写 onCheckedChanged()方法，当复选框被选中时，输出一条日志信息，显示被选中的复选框，具体代码如下：

```
//创建一个状态改变监听对象
private OnCheckedChangeListener checkBox_listener=new OnCheckedChangeListener() {
    @Override
    public void onCheckedChanged(CompoundButton buttonView, boolean isChecked) {
        if(isChecked){          //判断复选框是否被选中
            Log.i("复选框","选中了["+buttonView.getText().toString()+"]");
        }
    }
};
```

（3）在主活动的 onCreate()方法中获取添加的 3 个复选框，并为每个复选框添加状态改变事件监听器，关键代码如下：

```
final CheckBox like1=(CheckBox)findViewById(R.id.like1);        //获取第 1 个复选框
final CheckBox like2=(CheckBox)findViewById(R.id.like2);        //获取第 2 个复选框
final CheckBox like3=(CheckBox)findViewById(R.id.like3);        //获取第 3 个复选框
like1.setOnCheckedChangeListener(checkBox_listener);            //为 like1 添加状态改变监听器
like2.setOnCheckedChangeListener(checkBox_listener);            //为 like2 添加状态改变监听器
like3.setOnCheckedChangeListener(checkBox_listener);            //为 like3 添加状态改变监听器
```

（4）获取"提交"按钮，并为"提交"按钮添加单击事件监听器，在该事件监听器的 onClick()方法中通过 if 语句获取被选中的复选框的值，并通过一个提示信息框显示，具体代码如下：

```
//为"提交"按钮添加单击事件监听器
button.setOnClickListener(new OnClickListener() {
    @Override
    public void onClick(View v) {
        String like="";                                        //保存选中的值
        if(like1.isChecked())                                  //当第 1 个复选框被选中
```

```
            like+=like1.getText().toString()+" ";
        if(like2.isChecked())                                          //当第 2 个复选框被选中
            like+=like2.getText().toString()+" ";
        if(like3.isChecked())                                          //当第 3 个复选框被选中
            like+=like3.getText().toString()+" ";
        Toast.makeText(MainActivity.this, like, Toast.LENGTH_SHORT).show();   //显示被选中的复选框
    }
});
```

运行本实例，将显示 3 个用于选择爱好的复选框，选取其中的"体育"和"美术"复选框，如图 3.21 所示，单击"提交"按钮，将显示如图 3.22 所示的提示信息框。

图 3.21　添加选择爱好的复选框　　　　　　　　图 3.22　显示的提示信息框

3.3.4　图像视图

图像视图（ImageView），用于在屏幕中显示任何 Drawable 对象，通常用来显示图片。在 Android 中，可以使用两种方法向屏幕中添加图像视图：一种是通过在 XML 布局文件中使用<ImageView>标记添加；另一种是在 Java 文件中通过 new 关键字创建。推荐采用第一种方法。

在使用 ImageView 组件显示图像时，通常可以将要显示的图片放置在 res/drawable 目录中，然后应用下面的代码将其显示在布局管理器中。

```
<ImageView
属性列表
>
</ImageView>
```

ImageView 支持的常用 XML 属性如表 3.6 所示。

表 3.6　ImageView 支持的 XML 属性

XML 属性	描　　述
android:adjustViewBounds	用于设置 ImageView 是否调整自己的边界来保持所显示图片的长宽比
android:maxHeight	设置 ImageView 的最大高度，需要设置 android:adjustViewBounds 属性值为 true，否则不起作用
android:maxWidth	设置 ImageView 的最大宽度，需要设置 android:adjustViewBounds 属性值为 true，否则不起作用

续表

XML 属性	描　　述
android:scaleType	用于设置所显示的图片如何缩放或移动以适应 ImageView 的大小，其属性值可以是 matrix（使用 matrix 方式进行缩放）、fitXY（对图片横向、纵向独立缩放，使得该图片完全适应于该 ImageView，图片的纵横比可能会改变）、fitStart（保持纵横比缩放图片，直到该图片能完全显示在 ImageView 中，缩放完成后该图片放在 ImageView 的左上角）、fitCenter（保持纵横比缩放图片，直到该图片能完全显示在 ImageView 中，缩放完成后该图片放在 ImageView 的中央）、fitEnd（保持纵横比缩放图片，直到该图片能完全显示在 ImageView 中，缩放完成后该图片放在 ImageView 的右下角）、center（把图像放在 ImageView 的中间，但不进行任何缩放）、centerCrop（保持纵横比缩放图片，以使得图片能完全覆盖 ImageView）或 centerInside（保持纵横比缩放图片，以使得 ImageView 能完全显示该图片）
android:src	用于设置 ImageView 所显示的 Drawable 对象的 ID，例如，设置显示保存在 res/drawable 目录下的名称为 flower.jpg 的图片，可以将属性值设置为 android:src="@drawable/flower"
android:tint	用于为图片着色，其属性值可以是 #rgb、#argb、#rrggbb 或 #aarrggbb 表示的颜色值

说明　在表 3.6 中，只给出了 ImageView 组件常用的部分属性，关于该组件的其他属性，可以参阅 Android 官方提供的 API 文档。

下面给出一个关于 ImageView 组件的实例。

例 3.16　在 Eclipse 中创建 Android 项目，名称为 3.16，应用 ImageView 组件显示图像。（**实例位置：光盘\TM\sl\3\3.16**）

（1）修改新建项目的 res\layout 目录下的布局文件 main.xml，将默认添加的相对布局管理器修改为水平线性布局管理器，并将默认添加的 TextView 组件删除，然后在该线性布局管理器中添加一个 ImageView 组件，用于按图片的原始尺寸显示图像，修改后的代码如下：

```xml
<?xml version="1.0" encoding="utf-8"?>
<LinearLayout xmlns:android="http://schemas.android.com/apk/res/android"
    android:orientation="horizontal"
    android:layout_width="fill_parent"
    android:layout_height="fill_parent"
    android:background="@drawable/background"
    >
    <ImageView
     android:src="@drawable/flower"
     android:id="@+id/imageView1"
     android:layout_margin="5dp"
     android:layout_height="wrap_content"
     android:layout_width="wrap_content"/>
</LinearLayout>
```

（2）在线性布局管理器中，添加一个 ImageView 组件，并设置该组件的最大高度和宽度，具体代码如下：

```
<ImageView
    android:src="@drawable/flower"
    android:id="@+id/imageView2"
    android:maxWidth="90dp"
    android:maxHeight="90dp"
    android:adjustViewBounds="true"
    android:layout_margin="5dp"
    android:layout_height="wrap_content"
    android:layout_width="wrap_content"/>
```

（3）添加一个 ImageView 组件，实现保持纵横比缩放图片，直到该图片能完全显示在 ImageView 组件中，并让该图片显示在 ImageView 组件的右下角，具体代码如下：

```
<ImageView
    android:src="@drawable/flower"
    android:id="@+id/imageView3"
    android:scaleType="fitEnd"
    android:layout_margin="5dp"
    android:layout_height="90dp"
    android:layout_width="90dp"/>
```

（4）添加一个 ImageView 组件，实现为显示在 ImageView 组件中的图像着色的功能，这里设置的是半透明的红色，具体代码如下：

```
<ImageView
    android:src="@drawable/flower"
    android:id="@+id/imageView4"
    android:tint="#77ff0000"
    android:layout_height="90dp"
    android:layout_width="90dp"/>
```

运行本实例，将显示如图 3.23 所示的运行结果。

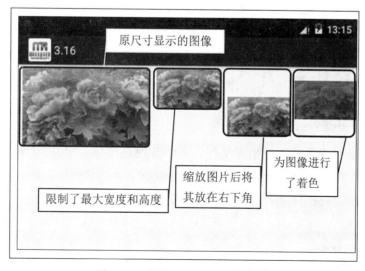

图 3.23　应用 ImageView 显示图像

3.3.5 列表选择框

Android 中提供的列表选择框（Spinner）相当于在网页中常见的下拉列表框，通常用于提供一系列可选择的列表项供用户进行选择，从而方便用户使用。

在 Android 中，可以使用两种方法向屏幕中添加列表选择框：一种是通过在 XML 布局文件中使用 <Spinner> 标记添加；另一种是在 Java 文件中通过 new 关键字创建。推荐采用第一种方法，也就是通过 <Spinner> 在 XML 布局文件中添加列表选择框，其基本语法格式如下：

```
<Spinner
    android:prompt="@string/info"
    android:entries="@array/数组名称"
    android:layout_height="wrap_content"
    android:layout_width="wrap_content"
    android:id="@+id/ID 号"
    >
</Spinner>
```

其中，android:entries 为可选属性，用于指定列表项，如果在布局文件中不指定该属性，可以在 Java 代码中通过为其指定适配器的方式指定；android:prompt 属性也是可选属性，用于指定列表选择框的标题。

通常情况下，如果列表选择框中要显示的列表项是可知的，那么可将其保存在数组资源文件中，然后通过数组资源来为列表选择框指定列表项。这样，就可以在不编写 Java 代码的情况下实现一个列表选择框。下面将通过一个具体的实例来说明如何在不编写 Java 代码的情况下，在屏幕中添加列表选择框。

例 3.17　在 Eclipse 中创建 Android 项目，名称为 3.17，实现在屏幕中添加列表选择框，并获取列表选择框的选择项的值。（**实例位置：光盘\TM\sl\3\3.17**）

（1）在布局文件中添加一个 <spinner> 标记，并为其指定 android:entries 属性，具体代码如下：

```
<Spinner
    android:entries="@array/ctype"
    android:layout_height="wrap_content"
    android:layout_width="wrap_content"
    android:id="@+id/spinner1"/>
```

（2）编写用于指定列表项的数组资源文件，并将其保存在 res\values 目录中，这里将其命名为 arrays.xml，在该文件中添加一个字符串数组，名称为 ctype，具体代码如下：

```
<?xml version="1.0" encoding="utf-8"?>
<resources>
    <string-array name="ctype">
    <item>身份证</item>
    <item>学生证</item>
    <item>军人证</item>
```

```
    <item>工作证</item>
    <item>其他</item>
    </string-array>
</resources>
```

这样，就可以在屏幕中添加一个列表选择框，在模拟器中的运行结果如图 3.24 所示。

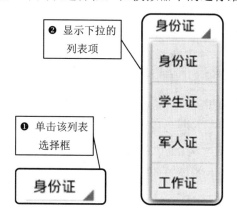

图 3.24　在模拟器中显示的列表选择框

在屏幕上添加列表选择框后，可以使用列表选择框的 getSelectedItem()方法获取列表选择框的选中值，例如，要获取图 3.24 所示列表选择框选中项的值，可以使用下面的代码：

```
Spinner spinner = (Spinner) findViewById(R.id.spinner1);
spinner.getSelectedItem();
```

添加列表选择框后，如果需要在用户选择不同的列表项后执行相应的处理，则可以为该列表选择框添加 OnItemSelectedListener 事件监听器。例如，为 spinner 添加选择列表项事件监听器，并在 onItemSelected()方法中获取选择项的值输出到日志中，可以使用下面的代码：

```
//为选择列表框添加 OnItemSelectedListener 事件监听器
spinner.setOnItemSelectedListener(new OnItemSelectedListener() {
    @Override
    public void onItemSelected(AdapterView<?> parent, View arg1,
            int pos, long id) {
        String result = parent.getItemAtPosition(pos).toString();    //获取选择项的值
        Log.i("Spinner 示例", result);
    }
    @Override
    public void onNothingSelected(AdapterView<?> arg0) {
    }
});
```

在使用列表选择框时，如果不在布局文件中直接为其指定要显示的列表项，也可以通过为其指定适配器的方式指定。下面以例 3.17 为例介绍通过指定适配器的方式指定列表项的方法。

为列表选择框指定适配器，通常分为以下 3 个步骤实现。

（1）创建一个适配器对象，通常使用 ArrayAdapter 类。在 Android 中，创建适配器通常可以使用以下两种方法：一种是通过数组资源文件创建；另一种是通过在 Java 文件中使用字符串数组创建。

☑ 通过数组资源文件创建

通过数组资源文件创建适配器，需要使用 ArrayAdapter 类的 createFromResource()方法，具体代码如下：

```
ArrayAdapter<CharSequence> adapter = ArrayAdapter.createFromResource(
        this, R.array.ctype,android.R.layout.simple_dropdown_item_1line);   //创建一个适配器
```

☑ 通过在 Java 文件中使用字符串数组创建

通过在 Java 文件中使用字符串数组创建适配器，首先需要创建一个一维的字符串数组，用于保存要显示的列表项，然后使用 ArrayAdapter 类的构造方法 ArrayAdapter(Context context, int textViewResourceId, T[] objects)实例化一个 ArrayAdapter 类的实例，具体代码如下：

```
String[] ctype=new String[]{"身份证","学生证","军人证"};
ArrayAdapter<String> adapter=new ArrayAdapter<String>(this,android.R.layout.simple_spinner_item,ctype);
```

（2）为适配器设置列表框下拉时的选项样式，具体代码如下：

```
//为适配器设置列表框下拉时的选项样式
adapter.setDropDownViewResource(android.R.layout.simple_spinner_dropdown_item);
```

（3）将适配器与选择列表框关联，具体代码如下：

```
spinner.setAdapter(adapter);                                              //将适配器与选择列表框关联
```

3.3.6　列表视图

列表视图（ListView）是 Android 中最常用的一种视图组件，它以垂直列表的形式列出需要显示的列表项。例如，显示系统设置项或功能内容列表等。在 Android 中，可以使用两种方法向屏幕中添加列表视图：一种是直接使用 ListView 组件创建；另一种是让 Activity 继承 ListActivity 实现。下面分别进行介绍。

1. 直接使用 ListView 组件创建

直接使用 ListView 组件创建列表视图，也可以有两种方式：一种是通过在 XML 布局文件中使用<ListView>标记添加；另一种是在 Java 文件中通过 new 关键字创建。推荐采用第一种方法，也就是通过<ListView>在 XML 布局文件中添加 ListView，其基本语法格式如下：

```
<ListView
    属性列表
    >
</ListView>
```

ListView 支持的常用 XML 属性如表 3.7 所示。

表 3.7　ListView 支持的 XML 属性

XML 属性	描　　述
android:divider	用于为列表视图设置分隔条，既可以用颜色分隔，也可以用 Drawable 资源分隔
android:dividerHeight	用于设置分隔条的高度
android:entries	用于通过数组资源为 ListView 指定列表项
android:footerDividersEnabled	用于设置是否在 footer View 之前绘制分隔条，默认值为 true，设置为 false 时，表示不绘制。使用该属性时，需要通过 ListView 组件提供的 addFooterView()方法为 ListView 设置 footer View
android:headerDividersEnabled	用于设置是否在 header View 之后绘制分隔条，默认值为 true，设置为 false 时，表示不绘制。使用该属性时，需要通过 ListView 组件提供的 addHeaderView()方法为 ListView 设置 header View

例 3.18　在布局文件中添加一个列表视图，并通过数组资源为其设置列表项。(**实例位置:光盘\TM\sl\3\3.18**)

具体代码如下:

```
<ListView android:id="@+id/listView1"
    android:entries="@array/ctype"
    android:layout_height="wrap_content"
    android:layout_width="match_parent"/>
```

在上面的代码中，使用了名称为 ctype 的数组资源，因此，需要在 res\values 目录中创建一个定义数组资源的 XML 文件 arrays.xml，并在该文件中添加名称为 ctype 的字符串数组，关键代码如下:

```
<resources>
    <string-array name="ctype">
     <item>情景模式</item>
     …           <!-- 省略了其他项的代码 -->
     <item>连接功能</item>
    </string-array>
</resources>
```

运行上面的代码，将显示如图 3.25 所示的列表视图。

在使用列表视图时，重要的是如何设置选项内容。同 Spinner 列表选择框一样，如果没有在布局文件中为 ListView 指定要显示的列表项，也可以通过为其设置 Adapter 来指定需要显示的列表项。通过 Adapter 来为 ListView 指定要显示的列表项，可以分为以下两个步骤。

(1)创建 Adapter 对象。对于纯文字的列表项，通常使用 ArrayAdapter 对象。创建 ArrayAdapter 对象通常可以有两种方式:一种是通过数组资源文件创建;另一种是通过在 Java 文件中使用字符串数组创建。这与 3.3.5 节 Spinner 列表选择框中介绍的创建 ArrayAdapter 对象基本相同，所不同的就是在创建该对象时，指定列表项的外观形式。为 ListView 指定的外观形式通常有以下几个。

☑　simple_list_item_1:每个列表项都是一个普通的文本。

☑　simple_list_item_2:每个列表项都是一个普通的文本(字体略大)。

☑　simple_list_item_checked:每个列表项都有一个已选中的列表项。

☑　simple_list_item_multiple_choice:每个列表项都是带复选框的文本。

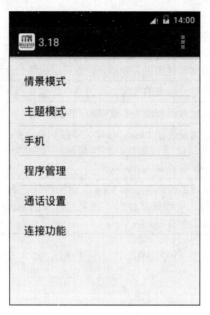

图 3.25　在布局文件中添加的列表视图

☑　simple_list_item_single_choice：每个列表项都是带单选按钮的文本。

（2）将创建的适配器对象与 ListView 相关联，可以通过 ListView 对象的 setAdapter()方法实现，具体代码如下：

```
listView.setAdapter(adapter);                        //将适配器与 ListView 关联
```

下面通过一个具体的实例演示通过适配器指定列表项来创建 ListView。

例 3.19　在 Eclipse 中创建 Android 项目，名称为 3.19，实现在屏幕中添加列表视图，并为其设置 footer view 和 header view。（**实例位置：光盘\TM\sl\3\3.19**）

（1）修改新建项目的 res\layout 目录下的布局文件 main.xml，将默认添加的相对布局管理器修改为垂直线性布局管理器，并将默认添加的 TextView 组件删除，并添加一个 ListView 组件，添加 ListView 组件的布局代码如下：

```
<ListView android:id="@+id/listView1"
    android:divider="@drawable/greendivider"
    android:dividerHeight="3dp"
    android:footerDividersEnabled="false"
    android:headerDividersEnabled="false"
    android:layout_height="wrap_content"
    android:layout_width="match_parent"/>
```

说明　在上面的代码中，为 ListView 组件设置了作为分隔符的图像以及分隔符的高度，另外，还设置了在 footer view 之前和 header view 之后不绘制分隔符。

（2）在主活动的 onCreate()方法中为 ListView 组件创建并关联适配器。首先获取布局文件中添加的 ListView，然后为其添加 header view（需要注意的是，添加 header view 的代码必须在关联适配器的代码之前），再创建适配器，并将其与 ListView 相关联，最后为 ListView 组件添加 footer view。关键代码如下：

```
final ListView listView=(ListView)findViewById(R.id.listView1);
listView.addHeaderView(line());                                    //设置 header view

/***************创建用于为 ListView 指定列表项的适配器********************/
ArrayAdapter<CharSequence> adapter = ArrayAdapter.createFromResource(
        this, R.array.ctype,android.R.layout.simple_list_item_checked);    //创建一个适配器
/**********************************************************************/
listView.setAdapter(adapter);                                      //将适配器与 ListView 关联
listView.addFooterView(line());                                    //设置 footer view
```

（3）为了在单击 ListView 的各列表项时获取选择项的值，需要为 ListView 添加 OnItemClickListener 事件监听器，具体代码如下：

```
listView.setOnItemClickListener(new OnItemClickListener() {
    @Override
    public void onItemClick(AdapterView<?> parent, View arg1, int pos,  long id) {
        String result = parent.getItemAtPosition(pos).toString();       //获取选择项的值
        Toast.makeText(MainActivity.this, result, Toast.LENGTH_SHORT).show();   //显示提示消息框
    }
});
```

运行本实例，将显示如图 3.26 所示的运行结果。

图 3.26　应用 ListView 显示带头、脚视图的列表

2. 让 Activity 继承 ListActivity 实现

如果程序的窗口仅仅需要显示一个列表，则可以直接让 Activity 继承 ListActivity 来实现。继承了

ListActivity 的类中无须调用 setContentView()方法来显示页面，而是可以直接为其设置适配器，从而显示一个列表。下面通过一个实例来说明如何通过继承 ListActivity 实现列表。

例 3.20 在 Eclipse 中创建 Android 项目，名称为 3.20，通过在 Activity 中继承 ListActivity 实现列表。（**实例位置：光盘\TM\sl\3\3.20**）

（1）将新建项目中的主活动 MainActivity 修改为继承 ListActivity 的类，并将默认的设置用户布局的代码删除，然后在 onCreate()方法中创建作为列表项的 Adapter，并且使用 setListAdapter()方法将其添加到列表中，关键代码如下：

```java
public class MainActivity extends ListActivity {
    @Override
    public void onCreate(Bundle savedInstanceState) {
        super.onCreate(savedInstanceState);
        /****************创建用于为 ListView 指定列表项的适配器*****************/
        String[] ctype=new String[]{"情景模式","主题模式","手机","程序管理"};
        ArrayAdapter<String> adapter=new ArrayAdapter<String>(this,
                                    android.R.layout.simple_list_item_single_choice,ctype);
        /************************************************************************/
        setListAdapter(adapter);                                        //设置该窗口中显示的列表
    }
}
```

（2）为了在单击 ListView 的各列表项时获取选择项的值，需要重写父类中的 onListItemClick()方法，具体代码如下：

```java
@Override
protected void onListItemClick(ListView l, View v, int position, long id) {
    super.onListItemClick(l, v, position, id);
        String result = l.getItemAtPosition(position).toString();          //获取选择项的值
        Toast.makeText(MainActivity.this, result, Toast.LENGTH_SHORT).show();
    }
}
```

运行本实例，将显示如图 3.27 所示的运行结果。

图 3.27　通过继承 ListActivity 来实现列表视图

3.3.7　日期、时间拾取器

为了让用户能够选择日期和时间，Android 提供了日期、时间拾取器，分别是 DatePicker 组件和 TimePicker 组件。这两个组件使用比较简单，可以在 Eclipse 的可视化界面设计器中，选择对应的组件并拖曳到布局文件中。为了可以在程序中获取用户选择的日期、时间，还需要为 DatePicker 和 TimePicker 组件添加事件监听器。其中，DatePicker 组件对应的事件监听器是 OnDateChangedListener，而 TimePicker 组件对应的事件监听器是 OnTimeChangedListener。

下面通过一个具体的实例来说明日期、时间选择器的具体应用。

例 3.21　在 Eclipse 中创建 Android 项目，名称为 3.21，在屏幕中添加日期、时间拾取器，并实现在改变日期或时间时，通过消息提示框显示改变后的日期或时间。（**实例位置：光盘\TM\sl\3\3.21**）

（1）在新建项目的布局文件 main.xml 中，将默认添加的相对布局管理器修改为垂直线性布局管理器，并且将默认添加的 TextView 组件删除，然后添加日期、时间拾取器，关键代码如下：

```xml
<DatePicker android:id="@+id/datePicker1"
    android:layout_width="wrap_content"
    android:layout_height="wrap_content"/>
<TimePicker android:id="@+id/timePicker1"
    android:layout_width="wrap_content"
    android:layout_height="wrap_content"/>
```

（2）在主活动 MainActivity 的 onCreate()方法中，获取日期拾取组件和时间拾取组件，并将时间拾取组件设置为 24 小时制式显示，具体代码如下：

```java
DatePicker datepicker=(DatePicker)findViewById(R.id.datePicker1);      //获取日期拾取组件
TimePicker timepicker=(TimePicker)findViewById(R.id.timePicker1);      //获取时间拾取组件
timepicker.setIs24HourView(true);
```

（3）创建一个日历对象，并获取当前年、月、日、小时和分钟数，具体代码如下：

```java
Calendar calendar=Calendar.getInstance();
year=calendar.get(Calendar.YEAR);                    //获取当前年份
month=calendar.get(Calendar.MONTH);                  //获取当前月份
day=calendar.get(Calendar.DAY_OF_MONTH);             //获取当前日
hour=calendar.get(Calendar.HOUR_OF_DAY);             //获取当前小时数
minute=calendar.get(Calendar.MINUTE);                //获取当前分钟数
```

（4）初始化日期拾取组件，并在初始化时为其设置 OnDateChangedListener 事件监听器，以及为时间拾取组件添加事件监听器，具体代码如下：

```java
//初始化日期拾取器，并在初始化时指定监听器
datepicker.init(year, month, day, new OnDateChangedListener(){
        @Override
        public void onDateChanged(DatePicker arg0,int year,int month,int day){
            MainActivity.this.year=year;                 //改变 year 属性的值
            MainActivity.this.month=month;               //改变 month 属性的值
```

```
                MainActivity.this.day=day;                          //改变 day 属性的值
                show(year,month,day,hour,minute);                   //通过消息框显示日期和时间
        }
});
//为时间拾取器设置监听器
timepicker.setOnTimeChangedListener(new OnTimeChangedListener() {
        @Override
        public void onTimeChanged(TimePicker view, int hourOfDay, int minute) {
            MainActivity.this.hour= hourOfDay;                      //改变 hour 属性的值
            MainActivity.this.minute=minute;                        //改变 minute 属性的值
            show(year,month,day, hourOfDay,minute);                 //通过消息框显示选择的日期和时间
        }
    });
```

（5）编写 show()方法，用于通过消息框显示选择的日期和时间，具体代码如下：

```
private void show(int year,int month,int day,int hour,int minute){
        String str=year+"年"+(month+1)+"月"+day+"日    "+hour+":"+minute;  //获取拾取器设置的日期和时间
        Toast.makeText(this, str, Toast.LENGTH_SHORT).show();               //显示消息提示框
}
```

注意 由于通过 DatePicker 对象获取到的月份是 0 ~ 11 月，而不是 1 ~ 12 月，所以需要将获取的结果加 1，才能代表真正的月份。

运行本实例，将显示如图 3.28 所示的运行结果。

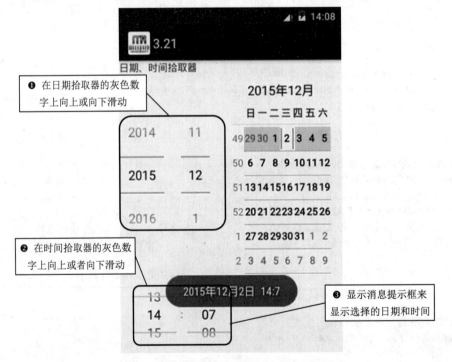

图 3.28　应用日期、时间拾取器选择日期和时间

3.3.8 计时器

计时器（Chronometer）组件可显示从某个起始时间开始，一共过去了多长时间的文本。由于该组件继承自 TextView，所以它以文本的形式显示内容。使用该组件也比较简单，通常只需要使用以下 5 个方法。

☑ setBase()：用于设置计时器的起始时间。

☑ setFormat()：用于设置显示时间的格式。

☑ start()：用于指定开始计时。

☑ stop()：用于指定停止计时。

☑ setOnChronometerTickListener()：用于为计时器绑定事件监听器，当计时器改变时触发该监听器。

下面通过一个具体的实例来说明计时器的应用。

例 3.22 在 Eclipse 中创建 Android 项目，名称为 3.22，在屏幕中添加一个"已用时间"计时器。（**实例位置：光盘\TM\sl\3\3.22**）

（1）在新建项目的布局文件 main.xml 中，将默认添加的相对布局管理器修改为垂直线性布局管理器，并且将默认添加的 TextView 组件删除，然后添加 id 属性为 chronometer1 的计时器组件，关键代码如下：

```
<Chronometer
    android:text="Chronometer"
    android:id="@+id/chronometer1"
    android:layout_width="wrap_content"
    android:layout_height="wrap_content"/>
```

（2）在主活动 MainActivity 的 onCreate()方法中获取计时器组件，并设置起始时间和显示时间的格式、开启计时器，以及为其添加监听器，具体代码如下：

```
final Chronometer ch = (Chronometer) findViewById(R.id.chronometer1); //获取计时器组件
ch.setBase(SystemClock.elapsedRealtime());                              //设置起始时间
ch.setFormat("已用时间：%s");                                           //设置显示时间的格式
ch.start();                                                             //开启计时器
//添加监听器
ch.setOnChronometerTickListener(new OnChronometerTickListener() {
    @Override
    public void onChronometerTick(Chronometer chronometer) {
        if (SystemClock.elapsedRealtime() - ch.getBase() >= 10000) {
            ch.stop();                                                 //停止计时器
        }
    }
});
```

运行本实例，将显示如图 3.29 所示的运行结果。

图 3.29　显示计时器

3.3.9　范例 1：实现跟踪鼠标单击状态的图片按钮

例 3.23　在 Eclipse 中创建 Android 项目，名称为 3.23，实现跟踪鼠标单击状态的图片按钮。（**实例位置：光盘\TM\sl\3\3.23**）

（1）修改新建项目的 res\layout 目录下的布局文件 main.xml，将默认添加的相对布局管理器修改为垂直线性布局管理器，并为其添加背景，然后设置该布局中的内容居中显示，最后添加一个 ImageButton 图片按钮，并将其设置为透明背景。修改后的代码如下：

```xml
<?xml version="1.0" encoding="utf-8"?>
<LinearLayout xmlns:android="http://schemas.android.com/apk/res/android"
    android:orientation="vertical"
    android:layout_width="fill_parent"
    android:layout_height="fill_parent"
    android:background="@drawable/background"
    android:gravity="center"
    >
    <ImageButton
        android:id="@+id/start"
        android:background="#0000"
        android:layout_width="wrap_content"
        android:layout_height="wrap_content">
    </ImageButton>
</LinearLayout>
```

说明　在默认情况下，为图片按钮设置 android:src 后，该图片按钮将带一个灰色的背景，不是很美观，为了去除灰色的背景，可以将其背景设置为透明（上面代码中将背景设置为#0000，即黑色透明），不过这样该图片按钮将不再有鼠标单击效果。

（2）编写 Drawable 资源对应的 XML 文件 button_state.xml，用于设置当鼠标按下时显示的图片和鼠标没有按下时显示的图片，具体代码如下：

```xml
<?xml version="1.0" encoding="utf-8"?>
<selector
    xmlns:android="http://schemas.android.com/apk/res/android">
    <item android:state_pressed="true" android:drawable="@drawable/start_b"/>
```

```
    <item android:state_pressed="false" android:drawable="@drawable/start_a"/>
</selector>
```

（3）为 main.xml 布局文件中的图片按钮设置 android:src 属性，其属性值是在步骤（2）中编写的 Drawable 资源，关键代码如下：

```
android:src="@drawable/button_state"
```

（4）在主活动的 onCreate()方法中，获取布局文件中添加的图片按钮，并为其添加鼠标单击事件监听器，具体代码如下：

```
ImageButton imageButton=(ImageButton)findViewById(R.id.start);          //获取"进入"按钮
//为按钮添加单击事件监听器
imageButton.setOnClickListener(new OnClickListener() {
    @Override
    public void onClick(View v) {
        Toast.makeText(MainActivity.this, "进入游戏...", Toast.LENGTH_SHORT).show();   //显示消息提示框
    }
});
```

运行本实例，将显示如图 3.30 所示的运行结果，单击"进入"按钮，当按下鼠标时，按钮将变成橙色背景。

图 3.30　跟踪鼠标单击状态的图片按钮

3.3.10　范例 2：实现带图标的 ListView

例 3.24　在 Eclipse 中创建 Android 项目，名称为 3.24，实现带图标的 ListView。（**实例位置：光盘\TM\sl\3\3.24**）

（1）修改新建项目的 res\layout 目录下的布局文件 main.xml，将默认添加相对布局管理器修改为垂直线性布局管理器，并将默认添加的 TextView 组件删除，然后添加一个 id 属性为 listView1 的 ListView 组件。修改后的代码如下：

```
<ListView
    android:id="@+id/listView1"
    android:layout_height="wrap_content"
    android:layout_width="match_parent"/>
```

（2）编写用于布局列表项内容的 XML 布局文件 items.xml，在该文件中，采用水平线性布局管理器，并在该布局管理器中添加一个 ImageView 组件和一个 TextView 组件，分别用于显示列表项中的图标和文字，具体代码如下：

```
<?xml version="1.0" encoding="utf-8"?>
<LinearLayout
    xmlns:android="http://schemas.android.com/apk/res/android"
    android:orientation="horizontal"
    android:layout_width="match_parent"
    android:layout_height="match_parent">
<ImageView
    android:id="@+id/image"
    android:paddingRight="10dp"
    android:paddingTop="20dp"
    android:paddingBottom="20dp"
    android:adjustViewBounds="true"
    android:maxWidth="72dp"
    android:maxHeight="72dp"
    android:layout_height="wrap_content"
    android:layout_width="wrap_content"/>
 <TextView
    android:layout_width="wrap_content"
    android:layout_height="wrap_content"
    android:padding="10dp"
    android:layout_gravity="center"
    android:id="@+id/title"
    />
</LinearLayout>
```

（3）在主活动的 onCreate()方法中，首先获取布局文件中添加的 ListView，然后创建两个用于保存列表项图片 id 和文字的数组，并将这些图片 id 和文字添加到 List 集合中，再创建一个 SimpleAdapter 简单适配器，最后将该适配器与 ListView 相关联，具体代码如下：

```
ListView listview = (ListView) findViewById(R.id.listView1);              //获取列表视图
int[] imageId = new int[] { R.drawable.img01, R.drawable.img02, R.drawable.img03,
                R.drawable.img04, R.drawable.img05, R.drawable.img06,
                R.drawable.img07, R.drawable.img08 };              //定义并初始化保存图片 id 的数组
String[] title = new String[] { "保密设置", "安全", "系统设置", "上网", "我的文档",
        "GPS 导航", "我的音乐", "E-mail" };              //定义并初始化保存列表项文字的数组
List<Map<String, Object>> listItems = new ArrayList<Map<String, Object>>();       //创建一个 List 集合
//通过 for 循环将图片 id 和列表项文字放到 Map 中，并添加到 List 集合中
for (int i = 0; i < imageId.length; i++) {
    Map<String, Object> map = new HashMap<String, Object>();              //实例化 map 对象
    map.put("image", imageId[i]);
```

```
        map.put("title", title[i]);
        listItems.add(map);                                        //将 map 对象添加到 List 集合中
    }

SimpleAdapter adapter = new SimpleAdapter(this, listItems,
        R.layout.items, new String[] { "title", "image" }, new int[] {
                R.id.title, R.id.image });                         //创建 SimpleAdapter
listview.setAdapter(adapter);                                      //将适配器与 ListView 关联
```

说明　SimpleAdapter 类的构造方法 SimpleAdapter(Context context, List<? extends Map<String, ?>> data, int resource, String[] from, int[] to)中，参数 context 用于指定关联 SimpleAdapter 运行的视图上下文；参数 data 用于指定一个基于 Map 的列表，该列表中的每个条目对应列表中的一行；参数 resource 用于指定一个用于定义列表项目的视图布局文件的唯一标识；参数 from 用于指定一个将被添加到 Map 上关联每一个项目的列名称的数组；参数 to 用于指定一个与参数 from 显示列对应的视图 id 的数组。

运行本实例，将显示如图 3.31 所示的运行结果。

图 3.31　带图标的 ListView

3.4　经典范例

3.4.1　我同意游戏条款

例 3.25　在 Eclipse 中创建 Android 项目，名称为 3.25，实现游戏开始界面中的我同意游戏条款功

能。（实例位置：光盘\TM\sl\3\3.25）

（1）修改新建项目的 res\layout 目录下的布局文件 main.xml，将默认添加的相对布局管理器修改为垂直线性布局管理器，并为其添加背景，然后设置该布局管理器中的内容居中显示，最后添加一个用于显示游戏条款的 TextView 组件、一个"我同意"复选框和一个 ImageButton 图片按钮，并设置图片按钮默认为不显示以及透明背景。修改后的代码如下：

```xml
<LinearLayout xmlns:android="http://schemas.android.com/apk/res/android"
    android:orientation="vertical"
    android:layout_width="fill_parent"
    android:layout_height="fill_parent"
    android:background="@drawable/background"
    android:gravity="center"     >
    <!-- 显示游戏条款的 TextView -->
    <TextView
    android:text="@string/artcle"
    android:id="@+id/textView1"
    android:paddingTop="90dp"
    style="@style/artclestyle"
    android:maxWidth="700dp"
    android:layout_width="wrap_content"
    android:layout_height="wrap_content"/>
    <!-- "我同意"复选框 -->
    <CheckBox
    android:text="我同意"
    android:id="@+id/checkBox1"
    android:textSize="22dp"
    android:layout_width="wrap_content"
    android:layout_height="wrap_content"/>
    <!-- 图片按钮 -->
    <ImageButton
        android:id="@+id/start"
        android:background="#0000"
        android:paddingTop="30dp"
        android:visibility="invisible"
        android:layout_width="wrap_content"
        android:layout_height="wrap_content">
    </ImageButton>
</LinearLayout>
```

（2）由于复选框默认的效果显示到本实例的绿色背景上时，看不到前面的方块，所以需要改变复选框的默认效果。首先编写 Drawable 资源对应的 XML 文件 check_box.xml，用于设置复选框没有被选中时显示的图片以及被选中时显示的图片，具体代码如下：

```xml
<selector xmlns:android="http://schemas.android.com/apk/res/android">
    <item android:state_checked="false"
        android:drawable="@drawable/check_f"/>
    <item android:state_checked="true"
        android:drawable="@drawable/check_t"/>
</selector>
```

（3）为 main.xml 布局文件中的复选框设置 android:button 属性，其属性值是在步骤（2）中编写的 Drawable 资源，关键代码如下：

```
android:button="@drawable/check_box"
```

（4）由于 ImageButton 组件设置背景透明后，将不再显示鼠标单击效果，所以需要通过 Drawable 资源来设置图片的 android:src 属性。首先编写一个 Drawable 资源对应的 XML 文件 button_state.xml，用于设置当鼠标按下时显示的图片以及鼠标没有按下时显示的图片，具体代码如下：

```xml
<?xml version="1.0" encoding="utf-8"?>
<selector
    xmlns:android="http://schemas.android.com/apk/res/android">
        <item android:state_pressed="true" android:drawable="@drawable/start_b"/>
        <item android:state_pressed="false" android:drawable="@drawable/start_a"/>
</selector>
```

（5）为 main.xml 布局文件中的图片按钮设置 android:src 属性，其属性值是在步骤（4）中编写的 Drawable 资源，关键代码如下：

```
android:src="@drawable/button_state"
```

（6）在 res/values 目录下的 strings.xml 文件中，添加字符串变量 artcle，用于保存游戏条款，关键代码如下：

```xml
<string name="artcle">        温馨提示：本游戏适合各年龄段的玩家，请您合理安排游戏时间，不要沉迷游戏！
    当您连续在线 2 小时间后，系统将自动结束游戏。如果同意该条款请选中"我同意"复选框，方可进入游戏。
</string>
```

说明

在 Android 中，空格使用 " " 表示。

（7）在主活动的 onCreate()方法中，获取布局文件中添加的"进入"图片按钮和"我同意"复选框，并为复选框添加状态改变监听器，用于实现当复选框被选中时显示"进入"按钮，否则不显示。具体代码如下：

```java
final ImageButton imageButton=(ImageButton)findViewById(R.id.start);        //获取"进入"按钮
CheckBox checkbox=(CheckBox)findViewById(R.id.checkBox1);                    //获取布局文件中添加的复选框
//为复选框添加监听器
checkbox.setOnCheckedChangeListener(new OnCheckedChangeListener() {
    @Override
    public void onCheckedChanged(CompoundButton buttonView, boolean isChecked) {
        if(isChecked){                                                       //当复选框被选中时
            imageButton.setVisibility(View.VISIBLE);                         //设置"进入"按钮显示
        }else{
            imageButton.setVisibility(View.INVISIBLE);                       //设置"进入"按钮不显示
        }
        imageButton.invalidate();                                            //重绘 ImageButton
    }
});
```

（8）为"进入"按钮添加单击事件监听器，用于实现当用户单击该按钮时，显示一个消息提示框，具体代码如下：

```
imageButton.setOnClickListener(new OnClickListener() {
    @Override
    public void onClick(View v) {
        //显示消息提示框
        Toast.makeText(MainActivity.this, "进入游戏...", Toast.LENGTH_SHORT).show();
    }
});
```

运行本实例，将显示如图 3.32 所示的运行结果。

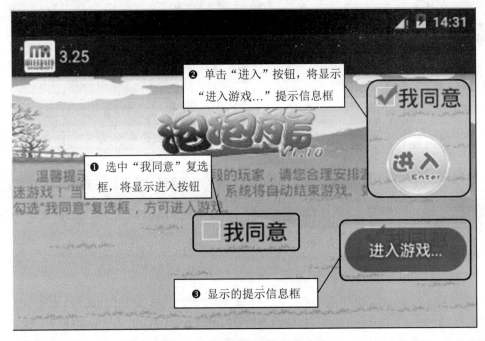

图 3.32　我同意游戏条款的效果

3.4.2　猜猜鸡蛋放在哪只鞋子里

例 3.26　在 Eclipse 中创建 Android 项目，名称为 3.26，实现猜猜鸡蛋放在哪只鞋子里的小游戏。（实例位置：光盘\TM\sl\3\3.26）

（1）修改新建项目的 res\layout 目录下的布局文件 main.xml，将默认添加的相对布局管理器的代码删除，然后添加一个带有 3 个表格行的 TableView 布局管理器，其中第 1 行中添加一个 TextView 组件，用于显示游戏标题或提示信息；第 2 行添加一个包含 3 个 ImageView 组件的水平线性布局管理器；最后一行添加一个水平线性布局管理器，并且在其中添加一个"再玩一次"按钮。修改后的代码如下：

```
<TableLayout   xmlns:android="http://schemas.android.com/apk/res/android"
    android:layout_height="match_parent"
```

```xml
        android:layout_width="wrap_content"
        android:background="@drawable/background"
        android:id="@+id/tableLayout1">
        <TableRow android:id="@+id/tableRow1"
        android:layout_height="wrap_content"
        android:layout_width="wrap_content"
        android:gravity="center"
        android:layout_weight="2">
        <TextView
            android:text="@string/title"
            android:padding="10dp"
            android:gravity="center"
            android:textSize="20dp"
            android:textColor="#010D18"
            android:id="@+id/textView1"
            android:layout_width="wrap_content"
            android:layout_height="wrap_content"/>
        </TableRow>
        <TableRow
         android:id="@+id/tableRow2"
         android:layout_weight="1"
         android:gravity="center"
         android:layout_width="wrap_content"
         android:layout_height="wrap_content">
            <LinearLayout
                android:orientation="horizontal"
                android:layout_width="wrap_content"
                android:layout_height="wrap_content" >
                <ImageView android:id="@+id/imageView1"
                 android:src="@drawable/shoe_default"
                 android:paddingLeft="5dp"
                 android:layout_height="wrap_content"
                 android:layout_width="wrap_content"/>
                … <!-- 此处省略其他两个 ImageView 组件的代码，这两个组件的 id 属性分别是 imageView2 和
imageView3 -->
            </LinearLayout>
        </TableRow>
        <LinearLayout
            android:orientation="horizontal"
            android:layout_width="wrap_content" android:layout_height="wrap_content"
            android:layout_weight="1"
            android:gravity="center_horizontal">
            <Button
             android:text="再玩一次"
             android:id="@+id/button1"
             android:layout_width="wrap_content"    android:layout_height="wrap_content"/>
        </LinearLayout>
</TableLayout>
```

（2）在主活动 MainActivity 中，定义一个保存全部图片 id 的数组、3 个 ImageView 类型的对象和一个 TextView 类型的对象，具体代码如下：

```
int[] imageIds = new int[] { R.drawable.shoe_ok, R.drawable.shoe_sorry,
                    R.drawable.shoe_sorry };          //定义一个保存全部图片 id 的数组
private ImageView image1;                             //ImageView 组件 1
private ImageView image2;                             //ImageView 组件 2
private ImageView image3;                             //ImageView 组件 3
private TextView result;                              //显示结果
```

（3）编写一个无返回值的方法 reset()，用于随机指定鸡蛋所在的鞋子，关键代码如下：

```
private void reset() {
    for (int i = 0; i < 3; i++) {
        int temp = imageIds[i];                       //将数组元素 i 保存到临时变量中
        int index = (int) (Math.random() * 2);        //生成一个随机数
        imageIds[i] = imageIds[index];                //将随机数指定的数组元素的内容赋值给数组元素 i
        imageIds[index] = temp;                       //将临时变量的值赋值给随机数组指定的数组元素
    }
}
```

（4）由于 ImageButton 组件设置背景透明后，将不再显示鼠标单击效果，所以需要通过 Drawable 资源来设置图片的 android:src 属性。首先编写一个 Drawable 资源对应的 XML 文件 button_state.xml，用于设置当鼠标按下时显示的图片以及鼠标没有按下时显示的图片，具体代码如下：

```
image1 = (ImageView) findViewById(R.id.imageView1);  //获取 ImageView1 组件
image2 = (ImageView) findViewById(R.id.imageView2);  //获取 ImageView2 组件
image3 = (ImageView) findViewById(R.id.imageView3);  //获取 ImageView3 组件
result = (TextView) findViewById(R.id.textView1);    //获取 TextView 组件
reset();                                              //将鞋子的顺序打乱
```

（5）为 3 个显示鞋子的 ImageView 组件添加单击事件监听器，用于将鞋子打开，并显示猜猜看的结果，关键代码如下：

```
//为第 1 只鞋子添加单击事件监听器
image1.setOnClickListener(new OnClickListener() {
    @Override
    public void onClick(View v) {
        isRight(v, 0);                                //判断结果
    }
});
//为第 2 只鞋子添加单击事件监听器
image2.setOnClickListener(new OnClickListener() {
    @Override
    public void onClick(View v) {
        isRight(v, 1);                                //判断结果
    }
});
//为第 3 只鞋子添加单击事件监听器
```

```
image3.setOnClickListener(new OnClickListener() {
    @Override
    public void onClick(View v) {
        isRight(v, 2);                               //判断结果
    }
});
```

（6）编写 isRight()方法，用于显示打开的鞋子，并显示判断结果，具体代码如下：

```
/**
 * 判断猜出的结果
 *
 * @param v
 * @param index
 */
private void isRight(View v, int index) {
    //使用随机数组中图片资源 ID 设置每个 ImageView
    image1.setImageDrawable(getResources().getDrawable(imageIds[0]));
    image2.setImageDrawable(getResources().getDrawable(imageIds[1]));
    image3.setImageDrawable(getResources().getDrawable(imageIds[2]));
    //为每个 ImageView 设置半透明效果
    image1.setAlpha(100);
    image2.setAlpha(100);
    image3.setAlpha(100);
    ImageView v1 = (ImageView) v;                   //获取被单击的图像视图
    v1.setAlpha(255);                               //设置图像视图的透明度
    if (imageIds[index] == R.drawable.shoe_ok) {    //判断是否猜对
        result.setText("恭喜您，猜对了，祝你幸福！");
    } else {
        result.setText("很抱歉，猜错了，要不要再试一次？");
    }
}
```

（7）获取"再玩一次"按钮，并为该按钮添加单击事件监听器，在其单击事件中，首先将标题恢复为默认值，然后设置 3 个 ImageView 的透明度为完全不透明，最后设置这 3 个 ImageView 的图像内容为默认显示图片，具体代码如下：

```
Button button = (Button) findViewById(R.id.button1);       //获取"再玩一次"按钮
//为"再玩一次"按钮添加事件监听器
button.setOnClickListener(new OnClickListener() {
    @Override
    public void onClick(View v) {
        reset();
        result.setText(R.string.title);                    //将标题恢复为默认值
        image1.setAlpha(255);
        image2.setAlpha(255);
        image3.setAlpha(255);
        image1.setImageDrawable(getResources().getDrawable( R.drawable.shoe_default));
        image2.setImageDrawable(getResources().getDrawable(R.drawable.shoe_default));
```

```
        image3.setImageDrawable(getResources().getDrawable(R.drawable.shoe_default));
    }
});
```

运行本实例，将显示如图 3.33 所示的运行结果，单击其中的任意一只鞋子，将打开鞋子，显示里面是否有鸡蛋，并且将没有被单击的鞋子设置为半透明显示，被单击的鞋子正常显示，同时根据单击的鞋子里是否有鸡蛋显示对应的结果。例如，单击中间的鞋子，如果鸡蛋在这只鞋子里，将显示如图 3.34 所示的运行结果；否则，将显示"很抱歉，猜错了，要不要再试一次？"的提示文字。

图 3.33　默认的运行结果

图 3.34　单击中间鞋子显示的运行结果

3.5　小　　结

本章介绍了进行用户界面设计的基础内容，主要包括 Android 中控制 UI 界面的 4 种方法、常用的 4 种布局管理器和一些常用的基本组件。首先介绍的是控制 UI 界面的 4 种方法，这 4 种方法各有优缺点，应根据实际需要选择最为合适的方法，然后介绍线性布局、表格布局、帧布局和相对布局 4 种布局方式，需要读者重点掌握，在实际编程中经常使用，接下来又介绍了常用的基本组件，最后结合前面介绍的内容给出了两个经典范例，用于巩固所学的知识。

3.6　实践与练习

1．编写 Android 程序，实现通过 ImageView 显示带边框的图片。（**答案位置：光盘\TM\sl\3\3.27**）

2．编写 Android 程序，实现选中复选框后，"开始"按钮才可用，否则为不可用状态。（**答案位置：光盘\TM\sl\3\3.28**）

3．编写 Android 程序，实现图标在上、文字在下的 ListView。（**答案位置：光盘\TM\sl\3\3.29**）

第 4 章

高级用户界面设计

(📹 教学录像：2 小时 46 分钟)

第 3 章介绍了用户界面设计中如何控制 UI 界面，以及布局管理器和基本组件的应用。经过前面的学习，已经可以设计出一些常用的 Android 界面，本章将继续学习 Android 开发中的用户界面设计，主要涉及一些常用的高级组件、消息提示框和对话框等，通过这些组件，可以开发出更加优秀的用户界面。

通过阅读本章，您可以：

▶▶ 掌握自动完成文本框的使用方法

▶▶ 掌握进度条的用途和使用方法

▶▶ 掌握拖动条和星级评分条的使用

▶▶ 掌握选项卡的基本应用

▶▶ 掌握图像切换器、网格视图和画廊视图的应用

▶▶ 掌握如何创建可以作为列表项的适配器

▶▶ 掌握如何显示消息提示框和对话框

4.1 高级组件

📷🎬 **教学录像：光盘\TM\lx\4\高级组件.exe**

通过前面章节的学习，我们已经掌握了 Android 提供的基本界面组件，本节将介绍 Android 提供的常用高级组件。使用这些组件可以大大降低开发者的开发难度，为快速程序开发提供方便。

4.1.1 自动完成文本框

自动完成文本框（AutoCompleteTextView），用于实现允许用户输入一定字符后，显示一个下拉菜单，供用户从中选择，当用户选择某个选项后，按用户选择自动填写该文本框。

在屏幕中添加自动完成文本框，可以在 XML 布局文件中通过<AutoCompleteTextView>标记添加，基本语法格式如下：

```
<AutoCompleteTextView
    属性列表
>
</AutoCompleteTextView>
```

AutoCompleteTextView 组件继承自 EditText，所以它支持 EditText 组件提供的属性，同时，该组件还支持如表 4.1 所示的 XML 属性。

表 4.1　AutoCompleteTextView 支持的 XML 属性

XML 属性	描　　述
android:completionHint	用于为弹出的下拉菜单指定提示标题
android:completionThreshold	用于指定用户至少输入几个字符才会显示提示
android:dropDownHeight	用于指定下拉菜单的高度
android:dropDownHorizontalOffset	用于指定下拉菜单与文本之间的水平偏移。下拉菜单默认与文本框左对齐
android:dropDownVerticalOffset	用于指定下拉菜单与文本之间的垂直偏移。下拉菜单默认紧跟文本框
android:dropDownWidth	用于指定下拉菜单的宽度
android:popupBackground	用于为下拉菜单设置背景

下面给出一个关于自动完成文本框的实例。

例 4.1　在 Eclipse 中创建 Android 项目，名称为 4.1，实现带自动提示功能的搜索框。（**实例位置：光盘\TM\sl\4\4.1**）

（1）修改新建项目的 res\layout 目录下的布局文件 main.xml，将默认添加的相对布局管理器修改为水平线性布局管理器，并在该布局管理器中添加一个自动完成文本框和一个按钮，修改后的代码如下：

```
<LinearLayout xmlns:android="http://schemas.android.com/apk/res/android"
    android:orientation="horizontal"
```

```
        android:layout_width="fill_parent"
        android:layout_height="fill_parent"
        >
<AutoCompleteTextView
    android:layout_height="wrap_content"
    android:text=""
    android:id="@+id/autoCompleteTextView1"
    android:completionThreshold="2"
    android:completionHint="输入搜索内容"
    android:layout_weight="7"
    android:layout_width="wrap_content">
</AutoCompleteTextView>
<Button
    android:text="搜索"
    android:id="@+id/button1"
    android:layout_weight="1"
    android:layout_marginLeft="10dp"
    android:layout_width="wrap_content"
    android:layout_height="wrap_content"/>
</LinearLayout>
```

说明　在上面的代码中，通过 android:completionHint 属性设置下拉菜单中显示的提示标题；通过 android:completionThreshold 属性设置用户至少输入 2 个字符才会显示提示。

（2）在主活动 MainActivity 中，定义一个字符串数组常量，用于保存要在下拉菜单中显示的列表项，具体代码如下：

```
private static final String[] COUNTRIES = new String[] {
            "mr", "mrsoft", "mingrisisoft", "mrbccd", "mrkj"};
```

（3）在主活动的 onCreate()方法中，首先获取布局文件中添加的自动完成文本框，然后创建一个保存下拉菜单中要显示的列表项的 ArrayAdapter 适配器，最后将该适配器与自动完成文本框相关联，关键代码如下：

```
//获取自动完成文本框
AutoCompleteTextView textView=(AutoCompleteTextView)findViewById(R.id.autoCompleteTextView1);
ArrayAdapter<String> adapter=new ArrayAdapter<String>(this,
            android.R.layout.simple_dropdown_item_1line,COUNTRIES);  //创建一个 ArrayAdapter 适配器
textView.setAdapter(adapter);                                      //为自动完成文本框设置适配器
```

（4）获取"搜索"按钮，并为其添加单击事件监听器，在其 onClick 事件中通过消息提示框显示自动完成文本框中输入的内容，具体代码如下：

```
Button button=(Button)findViewById(R.id.button1);   //获取"搜索"按钮
//为"搜索"按钮添加单击事件监听器
button.setOnClickListener(new OnClickListener() {
```

```
        @Override
        public void onClick(View v) {
            Toast.makeText(MainActivity.this, textView.getText().toString(), Toast.LENGTH_SHORT).show();
        }
});
```

运行本实例，在屏幕上显示由自动完成文本框和按钮组成的搜索框，输入文字"mr"后，在下方将显示符合条件的提示信息下拉菜单，如图 4.1 所示，双击想要的列表项，即可将选中的内容显示到自动完成文本框中。

图 4.1　应用自动完成文本框实现搜索框

4.1.2　进度条

当一个应用在后台执行时，前台界面不会有任何信息，这时用户根本不知道程序是否在执行以及执行进度等，因此需要使用进度条来提示程序执行的进度。在 Android 中，进度条（ProgressBar）用于向用户显示某个耗时操作完成的百分比。

在屏幕中添加进度条，可以在 XML 布局文件中通过<ProgressBar>标记添加，基本语法格式如下：

```
< ProgressBar
    属性列表

>
</ProgressBar>
```

ProgressBar 组件支持的 XML 属性如表 4.2 所示。

表 4.2　ProgressBar 支持的 XML 属性

XML 属性	描　述
android:max	用于设置进度条的最大值
android:progress	用于指定进度条已完成的进度值
android:progressDrawable	用于设置进度条轨道的绘制形式

除了表 4.2 中介绍的属性外，进度条组件还提供了下面两个常用方法用于操作进度。

☑　setProgress(int progress)方法：用于设置进度完成的百分比。

☑　incrementProgressBy(int diff)方法：用于设置进度条的进度增加或减少。当参数值为正数时，表示进度增加；为负数时，表示进度减少。

下面给出一个关于在屏幕中使用进度条的实例。

例 4.2　在 Eclipse 中创建 Android 项目，名称为 4.2，实现水平进度条和圆形进度条。(**实例位置：光盘\TM\sl\4\4.2**)

（1）修改新建项目的 res\layout 目录下的布局文件 main.xml，将默认添加的相对布局管理器修改为垂直线性布局管理器，并且将默认添加的 TextView 组件删除，然后添加一个水平进度条和一个圆形进度条，修改后的代码如下：

```xml
<!-- 水平进度条 -->
<ProgressBar
    android:id="@+id/progressBar1"
    android:layout_width="match_parent"
    android:max="100"
    style="@android:style/Widget.ProgressBar.Horizontal"
    android:layout_height="wrap_content"/>
<!-- 圆形进度条 -->
<ProgressBar
    android:id="@+id/progressBar2"
    style="?android:attr/progressBarStyleLarge"
    android:layout_width="wrap_content"
    android:layout_height="wrap_content"/>
```

说明　在上面的代码中，通过 android:max 属性设置水平进度条的最大进度值；通过 style 属性可以为 ProgressBar 指定风格，常用的 style 属性值如表 4.3 所示。

表 4.3　ProgressBar 的 style 属性的可选值

XML 属性	描　述
?android:attr/progressBarStyleHorizontal	细水平长条进度条
?android:attr/progressBarStyleLarge	大圆形进度条
?android:attr/progressBarStyleSmall	小圆形进度条
@android:style/Widget.ProgressBar.Large	大跳跃、旋转画面的进度条
@android:style/Widget.ProgressBar.Small	小跳跃、旋转画面的进度条
@android:style/Widget.ProgressBar.Horizontal	粗水平长条进度条

（2）在主活动 MainActivity 中，定义两个 ProgressBar 类的对象（分别用于表示水平进度条和圆形进度条，一个 int 型的变量（用于表示完成进度）和一个处理消息的 Handler 类的对象，具体代码如下：

```
private ProgressBar horizonP;                                    //水平进度条
private ProgressBar circleP;                                     //圆形进度条
private int mProgressStatus = 0;                                 //完成进度
private Handler mHandler;                                        //声明一个用于处理消息的 Handler 类的对象
```

（3）在主活动的 onCreate()方法中，首先获取水平进度条和圆形进度条，然后通过匿名内部类实例化处理消息的 Handler 类的对象，并重写其 handleMessage()方法，实现当耗时操作没有完成时更新进度，否则设置进度条不显示，关键代码如下：

```
horizonP = (ProgressBar) findViewById(R.id.progressBar1);       //获取水平进度条
circleP=(ProgressBar)findViewById(R.id.progressBar2);           //获取圆形进度条
mHandler=new Handler(){
    @Override
    public void handleMessage(Message msg) {
        if(msg.what==0x111){
            horizonP.setProgress(mProgressStatus);              //更新进度
        }else{
            Toast.makeText(MainActivity.this, "耗时操作已经完成", Toast.LENGTH_SHORT).show();
            horizonP.setVisibility(View.GONE);                  //设置进度条不显示，并且不占用空间
            circleP.setVisibility(View.GONE);                   //设置进度条不显示，并且不占用空间
        }
    }
};
```

（4）开启一个线程，用于模拟一个耗时操作。在该线程中，调用 sendMessage()方法发送处理消息，具体代码如下：

```
new Thread(new Runnable() {
    public void run() {
        while (true) {
            mProgressStatus = doWork();                         //获取耗时操作完成的百分比
            Message m=new Message();
            if(mProgressStatus<100){
                m.what=0x111;
                mHandler.sendMessage(m);                        //发送信息
            }else{
                m.what=0x110;
                mHandler.sendMessage(m);                        //发送消息
                break;
            }
        }
    }
    //模拟一个耗时操作
    private int doWork() {
        mProgressStatus+=Math.random()*10;                     //改变完成进度
        try {
            Thread.sleep(200);                                 //线程休眠 200 毫秒
```

```
            } catch (InterruptedException e) {
                e.printStackTrace();
            }

        return mProgressStatus;                    //返回新的进度
    }
}).start();                                        //开启一个线程
```

运行本实例，将显示如图 4.2 所示的运行结果。

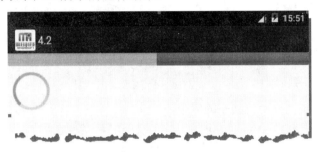

图 4.2　在屏幕中显示水平进度条和圆形进度条

4.1.3　拖动条和星级评分条

在 Andriod 中，提供了两种允许用户通过拖动来改变进度的组件，分别是拖动条（Seek Bar）和星级评分条（RatmgBar），下面分别进行介绍。

1．拖动条

拖动条与进度条类似，所不同的是，拖动条允许用户拖动滑块来改变值，通常用于实现对某种数值的调节。例如，调节图片的透明度或是音量等。

在 Android 中，如果想在屏幕中添加拖动条，可以在 XML 布局文件中通过<SeekBar>标记添加，基本语法格式如下：

```
<SeekBar
    android:layout_height="wrap_content"
    android:id="@+id/seekBar1"
    android:layout_width="match_parent">
</SeekBar>
```

SeekBar 组件允许用户改变拖动滑块的外观，这可以使用 android:thumb 属性实现，该属性的属性值为一个 Drawable 对象，该 Drawable 对象将作为自定义滑块。

由于拖动条可以被用户控制，所以需要为其添加 OnSeekBarChangeListener 监听器，基本代码如下：

```
seekbar.setOnSeekBarChangeListener(new OnSeekBarChangeListener() {
    @Override
    public void onStopTrackingTouch(SeekBar seekBar) {
        //要执行的代码
    }
```

```
    @Override
    public void onStartTrackingTouch(SeekBar seekBar) {
        //要执行的代码
    }
    @Override
    public void onProgressChanged(SeekBar seekBar, int progress,
            boolean fromUser) {
        //其他要执行的代码
    }
});
```

说明 在上面的代码中，onProgressChanged()方法中的参数 progress 表示当前进度，也就是拖动条的值。

下面通过一个具体的实例说明拖动条的应用。

例 4.3 在 Eclipse 中创建 Android 项目，名称为 4.3，实现在屏幕上显示拖动条，并为其添加 OnSeekBarChangeListener 监听器。（**实例位置：光盘\TM\sl\4\4.3**）

（1）修改新建项目的 res\layout 目录下的布局文件 main.xml，将默认添加的相对布局管理器修改为垂直线性布局管理器，并将默认添加的 TextView 组件的 android:text 属性值修改为 "当前值：50"，然后添加一个拖动条，并指定拖动条的当前值和最大值，修改后的代码如下：

```
<TextView
    android:text="当前值：50"
    android:id="@+id/textView1"
    android:layout_width="wrap_content"
    android:layout_height="wrap_content"/>
<!-- 拖动条 -->
<SeekBar
    android:layout_height="wrap_content"
    android:id="@+id/seekBar1"
    android:max="100"
    android:progress="50"
    android:padding="10dp"
    android:layout_width="match_parent"/>
```

（2）在主活动 MainActivity 中，定义一个 SeekBar 类的对象，用于表示拖动条，具体代码如下：

```
private SeekBar seekbar;                                    //拖动条
```

（3）在主活动的 onCreate()方法中，首先获取布局文件中添加的文本视图和拖动条，然后为拖动条添加 OnSeekBarChangeListener 事件监听器，并且在重写的 onStopTrackingTouch()和 onStartTracking Touch()方法中应用消息提示框显示对应状态，在 onProgressChanged()方法中修改文本视图的值为当前进度条的进度值，具体代码如下：

```
final TextView result=(TextView)findViewById(R.id.textView1);   //获取文本视图
seekbar = (SeekBar) findViewById(R.id.seekBar1);                //获取拖动条
seekbar.setOnSeekBarChangeListener(new OnSeekBarChangeListener() {
    @Override
```

```
public void onStopTrackingTouch(SeekBar seekBar) {
    Toast.makeText(MainActivity.this, "结束滑动", Toast.LENGTH_SHORT).show();
}
@Override
public void onStartTrackingTouch(SeekBar seekBar) {
    Toast.makeText(MainActivity.this, "开始滑动", Toast.LENGTH_SHORT).show();
}
@Override
public void onProgressChanged(SeekBar seekBar, int progress,boolean fromUser) {
    result.setText("当前值: "+progress);                          //修改文本视图的值
}
});
```

运行本实例，在屏幕中将显示默认进度为 50 的拖动条，如图 4.3 所示，用鼠标拖动圆形滑块，在上方的文本视图中将显示改变后的当前进度，并且通过消息提示框显示"开始滑动"和"结束滑动"。

图 4.3　在屏幕中显示拖动条

2. 星级评分条

星级评分条与拖动条类似，都允许用户拖动来改变进度，不同的是，星级评分条通过星星图案表示进度。通常情况下，使用星级评分条表示对某一事物的支持度或对某种服务的满意程度等。例如，淘宝网中对卖家的好评度，就是通过星级评分条实现的。

在 Android 中，如果想在屏幕中添加星级评分条，可以在 XML 布局文件中通过<RatingBar>标记添加，基本语法格式如下：

```
<RatingBar
    属性列表
>
</RatingBar>
```

RatingBar 组件支持的 XML 属性如表 4.4 所示。

表 4.4　RatingBar 支持的 XML 属性

XML 属性	描　述
android:isIndicator	用于指定该星级评分条是否允许用户改变，true 为不允许改变
android:numStars	用于指定该星级评分条总共有多少个星
android:rating	用于指定该星级评分条默认的星级
android:stepSize	用于指定每次最少需要改变多少个星级，默认为 0.5 个

除了表 4.4 中介绍的属性外，星级评分条还提供了以下 3 个比较常用的方法。

☑ getRating()方法：用于获取等级，表示选中了几颗星。

☑ getStepSize()方法：用于获取每次最少要改变多少个星级。

☑ getProgress()方法：用于获取进度，获取到的进度值为 getRating()方法返回值与 getStepSize()方法返回值之积。

下面通过一个具体的实例来说明星级评分条的应用。

例 4.4　在 Eclipse 中创建 Android 项目，名称为 4.4，实现星级评分条。（**实例位置：光盘\TM\sl\4\4.4**）

（1）修改新建项目的 res\layout 目录下的布局文件 main.xml，将默认添加的相对布局管理器修改为垂直线性布局管理器，并且将默认添加的 TextView 组件删除，然后添加一个星级评分条和一个普通按钮，修改后的代码如下：

```xml
<!-- 星级评分条 -->
<RatingBar
    android:id="@+id/ratingBar1"
    android:numStars="5"
    android:rating="3.5"
    android:isIndicator="true"
    android:layout_width="wrap_content"
    android:layout_height="wrap_content"/>
<! -- 按钮-->
<Button
    android:text="提交"
    android:id="@+id/button1"
    android:layout_width="wrap_content"
    android:layout_height="wrap_content"/>
```

（2）在主活动 MainActivity 中，定义一个 RatingBar 类的对象，用于表示星级评分条，具体代码如下：

```java
private RatingBar ratingbar;                        //星级评分条
```

（3）在主活动的 onCreate()方法中，首先获取布局文件中添加的星级评分条，然后获取提交按钮，并为其添加单击事件监听器，在重写的 onClick()事件中，获取进度、等级和每次最少要改变多少个星级并显示到日志中，同时通过消息提示框显示获得的星的个数，关键代码如下：

```java
ratingbar = (RatingBar) findViewById(R.id.ratingBar1);    //获取星级评分条
Button button=(Button)findViewById(R.id.button1);         //获取"提交"按钮
button.setOnClickListener(new OnClickListener() {
    @Override
    public void onClick(View v) {
        int result=ratingbar.getProgress();               //获取进度
        float rating=ratingbar.getRating();               //获取等级
        float step=ratingbar.getStepSize();               //获取每次最少要改变多少个星级
        Log.i("星级评分条","step="+step+" result="+result+" rating="+rating);
        Toast.makeText(MainActivity.this, "你得到了"+rating+"颗星", Toast.LENGTH_SHORT).show();
    }
});
```

运行本实例,在屏幕中将显示 5 颗星的星级评分条,单击第 4 颗星的左半边,将显示如图 4.4 所示的选中效果,单击"提交"按钮,将弹出如图 4.5 所示的消息提示框显示选择了几颗星。

图 4.4　在屏幕中显示星级评分条　　　　　图 4.5　单击"提交"按钮显示选择了几颗星

4.1.4　选项卡

选项卡主要由 TabHost、TabWidget 和 FrameLayout 3 个组件组成,用于实现一个多标签页的用户界面,通过它可以将一个复杂的对话框分割成若干个标签页,实现对信息的分类显示和管理。使用该组件不仅可以使界面简洁大方,还可以有效地减少窗体的个数。

在 Android 中,实现选项卡的一般步骤如下:

(1) 在布局文件中添加实现选项卡所需的 TabHost、TabWidget 和 FrameLayout 组件。

(2) 编写各标签页中要显示内容所对应的 XML 布局文件。

(3) 在 Activity 中,获取并初始化 TabHost 组件。

(4) 为 TabHost 对象添加标签页。

下面通过一个具体的实例来说明选项卡的应用。

例 4.5　在 Eclipse 中创建 Android 项目,名称为 4.5,实现模拟显示未接来电和已接来电的选项卡。(**实例位置:光盘\TM\sl\4\4.5**)

(1) 修改新建项目的 res\layout 目录下的布局文件 main.xml,将默认添加的相对布局管理器删除,然后添加实现选项卡所需的 TabHost、TabWidget 和 FrameLayout 组件。具体的步骤是:首先添加一个 TabHost 组件,然后在该组件中添加线性布局管理器,并且在该布局管理器中添加一个作为标签组的 TabWidget 和一个作为标签内容的 FrameLayout 组件。在 XML 布局文件中添加选项卡的基本代码如下:

```xml
<?xml version="1.0" encoding="utf-8"?>
<TabHost xmlns:android="http://schemas.android.com/apk/res/android"
    android:id="@android:id/tabhost"
    android:layout_width="fill_parent"
    android:layout_height="fill_parent">
    <LinearLayout
        android:orientation="vertical"
        android:layout_width="fill_parent"
        android:layout_height="fill_parent">
        <TabWidget
```

```
        android:id="@android:id/tabs"
        android:layout_width="fill_parent"
        android:layout_height="wrap_content" />
    <FrameLayout
        android:id="@android:id/tabcontent"
        android:layout_width="fill_parent"
        android:layout_height="fill_parent">
    </FrameLayout>
    </LinearLayout>
</TabHost>
```

说明 在应用 XML 布局文件添加选项卡时，必须使用系统的 id 来为各组件指定 id 属性，否则将出现异常。

（2）编写各标签页中要显示内容对应的 XML 布局文件。例如，编写一个 XML 布局文件，名称为 tab1.xml，用于指定第一个标签页中要显示的内容，具体代码如下：

```
<LinearLayout xmlns:android="http://schemas.android.com/apk/res/android"
    android:id="@+id/LinearLayout01"
    android:orientation="vertical"
    android:layout_width="wrap_content"
    android:layout_height="wrap_content">
    <TextView
        android:layout_width="fill_parent"
        android:layout_height="wrap_content"
        android:text="简约但不简单"/>
     <TextView
        android:layout_width="fill_parent"
        android:layout_height="wrap_content"
        android:text="风铃草"/>
</LinearLayout>
```

说明 在本实例中，除了需要编写名称为 tab1.xml 的布局文件外，还需要编写名称为 tab2.xml 的布局文件，用于指定第二个标签页中要显示的内容。

（3）在 Activity 中，获取并初始化 TabHost 组件，关键代码如下：

```
private TabHost tabHost;                                    //声明 TabHost 组件的对象
tabHost=(TabHost)findViewById(android.R.id.tabhost);       //获取 TabHost 对象
tabHost.setup();                                           //初始化 TabHost 组件
```

（4）为 TabHost 对象添加标签页，这里共添加了两个标签页，一个用于模拟显示未接来电，另一个用于模拟显示已接来电，关键代码如下：

```
LayoutInflater inflater = LayoutInflater.from(this);        //声明并实例化一个 LayoutInflater 对象
inflater.inflate(R.layout.tab1, tabHost.getTabContentView());
inflater.inflate(R.layout.tab2, tabHost.getTabContentView());
tabHost.addTab(tabHost.newTabSpec("tab01")
```

```
        .setIndicator("未接来电")
        .setContent(R.id.LinearLayout01));           //添加第一个标签页
tabHost.addTab(tabHost.newTabSpec("tab02")
        .setIndicator("已接来电")
        .setContent(R.id.FrameLayout02));           //添加第二个标签页
```

运行本实例，将显示如图 4.6 所示的运行结果。

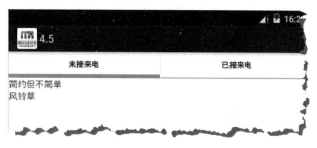

图 4.6　在屏幕中添加选项卡

4.1.5　图像切换器

图像切换器（ImageSwitcher），用于实现类似于 Windows 操作系统下的"Windows 照片查看器"中的"上一张""下一张"切换图片的功能。在使用 ImageSwitcher 时，必须实现 ViewSwitcher.ViewFactory 接口，并通过 makeView()方法来创建用于显示图片的 ImageView。makeView()方法将返回一个显示图片的 ImageView。在使用图像切换器时，还有一个方法非常重要，那就是 setImageResource()方法，该方法用于指定要在 ImageSwitcher 中显示的图片资源。

下面通过一个具体的实例来说明图像切换器的用法。

例 4.6　在 Eclipse 中创建 Android 项目，名称为 4.6，实现类似于 Windows 照片查看器的简单的图片查看器。（**实例位置：光盘\TM\sl\4\4.6**）

（1）修改新建项目的 res\layout 目录下的布局文件 main.xml，将默认添加的相对布局管理器修改为水平线性布局管理器，并将 TextView 组件删除，然后添加两个按钮和一个图像切换器 ImageSwitcher，并设置图像切换器的布局方式为居中显示。修改后的代码如下：

```xml
<?xml version="1.0" encoding="utf-8"?>
<LinearLayout xmlns:android="http://schemas.android.com/apk/res/android"
    android:orientation="horizontal"
    android:layout_width="fill_parent"
    android:layout_height="fill_parent"
    android:id="@+id/llayout"
    android:gravity="center" >
    <Button
        android:text="上一张"
        android:id="@+id/button1"
        android:layout_width="wrap_content"
        android:layout_height="wrap_content"/>
<!-- 添加一个图像切换器 -->
```

```
    <ImageSwitcher
        android:id="@+id/imageSwitcher1"
        android:layout_gravity="center"
        android:layout_width="wrap_content"
        android:layout_height="wrap_content"/>
    <Button
        android:text="下一张"
        android:id="@+id/button2"
        android:layout_width="wrap_content"
        android:layout_height="wrap_content"/>
</LinearLayout>
```

（2）在主活动中，首先声明并初始化一个保存要显示图像 id 的数组，然后声明一个保存当前显示图像索引的变量，再声明一个图像切换器的对象，具体代码如下：

```
private int[] imageId = new int[] { R.drawable.img01, R.drawable.img02,
        R.drawable.img03, R.drawable.img04, R.drawable.img05,
        R.drawable.img06, R.drawable.img07, R.drawable.img08,
        R.drawable.img09 };                              //声明并初始化一个保存要显示图像 id 的数组
private int index = 0;                                   //当前显示图像的索引
private ImageSwitcher imageSwitcher;                      //声明一个图像切换器对象
```

（3）在主活动的 onCreate()方法中，首先获取布局文件中添加的图像切换器，并为其设置淡入淡出的动画效果，然后为其设置一个 ImageSwitcher.ViewFactory，并重写 makeView()方法，最后为图像切换器设置默认显示的图像，关键代码如下：

```
imageSwitcher = (ImageSwitcher) findViewById(R.id.imageSwitcher1);    //获取图像切换器
//设置动画效果
imageSwitcher.setInAnimation(AnimationUtils.loadAnimation(this,android.R.anim.fade_in));    //设置淡入动画
imageSwitcher.setOutAnimation(AnimationUtils.loadAnimation(this,android.R.anim.fade_out)); //设置淡出动画
imageSwitcher.setFactory(new ViewFactory() {
    @Override
    public View makeView() {
        imageView = new ImageView(MainActivity.this);    //实例化一个 ImageView 类的对象
        imageView.setScaleType(ImageView.ScaleType.FIT_CENTER);    //设置保持纵横比居中缩放图像
        imageView.setLayoutParams(new ImageSwitcher.LayoutParams(
                LayoutParams.WRAP_CONTENT, LayoutParams.WRAP_CONTENT));
        return imageView;                                //返回 imageView 对象
    }
});
imageSwitcher.setImageResource(imageId[index]);          //显示默认的图片
```

说明 在上面的代码中，使用 ImageSwitcher 类的父类 ViewAnimator 的 setInAnimation()方法和 setOutAnimation()方法为图像切换器设置动画效果；调用其父类 ViewSwitcher 的 setFactory()方法指定视图切换工厂，其参数为 ViewSwitcher.ViewFactory 类型的对象。

（4）获取用于控制显示图片的"上一张"和"下一张"按钮，并分别为其添加单击事件监听器，

在重写的 onClick()方法中改变图像切换器中显示的图片，关键代码如下：

```
Button up = (Button) findViewById(R.id.button1);              //获取"上一张"按钮
Button down = (Button) findViewById(R.id.button2);            //获取"下一张"按钮
up.setOnClickListener(new OnClickListener() {
    @Override
    public void onClick(View v) {
            if (index > 0) {
                    index--;                                  //index 的值减 1
            } else {
                    index = imageId.length - 1;
            }
            imageSwitcher.setImageResource(imageId[index]);   //显示当前图片
    }
});
down.setOnClickListener(new OnClickListener() {
    @Override
    public void onClick(View v) {
        if (index < imageId.length - 1) {
            index++;                                          //index 的值加 1
        } else {
            index = 0;
        }
        imageSwitcher.setImageResource(imageId[index]);       //显示当前图片
    }
});
```

运行本实例，将显示如图 4.7 所示的运行结果。

图 4.7　简单的图片查看器

4.1.6　网格视图

网格视图（GridView）是按照行、列分布的方式来显示多个组件，通常用于显示图片或是图标等。

在使用网格视图时，首先需要在屏幕上添加 GridView 组件，通常使用<GridView>标记在 XML 布局文件中添加，其基本语法如下：

```
<GridView
    属性列表
>
</GridView>
```

GridView 组件支持的 XML 属性如表 4.5 所示。

表 4.5 GridView 支持的 XML 属性

XML 属性	描　　述
android:columnWidth	用于设置列的宽度
android:gravity	用于设置对齐方式
android:horizontalSpacing	用于设置各元素之间的水平间距
android:numColumns	用于设置列数，其属性值通常为大于 1 的值，如果只有 1 列，那么最好使用 ListView 实现
android:stretchMode	用于设置拉伸模式，其中属性值可以是 none（不拉伸）、spacingWidth（仅拉伸元素之间的间距）、columnWidth（仅拉伸表格元素本身）或 spacingWidthUniform（表格元素本身、元素之间的间距一起拉伸）
android:verticalSpacing	用于设置各元素之间的垂直间距

GridView 与 ListView 类似，都需要通过 Adapter 来提供要显示的数据。在使用 GridView 组件时，通常使用 SimpleAdapter 或者 BaseAdapter 类为 GridView 组件提供数据。下面通过一个具体的实例演示如何通过 SimpleAdapter 适配器指定内容的方式创建 GridView。

例 4.7　在 Eclipse 中创建 Android 项目，名称为 4.7，实现在屏幕中添加用于显示照片和说明文字的网格视图。（**实例位置：光盘\TM\sl\4\4.7**）

（1）修改新建项目的 res\layout 目录下的布局文件 main.xml，将默认添加的相对布局管理器修改为垂直线性布局管理器，并将默认添加的 TextView 组件删除，然后添加一个 id 属性为 gridView1 的 GridView 组件，并设置其列数为 4，也就是每行显示 4 张图片。修改后的代码如下：

```
<GridView android:id="@+id/gridView1"
    android:layout_height="wrap_content"
    android:layout_width="match_parent"
    android:stretchMode="columnWidth"
    android:numColumns="4"></GridView>
```

（2）编写用于布局网格内容的 XML 布局文件 items.xml。在该文件中，采用垂直线性布局管理器，并在该布局管理器中添加一个 ImageView 组件和一个 TextView 组件，分别用于显示网格视图中的图片和说明文字，具体代码如下：

```
<?xml version="1.0" encoding="utf-8"?>
<LinearLayout
    xmlns:android="http://schemas.android.com/apk/res/android"
```

```
        android:orientation="vertical"
        android:layout_width="match_parent"
        android:layout_height="match_parent">
    <ImageView
        android:id="@+id/image"
        android:paddingLeft="10dp"
        android:scaleType="fitCenter"
        android:layout_height="wrap_content"
        android:layout_width="wrap_content"/>
    <TextView
        android:layout_width="wrap_content"
        android:layout_height="wrap_content"
        android:padding="5dp"
        android:layout_gravity="center"
        android:id="@+id/title"
        />
</LinearLayout>
```

（3）在主活动的 onCreate()方法中，首先获取布局文件中添加的 ListView 组件，然后创建两个用于保存图片 id 和说明文字的数组，并将这些图片 id 和说明文字添加到 List 集合中，再创建一个 SimpleAdapter 简单适配器，最后将该适配器与 GridView 相关联，具体代码如下：

```
GridView gridview = (GridView) findViewById(R.id.gridView1);       //获取 GridView 组件
int[] imageId = new int[] { R.drawable.img01, R.drawable.img02,
            R.drawable.img03, R.drawable.img04, R.drawable.img05,
            R.drawable.img06, R.drawable.img07, R.drawable.img08,
            R.drawable.img09, R.drawable.img10, R.drawable.img11,
            R.drawable.img12, };                                   //定义并初始化保存图片 id 的数组
String[] title = new String[] { "花开富贵", "海天一色", "日出", "天路", "一枝独秀","云", "独占鳌头","蒲公英花",
            "花团锦簇","争奇斗艳", "和谐", "林间小路" };                //定义并初始化保存说明文字的数组
List<Map<String, Object>> listItems = new ArrayList<Map<String, Object>>();  //创建一个 List 集合
//通过 for 循环将图片 id 和列表项文字放到 Map 中，并添加到 List 集合中
for (int i = 0; i < imageId.length; i++) {
    Map<String, Object> map = new HashMap<String, Object>();
    map.put("image", imageId[i]);
    map.put("title", title[i]);
    listItems.add(map);                                           //将 map 对象添加到 List 集合中
}
SimpleAdapter adapter = new SimpleAdapter(this,
                        listItems,
                        R.layout.items,
                        new String[] { "title", "image" },
                        new int[] {R.id.title, R.id.image }
);                                                                //创建 SimpleAdapter
gridview.setAdapter(adapter);                                     //将适配器与 GridView 关联
```

运行本实例，将显示如图 4.8 所示的运行结果。

图 4.8　通过 GridView 显示的照片列表

　　如果只想在 GridView 中显示照片而不显示说明性文字，可以使用 BaseAdapter 基本适配器为其指定内容。使用 BaseAdapter 为 GridView 组件设置内容可以分为以下两个步骤。

　　（1）创建 BaseAdapter 类的对象，并重写其中的 getView()、getItemId()、getItem()和 getCount()方法，其中最主要的是重写 getView()方法来设置显示图片的格式。以例 4.7 为例，将该实例中的 GridView 组件修改为使用 BaseAdapter 类设置内容的代码如下：

```
BaseAdapter adapter=new BaseAdapter() {

    @Override
    public View getView(int position, View convertView, ViewGroup parent) {
        ImageView imageview;                                 //声明 ImageView 的对象
        if(convertView==null){
            imageview=new ImageView(MainActivity.this);      //实例化 ImageView 的对象
            imageview.setScaleType(ImageView.ScaleType.CENTER_INSIDE);    //设置缩放方式
            imageview.setPadding(5, 0, 5, 0);                //设置 ImageView 的内边距
        }else{
            imageview=(ImageView)convertView;
        }
        imageview.setImageResource(imageId[position]);       //为 ImageView 设置要显示的图片
        return imageview;                                    //返回 ImageView
    }
    /*
     * 功能：获得当前选项的 id
     */
    @Override
    public long getItemId(int position) {
        return position;
    }
    /*
     * 功能：获得当前选项
     */
```

```
        @Override
        public Object getItem(int position) {
            return position;
        }
        /*
         * 获得数量
         */
        @Override
        public int getCount() {
            return imageId.length;
        }
};
```

（2）将步骤（1）创建的适配器与 GridView 关联，关键代码如下：

```
gridview.setAdapter(adapter);                                    //将适配器与 GridView 关联
```

运行修改后的程序，将显示如图 4.9 所示的运行结果。

图 4.9　通过 BaseAdapter 为 GridView 设置要显示的图片列表

4.1.7　画廊视图

画廊视图（Gallery）表示，能够按水平方向显示内容，并且可用手指直接拖动图片移动，一般用来浏览图片，被选中的选项位于中间，并且可以响应事件显示信息。在使用画廊视图时，首先需要在屏幕上添加 Gallery 组件，通常使用<Gallery>标记在 XML 布局文件中添加，其基本语法如下：

```
< Gallery
    属性列表
>
</Gallery>
```

Gallery 组件支持的 XML 属性如表 4.6 所示。

表 4.6　Gallery 支持的 XML 属性

XML 属性	描　　述
android:animationDuration	用于设置列表项切换时的动画持续时间
android:gravity	用于设置对齐方式
android:spacing	用于设置列表项之间的间距
android:unselectedAlpha	用于设置没有选中的列表项的透明度

　　使用画廊视图，也需要使用 Adapter 提供要显示的数据。通常使用 BaseAdapter 类为 Gallery 组件提供数据。下面通过一个具体的实例演示通过 BaseAdapter 适配器为 Gallery 组件提供要显示的图片。

　　例 4.8　在 Eclipse 中创建 Android 项目，名称为 4.8，实现在屏幕中添加画廊视图，用于浏览图片。
（**实例位置：光盘\TM\sl\4\4.8**）

　　（1）修改新建项目的 res\layout 目录下的布局文件 main.xml，将默认添加的相对布局管理器修改为垂直线性布局管理器，并将默认添加的 TextView 组件删除，然后添加一个 id 属性为 gallery1 的 Gallery 组件，并设置其列表项之间的间距为 5dp，以及设置未选中项的透明度。修改后的代码如下：

```
<Gallery
    android:id="@+id/gallery1"
    android:spacing="5dp"
    android:unselectedAlpha="0.6"
    android:layout_width="match_parent"
    android:layout_height="wrap_content" />
```

　　（2）在主活动 MainActivity 中，定义一个用于保存要显示图片 id 的数组（需要将要显示的图片复制到 res\drawable 文件夹中），关键代码如下：

```
private int[] imageId = new int[] { R.drawable.img01, R.drawable.img02,
        R.drawable.img03, R.drawable.img04, R.drawable.img05,
        R.drawable.img06, R.drawable.img07, R.drawable.img08,
        R.drawable.img09, R.drawable.img10, R.drawable.img11,
        R.drawable.img12, };                          //定义并初始化保存图片 id 的数组
```

　　（3）在主活动的 onCreate()方法中，获取在布局文件中添加的画廊视图，关键代码如下：

```
Gallery gallery = (Gallery) findViewById(R.id.gallery1);        //获取 Gallery 组件
```

　　（4）在 res\values 目录中，创建一个名称为 attr.xml 的文件，在该文件中定义一个 styleable 对象，用于组合多个属性。这里只指定了一个系统自带的 android:galleryItemBackground 属性，用于设置各选项的背景，具体代码如下：

```
<resources>
    <declare-styleable name="Gallery">
        <attr name="android:galleryItemBackground" />
    </declare-styleable>
</resources>
```

　　（5）创建 BaseAdapter 类的对象，并重写其中的 getView()、getItemId()、getItem()和 getCount()方法，其中最主要的是重写 getView()方法来设置显示图片的格式，具体代码如下：

```
BaseAdapter adapter = new BaseAdapter() {
    @Override
    public View getView(int position, View convertView, ViewGroup parent) {
        ImageView imageview;                                    //声明 ImageView 的对象
        if (convertView == null) {
            imageview = new ImageView(MainActivity.this);        //实例化 ImageView 的对象
            imageview.setScaleType(ImageView.ScaleType.FIT_XY);   //设置缩放方式
            imageview
                    .setLayoutParams(new Gallery.LayoutParams(120, 90));
                            TypedArray typedArray = obtainStyledAttributes(R.styleable.Gallery);
            imageview.setBackgroundResource(typedArray.getResourceId(
                            R.styleable.Gallery_android_galleryItemBackground,0));
            imageview.setPadding(5, 0, 5, 0);                    //设置 ImageView 的内边距
        } else {
            imageview = (ImageView) convertView;
        }
        imageview.setImageResource(imageId[position]);          //为 ImageView 设置要显示的图片
        return imageview;                                       //返回 ImageView
    }
    /*
     * 功能：获得当前选项的 id
     */
    @Override
    public long getItemId(int position) {
        return position;
    }
    /*
     * 功能：获得当前选项
     */
    @Override
    public Object getItem(int position) {
        return position;
    }
    /*
     * 获得数量
     */
    @Override
    public int getCount() {
        return imageId.length;
    }
};
```

（6）将步骤（5）中创建的适配器与 Gallery 关联，并且将中间的图片选中，为了在用户单击某张图片时显示对应的位置，还需要为 Gallery 添加单击事件监听器，具体代码如下：

```
gallery.setAdapter(adapter);                                   //将适配器与 Gallery 关联
gallery.setSelection(imageId.length / 2);                     //选中中间的图片
gallery.setOnItemClickListener(new OnItemClickListener() {
    @Override
    public void onItemClick(AdapterView<?> parent, View view,int position, long id) {
        Toast.makeText(MainActivity.this,"您选择了第" + String.valueOf(position) + "张图片",
```

```
                               Toast.LENGTH_SHORT).show();
        }
});
```

运行本实例，将显示如图 4.10 所示的运行结果。

图 4.10　应用画廊视图显示图片列表

4.1.8　范例 1：显示在标题上的进度条

例 4.9　在 Eclipse 中创建 Android 项目，名称为 4.9，实现在页面载入时，先在标题上显示载入进度条，载入完毕后，显示载入后的 4 张图片。（**实例位置：光盘\TM\sl\4\4.9**）

（1）修改新建项目的 res\layout 目录下的布局文件 main.xml，将默认添加的相对布局管理器修改为垂直线性布局管理器，并为其设置一个 android:id 属性，关键代码如下：

```
android:id="@+id/linearlayout1"
```

（2）在主活动 MainActivity 中，定义一个用于保存要显示图片 id 的数组（需要将要显示的图片复制到 res\drawable 文件夹中）和一个垂直线性布局管理器的对象，关键代码如下：

```
private int imageId[] = new int[] { R.drawable.img01, R.drawable.img02,
            R.drawable.img03, R.drawable.img04 };        //定义并初始化一个保存要显示图片 id 的数组
private LinearLayout l;                                  //定义一个垂直线性布局管理器的对象
```

（3）在主活动的 onCreate()方法中，首先设置显示水平进度条，然后设置要显示的视图，这里为主布局文件 main.xml，接下来再获取布局文件中添加的垂直线性布局管理器，关键代码如下：

```
requestWindowFeature(Window.FEATURE_PROGRESS);    //显示水平进度条
setContentView(R.layout.main);
l = (LinearLayout) findViewById(R.id.linearlayout1);    //获取布局文件中添加的垂直线性布局管理器
```

（4）创建继承自 AsyncTask 的异步类，并重写 onPreExecute()、doInBackground()、onProgressUpdate() 和 onPostExecute()方法，实现在向页面添加图片时，在标题上显示一个水平进度条，当图片载入完毕后，隐藏进度条并显示图片，具体代码如下：

```
/**
 * 功能：创建异步任务，添加 4 张图片
 *
```

```
        */
    class MyTack extends AsyncTask<Void, Integer, LinearLayout> {
        @Override
        protected void onPreExecute() {
            setProgressBarVisibility(true);                    //执行任务前让进度条可见
            super.onPreExecute();
        }
        /*
         * 功能：要执行的耗时任务
         */
        @Override
        protected LinearLayout doInBackground(Void... params) {
            LinearLayout ll = new LinearLayout(MainActivity.this);        //创建一个水平线性布局管理器
            for (int i = 1; i < 5; i++) {
                ImageView iv = new ImageView(MainActivity.this);      //创建一个 ImageView 对象
                iv.setLayoutParams(new LayoutParams(120, 63));
                iv.setImageResource(imageId[i - 1]);    //设置要显示的图片
                ll.addView(iv);                                      //将 ImageView 添加到线性布局管理器中
                try {
                    Thread.sleep(10);                        //为了更好地查看效果，这里让线程休眠 10 毫秒
                } catch (InterruptedException e) {
                    e.printStackTrace();
                }
                publishProgress(i);                          //触发 onProgressUpdate(Progress...)方法更新进度
            }
            return ll;
        }
        /*
         * 功能：更新进度
         */
        @Override
        protected void onProgressUpdate(Integer... values) {
            setProgress(values[0] * 2500);            //动态更新最新进度
            super.onProgressUpdate(values);
        }
        /*
         * 功能：任务执行后
         */
        @Override
        protected void onPostExecute(LinearLayout result) {
            setProgressBarVisibility(false);              //任务执行后隐藏进度条
            l.addView(result);       //将水平线性布局管理器添加到布局文件中添加的垂直线性布局管理器中
            super.onPostExecute(result);
        }
    }
```

（5）在 onCreate()方法的最后执行自定义的任务 MyTack，具体代码如下：

```
new MyTack().execute();                                          //执行自定义任务
```

运行本实例，首先显示如图 4.11 所示的页面内容，当图像载入完毕后，再显示如图 4.12 所示的完成页面。

图 4.11　在标题上显示载入进度条

图 4.12　页面载入完毕的效果

说明　在运行程序时，如果出现"java.lang.OutOfMemoryError"异常，那么您需要将 AVD 的内存修改大一些，即将 1.2.7 节的图 1.58 中的 RAM 设置大一些。

4.1.9　范例 2：幻灯片式图片浏览器

例 4.10　在 Eclipse 中创建 Android 项目，名称为 4.10，实现幻灯片式图片浏览器。（**实例位置：光盘\TM\sl\4\4.10**）

（1）修改新建项目的 res\layout 目录下的布局文件 main.xml，将默认添加的相对布局管理器修改为垂直线性布局管理器，并且将 TextView 组件删除，然后将该布局管理器设置为水平居中显示，再添加一个图像切换器 ImageSwitcher 组件，并设置其顶部边距，最后添加一个画廊视图 Gallery 组件，并设置其各选项的间距和未选中项的透明度。修改后的代码如下：

```
<LinearLayout xmlns:android="http://schemas.android.com/apk/res/android"
    android:orientation="vertical"
    android:layout_width="fill_parent"
    android:layout_height="fill_parent"
    android:gravity="center_horizontal"
    android:id="@+id/llayout"
    >
<ImageSwitcher
    android:id="@+id/imageSwitcher1"
    android:layout_weight="2"
    android:paddingTop="10dp"
    android:paddingBottom="5dp"
    android:layout_width="wrap_content"
```

```
            android:layout_height="wrap_content" >
        </ImageSwitcher>
        <Gallery
            android:id="@+id/gallery1"
            android:spacing="5dp"
            android:layout_weight="1"
            android:unselectedAlpha="0.6"
            android:layout_width="match_parent"
            android:layout_height="wrap_content" />
</LinearLayout>
```

（2）在主活动 MainActivity 中，定义一个用于保存要显示图片 id 的数组（需要将要显示的图片复制到 res\drawable 文件夹中）和一个用于显示原始尺寸的图像切换器，关键代码如下：

```
private int[] imageId = new int[] { R.drawable.img01, R.drawable.img02,
            R.drawable.img03, R.drawable.img04, R.drawable.img05,
            R.drawable.img06, R.drawable.img07, R.drawable.img08,
            R.drawable.img09, R.drawable.img10, R.drawable.img11,
            R.drawable.img12, };                            //定义并初始化保存图片 id 的数组
private ImageSwitcher imageSwitcher;                        //声明一个图像切换器对象
```

（3）在主活动的 onCreate()方法中，获取在布局文件中添加的画廊视图和图像切换器，关键代码如下：

```
Gallery gallery = (Gallery) findViewById(R.id.gallery1);            //获取 Gallery 组件
imageSwitcher = (ImageSwitcher) findViewById(R.id.imageSwitcher1);  //获取图像切换器
```

（4）为图像切换器设置淡入淡出的动画效果，然后为其设置一个 ImageSwitcher.ViewFactory 对象，并重写 makeView()方法，最后为图像切换器设置默认显示的图像，关键代码如下：

```
//设置动画效果
imageSwitcher.setInAnimation(AnimationUtils.loadAnimation(this,
                    android.R.anim.fade_in));              //设置淡入动画
imageSwitcher.setOutAnimation(AnimationUtils.loadAnimation(this,
                    android.R.anim.fade_out));             //设置淡出动画
imageSwitcher.setFactory(new ViewFactory() {
    @Override
    public View makeView() {
        ImageView imageView = new ImageView(MainActivity.this);    //实例化一个 ImageView 类的对象
        imageView.setScaleType(ImageView.ScaleType.FIT_CENTER);      //设置保持纵横比居中缩放图像
        imageView.setLayoutParams(new ImageSwitcher.LayoutParams(
            LayoutParams.WRAP_CONTENT, LayoutParams.WRAP_CONTENT));
        return imageView;                                  //返回 imageView 对象
    }
});
```

（5）创建 BaseAdapter 类的对象，并重写其中的 getView()、getItemId()、getItem()和 getCount()方法，其中最主要的是重写 getView()方法来设置显示图片的格式，具体代码如下：

```
BaseAdapter adapter = new BaseAdapter() {
    @Override
    public View getView(int position, View convertView, ViewGroup parent) {
```

```
                ImageView imageview;                                        //声明 ImageView 的对象
                if (convertView == null) {
                    imageview = new ImageView(MainActivity.this);           //实例化 ImageView 的对象
                    imageview.setScaleType(ImageView.ScaleType.FIT_XY); //设置缩放方式
                    imageview
                            .setLayoutParams(new Gallery.LayoutParams(110, 83));
                    TypedArray typedArray = obtainStyledAttributes(R.styleable.Gallery);
                    imageview.setBackgroundResource(typedArray.getResourceId(
                            R.styleable.Gallery_android_galleryItemBackground,
                            0));
                    imageview.setPadding(5, 0, 5, 0);                       //设置 ImageView 的内边距
                } else {
                    imageview = (ImageView) convertView;
                }
                imageview.setImageResource(imageId[position]);              //为 ImageView 设置要显示的图片
                return imageview;                                           //返回 ImageView
            }
            /*
             * 功能：获得当前选项的 id
             */
            @Override
            public long getItemId(int position) {
                return position;
            }
            /*
             * 功能：获得当前选项
             */
            @Override
            public Object getItem(int position) {
                return position;
            }
            /*
             * 获得数量
             */
            @Override
            public int getCount() {
                return imageId.length;
            }
        };
```

（6）将步骤（5）中创建的适配器与 Gallery 关联，并且选中中间的图片，为了将用户选择的图片显示到图像切换器中，还需要为 Gallery 添加 OnItemSelectedListener 事件监听器，在重写的 onItemSelected()方法中，将选中的图片显示到图像切换器中，具体代码如下：

```
gallery.setAdapter(adapter);                                           //将适配器与 Gallery 关联
gallery.setSelection(imageId.length / 2);                              //选中中间的图片
gallery.setOnItemSelectedListener(new OnItemSelectedListener() {
    @Override
    public void onItemSelected(AdapterView<?> parent, View view,int position, long id) {
        imageSwitcher.setImageResource(imageId[position]);            //显示选中的图片
    }
```

```
@Override
public void onNothingSelected(AdapterView<?> arg0) {}
});
```

运行本实例，将显示如图 4.13 示的运行结果，单击某张图片，可以选中该图片，并且让其居中显示，也可以用手指拖动图片来移动图片，并且让选中的图片在上方显示。

图 4.13　幻灯片式图片浏览器

4.2　消息提示框与对话框

📽 **教学录像：光盘\TM\lx\4\消息提示框与对话框.exe**

在 Android 项目开发中，经常需要将一些临时信息显示给用户，虽然使用前面介绍的基本组件可以达到显示信息的目的，但是这样做不仅会增加代码量，而且对于用户来说也不够友好。为此，Android 提供了消息提示框与对话框来显示这些信息。下面将分别介绍消息提示框与对话框的基本应用。

4.2.1　使用 Toast 显示消息提示框

在前面的实例中，已经应用过 Toast 类来显示一个简单的消息提示框了。本节将对 Toast 进行详细介绍。Toast 类用于在屏幕中显示一个消息提示框，该消息提示框没有任何控制按钮，并且不会获得焦点，经过一定时间后自动消失。通常用于显示一些快速提示信息，应用范围非常广泛。

使用 Toast 来显示消息提示框比较简单，只需要经过以下 3 个步骤即可实现。

（1）创建一个 Toast 对象。通常有两种方法：一种是使用构造方式进行创建；另一种是调用 Toast 类的 makeText()方法创建。

使用构造方法创建一个名称为 toast 的 Toast 对象的基本代码如下：

```
Toast toast=new Toast(this);
```

调用 Toast 类的 makeText()方法创建一个名称为 toast 的 Toast 对象的基本代码如下：

```
Toast toast=Toast.makeText(this, "要显示的内容", Toast.LENGTH_SHORT);
```

（2）调用 Toast 类提供的方法来设置该消息提示框的对齐方式、页边距、显示的内容等。常用的方法如表 4.7 所示。

表 4.7　Toast 类的常用方法

方　　法	描　　述
setDuration(int duration)	用于设置消息提示框持续的时间，参数值通常使用 Toast.LENGTH_LONG 或 Toast.LENGTH_SHORT
setGravity(int gravity, int xOffset, int yOffset)	用于设置消息提示框的位置，参数 gravity 用于指定对齐方式；xOffset 和 yOffset 用于指定具体的偏移值
setMargin(float horizontalMargin, float verticalMargin)	用于设置消息提示的页边距
setText(CharSequence s)	用于设置要显示的文本内容
setView(View view)	用于设置将要在消息提示框中显示的视图

（3）调用 Toast 类的 show()方法显示消息提示框。需要注意的是，一定要调用该方法，否则设置的消息提示框将不显示。

下面通过一个具体的实例说明如何使用 Toast 类显示消息提示框。

例 4.11　在 Eclipse 中创建 Android 项目，名称为 4.11，通过两种方法显示消息提示框。（**实例位置：光盘\TM\sl\4\4.11**）

（1）修改新建项目的 res\layout 目录下的布局文件 main.xml，将默认添加的相对布局管理器修改为垂直线性布局管理器，并为其设置一个 android:id 属性，关键代码如下：

```
android:id="@+id/ll"
```

（2）在主活动 MainActivity.java 的 onCreate()方法中，通过 makeText()方法显示一个消息提示框，关键代码如下：

```
Toast.makeText(this, "我是通过 makeText()方法创建的消息提示框", Toast.LENGTH_LONG).show();
```

注意

在最后一定不要忘记调用 show()方法，否则该消息提示框将不显示。

（3）通过 Toast 类的构造方法创建一个消息提示框，并设置其持续时间、对齐方式以及要显示的内容等，这里设置其显示内容为带图标的消息，具体代码如下：

```
Toast toast=new Toast(this);
toast.setDuration(Toast.LENGTH_SHORT);              //设置持续时间
toast.setGravity(Gravity.CENTER, 0, 0);             //设置对齐方式
LinearLayout ll=new LinearLayout(this);             //创建一个线性布局管理器
ImageView iv=new ImageView(this);                   //创建一个 ImageView
iv.setImageResource(R.drawable.alerm);              //设置要显示的图片
iv.setPadding(0, 0, 5, 0);                          //设置 ImageView 的内边距
ll.addView(iv);                                     //将 ImageView 添加到线性布局管理器中
TextView tv=new TextView(this);                     //创建一个 TextView
tv.setText("我是通过构造方法创建的消息提示框");        //为 TextView 设置文本内容
ll.addView(tv);                                     //将 TextView 添加到线性布局管理器中
```

```
toast.setView(ll);                              //设置消息提示框中要显示的视图
toast.show();                                   //显示消息提示框
```

运行本实例，首先显示如图 4.14 所示的消息提示框，过一段时间后，该消息提示框消失，然后显示如图 4.15 所示的消息提示框，再过一段时间，该消息提示框也自动显示消息。

我是通过makeText()方法创建的消息提示框

图 4.14　消息提示框（1）

我是通过构造方法创建的消息提示框

图 4.15　消息提示框（2）

4.2.2　使用 Notification 在状态栏上显示通知

在使用手机时，当有未接来电或是新短消息时，手机会给出相应的提示信息，这些提示信息通常会显示到手机屏幕的状态栏上。Android 也提供了用于处理这些信息的类，它们是 Notification 和 NotificationManager。其中，Notification 代表的是具有全局效果的通知；而 NotificationManager 则是用于发送 Notification 通知的系统服务。

使用 Notification 和 NotificationManager 类发送和显示通知也比较简单，大致可以分为以下 4 个步骤。

（1）调用 getSystemService()方法获取系统的 NotificationManager 服务。

（2）创建一个 Notification 对象。

（3）为 Notification 对象设置各种属性。

（4）通过 NotificationManager 类的 notify()方法发送 Notification 通知。

下面通过一个具体的实例说明如何使用 Notification 在状态栏上显示通知。

例 4.12　在 Eclipse 中创建 Android 项目，名称为 4.12，实现在状态栏上显示通知和删除通知。（实例位置：光盘\TM\sl\4\4.12）

（1）修改新建项目的 res\layout 目录下的布局文件 main.xml，将默认添加的相对布局管理器修改为垂直线性布局管理器，并且将默认添加的 TextView 组件删除，然后添加两个普通按钮，一个用于显示通知，另一个用于删除通知。由于此处的布局代码比较简单，这里就不再给出。

（2）在主活动 MainActivity.java 的 onCreate()方法中，调用 getSystemService()方法获取系统的 NotificationManager 服务，关键代码如下：

```
//获取通知管理器，用于发送通知
final NotificationManager notificationManager =
                    (NotificationManager) getSystemService(NOTIFICATION_SERVICE);
```

（3）获取"显示通知"按钮，并为其添加单击事件监听器，在重写的 onClick()方法中，首先通过无参的构造方法创建一个 Notification 对象，并设置其相关属性，然后通过通知管理器发送该通知，接下来通过通知构建器 Notification.Builder 创建一个通知，并为其设置事件信息，最后通过通知管理器发送该通知，具体代码如下：

```
Button button1 = (Button) findViewById(R.id.button1);           //获取"显示通知"按钮
//为"显示通知"按钮添加单击事件监听器
```

```
button1.setOnClickListener(new OnClickListener() {
    @Override
    public void onClick(View v) {
        NotificationManager manager =
        (NotificationManager) getSystemService(Context.NOTIFICATION_SERVICE);//获得通知管理器
        //添加第一个通知
        Notification.Builder notification = new Notification.Builder(MainActivity.this);
        notification.setSmallIcon(R.drawable.advise);        //设置通知图标
        notification.setContentTitle("无题");                 //设置通知标题
        notification.setContentText("每天进步一点点");        //设置通知内容
        //设置响铃和振动
        notification.setDefaults(Notification.DEFAULT_SOUND | Notification.DEFAULT_VIBRATE);
        manager.notify(NOTIFYID_1, notification.build());    //发送通知
        //添加第二个通知
        Notification.Builder notification1 = new Notification.Builder(MainActivity.this);
        notification1.setSmallIcon(R.drawable.advise2);       //设置通知图标
        notification1.setContentTitle("通知");                //设置通知标题
        notification1.setContentText("查看详细内容");         //设置通知内容
        notification1.setAutoCancel(true);                    //查看详细内容后自动关闭
        Intent intent = new Intent(MainActivity.this, ContentActivity.class);
        PendingIntent pendingIntent = PendingIntent.getActivity(MainActivity.this, 0, intent, 0);
        notification1.setContentIntent(pendingIntent);
        manager.notify(NOTIFYID_2, notification1.build());    //发送通知
    }
});
```

> **注意** 上面代码中加粗的部分，用于为第一个通知设置使用默认声音和默认振动。也就是说，
> 程序中要访问系统振动器，需要在 AndroidManifest.xml 中声明使用权限，具体代码如下：
>
> ```
> <!-- 添加操作振动器的权限 -->
> <uses-permission android:name="android.permission.VIBRATE"/>
> ```

另外，在程序中还需要启动另一个活动 ContentActivity。因此，也需要在 AndroidManifest.xml 文件中声明该 Activity，具体代码如下：

```
<activity android:name=".ContentActivity"
        android:label="详细内容"
        android:theme="@android:style/Theme.Dialog"/>
```

（4）获取"删除通知"按钮，并为其添加单击事件监听器，在重写的 onClick()方法中，删除全部通知，具体代码如下：

```
Button button2 = (Button) findViewById(R.id.button2);       //获取"删除通知"按钮
//为"删除通知"按钮添加单击事件监听器
button2.setOnClickListener(new OnClickListener() {
    @Override
    public void onClick(View v) {
        notificationManager.cancel(NOTIFYID_1);             //清除 ID 号为常量 NOTIFYID_1 的通知
        notificationManager.cancelAll();                    //清除全部通知
```

```
        }
    });
```

（5）由于在为第二个通知指定事件信息时，为其关联了一个 Activity，因此，还需要创建该 Activity，由于在该 Activity 中，只需要通过一个 TextView 组件显示一行具体的通知信息，所以实现起来比较容易，这里不再赘述，详细代码请参见光盘。

注意　在实现本实例时，需要将最小 SDK 版本设置为 API 16（即 Android 4.1）。

运行本实例，单击"显示通知"按钮，在屏幕的左上角将显示两个通知图标，如图 4.16 所示，在通知图标的位置向下滑动，将显示如图 4.17 所示的通知列表，单击第二个通知中的"查看详细内容"可以查看通知的详细内容，如图 4.18 所示，查看后，该通知的图标将不在通知栏中显示。同时，在通知栏处向下滑动，将显示如图 4.19 所示的通知列表。单击"全部清除"按钮，可以删除全部通知。

图 4.16　通知列表

图 4.17　通知列表

图 4.18　第二个通知的详细内容

图 4.19　第二个通知的详细内容

4.2.3 使用 AlertDialog 创建对话框

AlertDialog 类的功能非常强大，它不仅可以生成带按钮的提示对话框，还可以生成带列表的列表对话框，概括起来有以下 4 种：

☑ 带"确定"、"中立"和"取消"等 N 个按钮的提示对话框，其中的按钮个数不是固定的，可以根据需要添加。例如，不需要"中立"按钮，则可以生成只带有"确定"和"取消"按钮的对话框，也可以是只带有一个按钮的对话框。

☑ 带列表的列表对话框。

☑ 带多个单选列表项和 N 个按钮的列表对话框。

☑ 带多个多选列表项和 N 个按钮的列表对话框。

在使用 AlertDialog 类生成对话框时，常用的方法如表 4.8 所示。

表 4.8 AlertDialog 类的常用方法

方　法	描　述
setTitle(CharSequence title)	用于为对话框设置标题
setIcon(Drawable icon)	用于通过 Drawable 资源对象为对话框设置图标
setIcon(int resId)	用于通过资源 ID 为对话框设置图标
setMessage(CharSequence message)	用于为提示对话框设置要显示的内容
setButton()	用于为提示对话框添加按钮，可以是取消按钮、中立按钮和确定按钮。需要通过为其指定 int 类型的 whichButton 参数实现，其参数值可以是 DialogInterface. BUTTON_POSITIVE（确定按钮）、BUTTON_NEGATIVE（取消按钮）或者 BUTTON_NEUTRAL（中立按钮）

通常情况下，使用 AlertDialog 类只能生成带 N 个按钮的提示对话框，要生成另外 3 种列表对话框，需要使用 AlertDialog.Builder 类，AlertDialog.Builder 类提供的常用方法如表 4.9 所示。

表 4.9 AlertDialog.Builder 类的常用方法

方　法	描　述
setTitle(CharSequence title)	用于为对话框设置标题
setIcon(Drawable icon)	用于通过 Drawable 资源对象为对话框设置图标
setIcon(int resId)	用于通过资源 ID 为对话框设置图标
setMessage(CharSequence message)	用于为提示对话框设置要显示的内容
setNegativeButton()	用于为对话框添加取消按钮
setPositiveButton()	用于为对话框添加确定按钮
setNeutralButton()	用于为对话框添加中立按钮
setItems()	用于为对话框添加列表项
setSingleChoiceItems()	用于为对话框添加单选列表项
setMultiChoiceItems()	用于为对话框添加多选列表项

下面通过一个具体的实例说明如何应用 AlertDialog 类生成提示对话框和各种列表对话框。

例 4.13　在 Eclipse 中创建 Android 项目，名称为 4.13，应用 AlertDialog 类实现带取消、中立和确定按钮的提示对话框，以及带列表、带多个单选列表项和带多个多选列表项的列表对话框。（**实例位置：光盘\TM\sl\4\4.13**）

（1）修改新建项目的 res\layout 目录下的布局文件 main.xml，将默认添加的相对布局管理器修改为垂直线性布局管理器，并且将默认添加的 TextView 组件删除，然后添加 4 个用于控制各种对话框显示的按钮。由于此处的布局代码比较简单，这里就不再给出。

（2）在主活动 MainActivity.java 的 onCreate()方法中，获取布局文件中添加的第 1 个按钮，也就是"显示带取消、中立和确定按钮的对话框"按钮，并为其添加单击事件监听器，在重写的 onClick()方法中，应用 AlertDialog 类创建一个带取消、中立和确定按钮的提示对话框，具体代码如下：

```java
Button button1 = (Button) findViewById(R.id.button1);           //获取"显示带取消、中立和确定按钮的对话框"按钮
//为"显示带取消、中立和确定按钮的对话框"按钮添加单击事件监听器
button1.setOnClickListener(new View.OnClickListener() {
    @Override
    public void onClick(View v) {
        AlertDialog alert = new AlertDialog.Builder(MainActivity.this).create();
        alert.setIcon(R.drawable.advise);                       //设置对话框的图标
        alert.setTitle("系统提示：");                            //设置对话框的标题
        alert.setMessage("带取消、中立和确定按钮的对话框！");     //设置要显示的内容
        //添加"取消"按钮
        alert.setButton(DialogInterface.BUTTON_NEGATIVE,"取消", new OnClickListener() {
            @Override
            public void onClick(DialogInterface dialog, int which) {
                Toast.makeText(MainActivity.this, "您单击了取消按钮",Toast.LENGTH_SHORT).show();
            }
        });
        //添加"确定"按钮
        alert.setButton(DialogInterface.BUTTON_POSITIVE,"确定", new OnClickListener() {
            @Override
            public void onClick(DialogInterface dialog, int which) {
                Toast.makeText(MainActivity.this, "您单击了确定按钮",Toast.LENGTH_SHORT).show();
            }
        });
        alert.setButton(DialogInterface.BUTTON_NEUTRAL,"中立",new OnClickListener(){
            @Override
            public void onClick(DialogInterface dialog, int which) {}
        });                                                     //添加"中立"按钮
        alert.show();                                           //显示对话框
    }
});
```

（3）在主活动 MainActivity.java 的 onCreate()方法中，获取布局文件中添加的第 2 个按钮，也就是"显示带列表的对话框"按钮，并为其添加单击事件监听器，在重写的 onClick()方法中,应用 AlertDialog 类创建一个带 5 个列表项的列表对话框，具体代码如下：

```
Button button2 = (Button) findViewById(R.id.button2);                    //获取"显示带列表的对话框"按钮
button2.setOnClickListener(new View.OnClickListener() {
    @Override
    public void onClick(View v) {
        final String[] items = new String[] { "跑步", "羽毛球", "乒乓球", "网球", "体操" };
        Builder builder = new AlertDialog.Builder(MainActivity.this);
        builder.setIcon(R.drawable.advise1);                             //设置对话框的图标
        builder.setTitle("请选择你喜欢的运动项目：");                        //设置对话框的标题
        //添加列表项
        builder.setItems(items, new OnClickListener() {
            @Override
            public void onClick(DialogInterface dialog, int which) {
                Toast.makeText(MainActivity.this,
                        "您选择了" + items[which], Toast.LENGTH_SHORT).show();
            }
        });
        builder.create().show();                                         //创建对话框并显示
    }
});
```

注意

一定不要忘记上面代码中加粗的代码，否则将不能显示生成的对话框。

（4）在主活动 MainActivity.java 的 onCreate()方法中，获取布局文件中添加的第 3 个按钮，也就是"显示带单选列表项的对话框"按钮，并为其添加单击事件监听器，在重写的 onClick()方法中，应用 AlertDialog 类创建一个带 5 个单选列表项和一个"确定"按钮的列表对话框，具体代码如下：

```
Button button3 = (Button) findViewById(R.id.button3);                    //获取"显示带单选列表项的对话框"按钮
button3.setOnClickListener(new View.OnClickListener() {
    @Override
    public void onClick(View v) {
        final String[] items = new String[] { "标准", "无声", "会议", "户外","离线" };
        //显示带单选列表项的对话框
        Builder builder = new AlertDialog.Builder(MainActivity.this);
        builder.setIcon(R.drawable.advise2);                             //设置对话框的图标
        builder.setTitle("请选择要使用的情景模式：");                        //设置对话框的标题
        builder.setSingleChoiceItems(items, 0, new OnClickListener() {
            @Override
            public void onClick(DialogInterface dialog, int which) {
                Toast.makeText(MainActivity.this,
                        "您选择了" + items[which], Toast.LENGTH_SHORT).show();    //显示选择结果
            }
        });

        builder.setPositiveButton("确定", null);                          //添加"确定"按钮
        builder.create().show();                                         //创建对话框并显示
    }
});
```

（5）在主活动中定义一个 boolean 类型的数组（用于记录各列表项的状态）和一个 String 类型的数组（用于记录各列表项要显示的内容），关键代码如下：

```
private boolean[] checkedItems;                          //记录各列表项的状态
private String[] items;                                  //各列表项要显示的内容
```

（6）在主活动 MainActivity 的 onCreate()方法中，获取布局文件中添加的第 4 个按钮，也就是"显示带多选列表项的对话框"按钮，并为其添加单击事件监听器，在重写的 onClick()方法中，应用 AlertDialog 类创建一个带 5 个多选列表项和一个"确定"按钮的列表对话框，具体代码如下：

```
Button button4 = (Button) findViewById(R.id.button4);            //获取"显示带多选列表项的对话框"按钮
button4.setOnClickListener(new View.OnClickListener() {
    @Override
    public void onClick(View v) {
        checkedItems= new boolean[] { false, true, false,true, false };        //记录各列表项的状态
        //各列表项要显示的内容
        items = new String[] { "植物大战僵尸", "愤怒的小鸟", "泡泡龙", "开心农场", "超级玛丽" };
        //显示带单选列表项的对话框
        Builder builder = new AlertDialog.Builder(MainActivity.this);
        builder.setIcon(R.drawable.advise2);                         //设置对话框的图标
        builder.setTitle("请选择您喜爱的游戏：");                      //设置对话框的标题
        builder.setMultiChoiceItems(items, checkedItems,
                new OnMultiChoiceClickListener() {
                    @Override
                    public void onClick(DialogInterface dialog,int which, boolean isChecked) {
                        checkedItems[which]=isChecked;               //改变被操作列表项的状态
                    }
                });
        //为对话框添加"确定"按钮
        builder.setPositiveButton("确定", new OnClickListener() {
            @Override
            public void onClick(DialogInterface dialog, int which) {
                String result="";                                   //用于保存选择结果
                for(int i=0;i<checkedItems.length;i++){
                    if(checkedItems[i]){                            //当选项被选择时
                        result+=items[i]+"、";                       //将选项的内容添加到 result 中
                    }
                }
                //当 result 不为空时，通过消息提示框显示选择的结果
                if(!"".equals(result)){
                    result=result.substring(0, result.length()-1);   //去掉最后面的"、"号
                    Toast.makeText(MainActivity.this,
                        "您选择了[ "+result+" ]", Toast.LENGTH_LONG).show();
                }
            }
        });
        builder.create().show();                                    //创建对话框并显示
    }
});
```

运行本实例，在屏幕中将显示 4 个按钮，单击第 1 个按钮，将弹出带取消、中立和确定按钮的对

话框，如图 4.20 所示；单击第 2 个按钮，将弹出如图 4.21 所示的带列表的对话框，单击任何一个列表项，都将关闭该对话框，并通过一个消息提示框显示选取的内容；单击第 3 个按钮，将显示如图 4.22 所示的列表对话框，单击"确定"按钮，可关闭该对话框；单击第 4 个按钮，将显示一个如图 4.23 所示的带 5 个多选列表项和一个"确定"按钮的列表对话框，选中多个列表项后，单击"确定"按钮，将显示如图 4.24 所示的消息提示框显示选取的内容。

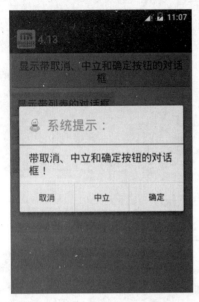

图 4.20　带取消、中立和确定按钮的对话框

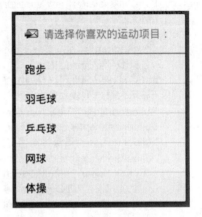

图 4.21　带列表的列表对话框

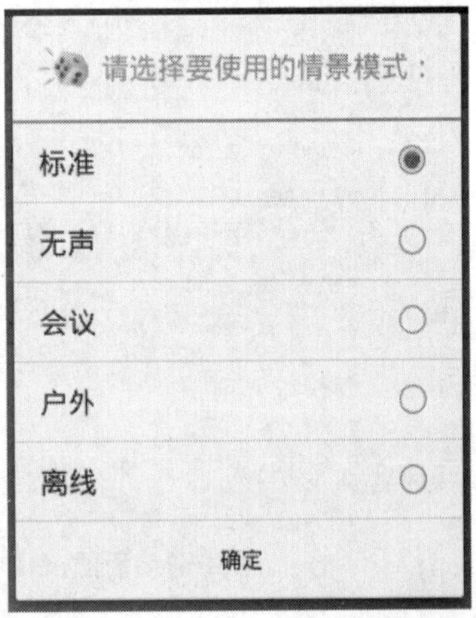

图 4.22　带单选列表的列表对话框

图 4.23　带多选列表的列表对话框

您选择了[愤怒的小鸟、泡泡龙、开心农场]

图 4.24　消息提示框

4.2.4 范例 1：询问是否退出的对话框

例 4.14 在 Eclipse 中创建 Android 项目，名称为 4.14，弹出询问是否退出的对话框。（**实例位置：光盘\TM\sl\4\4.14**）

（1）修改新建项目的 res\layout 目录下的布局文件 main.xml，将默认添加的相对布局管理器修改为垂直线性布局管理器，并且将默认添加的 TextView 组件删除，并设置居中对齐，然后添加一个 ImageButton 组件，并且设置背景透明，关键代码如下：

```
<ImageButton
        android:id="@÷id/exit"
        android:layout_width="wrap_content"
        android:layout_height="wrap_content"
        android:background="#0000"
        android:src="@drawable/exit" />
```

（2）在主活动 MainActivity 的 onCreate()方法中，获取布局文件中添加的第一个按钮，也就是"退出"按钮，并为其添加单击事件监听器，在重写的 onClick()方法中，应用 AlertDialog 类创建一个带取消、中立和确定按钮的提示对话框，具体代码如下：

```
ImageButton button1 = (ImageButton) findViewById(R.id.exit);              //获取"退出"按钮
//为"退出"按钮添加单击事件监听器
button1.setOnClickListener(new View.OnClickListener() {
    @Override
    public void onClick(View v) {
        AlertDialog alert = new AlertDialog.Builder(MainActivity.this)
                .create();
        alert.setIcon(R.drawable.advise);                                 //设置对话框的图标
        alert.setTitle("退出？");                                          //设置对话框的标题
        alert.setMessage("真的要退出泡泡龙游戏吗？");                        //设置要显示的内容
        //添加"取消"按钮
        alert.setButton(DialogInterface.BUTTON_NEGATIVE, "不",
                new OnClickListener() {
                    @Override
                    public void onClick(DialogInterface dialog, int which) {
                    }
                });
        //添加"确定"按钮
        alert.setButton(DialogInterface.BUTTON_POSITIVE, "是的",new OnClickListener() {
                    @Override
                    public void onClick(DialogInterface dialog,int which) {
                        finish();                                         //返回系统主界面
                    }
                });
        alert.show();                                                     //显示对话框
    }
});
```

运行本实例，单击"退出"按钮，将弹出如图 4.25 所示的询问是否退出的提示对话框，单击"不"按钮，不退出游戏；单击"是的"按钮，将退出游戏。

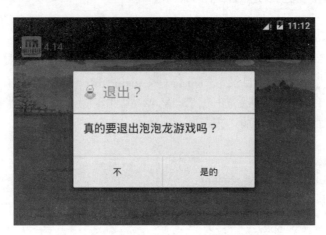

图 4.25 弹出询问是否退出的对话框

4.2.5 范例 2：带图标的列表对话框

例 4.15 在 Eclipse 中创建 Android 项目，名称为 4.15，弹出带图标的列表对话框。（**实例位置：光盘\TM\sl\4\4.15**）

（1）修改新建项目的 res\layout 目录下的布局文件 main.xml，将默认添加的相对布局管理器修改为垂直线性布局管理器，并且将默认添加的 TextView 组件删除，然后添加一个用于打开列表对话框的按钮。由于此处的布局代码比较简单，这里就不再给出。

（2）编写用于布局列表项内容的 XML 布局文件 items.xml，在该文件中，采用水平线性布局管理器，并在该布局管理器中添加一个 ImageView 组件和一个 TextView 组件，分别用于显示列表项中的图标和文字，具体代码如下：

```xml
<?xml version="1.0" encoding="utf-8"?>
<LinearLayout xmlns:android="http://schemas.android.com/apk/res/android"
  android:orientation="horizontal"
  android:layout_width="match_parent"
  android:layout_height="match_parent">
<ImageView
    android:id="@+id/image"
    android:paddingLeft="10dp"
    android:paddingTop="20dp"
    android:paddingBottom="20dp"
    android:adjustViewBounds="true"
    android:maxWidth="72dp"
    android:maxHeight="72dp"
    android:layout_height="wrap_content"
    android:layout_width="wrap_content"/>
```

```
<TextView
    android:layout_width="wrap_content"
    android:layout_height="wrap_content"
    android:padding="10dp"
    android:layout_gravity="center"
    android:id="@+id/title" />
</LinearLayout>
```

（3）在主活动 MainActivity 的 onCreate()方法中，创建两个用于保存列表项图片 id 和文字的数组，并将这些图片 id 和文字添加到 List 集合中，然后创建一个 SimpleAdapter 简单适配器，具体代码如下：

```
int[] imageId = new int[] { R.drawable.img01, R.drawable.img02,
        R.drawable.img03, R.drawable.img04, R.drawable.img05 };      //定义并初始化保存图片 id 的数组
final String[] title = new String[] { "程序管理", "保密设置", "安全设置",
        "邮件设置","铃声设置" };                                        //定义并初始化保存列表项文字的数组
List<Map<String, Object>> listItems = new ArrayList<Map<String, Object>>();   //创建一个 List 集合
//通过 for 循环将图片 id 和列表项文字放到 Map 中，并添加到 List 集合中
for (int i = 0; i < imageId.length; i++) {
    Map<String, Object> map = new HashMap<String, Object>();           //实例化 map 对象
    map.put("image", imageId[i]);
    map.put("title", title[i]);
    listItems.add(map);                                                //将 map 对象添加到 List 集合中
}
final SimpleAdapter adapter = new SimpleAdapter(this, listItems,
        R.layout.items, new String[] { "title", "image" }, new int[] {
            R.id.title, R.id.image });                                 //创建 SimpleAdapter
```

（4）获取布局文件中添加的按钮，并为其添加单击事件监听器，在重写的 onClick()方法中，应用 AlertDialog 类创建一个带图标的列表对话框，并实现在单击列表项时，获取列表项的内容，具体代码如下：

```
Button button1 = (Button) findViewById(R.id.button1);                 //获取布局文件中添加的按钮
button1.setOnClickListener(new View.OnClickListener() {
    @Override
    public void onClick(View v) {
        Builder builder = new AlertDialog.Builder(MainActivity.this);
        builder.setIcon(R.drawable.advise);                           //设置对话框的图标
        builder.setTitle("设置：");                                    //设置对话框的标题
        //添加列表项
        builder.setAdapter(adapter, new OnClickListener() {
            @Override
            public void onClick(DialogInterface dialog, int which) {
                Toast.makeText(MainActivity.this,
                    "您选择了[ " + title[which]+" ]", Toast.LENGTH_SHORT).show();
            }
        });
        builder.create().show();                                      //创建对话框并显示
    }
});
```

运行本实例，单击"打开设置对话框"按钮，将弹出如图 4.26 所示的选择设置项目的对话框，单击任意列表项，都将关闭该对话框，并通过消息提示框显示选择的列表项内容。

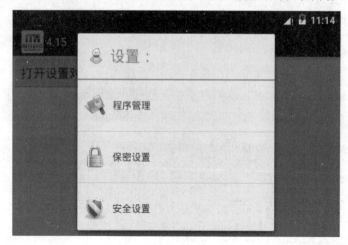

图 4.26　带图标的列表对话框

4.3　经　典　范　例

4.3.1　实现仿 Windows 7 图片预览窗格效果

例 4.16　在 Eclipse 中创建 Android 项目，名称为 4.16，实现仿 Windows 7 图片预览窗格效果。（实例位置：光盘\TM\sl\4\4.16）

（1）修改新建项目的 res\layout 目录下的布局文件 main.xml，将默认添加的相对布局管理器修改为水平线性布局管理器，并将 TextView 组件删除，然后添加一个 GridView 组件和一个 ImageSwitcher 组件，并设置 GridView 组件的宽度和显示列数等。修改后的代码如下：

```
<GridView android:id="@+id/gridView1"
    android:layout_height="match_parent"
    android:layout_width="280dp"
    android:layout_marginTop="3dp"
    android:horizontalSpacing="3dp"
    android:verticalSpacing="3dp"
    android:numColumns="3"
/>
<!-- 添加一个图像切换器 -->
    <ImageSwitcher
        android:id="@+id/imageSwitcher1"
        android:padding="5dp"
        android:layout_width="match_parent"
```

```
                android:layout_height="match_parent"/>
</LinearLayout>
```

（2）在主活动 MainActivity 中，定义一个用于保存要显示图片 id 的数组（需要将要显示的图片复制到 res\drawable 文件夹中）和一个图像切换器对象，关键代码如下：

```
private int[] imageId = new int[] { R.drawable.img01, R.drawable.img02,
            R.drawable.img03, R.drawable.img04, R.drawable.img05,
            R.drawable.img06, R.drawable.img07, R.drawable.img08,
            R.drawable.img09, R.drawable.img10, R.drawable.img11,
            R.drawable.img12, };                             //定义并初始化保存图片 id 的数组
private ImageSwitcher imageSwitcher;                         //声明一个图像切换器对象
```

（3）在主活动 MainActivity 的 onCreate()方法中，首先获取布局文件中添加的图像切换器，并为其设置淡入淡出的动画效果，然后为其设置一个 ImageSwitcher.ViewFactory，并重写 makeView()方法，最后为图像切换器设置默认显示的图像，关键代码如下：

```
imageSwitcher = (ImageSwitcher) findViewById(R.id.imageSwitcher1);   //获取图像切换器
//设置动画效果
imageSwitcher.setInAnimation(AnimationUtils.loadAnimation(this,
            android.R.anim.fade_in));                        //设置淡入动画
imageSwitcher.setOutAnimation(AnimationUtils.loadAnimation(this,
            android.R.anim.fade_out));                       //设置淡出动画
imageSwitcher.setFactory(new ViewFactory() {
    @Override
    public View makeView() {
        ImageView imageView = new ImageView(MainActivity.this);   //实例化一个 ImageView 类的对象
        imageView.setScaleType(ImageView.ScaleType.FIT_CENTER);   //设置保持纵横比居中缩放图像
        imageView.setLayoutParams(new ImageSwitcher.LayoutParams(
                    LayoutParams.WRAP_CONTENT, LayoutParams.WRAP_CONTENT));
        return imageView;                                    //返回 imageView 对象
    }
});
imageSwitcher.setImageResource(imageId[6]);                  //设置默认显示的图像
```

（4）获取布局文件中添加的 GridView 组件，具体代码如下：

```
GridView gridview = (GridView) findViewById(R.id.gridView1);   //获取 GridView 组件
```

（5）创建 BaseAdapter 类的对象，并重写其中的 getView()、getItemId()、getItem()和 getCount()方法，其中最主要的是重写 getView()方法来设置显示图片的格式，具体代码如下：

```
BaseAdapter adapter=new BaseAdapter() {
    @Override
    public View getView(int position, View convertView, ViewGroup parent) {
        ImageView imageview;                                 //声明 ImageView 的对象
        if(convertView==null){
            imageview=new ImageView(MainActivity.this);      //实例化 ImageView 的对象
            /*************设置图像的宽度和高度******************/
```

```
            imageview.setAdjustViewBounds(true);
            imageview.setMaxWidth(110);
            imageview.setMaxHeight(83);
            /*************************************************/
            imageview.setPadding(5, 5, 5, 5);                        //设置 ImageView 的内边距
        }else{
            imageview=(ImageView)convertView;
        }
        imageview.setImageResource(imageId[position]);              //为 ImageView 设置要显示的图片
        return imageview;                                          //返回 ImageView
    }
    /*
     * 功能：获得当前选项的 id
     */
    @Override
    public long getItemId(int position) {
        return position;
    }
    /*
     * 功能：获得当前选项
     */
    @Override
    public Object getItem(int position) {
        return position;
    }
    /*
     * 获得数量
     */
    @Override
    public int getCount() {
        return imageId.length;
    }
};
```

（6）将步骤（5）中创建的适配器与 GridView 关联，并且为了在用户单击某张图片时显示对应的位置，还需要为 GridView 添加单击事件监听器，具体代码如下：

```
gridview.setAdapter(adapter);                                          //将适配器与 GridView 关联
gridview.setOnItemClickListener(new OnItemClickListener() {
    @Override
    public void onItemClick(AdapterView<?> parent, View view, int position,long id) {
        imageSwitcher.setImageResource(imageId[position]);            //显示选中的图片
    }
});
```

运行本实例，将显示类似于 Windows 7 提供的图片预览窗格效果，单击任意一张图片，可以在右侧显示该图片的预览效果，如图 4.27 所示。

图 4.27　仿 Windows 7 图片预览窗格效果

4.3.2　状态栏中显示代表登录状态的图标

例 4.17　在 Eclipse 中创建 Android 项目，名称为 4.17，实现仿手机 QQ 登录状态显示功能。（**实例位置：光盘\TM\sl\4\4.17**）

（1）修改新建项目的 res\layout 目录下的布局文件 main.xml，将默认添加的布局代码删除，然后添加一个 TableLayout 表格布局管理器，并且在该布局管理器中添加 3 个 TableRow 表格行，接下来在每个表格行中添加用户登录界面相关的组件，最后设置表格的第 1 列和第 4 列允许被拉伸。由于此处的代码与第 3 章的例 3.6 的布局代码基本相同，所以这里不再给出，具体的代码可以参见本书附带光盘。

（2）在主活动中，定义一个整型的常量（记录通知的 id）、一个 String 类型的变量（记录用户名）和一个通知管理器对象，关键代码如下：

```
final int NOTIFYID_1 = 123;                              //第一个通知的 id
private String user="匿名";                               //用户名
private NotificationManager notificationManager;         //定义通知管理器对象
```

（3）在主活动的 onCreate()方法中，首先获取通知管理器，然后获取"登录"按钮，并为其添加单击事件监听器，在重写的 onClick()方法中获取输入的用户名并调用自定义方法 sendNotification()发送通知，具体代码如下：

```
//获取通知管理器，用于发送通知
notificationManager = (NotificationManager) getSystemService(NOTIFICATION_SERVICE);
Button button1 = (Button) findViewById(R.id.button1);    //获取"登录"按钮
//为"登录"按钮添加单击事件监听器
button1.setOnClickListener(new View.OnClickListener() {
    @Override
    public void onClick(View v) {
        EditText etUser=(EditText)findViewById(R.id.user);   //获取"用户名"编辑框
        if(!"".equals(etUser.getText())){
            user=etUser.getText().toString();
```

```
        }
            sendNotification();                                        //发送通知
    }
});
```

（4）编写 sendNotification()方法，在该方法中，首先创建一个 AlertDialog.Builder 对象，并为其指定要显示对话框的图标、标题等，然后创建两个用于保存列表项图片 id 和文字的数组，并将这些图片 id 和文字添加到 List 集合中，再创建一个 SimpleAdapter 简单适配器，并将该适配器作为 Builder 对象的适配器，用于为列表对话框添加带图标的列表项，最后创建对话框并显示。sendNotification()方法的具体代码如下：

```
//发送通知
private void sendNotification() {
    Builder builder = new AlertDialog.Builder(MainActivity.this);
    builder.setIcon(R.drawable.advise);                            //设置对话框的图标
    builder.setTitle("我的登录状态：");                             //设置对话框的标题
    final int[] imageId = new int[] { R.drawable.img1, R.drawable.img2,
                R.drawable.img3, R.drawable.img4 };                //定义并初始化保存图片 id 的数组
    final String[] title = new String[] { "在线", "隐身", "忙碌中", "离线" };    //定义并初始化保存列表项文字的数组
    List<Map<String, Object>> listItems = new ArrayList<Map<String, Object>>();   //创建一个 List 集合
    //通过 for 循环将图片 id 和列表项文字放到 Map 中，并添加到 List 集合中
    for (int i = 0; i < imageId.length; i++) {
        Map<String, Object> map = new HashMap<String, Object>();   //实例化 map 对象
        map.put("image", imageId[i]);
        map.put("title", title[i]);
        listItems.add(map);                                        //将 map 对象添加到 List 集合中
    }
    final SimpleAdapter adapter = new SimpleAdapter(MainActivity.this,
            listItems, R.layout.items, new String[] { "title", "image" },
            new int[] { R.id.title, R.id.image });                 //创建 SimpleAdapter
    builder.setAdapter(adapter, new DialogInterface.OnClickListener() {
        @Override
        public void onClick(DialogInterface dialog, int which) {
            Notification.Builder notification = new Notification.Builder(MainActivity.this);
            notification.setSmallIcon(imageId[which]);             //设置通知图标
            notification.setContentTitle(user);                    //设置通知标题
            notification.setContentText(title[which]);             //设置通知内容
            //设置响铃和振动
            notification.setDefaults(Notification.DEFAULT_SOUND | Notification.DEFAULT_VIBRATE);
            notificationManager.notify(NOTIFYID_1, notification.build());//发送通知
            //让布局中的第一行不显示
            ((TableRow)findViewById(R.id.tableRow1)).setVisibility(View.INVISIBLE);
            //让布局中的第二行不显示
            ((TableRow)findViewById(R.id.tableRow2)).setVisibility(View.INVISIBLE);
            ((Button)findViewById(R.id.button1)).setText("更改登录状态");   //改变"登录"按钮上显示的文字
        }
    });
    builder.create().show();                                       //创建对话框并显示
}
```

注意 当用户选择了登录状态列表项后，在显示通知的同时，还需要将布局中的第一行（用于输入用户名）和第二行（用于输入密码）的内容设置为不显示，并且改变"登录"按钮上显示的文字为"更改登录状态"。

（5）在 onCreate()方法中，获取"退出"按钮并为其添加单击事件监听器，在重写的 onClick()方法中，清除代表登录状态的通知，然后将布局中的第一行和第二行的内容显示出来，并改变"更改登录状态"按钮上显示的文字为"登录"，具体代码如下：

```
Button button2 = (Button) findViewById(R.id.button2);                //获取"退出"按钮
//为"退出"按钮添加单击事件监听器
button2.setOnClickListener(new OnClickListener() {
    @Override
    public void onClick(View v) {
        notificationManager.cancel(NOTIFYID_1);                //清除通知
        ((TableRow)findViewById(R.id.tableRow1)).setVisibility(View.VISIBLE);    //让布局中的第一行显示
        ((TableRow)findViewById(R.id.tableRow2)).setVisibility(View.VISIBLE);    //让布局中的第二行显示
        ((Button)findViewById(R.id.button1)).setText("登录");    //改变"更改登录状态"按钮上显示的文字
    }
});
```

运行本实例，将显示一个用户登录界面，输入用户名（bellflower）和密码（111）后，单击"登录"按钮，将弹出如图 4.28 所示的选择登录状态的列表对话框，单击代表登录状态的列表项，该对话框消失，并在屏幕的右下角显示代表登录状态的通知，过一段时间后该通知消失，同时在状态栏上显示代表登录状态的图标，单击该图标，将显示通知列表，如图 4.29 所示。单击"退出"按钮，可以删除该通知。

图 4.28　选择登录状态的列表对话框

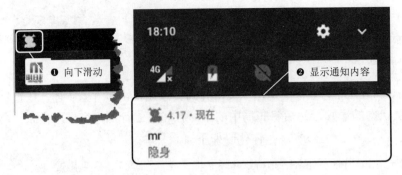

图 4.29　在状态栏中显示登录状态

4.4　小　　结

本章介绍了用户界面设计中的高级部分，主要分为高级组件和消息提示框与对话框两部分。在高级组件部分，主要介绍了自动完成文本框、进度条、拖动条、星级评分条、选项卡、图像切换器、网格视图和画廊视图等。其中，需要重点掌握的是图像切换器与网格视图和画廊视图的综合应用；在消息提示框与对话框中，主要介绍了如何显示消息提示框、发送并显示通知，以及如何弹出各种对话框。在实际程序开发时，消息提示框和对话框最为常用，需要读者重点掌握，并能做到融会贯通。

4.5　实践与练习

1．编写 Android 程序，实现在页面完全载入前，在标题上显示一个圆形进度条，当页面载入后，隐藏该进度条。（答案位置：光盘\TM\sl\4\4.18）

2．编写 Android 程序，实现带预览的图片浏览器。（答案位置：光盘\TM\sl\4\4.19）

3．编写 Android 程序，应用 Alert Dialog 实现自定义的登录对话框。（答案位置：光盘\TM\sl\4\4.20）

第 **5** 章

基本程序单元 Activity

（ 📹 教学录像：**2 小时 22 分钟** ）

　　在前面介绍的实例中已经应用过 Activity，不过那些实例中的所有操作都是在一个 Activity 中进行的，在实际的应用开发中，经常需要包含多个 Activity，而且这些 Activity 之间可以相互跳转或传递数据。本章将对 Activity 进行详细介绍。

　　通过阅读本章，您可以：

▶▶　了解 Activity 及其生命周期

▶▶　掌握创建、配置、启动和关闭 Activity 的方法

▶▶　掌握如何使用 Bundle 在 Activity 之间交换数据

▶▶　掌握如何调用另一个 Activity 并返回结果

▶▶　掌握创建 Fragment 的方法

▶▶　掌握在 Activity 中添加 Fragment 的两种方法

5.1　Activity 概述

📹 **教学录像：光盘\TM\lx\5\Activity 概述.exe**

Activity 的中文意思是活动。在 Android 中，Activity 代表手机屏幕的一屏，或是平板电脑中的一个窗口。它是 Android 应用的重要组成单元之一，提供了和用户交互的可视化界面。在一个 Activity 中，可以添加很多组件，这些组件负责具体的功能。

在 Android 应用中，可以有多个 Activity，这些 Activity 组成了 Activity 栈（Stack），当前活动的 Activity 位于栈顶，之前的 Activity 被压入下面，成为非活动 Activity，等待是否可能被恢复为活动状态。在 Activity 的生命周期中，有如表 5.1 所示的 4 个重要状态。

表 5.1　Activity 的 4 个重要状态

状　　态	描　　述
活动状态	当前的 Activity，位于 Activity 栈顶，用户可见，并且可以获得焦点
暂停状态	失去焦点的 Activity，仍然可见，但是在内存低的情况下，不能被系统 killed（杀死）
停止状态	该 Activity 被其他 Activity 所覆盖，不可见，但是它仍然保存所有的状态和信息。当内存低的情况下，它将要被系统 killed（杀死）
销毁状态	该 Activity 结束，或 Activity 所在的 Dalvik 进程结束

在了解了 Activity 的 4 个重要状态后，我们来看图 5.1（参照 Android 官方文档），该图显示了一个 Activity 的各种重要状态，以及相关的回调方法。

在图 5.1 中，用矩形方块表示的内容为可以被回调的方法，而带底色的椭圆形则表示 Activity 的重要状态。从该图可以看出，在一个 Activity 的生命周期中有以下方法会被系统回调。

- ☑ onCreate()方法：在创建 Activity 时被回调。该方法是最常见的方法，在 Eclipse 中创建 Android 项目时，会自动创建一个 Activity，在该 Activity 中，默认重写了 onCreate(Bundle savedInstanceState) 方法，用于对该 Activity 执行初始化。
- ☑ onStart()方法：启动 Activity 时被回调，也就是当一个 Activity 变为显示时被回调。
- ☑ onRestart()方法：重新启动 Activity 时被回调，该方法总是在 onStart()方法以后执行。
- ☑ onPause()方法：暂停 Activity 时被回调。该方法需要被非常快速地执行，因为直到该方法执行完毕后，下一个 Activity 才能被恢复。在该方法中，通常用于持久保存数据。例如，当我们正在玩游戏时，突然来了一个电话，这时就可以在该方法中将游戏状态持久保存起来。
- ☑ onResume()方法：当 Activity 由暂停状态恢复为活动状态时调用。调用该方法后，该 Activity 位于 Activity 栈的栈顶。该方法总是在 onPause()方法以后执行。
- ☑ onStop()方法：停止 Activity 时被回调。
- ☑ onDestroy()方法：销毁 Activity 时被回调。

📐 **说明**　在 Activity 中，可以根据程序的需要来重写相应的方法。通常情况下，onCreate()和 onPause() 方法是最常用的，经常需要重写这两个方法。

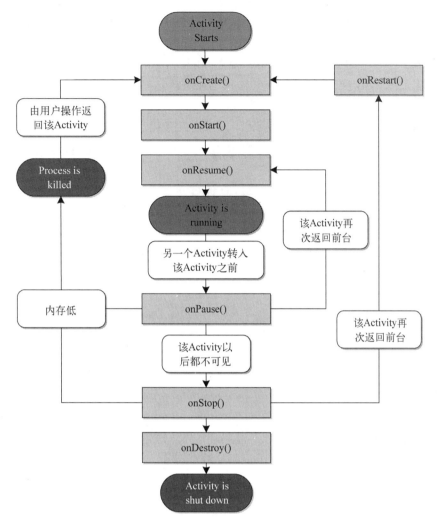

图 5.1　Activity 的生命周期及回调方法

5.2　创建、配置、启动和关闭 Activity

教学录像：光盘\TM\lx\5\创建、启动和关闭 Activity.exe

在 Android 中，Activity 提供了与用户交互的可视化界面。在使用 Activity 时，需要先对其进行创建和配置，然后还可能需要启动或关闭 Activity。下面将详细介绍创建、配置、启动和关闭 Activity 的方法。

5.2.1　创建 Activity

创建 Activity，大致可以分为以下两个步骤。

（1）创建一个 Activity，一般是继承 android.app 包中的 Activity 类，不过在不同的应用场景下，也可以继承 Activity 的子类。例如，在一个 Activity 中，只想实现一个列表，那么就可以让该 Activity 继承 ListActivity；如果只想实现选项卡效果，那么就可以让该 Activity 继承 TabActivity。创建一个名为 MainActivity 的继承 Activity 类的 Activity，具体代码如下：

```
import android.app.Activity;
public class MainActivity extends Activity {

}
```

（2）重写需要的回调方法。通常情况下，都需要重写 onCreate()方法，并且在该方法中调用 setContentView()方法设置要显示的视图。例如，在步骤（1）中创建的 Activity 中，重写 onCreate()方法，并且设置要显示的视图的具体代码如下：

```
@Override
public void onCreate(Bundle savedInstanceState) {
    super.onCreate(savedInstanceState);
    setContentView(R.layout.main);
}
```

说明 使用带 ADT 插件的 Eclipse 创建 Android 项目后，默认会创建一个 Activity。该 Activity 继承 Activity 类，并且重写 onCreate()方法。

5.2.2 配置 Activity

创建 Activity 后，还需要在 AndroidManifest.xml 文件中进行配置，如果没有配置，而又在程序中启动了该 Activity，那么将抛出如图 5.2 所示的异常信息。

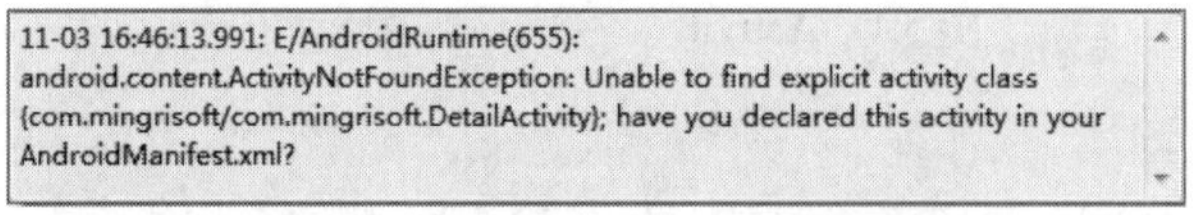

```
11-03 16:46:13.991: E/AndroidRuntime(655):
android.content.ActivityNotFoundException: Unable to find explicit activity class
{com.mingrisoft/com.mingrisoft.DetailActivity}; have you declared this activity in your
AndroidManifest.xml?
```

图 5.2 日志面板中抛出的异常信息

具体的配置方法是在<application></application>标记中添加<activity></activity>标记。<activity>标记的基本格式如下：

```
<activity
    android:icon="@drawable/图标文件名"
    android:name="实现类"
    android:label="说明性文字"
    android:theme="要应用的主题"
    ...
    >
    ...
</activity>
```

在<activity></activity>标记中，android:icon 属性用于为 Activity 指定对应的图标，其中的图标文件名不包括扩展名；android:name 属性用于指定对应的 Activity 实现类；android:label 用于为该 Activity 指定标签；android:theme 属性用于设置要应用的主题。

 说明 如果该 Activity 类在<manifest>标记指定的包中，则 android:name 属性的属性值可以直接写类名，也可以加一个 "." 点号；如果在<manifest>标记指定包的子包中，则属性值需要设置为 ".子包序列.类名" 或者是完整的类名（包括包路径）。

在 AndroidManifest.xml 文件中配置名称为 DetailActivity 的 Activity，该类保存在<manifest>标记指定的包中。关键代码如下：

```
<activity
    android:icon="@drawable/ic_launcher"
    android:name="DetailActivity"
    android:label="详细"
    >
</activity>
```

5.2.3　启动和关闭 Activity

1．启动 Activity

在一个 Android 项目中，如果只有一个 Activity，那么只需要在 AndroidManifest.xml 文件中对其进行配置，并且将其设置为程序的入口。这样，当运行该项目时，将自动启动该 Activity。否则，需要应用 startActivity()方法来启动需要的 Activity。startActivity()方法的语法格式如下：

```
public void startActivity(Intent intent)
```

该方法没有返回值，只有一个 Intent 类型的入口参数，Intent 是 Android 应用中各组件之间的通信方式，一个 Activity 通过 Intent 来表达自己的 "意图"。在创建 Intent 对象时，需要指定想要被启动的 Activity。

说明
关于 Intent 的详细介绍请参见本书的第 6 章。

例如，要启动一个名称为 DetailActivity 的 Activity，可以使用下面的代码：

```
Intent intent = new Intent(MainActivity.this,DetailActivity.class);
startActivity(intent);
```

2．关闭 Activity

在 Android 中，如果想要关闭当前的 Activity，可以使用 Activity 类提供的 finish()方法。finish()方法的语法格式如下：

```
public void finish()
```

　　该方法的使用比较简单，既没有入口参数，也没有返回值，只需要在 Activity 中相应的事件中调用该方法即可。例如，想要在单击按钮时关闭该 Activity，可以使用下面的代码：

```
Button button1 = (Button)findViewById(R.id.button1);
button1.setOnClickListener(new View.OnClickListener() {

    @Override
    public void onClick(View v) {
        finish();                          //关闭当前 Activity

    }
});
```

　　说明　如果当前的 Activity 不是主活动，那么执行 finish()方法后，将返回到调用它的那个 Activity；否则，将返回到主屏幕中。

5.2.4　范例 1：实现启动和关闭 Activity

　　例 5.1　在 Eclipse 中创建 Android 项目，名称为 5.1，实现创建两个 Activity，在第一个 Activity 中单击"查看详细内容"按钮，进入到第二个 Activity 中，单击"关闭"按钮，关闭当前的 Activity，返回到第一个 Activity 中。（**实例位置：光盘\TM\sl\5\5.1**）

　　（1）修改新建项目的 res\layout 目录下的布局文件 main.xml，将默认添加的相对布局管理器修改为垂直线性布局管理器，并将默认添加的 TextView 组件删除，然后添加一个"查看详细内容"按钮，android:id 属性值为@+id/button1。由于此处的布局代码比较简单，这里不再给出。

　　（2）在包资源管理器的项目名称节点上单击鼠标右键，在弹出的快捷菜单中选择"新建"/"类"命令，在打开的"新建 Java 类"对话框的"包"文本框中输入包名，这里为 com.mingrisoft；在"名称"文本框中输入类名，这里为 DetailActivity；单击"超类"后面的"浏览"按钮，在打开的"选择类型"对话框中输入 Activity 后单击"确定"按钮，返回到"新建 Java 类"对话框中，单击"完成"按钮，完成 Activity 的创建，如图 5.3 所示。

　　（3）在 res\layout 目录中创建一个布局文件，名称为 detail.xml，在该布局文件中添加垂直线性布局管理器，并在该布局管理器中添加一个 TextView 组件（用于显示提示文字）和一个 Button

图 5.3　"新建 Java 类"对话框

组件（用于关闭当前 Activity）。

（4）在 DetailActivity 中，重写 onCreate()方法。在重写的 onCreate()方法中，首先设置要使用的布局文件，然后获取"关闭"按钮，最后为该按钮添加单击事件监听器，在重写的 onClick()方法中调用 finish()方法，关闭当前 Activity。具体代码如下：

```
@Override
protected void onCreate(Bundle savedInstanceState) {
    super.onCreate(savedInstanceState);
    setContentView(R.layout.detail);                                 //设置布局文件
    Button button1 = (Button)findViewById(R.id.button1);             //获取"关闭"按钮
    button1.setOnClickListener(new View.OnClickListener() {

        @Override
        public void onClick(View v) {
            finish();                                                //关闭当前 Activity

        }
    });
}
```

（5）打开默认创建的主活动 MainActivity，在 onCreate()方法中，获取"查看详细内容"按钮，并为其添加单击事件监听器，在重写的 onClick()方法中，创建一个 DetailActivity 所对应的 Intent 对象，并调用 startActivity()方法，启动 DetailActivity。具体代码如下：

```
Button button=(Button)findViewById(R.id.button1);
button.setOnClickListener(new OnClickListener() {

    @Override
    public void onClick(View v) {
        Intent intent = new Intent(MainActivity.this,DetailActivity.class);    //创建 Intent 对象
        startActivity(intent);                                                 //启动 Activity

    }
});
```

（6）在 AndroidManifest.xml 文件中配置 DetailActivity，配置的主要属性有 Activity 使用的图标、实现类和标签。具体代码如下：

```
<activity
    android:icon="@drawable/ic_launcher"
    android:name=".DetailActivity"
    android:label="详细"
    >
</activity>
```

运行本实例，将显示如图 5.4 所示的运行结果，单击"查看详细内容"按钮，将显示如图 5.5 所示的运行结果，单击"关闭"按钮，将返回到如图 5.4 所示的页面。

图 5.4　第一个 Activity 的运行结果

图 5.5　第二个 Activity 的运行结果

5.2.5　范例 2：实现应用对话框主题的关于 Activity

例 5.2　在 Eclipse 中创建 Android 项目，名称为 5.2，实现应用对话框主题的 AboutActivity。（**实例位置：光盘\TM\sl\5\5.2**）

（1）修改新建项目的 res\layout 目录下的布局文件 main.xml，应用线性布局和相对布局完成一个带"关于"按钮的游戏开始界面。该界面的设计代码与 3.2.6 节的例 3.10 的布局代码基本相同，这里不再给出，具体代码可以参见光盘。

（2）在 com.mingrisoft 包中，创建一个继承 Activity 类的 AboutActivity，并且重写 onCreate()方法。在重写的 onCreate()方法中，首先创建一个线性布局管理器对象，并设置其内边距，然后创建一个 TextView 对象，并设置字体大小及要显示的内容，再将 TextView 添加到线性布局管理器中，最后设置在该 Activity 中显示线性布局管理器对象。关键代码如下：

```java
public class AboutActivity extends Activity {

    @Override
    protected void onCreate(Bundle savedInstanceState) {
        super.onCreate(savedInstanceState);
        LinearLayout ll=new LinearLayout(this);    //创建线性布局管理器对象
        ll.setPadding(20,20,20,20);
        TextView tv=new TextView(this);             //创建 TextView 对象
        tv.setTextSize(24);                         //设置字体大小
        tv.setText(R.string.about);                 //设置要显示的内容
        ll.addView(tv);                             //将 TextView 添加到线性布局管理器中
        setContentView(ll);                         //设置该 Activity 显示的内容视图
    }

}
```

说明

　　在上面的代码中，为 TextView 组件设置要显示的文本内容时，采用的是使用字符串资源的方法。这里就需要在项目的 res\values 目录下的 strings.xml 文件中添加一个名称为 about 的字符串变量，内容是要显示的关于信息。名称为 about 的变量的设置代码如下：

```xml
<string name="about">泡泡龙游戏是一款十分流行的益智游戏。它可以从下方中央的弹珠发射台射出彩珠，当有多于 3 个同色弹珠相连时，这些弹珠将会爆掉，否则该弹珠被连接到指向的位置，直到泡泡下压越过下方的警戒线，游戏结束。</string>
```

（3）打开默认创建的主活动 MainActivity，在 onCreate()方法中，获取"关于"按钮并为其添加单击事件监听器，在重写的 onClick()方法中，创建一个 AboutActivity 所对应的 Intent 对象，并调用 startActivity()方法，启动 AboutActivity。具体代码如下：

```
ImageView about=(ImageView)findViewById(R.id.about);                //获取 "关于" 按钮
about.setOnClickListener(new View.OnClickListener() {

    @Override
    public void onClick(View v) {
        Intent intent=new Intent(MainActivity.this, AboutActivity.class);    //创建 Intent 对象
        startActivity(intent);                                                //启动 About Activity
    }
});
```

（4）在 AndroidManifest.xml 文件中配置 AboutActivity，配置的主要属性有 Activity 使用的图标、实现类、标签和使用的主题。具体代码如下：

```
<activity
    android:icon="@drawable/ic_launcher"
    android:name=".AboutActivity"
    android:label="关于..."
    android:theme="@android:style/Theme.Dialog"
    >
</activity>
```

说明　在<activity>标记中，为 Activity 设置主题时，除了上面设置的主题样式@android:style/Theme.Dialog 外，还可以设置为@android:style/Theme.DeviceDefault.Light.Dialog、@android:style/Theme.Holo.Dialog、@android:style/Theme.DeviceDefault.Dialog 或者@android:style/Theme.Holo.Light.Dialog 等。使用这些主题可以让该 Activity 采用不同的对话框样式。

　　运行本实例，将显示泡泡龙游戏的主界面，单击"关于"按钮，将显示如图 5.6 所示的"关于"对话框。

图 5.6　"关于"对话框

5.3　多个 Activity 的使用

 教学录像：光盘\TM\lx\5\多个 Activity 的使用.exe

在 Android 应用中，经常会有多个 Activity，而这些 Activity 之间又经常需要交换数据。下面就来介绍如何使用 Bundle 在 Activity 之间交换数据，以及如何调用另一个 Activity 并返回结果。

5.3.1　使用 Bundle 在 Activity 之间交换数据

当在一个 Activity 中启动另一个 Activity 时，经常需要传递一些数据。这时就可以通过 Intent 来实现，因为 Intent 通常被称为是两个 Activity 之间的信使，通过将要传递的数据保存在 Intent 中，就可以将其传递到另一个 Activity 中了。

在 Android 中，可以将要保存的数据存放在 Bundle 对象中，然后通过 Intent 提供的 putExtras()方法将要携带的数据保存到 Intent 中。下面通过一个具体的实例介绍如何使用 Bundle 在 Activity 之间交换数据。

> **说明**
>
> Bundle 是一个字符串值到各种 Parcelable 类型的映射，用于保存要携带的数据包。

例 5.3　在 Eclipse 中创建 Android 项目，名称为 5.3，实现用户注册界面，并在单击"提交"按钮时，启动另一个 Activity 显示填写的注册信息。（**实例位置：光盘\TM\sl\5\5.3**）

（1）修改新建项目的 res\layout 目录下的布局文件 main.xml，将默认添加的相对布局管理器修改为垂直线性布局管理器，然后在该布局管理器中添加用于输入用户注册信息的文本框和编辑框以及一个"提交"按钮。由于此处的布局代码比较简单，这里不再给出，具体代码可以参见光盘。

（2）打开默认创建的主活动 MainActivity，在 onCreate()方法中，获取"提交"按钮，并为其添加单击事件监听器，在重写的 onClick()方法中，首先获取输入的用户名、密码、确认密码和 E-mail 地址，并保存到相应的变量中，然后判断输入信息是否为空，如果为空给出提示框，否则判断两次输入的密码是否一致，如果不一致，将给出提示信息，并清空"密码"和"确认密码"编辑框，让"密码"编辑框获得焦点，否则，将输入的信息保存到 Bundle 中，并启动一个新的 Activity 显示输入的用户注册信息。具体代码如下：

```
Button submit=(Button)findViewById(R.id.submit);                              //获取"提交"按钮
submit.setOnClickListener(new View.OnClickListener() {
    @Override
    public void onClick(View v) {
        String user=((EditText)findViewById(R.id.user)).getText().toString();     //获取输入的用户名
        String pwd=((EditText)findViewById(R.id.pwd)).getText().toString();       //获取输入的密码
        String repwd=((EditText)findViewById(R.id.repwd)).getText().toString();   //获取输入的确认密码
        String email=((EditText)findViewById(R.id.email)).getText().toString();   //获取输入的 E-mail 地址
```

```
            if(!"".equals(user) && !"".equals(pwd) && !"".equals(email)){
                if(!pwd.equals(repwd)){                                        //判断两次输入的密码是否一致
                    Toast.makeText(MainActivity.this, "两次输入的密码不一致，请重新输入！",
                                                            Toast.LENGTH_LONG).show();
                    ((EditText)findViewById(R.id.pwd)).setText("");           //清空"密码"编辑框
                    ((EditText)findViewById(R.id.repwd)).setText("");         //清空"确认密码"编辑框
                    ((EditText)findViewById(R.id.pwd)).requestFocus();        //让"密码"编辑框获得焦点
                }else{      //将输入的信息保存到 Bundle 中，并启动一个新的 Activity 显示输入的用户注册信息
                    Intent intent=new Intent(MainActivity.this,RegisterActivity.class);
                    Bundle bundle=new Bundle();                               //创建并实例化一个 Bundle 对象
                    bundle.putCharSequence("user", user);                     //保存用户名
                    bundle.putCharSequence("pwd", pwd);                       //保存密码
                    bundle.putCharSequence("email", email);                   //保存 E-mail 地址
                    intent.putExtras(bundle);                                 //将 Bundle 对象添加到 Intent 对象中
                    startActivity(intent);                                    //启动新的 Activity
                }
            }else{
                Toast.makeText(MainActivity.this, "请将注册信息输入完整！", Toast.LENGTH_LONG).show();
            }
        }
    });
```

说明 在上面的代码中，加粗的代码用于创建 Intent 对象，并将要传递的用户注册信息通过 Bundle 对象添加到该 Intent 对象中。

（3）在 res\layout 目录中，创建一个名为 register.xml 的布局文件，在该布局文件中采用垂直线性布局管理器，并且添加 3 个 TextView 组件，分别用于显示用户名、密码和 E-mail 地址。

（4）在 com.mingrisoft 包中，创建一个继承 Activity 类的 RegisterActivity，并且重写 onCreate()方法。在重写的 onCreate()方法中，首先设置该 Activity 使用的布局文件 register.xml 中定义的布局，然后获取 Intent 对象以及传递的数据包，最后将传递过来的用户名、密码和 E-mail 地址显示到对应的 TextView 组件中。关键代码如下：

```
public class RegisterActivity extends Activity {
    @Override
    protected void onCreate(Bundle savedInstanceState) {
        super.onCreate(savedInstanceState);
        setContentView(R.layout.register);                              //设置该 Activity 中要显示的内容视图
        Intent intent=getIntent();                                      //获取 Intent 对象
        Bundle bundle=intent.getExtras();                               //获取传递的数据包
        TextView user=(TextView)findViewById(R.id.user);               //获取显示用户名的 TextView 组件
        //获取输入的用户名并显示到 TextView 组件中
        user.setText("用户名："+bundle.getString("user"));
        TextView pwd=(TextView)findViewById(R.id.pwd);                 //获取显示密码的 TextView 组件
        pwd.setText("密码："+bundle.getString("pwd"));                  //获取输入的密码并显示到 TextView 组件中
        TextView email=(TextView)findViewById(R.id.email);            //获取显示 E-mail 地址的 TextView 组件
        //获取输入的 E-mail 地址并显示到 TextView 组件中
        email.setText("E-mail："+bundle.getString("email"));
    }
}
```

说明

在上面的代码中，加粗的代码用于获取通过 Intent 对象传递的用户注册信息。

（5）在 AndroidManifest.xml 文件中配置 AboutActivity，配置的主要属性有 Activity 使用的图标、实现类和标签。具体代码如下：

```xml
<activity
    android:label="显示用户注册信息"
    android:icon="@drawable/ic_launcher"
    android:name=".RegisterActivity">
</activity>
```

运行本实例，将显示一个填写用户注册信息的界面，输入用户名、密码、确认密码和 E-mail 地址后，如图 5.7 所示，单击"提交"按钮，将显示如图 5.8 所示的界面，显示填写的用户注册信息。

图 5.7　填写用户注册信息界面　　　　图 5.8　显示用户注册信息界面

5.3.2　调用另一个 Activity 并返回结果

在 Android 应用开发时，有时需要在一个 Activity 中调用另一个 Activity，当用户在第二个 Activity 中选择完成后，程序自动返回到第一个 Activity 中，第一个 Activity 必须能够获取并显示用户在第二个 Activity 中选择的结果；或者在第一个 Activity 中将一些数据传递到第二个 Activity，由于某些原因，又要返回到第一个 Activity 中，并显示传递的数据，如程序中经常出现的"返回上一步"功能。这时，也可以通过 Intent 和 Bundle 来实现。与在两个 Acitivity 之间交换数据不同的是，此处需要使用 startActivityForResult()方法来启动另一个 Activity。下面通过一个具体的实例介绍如何调用另一个 Activity 并返回结果。

说明　在 5.3.1 节中的例 5.3 中，已经介绍了填写用户注册信息界面及显示注册信息界面的实现方法，本实例将在例 5.3 的基础上进行修改，为其添加"返回上一步"功能。

例 5.4　在 Eclipse 中，复制项目 5.3，并修改项目名为 5.4，实现用户注册中的"返回上一步"功能。（**实例位置：光盘\TM\sl\5\5.4**）

（1）打开 MainActivity，定义一个名称为 CODE 的常量，用于设置 requestCode 请求码。该请求码由开发者根据业务自行设定，这里设置为 0x717。关键代码如下：

```
final int CODE= 0x717;                              //定义一个请求码常量
```

（2）将原来使用 startActivity()方法启动新 Activity 的代码，修改为使用 startActivityForResult()方法实现，这样就可以在启动一个新的 Activity 时，获取指定 Activity 返回的结果。修改后的代码如下：

```
startActivityForResult(intent, CODE);              //启动新的 Activity
```

（3）打开 res\layout 目录中的 register.xml 布局文件，在该布局文件中添加一个"返回上一步"按钮，并设置该按钮的 android:id 属性值为@+id/back。关键代码如下：

```
<Button
    android:id="@+id/back"
    android:layout_width="wrap_content"
    android:layout_height="wrap_content"
    android:text="返回上一步" />
```

（4）打开 RegisterActivity，在 onCreate()方法中，获取"返回上一步"按钮，并为其添加单击事件监听器，在重写的 onClick()方法中，首先设置返回的结果码，并返回调用该 Activity 的 Activity，然后关闭当前 Activity。关键代码如下：

```
Button button=(Button)findViewById(R.id.back);     //获取"返回上一步"按钮
button.setOnClickListener(new OnClickListener() {

    @Override
    public void onClick(View v) {
        setResult(0x717,intent);                   //设置返回的结果码，并返回调用该 Activity 的 Activity
        finish();                                  //关闭当前 Activity
    }
});
```

说明

　　为了让程序知道返回的数据来自于哪个新的 Activity，需要使用 resultCode 结果码。

（5）再次打开 MainActivity，重写 onActivityResult()方法，在该方法中，需要判断 requestCode 请求码和 resultCode 结果码是否与预先设置的相同，如果相同，则清空"密码"编辑框和"确认密码"编辑框，关键代码如下：

```
@Override
protected void onActivityResult(int requestCode, int resultCode, Intent data) {
    super.onActivityResult(requestCode, resultCode, data);
    if(requestCode==CODE && resultCode==CODE){
        ((EditText)findViewById(R.id.pwd)).setText(""); //清空"密码"编辑框
```

```
        ((EditText)findViewById(R.id.repwd)).setText("");            //清空"确认密码"编辑框
    }
}
```

运行本实例，将显示一个填写用户注册信息的界面，输入用户名、密码、确认密码和 E-mail 地址后，如图 5.7 所示，单击"提交"按钮，将显示如图 5.9 所示的界面，显示填写的用户注册信息及一个"返回上一步"按钮，单击"返回上一步"按钮，即可返回到如图 5.7 所示的界面，只是没有显示密码和确认密码。

图 5.9　显示用户注册信息及"返回上一步"按钮界面

5.3.3　范例 1：实现根据身高计算标准体重

例 5.5　在 Eclipse 中创建 Android 项目，名称为 5.5，实现根据输入的性别和身高计算标准体重。（实例位置：光盘\TM\sl\5\5.5）

（1）修改新建项目的 res\layout 目录下的布局文件 main.xml，将默认添加的相对布局管理器修改为垂直线性布局管理器，然后在该布局管理器中添加用于选择性别信息的单选按钮组和用于输入身高的编辑框，以及一个"确定"按钮。由于此处的布局代码比较简单，这里不再给出，具体代码可以参见光盘。

（2）编写一个实现 java.io.Serializable 接口的 Java 类，在该类中创建两个变量，一个用于保存性别，另一个用于保存身高，并为这两个属性添加对应的 setter() 和 getter() 方法。关键代码如下：

```java
public class Info implements Serializable {
    private static final long serialVersionUID = 1L;
    private String sex="";                                           //性别
    private int stature=0;                                          //身高
    public String getSex() {
        return sex;
    }
    public void setSex(String sex) {
        this.sex = sex;
    }
    …   //此处省略了 stature 变量对应的 setter()方法和 getter()方法
}
```

说明 在使用 Bundle 类传递数据包时，可以放入一个可序列化的对象。这样，当要传递的数据字段比较多时，采用该方法比较方便。在本实例中，为了在 Bundle 中放入一个可序列化的对象，我们创建了一个可序列化的 Java 类，方便存储可序列化对象。

（3）打开默认创建的主活动 MainActivity，在 onCreate()方法中，获取"确定"按钮，并为其添加单击事件监听器，在重写的 onClick()方法中，实例化一个保存性别和身高的可序列化对象 info，并判断输入的身高是否为空，如果为空，则给出消息提示并返回；否则，首先获取性别和身高并保存到 info 中，然后实例化一个 Bundle 对象，并将输入的身高和性别保存到 Bundle 对象中，接下来创建一个启动显示结果 Activity 的 intent 对象，并将 bundle 对象保存到该 intent 对象中，最后启动 intent 对应的 Activity。关键代码如下：

```
Button button=(Button)findViewById(R.id.button1);
button.setOnClickListener(new OnClickListener() {
    @Override
    public void onClick(View v) {
        Info info=new Info();                                    //实例化一个保存输入基本信息的对象
        if("".equals(((EditText)findViewById(R.id.stature)).getText().toString())){
            Toast.makeText(MainActivity.this, "请输入您的身高，否则不能计算！",
                                            Toast.LENGTH_SHORT).show();
            return;
        }
        int stature=Integer.parseInt(((EditText)findViewById(R.id.stature)).getText().toString());
        RadioGroup sex=(RadioGroup)findViewById(R.id.sex);       //获取设置性别的单选按钮组
        //获取单选按钮组的值
        for(int i=0;i<sex.getChildCount();i++){
            RadioButton r=(RadioButton)sex.getChildAt(i);        //根据索引值获取单选按钮
            if(r.isChecked()){                                   //判断单选按钮是否被选中
                info.setSex(r.getText().toString());             //获取被选中的单选按钮的值
                break;                                           //跳出 for 循环
            }
        }
        info.setStature(stature);                                //设置身高
        Bundle bundle=new Bundle();                              //实例化一个 Bundle 对象
        bundle.putSerializable("info", info);                    //将输入的基本信息保存到 Bundle 对象中
        Intent intent=new Intent(MainActivity.this,ResultActivity.class);    //创建一个 Intent 对象
        intent.putExtras(bundle);                                //将 bundle 保存到 Intent 对象中
        startActivity(intent);                                   //启动 intent 对应的 Activity
    }
});
```

说明 在上面的代码中，加粗的代码用于创建一个 Bundle 对象，并在该对象中放入一个可序列化的 Info 类的对象。

（4）在 res\layout 目录中，创建一个名为 result.xml 的布局文件，在该布局文件中采用垂直线性布

局管理器，并且添加 3 个 TextView 组件，分别用于显示性别、身高和计算后的标准体重。

（5）在 com.mingrisoft 包中，创建一个继承 Activity 类的 ResultActivity，并且重写 onCreate()方法。在重写的 onCreate()方法中，首先设置该 Activity 使用的布局文件 result.xml 中定义的布局，然后获取性别、身高和标准体重文本框，再获取 Intent 对象以及传递的数据包，最后将传递过来的性别、身高和计算后的标准体重显示到对应的文本框中。关键代码如下：

```
setContentView(R.layout.result);                          //设置该 Activity 使用的布局
TextView sex=(TextView)findViewById(R.id.sex);           //获取显示性别的文本框
TextView stature=(TextView)findViewById(R.id.stature);   //获取显示身高的文本框
TextView weight=(TextView)findViewById(R.id.weight);     //获取显示标准体重的文本框
Intent intent=getIntent();                                //获取 Intent 对象
Bundle bundle=intent.getExtras();                         //获取传递的数据包
Info info=(Info)bundle.getSerializable("info");           //获取一个可序列化的 info 对象
sex.setText("您是一位"+info.getSex()+"士");              //获取性别并显示到相应文本框中
stature.setText("您的身高是"+info.getStature()+"厘米");  //获取身高并显示到相应文本框中
//显示计算后的标准体重
weight.setText("您的标准体重是"+getWeight(info.getSex(),info.getStature())+"公斤");
```

（6）编写根据身高和性别计算标准体重的方法 getWeight()，该方法包括两个入口参数：身高和体重，返回值为字符串类型的标准体重。getWeight()方法的具体代码如下：

```
/**
 * 功能：计算标准体重
 * @param sex
 * @param stature
 * @return
 */
private String getWeight(String sex,float stature){
    String weight="";                                //保存体重
    NumberFormat format=new DecimalFormat();

    if(sex.equals("男")){                            //计算男士标准体重
        weight=format.format((stature-80)*0.7);
    }else{                                           //计算女士标准体重
        weight=format.format((stature-70)*0.6);
    }
    return weight;
}
```

（7）在 AndroidManifest.xml 文件中配置 ResultActivity，配置的主要属性有 Activity 使用的标签、图标和实现类，具体代码如下：

```
<activity
    android:label="显示结果"
    android:icon="@drawable/ic_launcher"
```

```
        android:name=".ResultActivity">
</activity>
```

运行本实例，将显示一个输入计算标准体重条件的界面，选择性别并输入身高后，如图 5.10 所示，单击"确定"按钮，将显示如图 5.11 所示的计算结果界面。

图 5.10　输入性别和身高界面

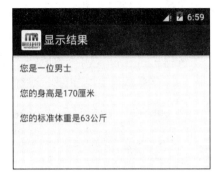

图 5.11　显示计算结果界面

5.3.4　范例 2：带选择头像的用户注册页面

例 5.6　在 Eclipse 中创建 Android 项目，名称为 5.6，实现带选择头像的用户注册页面，打开新的 Activity 选择头像，并将选择的头像返回到原 Activity 中。（**实例位置：光盘\TM\sl\5\5.6**）

（1）修改新建项目的 res\layout 目录下的布局文件 main.xml，将默认添加的相对布局管理器修改为水平线性布局管理器，并将默认添加的 TextView 组件删除，然后添加两个垂直线性布局管理器，并在第一个线性布局管理器中添加一个 4 行的表格布局管理器，在第二个线性布局管理器中添加一个 ImageView 组件和一个 Button 组件，最后在表格布局管理器的各行中添加用于输入用户名、密码和 E-mail 地址等的 TextView 组件和 EditText 组件。由于此处的布局代码比较简单，这里不再给出，具体代码可以参见光盘。

（2）打开默认创建的主活动 MainActivity，在 onCreate()方法中，获取"选择头像"按钮，并为其添加单击事件监听器，在重写的 onClick()方法中，创建一个要启动的 Activity 对应的 Intent 对象，并应用 startActivityForResult()方法启动指定的 Activity 并等待返回结果。具体代码如下：

```
Button button=(Button)findViewById(R.id.button1);                    //获取"选择头像"按钮
button.setOnClickListener(new OnClickListener() {
    @Override
    public void onClick(View v) {
        Intent intent=new Intent(MainActivity.this,HeadActivity.class);
        startActivityForResult(intent, 0x11);                        //启动指定的 Activity
    }
});
```

（3）在 res\layout 目录中，创建一个名为 head.xml 的布局文件，在该布局文件中采用垂直线性布局管理器，并且添加一个 GridView 组件，用于显示可选择的头像列表。关键代码如下：

```xml
<GridView android:id="@+id/gridView1"
    android:layout_height="match_parent"
    android:layout_width="match_parent"
    android:layout_marginTop="10dp"
    android:horizontalSpacing="3dp"
    android:verticalSpacing="3dp"
    android:numColumns="4"
/>
```

（4）在 com.mingrisoft 包中，创建一个继承 Activity 类的 HeadActivity，并且重写 onCreate()方法。然后定义一个保存要显示头像 id 的一维数组。关键代码如下：

```java
public int[] imageId = new int[] { R.drawable.img01, R.drawable.img02,
        R.drawable.img03, R.drawable.img04, R.drawable.img05,
        R.drawable.img06, R.drawable.img07, R.drawable.img08,
        R.drawable.img09
};                                    //定义并初始化保存头像 id 的数组
```

（5）在重写的 onCreate()方法中，首先设置该 Activity 使用布局文件 head.xml 中定义的布局，然后获取 GridView 组件，并创建一个与之关联的 BaseAdapter 适配器。关键代码如下：

```java
setContentView(R.layout.head);                                        //设置该 Activity 使用的布局
GridView gridview = (GridView) findViewById(R.id.gridView1);          //获取 GridView 组件
BaseAdapter adapter=new BaseAdapter() {
    @Override
    public View getView(int position, View convertView, ViewGroup parent) {
        ImageView imageview;                                          //声明 ImageView 的对象
        if(convertView==null){
            imageview=new ImageView(HeadActivity.this);              //实例化 ImageView 的对象
            /*************设置图像的宽度和高度******************/
            imageview.setAdjustViewBounds(true);
            imageview.setMaxWidth(158);
            imageview.setMaxHeight(150);
            /***************************************************/
            imageview.setPadding(5, 5, 5, 5);                         //设置 ImageView 的内边距
        }else{
            imageview=(ImageView)convertView;
        }
        imageview.setImageResource(imageId[position]);               //为 ImageView 设置要显示的图片
        return imageview;                                            //返回 ImageView
    }
    /*
     * 功能：获得当前选项的 id
     */
    @Override
    public long getItemId(int position) {
        return position;
    }
    /*
     * 功能：获得当前选项
```

```
    */
    @Override
    public Object getItem(int position) {
        return position;
    }
    /*
     * 获得数量
     */
    @Override
    public int getCount() {
        return imageId.length;
    }
};
gridview.setAdapter(adapter);                                        //将适配器与 GridView 关联
```

（6）为 GridView 添加 OnItemClickListener 事件监听器，在重写的 onItemClick()方法中，首先获取 Intent 对象，然后创建一个要传递的数据包，并将选中的头像 id 保存到该数据包中，再将要传递的数据包保存到 intent 中，并设置返回的结果码及返回的 Activity，最后关闭当前 Activity。关键代码如下：

```
gridview.setOnItemClickListener(new OnItemClickListener() {
    @Override
    public void onItemClick(AdapterView<?> parent, View view, int position,long id) {
        Intent intent=getIntent();                              //获取 Intent 对象
        Bundle bundle=new Bundle();                            //实例化传递的数据包
        bundle.putInt("imageId",imageId[position] );           //显示选中的图片
        intent.putExtras(bundle);                              //将数据包保存到 intent 中
        setResult(0x11,intent);           //设置返回的结果码，并返回调用该 Activity 的 Activity
        finish();                                             //关闭当前 Activity
    }
});
```

（7）重新打开 MainActivity，在该类中，重写 onActivityResult()方法，在该方法中，需要判断 requestCode 请求码和 resultCode 结果码是否与预先设置的相同，如果相同，则获取传递的数据包，并从该数据包中获取选择的头像 id 并显示。具体代码如下：

```
@Override
protected void onActivityResult(int requestCode, int resultCode, Intent data) {
    super.onActivityResult(requestCode, resultCode, data);
    if(requestCode==0x11 && resultCode==0x11){                 //判断是否为待处理的结果
        Bundle bundle=data.getExtras();                       //获取传递的数据包
        int imageId=bundle.getInt("imageId");                 //获取选择的头像 id
        //获取布局文件中添加的 ImageView 组件
        ImageView iv=(ImageView)findViewById(R.id.imageView1);
        iv.setImageResource(imageId);                         //显示选择的头像
    }
}
```

（8）在 AndroidManifest.xml 文件中配置 HeadActivity，配置的主要属性有 Activity 使用的标签、图

标和实现类。具体代码如下：

```
<activity
    android:label="选择头像"
    android:icon="@drawable/ic_launcher"
    android:name=".HeadActivity">
</activity>
```

运行本实例，将显示一个填写用户注册信息的界面，输入用户名、密码、确认密码和 E-mail 地址后，单击"选择头像"按钮，将打开如图 5.12 所示的选择头像界面，单击想要的头像，将返回到填写用户注册信息界面，如图 5.13 所示。

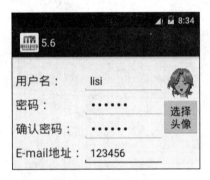

图 5.12　选择头像界面　　　　　　　　　图 5.13　填写用户注册信息界面

5.4　使用 Fragment

📀 **教学录像：光盘\TM\lx\5\使用 Fragment.exe**

Fragment 是 Android 3.0 新增的概念，其中文意思是碎片，它与 Activity 十分相似，用来在一个 Activity 中描述一些行为或一部分用户界面。使用多个 Fragment 可以在一个单独的 Activity 中建立多个 UI 面板，也可以在多个 Activity 中重用 Fragment。

一个 Fragment 必须被嵌入到一个 Activity 中，它的生命周期直接受其所属的宿主 Activity 的生命周期影响。例如，当 Activity 被暂停时，其中的所有 Fragment 也被暂停；当 Activity 被销毁时，所有隶属于它的 Fragment 也将被销毁。然而，当一个 Activity 处于 resumed 状态（正在运行）时，可以单独地对每一个 Fragment 进行操作，如添加或删除等。

5.4.1　创建 Fragment

要创建一个 Fragment，必须创建一个 Fragment 的子类，或者继承自另一个已经存在的 Fragment 的子类。例如，要创建一个名称为 NewsFragment 的 Fragment，并重写 onCreateView()方法，可以使用下面的代码：

```
public class NewsFragment extends Fragment {
    @Override
    public View onCreateView(LayoutInflater inflater, ViewGroup container,
            Bundle savedInstanceState) {
        //从布局文件 news.xml 加载一个布局文件
        View v = inflater.inflate(R.layout.news, container, true);
        return v;
    }
}
```

说明　当系统首次调用 Fragment 时，如果想绘制一个 UI 界面，必须在 Fragment 中重写 onCreateView()方法返回一个 View；否则，如果 Fragment 没有 UI 界面，可以返回 null。

5.4.2　在 Activity 中添加 Fragment

向 Activity 中添加 Fragment，有两种方法：一种是直接在布局文件中添加，将 Fragment 作为 Activity 整个布局的一部分；另一种是当 Activity 运行时，将 Fragment 放入 Activity 布局中。下面分别进行介绍。

1.　直接在布局文件中添加 Fragment

若直接在布局文件中添加 Fragment，可以使用<fragment></fragment>标记实现。例如，要在一个布局文件中添加两个 Fragment，可以使用下面的代码：

```
<?xml version="1.0" encoding="utf-8"?>
<LinearLayout xmlns:android="http://schemas.android.com/apk/res/android"
    android:layout_width="fill_parent"
    android:layout_height="fill_parent"
    android:orientation="horizontal" >
<fragment android:name="com.mingrisoft.ListFragment"
        android:id="@+id/list"
        android:layout_weight="1"
        android:layout_width="0dp"
        android:layout_height="match_parent" />
 <fragment android:name="com.mingrisoft.DetailFragment"
        android:id="@+id/detail"
        android:layout_weight="2"
```

```
                    android:layout_marginLeft="20dp"
                    android:layout_width="0dp"
                    android:layout_height="match_parent" />
</LinearLayout>
```

说明

在<fragment></fragment>标记中，android:name 属性用于指定要添加的 Fragment。

2. 当 Activity 运行时添加 Fragment

当 Activity 运行时，也可以将 Fragment 添加到 Activity 的布局中，实现方法是获取一个 FragmentTransaction 的实例，然后使用 add()方法添加一个 Fragment，add()方法的第一个参数是 Fragment 要放入的 ViewGroup（由 Resource ID 指定），第二个参数是需要添加的 Fragment，最后为了使改变生效，还必须调用 commit()方法提交事务。例如，要在 Activity 运行时添加一个名称为 DetailFragment 的 Fragment，可以使用下面的代码：

```
DetailFragment details = new DetailFragment();            //实例化 DetailFragment 的对象
FragmentTransaction ft = getFragmentManager()
                        .beginTransaction();              //获得一个 FragmentTransaction 的实例
ft.add(android.R.id.content, details).commit();          //添加一个显示详细内容的 Fragment
ft.commit();                                             //提交事务
```

Fragment 比较强大的功能之一就是可以合并两个 Activity，从而让这两个 Activity 在一个屏幕上显示。如图 5.14 所示（参照 Android 官方文档），左边的两个图分别代表两个 Activity，右边的图表示包括两个 Fragment 的 Activity，其中第一个 Fragment 的内容是 Activity A，第二个 Fragment 的内容是 Activity B。

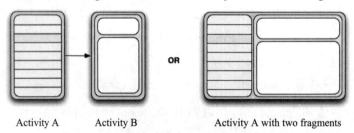

Activity A   Activity B   Activity A with two fragments

图 5.14　使用 Fragment 合并两个 Activity

下面通过一个具体的实例介绍如何使用 Fragment 合并两个 Activity，从而实现在一个屏幕上显示标题列表及选定标题对应的详细内容。

例 5.7　在 Eclipse 中创建 Android 项目，名称为 5.7，实现在一个屏幕上显示标题列表及选定标题对应的详细内容。（**实例位置：光盘\TM\sl\5\5.7**）

（1）创建布局文件。为了让该程序既支持横屏，又支持竖屏，所以需要创建两个布局文件，分别是在 res\layout 目录中创建的 main.xml 和在 res\layout-land 目录中创建的 main.xml。其中在 layout 目录中创建的 main.xml 是支持手机用的布局文件，在该文件中，只包括一个 Fragment；在 layout-land 目录中创建的是支持平板电脑用的布局文件，在该文件中，需要在水平线性布局管理器中添加一个 Fragment 和一个 FrameLayout。在 layout-land 目录中创建的 main.xml 的具体代码如下：

```xml
<?xml version="1.0" encoding="utf-8"?>
<LinearLayout xmlns:android="http://schemas.android.com/apk/res/android"
    android:orientation="horizontal"
    android:layout_width="match_parent"
    android:layout_height="match_parent">
    <fragment class="com.mingrisoft.ListFragment"
        android:id="@+id/titles"
        android:layout_weight="1"
        android:layout_width="0dp"
        android:layout_height="match_parent" />
    <FrameLayout android:id="@+id/detail"
        android:layout_weight="2"
        android:layout_width="0dp"
        android:layout_height="match_parent"
        android:background="?android:attr/detailsElementBackground" />
</LinearLayout>
```

说明

在上面的代码中，加粗的代码同在 layout 目录中添加的 main.xml 中的代码是完全一样的。

（2）创建一个名称为 Data 的 final 类，在该类中创建两个静态的字符串数组常量，分别用于保存标题和详细内容。Data 类的关键代码如下：

```java
public final class Data {
    //标题
    public static final String[] TITLES = {
            "线性布局",
            "表格布局",
            "帧布局",
            "相对布局"
    };
    //详细内容
    public static final String[] DETAIL = {
            "线性布局是将放入其中的组件按照垂直或水平方向来布局，也就是控制放入其中的组件横向排列或
纵向排列。" +
            "在线性布局中，每一行（针对垂直排列）或每一列（针对水平排列）中只能放一个组件。" +
            "并且 Android 的线性布局不会换行，当组件一个挨着一个排列到窗体的边缘后，剩下的组件将不会
被显示出来。",
            //此处省略了部分代码
    };
}
```

（3）创建一个继承自 ListFragment 的 ListFragment，用于显示一个标题列表，并且设置当选中其中的一个列表项时，显示对应的详细内容（如果为横屏，则创建一个 DetialFragment 的实例来显示，否则创建一个 Activity 来显示）。ListFragment 类的具体代码如下：

```java
public class ListFragment extends android.app.ListFragment {
    boolean dualPane;                                    //是否在一屏上同时显示列表和详细内容
```

```
int curCheckPosition = 0;                              //当前选择的索引位置
@Override
public void onActivityCreated(Bundle savedInstanceState) {
    super.onActivityCreated(savedInstanceState);
    setListAdapter(new ArrayAdapter<String>(getActivity(),
            android.R.layout.simple_list_item_checked, Data.TITLES));    //为列表设置适配器
    //获取布局文件中添加的 FrameLayout 帧布局管理器
    View detailFrame = getActivity().findViewById(R.id.detail);
    dualPane = detailFrame != null &&
        detailFrame.getVisibility() == View.VISIBLE;    //判断是否在一屏上同时显示列表和详细内容
    if (savedInstanceState != null) {
        curCheckPosition = savedInstanceState.getInt("curChoice", 0); //更新当前选择的索引位置
    }
    if (dualPane) {                                        //如果在一屏上同时显示列表和详细内容
        getListView().setChoiceMode(ListView.CHOICE_MODE_SINGLE);  //设置列表为单选模式
        showDetails(curCheckPosition);                     //显示详细内容
    }
}
//重写 onSaveInstanceState()方法，保存当前选中的列表项的索引值
@Override
public void onSaveInstanceState(Bundle outState) {
    super.onSaveInstanceState(outState);
    outState.putInt("curChoice", curCheckPosition);
}
//重写 onListItemClick()方法
@Override
public void onListItemClick(ListView l, View v, int position, long id) {
    showDetails(position);                                //调用 showDetails()方法显示详细内容
}
void showDetails(int index) {
    curCheckPosition = index;                              //更新保存当前索引位置的变量的值为当前选中值
    if (dualPane) {                                        //当在一屏上同时显示列表和详细内容时
        getListView().setItemChecked(index, true);        //设置选中列表项为选中状态
        DetailFragment details = (DetailFragment) getFragmentManager()
                .findFragmentById(R.id.detail);           //获取用于显示详细内容的 Fragment
        if (details == null || details.getShownIndex() != index) {
        //创建一个新的 DetailFragment 实例，用于显示当前选择项对应的详细内容
            details = DetailFragment.newInstance(index);
            //要在 activity 中管理 fragment, 需要使用 FragmentManager
            FragmentTransaction ft = getFragmentManager()
                    .beginTransaction();                  //获得一个 FragmentTransaction 的实例
            ft.replace(R.id.detail, details);             //替换原来显示的详细内容
            ft.setTransition(FragmentTransaction.TRANSIT_FRAGMENT_FADE);    //设置转换效果
            ft.commit();                                  //提交事务
        }
    } else {                                               //在一屏上只能显示列表或详细内容中的一个内容时
        //使用一个新的 Activity 显示详细内容
        Intent intent = new Intent(getActivity(),MainActivity.DetailActivity.class); //创建一个 Intent 对象
        intent.putExtra("index", index);                  //设置一个要传递的参数
```

```
                startActivity(intent);                        //开启一个指定的 Activity
        }
    }
}
```

（4）创建一个继承自 Fragment 的 DetailFragment，用于显示选中标题对应的详细内容。在该类中，首先创建一个 DetailFragment 的新实例，其中包括要传递的数据包，然后编写一个名称为 getShownIndex() 的方法，用于获取要显示的列表项的索引，最后再重写 onCreateView() 方法，设置要显示的内容。DetailFragment 类的具体代码如下：

```
public class DetailFragment extends Fragment {
    //创建一个 DetailFragment 的新实例，其中包括要传递的数据包
    public static DetailFragment newInstance(int index) {
        DetailFragment f = new DetailFragment();
        //将 index 作为一个参数传递
        Bundle bundle = new Bundle();                          //实例化一个 Bundle 对象
        bundle.putInt("index", index);                        //将索引值添加到 Bundle 对象中
        f.setArguments(bundle);                               //将 bundle 对象作为 Fragment 的参数保存
        return f;
    }
    public int getShownIndex() {
        return getArguments().getInt("index", 0);             //获取要显示的列表项索引
    }
    @Override
    public View onCreateView(LayoutInflater inflater, ViewGroup container,
            Bundle savedInstanceState) {
        if (container == null) {
            return null;
        }
        ScrollView scroller = new ScrollView(getActivity());  //创建一个滚动视图
        TextView text = new TextView(getActivity());          //创建一个文本框对象
        text.setPadding(10, 10, 10, 10);                      //设置内边距
        scroller.addView(text);                               //将文本框对象添加到滚动视图中
        text.setText(Data.DETAIL[getShownIndex()]);           //设置文本框中要显示的文本
        return scroller;
    }
}
```

（5）打开默认创建的 MainActivity，在该类中创建一个内部类，用于在手机界面中通过 Activity 显示详细内容，具体代码如下：

```
//创建一个继承 Activity 的内部类，用于在手机界面中通过 Activity 显示详细内容
public static class DetailActivity extends Activity {
    @Override
    protected void onCreate(Bundle savedInstanceState) {
        super.onCreate(savedInstanceState);
        //判断是否为横屏，如果为横屏，则结束当前 Activity，准备使用 Fragment 显示详细内容
        if (getResources().getConfiguration().orientation == Configuration.ORIENTATION_LANDSCAPE) {
            finish();                                         //结束当前 Activity
            return;
```

199

```
        }
        if (savedInstanceState == null) {
            //在初始化时插入一个显示详细内容的 Fragment
            DetailFragment details = new DetailFragment();        //实例化 DetailFragment 的对象
            details.setArguments(getIntent().getExtras());        //设置要传递的参数
            getFragmentManager().beginTransaction()
                    .add(android.R.id.content, details).commit(); //添加一个显示详细内容的 Fragment
        }
    }
}
```

（6）在 AndroidManifest.xml 文件中配置 DetailActivity，配置的主要属性有 Activity 使用的标签和实现类。具体代码如下：

```
<activity
    android:name=".MainActivity$DetailActivity"
    android:label="详细内容" />
```

说明 由于 DetailActivity 是在 MainActivity 中定义的内部类，所以在 AndroidManifest.xml 文件中配置时，指定的 android:name 属性应该是.MainActivity$DetailActivity，而不能直接写成.DetailActivity 或不进行配置。

运行本实例，在屏幕的左侧将显示一个标题列表，右侧将显示左侧选中标题对应的详细内容。例如，在左侧选中"表格布局"列表项，将显示如图 5.15 所示的运行结果。

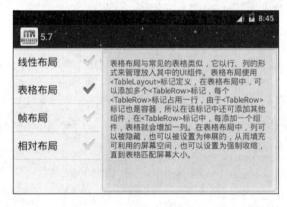

图 5.15　在一个屏幕上显示标题列表及选定标题对应的详细内容

5.5　经 典 范 例

5.5.1　仿 QQ 客户端登录界面

例 5.8　在 Eclipse 中创建 Android 项目，名称为 5.8，实现在第一个 Activity 中显示登录界面，输入正确的账号和密码后,启动另一个 Activity 显示当前登录用户的昵称。(**实例位置:光盘\TM\sl\5\5.8**)

(1)在 res\layout 目录下创建布局文件 login.xml,在该文件中应用表格布局完成用户登录界面,包括用于输入登录账号的编辑框和输入密码的编辑框。由于该布局文件的内容同第 3 章的例 3.6 类似,所以这里不再给出,具体代码请参见光盘。

(2)在 com.mingrisoft 包中创建一个 final 类,在该类中创建一个保存用户信息的常量数组,具体代码如下:

```java
public final class Data {
    //用户信息
    public static final String[][] USER = {
    {"1001","111","明日"},
    {"1002","111","mrsoft"},
    {"1003","111","wgh"}
    };
}
```

(3)在 com.mingrisoft 包中,创建一个继承 android.app.Activity 的 LoginActivity,并重写 onCreate()方法,在重写的 onCreate()方法中,首先获取"登录"按钮,并为其添加单击事件监听器,在重写的 onClick()方法中,获取输入的账号和密码,并判断账号和密码是否正确,如果正确,将对应的昵称保存到 Intent 中,并启动主界面 MainActivity,然后获取"退出"按钮,并为其添加单击事件监听器,在重写的 onClick()方法中,应用 finish()方法,关闭当前 Activity。关键代码如下:

```java
public class LoginActivity extends Activity {
    @Override
    protected void onCreate(Bundle savedInstanceState) {
        super.onCreate(savedInstanceState);
        setContentView(R.layout.login);                          //设置该 Activity 使用的布局
        Button button=(Button)findViewById(R.id.login);
        button.setOnClickListener(new OnClickListener() {
            @Override
            public void onClick(View v) {
                String number=((EditText)findViewById(R.id.editText1)).getText().toString();
                String pwd=((EditText)findViewById(R.id.editText2)).getText().toString();
                boolean flag=false;                              //用于记录登录是否成功的标记变量
                String nickname="";                              //保存昵称的变量
                //通过遍历数据的形式判断输入的账号和密码是否正确
                for(int i=0;i<Data.USER.length;i++){
                    if(number.equals(Data.USER[i][0])){          //判断账号是否正确
                        if(pwd.equals(Data.USER[i][1])){         //判断密码是否正确
                            nickname=Data.USER[i][2];            //获取昵称
                            flag=true;                           //将标志变量设置为 true
                            break;                               //跳出 for 循环
                        }
                    }
                }
                if(flag){
                    //创建要显示 Activity 对应的 Intent 对象
```

```
                    Intent intent=new Intent(LoginActivity.this,MainActivity.class);
                    Bundle bundle=new Bundle();                    //创建一个 Bundle 的对象 bundle
                    bundle.putString("nickname", nickname);        //保存昵称
                    intent.putExtras(bundle);                      //将数据包添加到 intent 对象中
                    startActivity(intent);                         //开启一个新的 Activity
                }else{
                    Toast.makeText(LoginActivity.this,
                        "您输入的账号或密码错误！", Toast.LENGTH_SHORT);
                }
            }
        });
        Button exit=(Button)findViewById(R.id.exit);
        exit.setOnClickListener(new OnClickListener() {
            @Override
            public void onClick(View v) {
                finish();                                          //关闭当前 Activity
            }
        });
    }
}
```

（4）打开默认创建的 main.xml 文件，将默认添加的相对布局管理器修改为垂直线性布局管理器，并且将默认添加的 TextView 组件删除，然后添加一个水平线性布局管理器和一个 ListView 组件，并且在线性布局管理器中添加一个 id 为 nickname 的 TextView 组件和一个 id 为 m_exit 的 Button 组件。关键代码如下：

```
<LinearLayout
    android:id="@+id/linearLayout2"
    android:orientation="horizontal"
    android:layout_width="match_parent"
    android:layout_height="wrap_content" >
    <TextView
        android:id="@+id/nickname"
        android:layout_width="wrap_content"
        android:layout_weight="9"
        android:textSize="24sp"
        android:padding="20dp"
        android:layout_height="wrap_content"
        android:text="TextView" />
    <Button
        android:id="@+id/m_exit"
        android:layout_weight="1"
        android:layout_width="wrap_content"
        android:layout_height="wrap_content"
        android:text="退出登录" />
</LinearLayout>
<ListView
    android:id="@+id/listView1"
    android:entries="@array/option"
    android:layout_width="match_parent"
```

```
    android:layout_height="wrap_content" >
</ListView>
```

> **说明**　在上面的代码中，加粗的代码用于通过数组资源为 ListView 组件设置要显示的列表项。所以还需要在 res\value 目录中创建一个定义数组资源的 XML 文件 arrays.xml，并在该文件中添加名称为 option 的字符串数组。关键代码如下：

```
<resources>
    <string-array name="option">
    <item>在线好友</item>
    <item>我的好友</item>
    <item>陌生人</item>
    <item>黑名单</item>
    </string-array>
</resources>
```

（5）打开默认添加的 MainActivity，在 onCreate()方法中，首先获取 Intent 对象以及传递的数据包，然后通过该数据包获取传递的昵称，再获取显示登录用户昵称的 TextView 组件，并通过该组件显示登录用户的昵称，最后获取“退出登录”按钮，并为其添加单击事件监听器，在重写的 onClick()方法中，关闭当前 Activity。关键代码如下：

```
Intent intent=getIntent();                              //获取 Intent 对象
Bundle bundle=intent.getExtras();                       //获取传递的数据包
String nickname=bundle.getString("nickname");           //获取传递过来的昵称
TextView tv=(TextView)findViewById(R.id.nickname);      //获取用于显示当前登录用户的 TextView 组件
tv.setText("当前登录: "+nickname);                      //显示当前登录用户的昵称
Button button=(Button)findViewById(R.id.m_exit);        //获取“退出登录”按钮
button.setOnClickListener(new OnClickListener() {
    @Override
    public void onClick(View v) {
        finish();                                       //关闭当前 Activity
    }
});
```

（6）打开 AndroidManifest.xml 文件，修改默认的配置代码。在该文件中，首先修改入口 Activity，这里修改为 LoginActivity，并为其设置 android:theme 属性，然后配置 MainActivity。修改后的关键代码如下：

```
<activity
    android:label="@string/app_name"
    android:theme="@android:style/Theme.Dialog"
    android:name=".LoginActivity" >
    <intent-filter >
        <action android:name="android.intent.action.MAIN" />
        <category android:name="android.intent.category.LAUNCHER" />
    </intent-filter>
</activity>
<activity
    android:name=".MainActivity"
     android:label="主界面" />
```

　　运行本实例，在屏幕上将显示一个登录对话框，输入账号和密码后，如图 5.16 所示，单击"登录"按钮，将判断输入的账号和密码是否正确，如果正确，将打开如图 5.17 所示的主界面，在该界面中，将显示当前登录用户的昵称和"退出登录"按钮，单击"退出登录"按钮，将返回到如图 5.16 所示的用户登录界面。

图 5.16　登录界面

图 5.17　显示昵称的主界面

5.5.2　带查看原图功能的图像浏览器

　　例 5.9　在 Eclipse 中创建 Android 项目，名称为 5.9，实现在第一个 Activity 中显示图片缩略图，单击任意图片时，启动另一个 Activity 显示该图片的原图。（实例位置：光盘\TM\sl\5\5.9）

　　（1）修改新建项目的 res\layout 目录下的布局文件 main.xml，将默认添加的相对布局管理器修改为垂直线性布局管理器，并且将默认添加的 TextView 组件删除，然后添加一个用于显示图片缩略图的 GridView，并设置该组件的顶上边距、水平间距、垂直间距和列数。关键代码如下：

```
<GridView android:id="@+id/gridView1"
    android:layout_height="match_parent"
    android:layout_width="match_parent"
    android:layout_marginTop="10dp"
    android:horizontalSpacing="3dp"
    android:verticalSpacing="3dp"
    android:numColumns="4"
/>
```

　　（2）在主活动 MainActivity 中，定义一个用于保存要显示图片 id 的数组（需要将要显示的图片复制到 res\drawable 文件夹中）。关键代码如下：

```
public int[] imageId = new int[] { R.drawable.img01, R.drawable.img02,
        R.drawable.img03, R.drawable.img04, R.drawable.img05,
        R.drawable.img06, R.drawable.img07, R.drawable.img08,
```

```
                R.drawable.img09, R.drawable.img10, R.drawable.img11,
                R.drawable.img12};                              //定义并初始化保存图片 id 的数组
```

（3）在主活动 MainActivity 的 onCreate()方法中，首先获取布局文件中添加的 GridView 组件，然后创建 BaseAdapter 类的对象，并重写其中的 getView()、getItemId()、getItem()和 getCount()方法，其中最主要的是重写 getView()方法来设置显示图片的格式，最后将该适配器与 GridView 关联，并且为了在用户单击某张图片时启动新的 Activity 显示图片的原图，还需要为 GridView 添加单击事件监听器，在重写的 onItemClick()方法中，将选择图片的 id 保存到 Bundle 中，并启动一个新的 Activity 显示对应的图片原图。关键代码如下：

```java
GridView gridview = (GridView) findViewById(R.id.gridView1);          //获取 GridView 组件
BaseAdapter adapter = new BaseAdapter() {
    @Override
    public View getView(int position, View convertView, ViewGroup parent) {
        ImageView imageview;                                         //声明 ImageView 的对象
        if (convertView == null) {
            imageview = new ImageView(MainActivity.this);            //实例化 ImageView 的对象
            /************* 设置图像的宽度和高度 ******************/
            imageview.setAdjustViewBounds(true);
            imageview.setMaxWidth(180);
            imageview.setMaxHeight(135);
            /*************************************************/
            imageview.setPadding(5, 5, 5, 5);                        //设置 ImageView 的内边距
        } else {
            imageview = (ImageView) convertView;
        }
        imageview.setImageResource(imageId[position]);              //为 ImageView 设置要显示的图片
        return imageview;                                           //返回 ImageView
    }
    /*
     * 功能：获得当前选项的 id
     */
    @Override
    public long getItemId(int position) {
        return position;
    }
    /*
     * 功能：获得当前选项
     */
    @Override
    public Object getItem(int position) {
        return position;
    }
    /*
     * 获得数量
     */
    @Override
    public int getCount() {
        return imageId.length;
```

```
            }
    };
    gridview.setAdapter(adapter);                                      //将适配器与 GridView 关联
    gridview.setOnItemClickListener(new OnItemClickListener() {
        @Override
        public void onItemClick(AdapterView<?> parent, View view, int position, long id) {
            Intent intent = new Intent(MainActivity.this, BigActivity.class);
            Bundle bundle = new Bundle();                              //创建并实例化一个 Bundle 对象
            bundle.putInt("imgId", imageId[position]);                 //保存图片 id
            intent.putExtras(bundle);                                  //将 Bundle 对象添加到 intent 对象中
            startActivity(intent);                                     //启动新的 Activity
        }
    });
```

说明 在上面的代码中，加粗的代码用于创建 Intent 对象，并将选择的图片 id 通过 Bundle 对象添加到该 Intent 对象中。

（4）在 res\layout 目录中，创建一个名为 big.xml 的布局文件，在该布局文件中采用垂直线性布局，并且添加一个用于显示图片原图的 ImageView 和返回按钮 Button。具体代码请参见光盘。

（5）在 com.mingrisoft 包中，创建一个继承 Activity 类的 BigActivity，并且重写 onCreate()方法。在重写的 onCreate()方法中，首先设置该 Activity 使用布局文件 big.xml 中定义的布局，然后获取 Intent 对象以及传递的数据包，再获取布局文件中添加的 ImageView 组件，并将传递过来的图片 id 作为该组件的图片源显示，最后获取"返回"按钮，并为其添加单击事件监听器，在重写的 onClick()方法中，应用 finish()方法关闭当前 Activity。关键代码如下：

```
public class BigActivity extends Activity {
    @Override
    protected void onCreate(Bundle savedInstanceState) {
        super.onCreate(savedInstanceState);
        setContentView(R.layout.big);                                  //设置使用的布局文件
        Intent intent=getIntent();                                     //获取 Intent 对象
        Bundle bundle=intent.getExtras();                              //获取传递过来的数据包
        int imgId=bundle.getInt("imgId");
        ImageView iv=(ImageView)findViewById(R.id.imageView1);
        iv.setImageResource(imgId);                                    //设置要显示的图片
        Button button=(Button)findViewById(R.id.button1);             //获取"返回"按钮
        button.setOnClickListener(new OnClickListener() {
            @Override
            public void onClick(View v) {
                finish();                                              //返回
            }
        });
    }
}
```

（6）在 AndroidManifest.xml 文件中配置用于显示大图片的 BigActivity，配置的主要属性有 Activity 使用的标签和实现类，具体代码如下：

```
<activity
    android:name=".BigActivity"
    android:label="原图" />
```

运行本实例，在屏幕上将显示如图 5.18 所示的图片缩略图，单击任意图片，可以显示该图片的原始图像。例如，单击第 2 行第 3 列的图片，将显示如图 5.19 所示的原图。

图 5.18　在第一个 Activity 上显示图片缩略图

图 5.19　在第二个 Activity 上显示图片原图

说明　在运行程序时，如果出现 "java.lang.OutOfMemoryError" 异常，那么您需要将 AVD 的内存修改得大一些，即将 1.2.7 节的图 1.58 中的 RAM 设置得大一些。

5.6　小　　结

本章主要介绍了 Android 应用的重要组成单元——Activity。首先介绍了如何创建、启动和关闭单一的 Activity，实际上，在应用 Eclipse 创建 Android 项目时，就已经默认创建并配置了一个 Activity，如果只需一个 Activity，直接使用即可。然后介绍了多个 Activity 的使用，主要包括如何在两个 Activity 之间交换数据和如何调用另一个 Activity 并返回结果。接着介绍了可以合并多个 Activity 的 Fragment，最后列举了两个实用的经典范例，来巩固前面所学的知识。

5.7　实践与练习

1. 编写 Android 程序，实现根据输入的生日判断星座。（答案位置：光盘\TM\sl\5\5.10）
2. 编写 Android 程序，实现带选择所在城市的用户注册。（答案位置：光盘\TM\sl\5\5.11）

第 6 章

Android 应用核心 Intent

(教学录像：39分钟)

一个 Android 程序由多个组件组成，各个组件之间使用 Intent 进行通信。Intent 对象中包含组件名称、动作、数据等内容。根据 Intent 中的内容，Android 系统可以启动需要的组件。

通过阅读本章，您可以：

▶▶ 掌握 Intent 对象

▶▶ 掌握 Intent 的使用

6.1　Intent 对象

📀 **教学录像：光盘\TM\lx\6\Intent 对象.exe**

即使一个最简单的 Android 应用程序，也是由多个核心组件构成的。如果用户需要从一个 Activity 切换到另一个，则必须使用 Intent 来激活。实际上，Activity、Service 和 Broadcast Receiver 这 3 种核心组件都需要使用 Intent 来进行激活。Intent 用于相同或者不同应用程序组件间的后期运行时绑定。

对于不同的组件，Android 系统提供了不同的 Intent 发送机制进行激活。

☑ Intent 对象可以传递给 Context.startActivity()或 Activity.startActivityForResult()方法来启动 Activity 或者让已经存在的 Activity 去做其他任务。Intent 对象也可以作为 Activity.setResult()方法的参数，将信息返回给调用 startActivityForResult()方法的 Activity。

☑ Intent 对象可以传递给 Context.startService()方法来初始化 Service 或者发送新指令到正在运行的 Service。类似地，Intent 对象可以传递 Context.bindService()方法来建立调用组件和目标 Service 之间的链接。它可以有选择地初始化没有运行的服务。

☑ Intent 对象可以传递给 Context.sendBroadcast()、Context.sendOrderedBroadcast()或 Context.send-StickyBroadcast()等广播方法，使其被发送给所有感兴趣的 BroadcastReceiver。

在各种情况下，Android 系统寻找最佳的 Activity、Service、BroadcastReceiver 来响应 Intent，并在必要时进行初始化。在这些消息系统中，并没有重叠。例如，传递给 startActivity()方法的 Intent 仅能发送给 Activity，而不会发送给 Service 或 BroadcastReceiver。

在 Intent 对象中，包含了接收该 Intent 的组件感兴趣的信息（如执行的操作和操作的数据）以及 Android 系统感兴趣的信息（如处理该 Intent 的组件的类别和任何启动目标 Activity 的说明）。原则上讲，Intent 包含组件名称、动作、数据、种类、额外和标记等内容，下面进行详细介绍。

6.1.1　组件名称

组件名称（Component Name）是指 Intent 目标组件的名称。它是一个 ComponentName 对象，由目标组件的完全限定类名（如 com.mingrisoft.TestActivity）和组件所在应用程序配置文件中设置的包名（如 com.mingrisoft）组合而成。组件名称的包名部分和配置文件中设置的包名不必匹配。

组件名称是可选的。如果设置，Intent 对象会被发送给指定类的实例；如果没有设置，Android 使用 Intent 对象中的其他信息决定合适的目标。

组件名称可以使用 setComponent()、setClass()或 setClassName()方法设置，使用 getComponent()方法读取。

6.1.2　动作

动作（Action）是一个字符串，用来表示将要执行的动作。在广播 Intent 中，Action 用来表示已经发生即将报告的动作。在 Intent 类中，定义了一系列动作常量，其目标组件包括 Activity 和 Broadcast

两类。下面分别进行介绍。

1．标准 Activity 动作

表 6.1 中列出了当前 Intent 类中定义的用于启动 Activity 的标准动作（通常使用 Context.startActivity()方法），其中，最常用的是 ACTION_MAIN 和 ACTION_EDIT。

表 6.1　标准 Activity 动作说明

常　量	说　明
ACTION_MAIN	作为初始的 Activity 启动，没有数据输入/输出
ACTION_VIEW	将数据显示给用户
ACTION_ATTACH_DATA	用于指示一些数据应该附属于其他地方
ACTION_EDIT	将数据显示给用户用于编辑
ACTION_PICK	从数据中选择一项，并返回该项
ACTION_CHOOSER	显示 Activity 选择器，允许用户在继续前按需选择
ACTION_GET_CONTENT	允许用户选择特定类型的数据并将其返回
ACTION_DIAL	使用提供的数字拨打电话
ACTION_CALL	使用提供的数据给某人拨打电话
ACTION_SEND	向某人发送消息，接收者未指定
ACTION_SENDTO	向某人发送消息，接收者已指定
ACTION_ANSWER	接听电话
ACTION_INSERT	在给定容器中插入空白项
ACTION_DELETE	从容器中删除给定数据
ACTION_RUN	无条件运行数据
ACTION_SYNC	执行数据同步
ACTION_PICK_ACTIVITY	挑选给定 Intent 的 Activity，返回选择的类
ACTION_SEARCH	执行查询
ACTION_WEB_SEARCH	执行联机查询
ACTION_FACTORY_TEST	工厂测试的主入口点

说明
关于表 6.1 内容的详细说明，请参考 API 文档中 Intent 类的说明。

注意　在使用表 6.1 中的动作时，需要将其转换为对应的字符串信息。例如，将 ACTION_MAIN 转换为 android.intent.action.MAIN。

2．标准广播动作

表 6.2 中列出了当前 Intent 类中定义的用于接收广播的标准动作（通常使用 Context.registerReceiver()方法或者配置文件中的<receiver>标签）。

表 6.2　标准广播动作说明

常　　量	说　　明
ACTION_TIME_TICK	每分钟通知一次当前时间改变
ACTION_TIME_CHANGEDm	通知时间被修改
ACTION_TIMEZONE_CHANGED	通知时区被修改
ACTION_BOOT_COMPLETED	在系统启动完成后发出一次通知
ACTION_PACKAGE_ADDED	通知新应用程序包已经安装到设备上
ACTION_PACKAGE_CHANGED	通知已经安装的应用程序包已经被修改
ACTION_PACKAGE_REMOVED	通知从设备中删除应用程序包
ACTION_PACKAGE_RESTARTED	通知用户重启应用程序包，其所有进程都被关闭
ACTION_PACKAGE_DATA_CLEARED	通知用户清空应用程序包中的数据
ACTION_UID_REMOVED	通知从系统中删除用户 ID 值
ACTION_BATTERY_CHANGED	包含充电状态、等级和其他电池信息的广播
ACTION_POWER_CONNECTED	通知设备已经连接外置电源
ACTION_POWER_DISCONNECTED	通知设备已经移除外置电源
ACTION_SHUTDOWN	通知设备已经关闭

说明

关于表 6.2 内容的详细说明，请参考 API 文档中 Intent 类的说明。

注意 在使用表 6.2 中的动作时，需要将其转换为对应的字符串信息。例如将 ACTION_TIME_TICK 转换为 android.intent.action.TIME_TICK。

除了预定义的动作，开发人员还可以自定义动作字符串来启动应用程序中的组件。这些自定义的字符串应该包含一个应用程序包名作为前缀，如 com.mingrisoft.SHOW_COLOR。

动作很大程度上决定了 Intent 其他部分的组成，特别是数据（Data）和额外（Extras）部分，就像方法名称决定了参数和返回值。因此，动作名称越具体越好，并且将它与 Intent 其他部分紧密联系。换句话说，开发人员应该为组件能处理的 Intent 对象定义完整的协议，而不是单独定义一个动作。

Intent 对象中的动作使用 setAction()方法设置，使用 getAction()方法读取。

6.1.3　数据

Data 表示操作数据的 URI 和 MIME 类型。不同动作与不同类型的数据规范匹配。例如，如果动作是 ACTION_EDIT，数据应该是包含用来编辑的文档的 URI；如果动作是 ACTION_CALL，数据应该是包含呼叫号码的 tel:URI。类似地，如果动作是 ACTION_VIEW 而且数据是 http:URI，接收的 Activity 用来下载和显示 URI 指向的数据。

在将 Intent 与处理它的数据的组件匹配时，除了数据的 URI，也有必要了解其 MIME 类型。例如，能够显示图片数据的组件不应用来播放音频文件。

在多种情况下，数据类型可以从 URI 中推断，尤其是 content:URI。它表示数据存在于设备上并由 ContentProvider 控制。但是，类型信息也可以显式地设置到 Intent 对象中。setData()方法仅能指定数据的 URI，setType()方法仅能指定数据的 MIME 类型，setDataAndType()方法可以同时设置 URI 和 MIME 类型。使用 getData()方法可以读取 URI，使用 getType()方法可以读取类型。

6.1.4 种类

种类（Category）是一个字符串，其中包含了应该处理当前 Intent 的组件类型的附加信息。在 Intent 对象中可以增加任意多个种类描述。与动作类似，在 Intent 类中也预定义了一些种类常量，其说明如表 6.3 所示。

表 6.3 标准种类说明

常 量	说 明
CATEGORY_DEFAULT	如果 Activity 应该作为执行数据的默认动作的选项，则进行设置
CATEGORY_BROWSABLE	如果 Activity 能够安全地从浏览器中调用，则进行设置
CATEGORY_TAB	如果需要作为 TabActivity 的选项卡，则进行设置
CATEGORY_ALTERNATIVE	如果 Activity 应该作为用户正在查看数据的备用动作，则进行设置
CATEGORY_SELECTED_ALTERNATIVE	如果 Activity 应该作为用户当前选择数据的备用动作，则进行设置
CATEGORY_LAUNCHER	如果应该在顶层启动器中显示，则进行设置
CATEGORY_INFO	如果需要提供其所在包的信息，则进行设置
CATEGORY_HOME	如果是 Home Activity，则进行设置
CATEGORY_PREFERENCE	如果 Activity 是一个偏好面板，则进行设置
CATEGORY_TEST	如果用于测试，则进行设置
CATEGORY_CAR_DOCK	如果设备插入到 car dock 时运行 Activity，则进行设置
CATEGORY_DESK_DOCK	如果设备插入到 desk dock 时运行 Activity，则进行设置
CATEGORY_LE_DESK_DOCK	如果设备插入到模拟 dock（低端）时运行 Activity，则进行设置
CATEGORY_HE_DESK_DOCK	如果设备插入到数字 dock（高端）时运行 Activity，则进行设置
CATEGORY_CAR_MODE	如果 Activity 可以用于汽车环境，则进行设置
CATEGORY_APP_MARKET	如果 Activity 允许用户浏览和下载新应用，则进行设置

 说明

关于表 6.3 内容的详细说明，请参考 API 文档中 Intent 类的说明。

注意 在使用表 6.3 中的种类时，需要将其转换为对应的字符串信息。例如将 CATEGORY_DEFAULT 转换为 android.intent.category.DEFAULT。

addCategory()方法将种类增加到 Intent 对象中，removeCategory()方法删除上次增加的种类，

getCategories()方法获得当前对象中包含的全部种类。

6.1.5　额外

额外（Extras）是一组键值时，其中包含了应该传递给处理 Intent 的组件的额外信息。就像一些动作与特定种类的数据 URI 匹配，而一些与特定额外匹配。例如，动作为 ACTION_TIMEZONE_CHANGED 的 Intent 用 time-zone 额外来表示新时区；动作为 ACTION_HEADSET_PLUG 的 Intent 用 state 额外来表示耳机是否被插入，以及用 name 额外来表示耳机的类型。如果开发人员自定义一个 SHOW_COLOR 动作，则应该包含额外来表示颜色值。

Intent 对象中包含了多个 putXXX()方法（如 putExtra()方法）用来插入不同类型的额外数据，也包含了多个 getXXX()方法（如 getDoubleExtra()方法）来读取数据。这些方法与 Bundle 对象有些类似。实际上，额外可以通过 putExtras()和 getExtras()方法来作为 Bundle 设置和读取。

6.1.6　标记

标记（Flags）表示不同来源的标记。多数用于指示 Android 系统如何启动 Activity（如 Activity 属于哪个 Task）以及启动后如何对待（如它是否属于近期的 Activity 列表）。所有标记都定义在 Intent 类中。

说明

> 所有标记都是整数类型。

6.1.7　范例 1：在 Activity 间使用 Intent 传递信息

例 6.1　在 Eclipse 中创建 Android 项目，名称为 6.1，在 Activity 中使用 Intent 来传递信息。（**实例位置：光盘\TM\sl\6\6.1**）

（1）修改新建项目的 res\layout 目录下的布局文件 firstactivity_layout.xml。在该布局文件中，将默认添加的相对布局管理器修改为垂直线性布局管理器，并且在该布局管理器中增加文本框、编辑框、按钮等控件，并修改其默认属性。修改完成后的布局代码如下：

```
<?xml version="1.0" encoding="utf-8"?>
<LinearLayout xmlns:android="http://schemas.android.com/apk/res/android"
    android:layout_width="match_parent"
    android:layout_height="match_parent"
    android:background="@drawable/background"
    android:orientation="vertical" >
    <TextView
        android:layout_width="fill_parent"
        android:layout_height="wrap_content"
```

```
                android:gravity="center"
                android:text="@string/title"
                android:textColor="@android:color/black"
                android:textSize="30sp" />
            <TextView
                android:layout_width="wrap_content"
                android:layout_height="wrap_content"
                android:text="@string/username"
                android:textColor="@android:color/black"
                android:textSize="20sp" />
            <EditText
                android:id="@+id/username"
                android:layout_width="match_parent"
                android:layout_height="wrap_content"
                android:textColor="@android:color/black" >
                <requestFocus />
            </EditText>
            <TextView
                android:layout_width="wrap_content"
                android:layout_height="wrap_content"
                android:text="@string/password"
                android:textColor="@android:color/black"
                android:textSize="20sp" />
            <EditText
                android:id="@+id/password"
                android:layout_width="match_parent"
                android:layout_height="wrap_content"
                android:inputType="textPassword"
                android:textColor="@android:color/black" />
            <Button
                android:id="@+id/ok"
                android:layout_width="wrap_content"
                android:layout_height="wrap_content"
                android:text="@string/ok"
                android:textColor="@android:color/black"
                android:textSize="20sp" />
</LinearLayout>
```

（2）在 res\layout 文件夹中创建布局文件 secondactivity_layout.xml。在该布局文件中，添加垂直线性布局管理器，并且在该布局管理器中增加文本框控件来显示用户输入的信息，并修改其默认属性。修改完成后的布局代码如下所示：

```
<?xml version="1.0" encoding="utf-8"?>
<LinearLayout xmlns:android="http://schemas.android.com/apk/res/android"
    android:layout_width="match_parent"
    android:layout_height="match_parent"
    android:background="@drawable/background"
    android:orientation="vertical" >
```

```
    <TextView
        android:id="@+id/usr"
        android:layout_width="wrap_content"
        android:layout_height="wrap_content"
        android:textColor="@android:color/black"
        android:textSize="20sp" />
    <TextView
        android:id="@+id/pwd"
        android:layout_width="wrap_content"
        android:layout_height="wrap_content"
        android:textColor="@android:color/black"
        android:textSize="20sp" />
</LinearLayout>
```

（3）编写 FirstActivity 类，用于从控件中接收用户输入的字符串并使用 Intent 进行传递，其代码如下：

```
public class FirstActivity extends Activity {
    @Override
    protected void onCreate(Bundle savedInstanceState) {
        super.onCreate(savedInstanceState);
        setContentView(R.layout.firstactivity_layout);                    //设置页面布局
        Button ok = (Button) findViewById(R.id.ok);                       //通过 id 值获得按钮对象
        ok.setOnClickListener(new View.OnClickListener() {                //为按钮增加单击事件监听器
            @Override
            public void onClick(View v) {
                EditText username = (EditText) findViewById(R.id.username); //获得输入用户名的控件
                EditText password = (EditText) findViewById(R.id.password); //获得输入密码的控件
                Intent intent = new Intent();                             //创建 Intent 对象
                //封装用户名信息
                intent.putExtra("com.mingrisoft.USERNAME", username.getText().toString());
                intent.putExtra("com.mingrisoft.PASSWORD", password.getText().toString());//封装密码信息
                intent.setClass(FirstActivity.this, SecondActivity.class); //指定传递对象
                startActivity(intent);                                    //将 Intent 传递给 Activity
            }
        });
    }
}
```

（4）编写 SecondActivity 类，用于从 Intent 中获得传递的信息并在文本框中显示，其代码如下：

```
public class SecondActivity extends Activity {
    @Override
    protected void onCreate(Bundle savedInstanceState) {
        super.onCreate(savedInstanceState);
        setContentView(R.layout.secondactivity_layout);                   //设置页面布局
        Intent intent = getIntent();//获得 Intent
        String username = intent.getStringExtra("com.mingrisoft.USERNAME"); //获得用户输入的用户名
        String password = intent.getStringExtra("com.mingrisoft.PASSWORD"); //获得用户输入的密码
        TextView usernameTV = (TextView) findViewById(R.id.usr);          //获得第二个 Activity 的文本框控件
```

```
TextView passwordTV = (TextView) findViewById(R.id.pwd);    //获得第二个 Activity 的文本框控件
usernameTV.setText("用户名：" + username);                    //设置文本框内容
passwordTV.setText("密    码：" + password);                   //设置文本框内容
    }
}
```

启动程序后，将显示如图 6.1 所示的数据输入界面。在"用户名"编辑框中输入"明日科技"，在"密码"编辑框中输入"123"，单击"提交"按钮将显示如图 6.2 所示的界面。

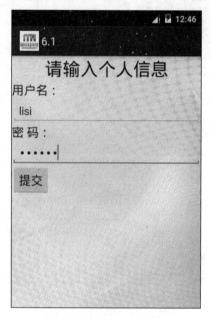

图 6.1　输入数据界面

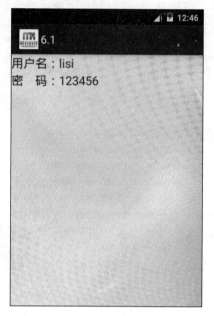

图 6.2　显示数据界面

6.1.8　范例 2：返回系统 Home 桌面

例 6.2　在 Eclipse 中创建 Android 项目，名称为 6.2，在 Activity 中使用 Intent 来返回 Home 桌面。（实例位置：光盘\TM\sl\6\6.2）

（1）修改新建项目的 res\layout 目录下的布局文件 main.xml。将默认添加的相对布局管理器修改为垂直线性布局管理器，并且在该布局管理器中添加一个按钮控件，修改其默认属性。修改完成后的布局代码如下：

```
<?xml version="1.0" encoding="utf-8"?>
<LinearLayout xmlns:android="http://schemas.android.com/apk/res/android"
    android:layout_width="match_parent"
    android:layout_height="match_parent"
    android:background="@drawable/background"
    android:orientation="vertical" >
    <Button
        android:id="@+id/home_button"
```

```
            android:layout_width="wrap_content"
            android:layout_height="wrap_content"
            android:text="@string/home"
            android:textColor="@android:color/black" />
</LinearLayout>
```

（2）编写 HomeActivity 类，获得布局文件中的按钮并为其增加单击事件监听器，为其设置 Intent，代码如下：

```
public class HomeActivity extends Activity {
    @Override
    protected void onCreate(Bundle savedInstanceState) {
        super.onCreate(savedInstanceState);
        setContentView(R.layout.main);                              //设置页面布局
        Button home = (Button) findViewById(R.id.home_button);      //通过 id 值获得按钮对象
        home.setOnClickListener(new View.OnClickListener() {        //为按钮增加单击事件监听器
            @Override
            public void onClick(View v) {
                Intent intent = new Intent();                       //创建 Intent 对象
                intent.setAction(Intent.ACTION_MAIN);               //设置 Intent 动作
                intent.addCategory(Intent.CATEGORY_HOME);           //设置 Intent 种类
                startActivity(intent);                              //将 Intent 传递给 Activity
            }
        });
    }
}
```

启动程序后，将显示如图 6.3 所示的界面。单击"返回 Home"按钮，将显示如图 6.4 所示的系统 Home 桌面。

图 6.3　应用主界面　　　　　　　　　　　　　图 6.4　系统 Home 桌面

217

6.2　Intent 使用

 教学录像：光盘\TM\lx\6\Intent 使用.exe

Intent 可以分为显式和隐式两类。

显式 Intent 通过组件名称来指定目标组件。由于其他应用程序的组件名称对于开发人员通常是未知的，显式 Intent 通常用于应用程序内部消息，例如 Activity 启动子 Service 或其他 Activity。

隐式 Intent 不指定组件名称，通常用于激活其他应用程序中的组件。

Android 发送显式 Intent 到指定目标类的实例。Intent 对象中，仅有组件名称对于发送给哪个组件影响至关重要。

对于隐式 Intent，则需要使用不同的策略。在缺乏指定目标时，Android 系统必须找到处理 Intent 的最佳组件——单个 Activity 或者 Service 来执行请求动作或者一组 BroadcastReceiver 来响应广播通知。它是通过比较 Intent 对象内容和 Intent 过滤器来实现的。Intent 过滤器是与组件关联的结构，它能潜在地接收 Intent。过滤器宣传组件的能力并划分可以处理的 Intent，它们打开可能接收宣传类型的隐式 Intent 的组件。如果组件没有任何 Intent 过滤器，但仅能接收显式 Intent；如果组件包含过滤器，则可以接收显式和隐式类型的 Intent。

在使用 Intent 过滤器测试 Intent 对象时，对象中仅有 3 个方面与其相关：

- ☑　动作。
- ☑　数据（包括 URI 和数据类型）。
- ☑　种类。

额外和标记在决定哪个组件可以接收 Intent 时并无作用。

6.2.1　Intent 过滤器

Activity、Service 和 BroadcastReceiver 能定义多个 Intent 过滤器来通知系统它们可以处理哪些隐式 Intent。每个过滤器描述组件的一种能力以及该组件可以接收的一组 Intent。实际上，过滤器接收需要类型的 Intent、拒绝不需要类型的 Intent 仅限于隐式 Intent。对于显式 Intent，无论内容如何，总可以发送给其目标，过滤器并不干预。

对于能够完成的工作及显示给用户的界面，组件都有独立的过滤器。

Intent 过滤器是 IntentFilter 类的实例。然而，由于 Android 系统在启动组件前必须了解组件的能力，Intent 过滤器通常不在 Java 代码中进行设置，而是使用<intent-filter>标签写在应用程序的配置文件（AndroidManifest.xml）中（唯一的例外是调用 Context.registerReceiver()方法动态注册 BroadcastReceiver 的过滤器，它们通常直接创建为 IntentFilter 对象）。

过滤器中包含的域与 Intent 对象中动作、数据和分类域相对应。过滤器对于隐式 Intent 在这 3 个方面分别进行测试。仅有通过全部测试时，Intent 对象才能发送给拥有过滤器的组件。由于组件可以包含多个过滤器，Intent 对象在一个过滤器上失败并不代表不能通过其他测试。下面对这些测试进行详细介绍。

1．动作测试

配置文件中的<intent-filter>标签将动作作为<action>子标签列出，例如：

```
<intent-filter . . . >
    <action android:name="com.example.project.SHOW_CURRENT" />
    <action android:name="com.example.project.SHOW_RECENT" />
    <action android:name="com.example.project.SHOW_PENDING" />
    . . .
</intent-filter>
```

如上所示，尽管 Intent 对象仅定义一个动作，在过滤器中却可以列出多个。列表不能为空，即过滤器中必须包含至少一个<action>标签，否则会阻塞所有 Intent。

为了通过该测试，Intent 对象中定义的动作必须与过滤器中列出的一个动作匹配。如果对象或者过滤器没有指定动作，结果如下：

☑　如果过滤器没有包含任何动作，即没有让对象匹配的东西，则任何对象都无法通过该测试。

☑　如果过滤器至少包含一个动作，则没有指定动作的对象自动通过该测试。

2．种类测试

配置文件中的<intent-filter>标签将分类作为<category>子标签列出，例如：

```
<intent-filter . . . >
    <category android:name="android.intent.category.DEFAULT" />
    <category android:name="android.intent.category.BROWSABLE" />
    . . .
</intent-filter>
```

为了让 Intent 通过种类测试，Intent 对象中每个种类都必须与过滤器中定义的种类匹配。在过滤器中可以增加额外的种类，但是不能删除任何 Intent 中的种类。

因此原则上讲，无论过滤器中如何定义，没有定义种类的 Intent 总是可以通过该项测试。然而，有一个例外。Android 默认所有通过 startActivity()方法传递的隐式 Intent 包含一个种类 android.intent. category.DEFAULT（CATEGORY_DEFAULT 常量）。因此，接收隐式 Intent 的 Activity 必须在过滤器中包含 android.intent.category.DEFAULT（包含 android.intent.action.MAIN 和 android.intent.category.LAUNCHER 设置的是一个例外。它们标示 Activity 作为新任务启动并且显示在启动屏幕上，包含 android.intent.category.DEFAULT 与否均可）。

3．数据测试

配置文件中的<intent-filter>标签将数据作为<data>子标签列出，例如：

```
<intent-filter . . . >
    <data android:mimeType="video/mpeg" android:scheme="http" . . . />
    <data android:mimeType="audio/mpeg" android:scheme="http" . . . />
```

```
    ...
</intent-filter>
```

每个<data>标签可以指定 URI 和数据类型（MIME 媒体类型）。URI 可以分成 scheme、host、port 和 path 几个独立的部分：

```
scheme://host:port/path
```

例如下面的 URI：

```
content://com.example.project:200/folder/subfolder/etc
```

其中，scheme 是 content；host 是 com.example.project；port 是 200；path 是 folder/subfolder/etc。host 和 port 一起组成了 URI 授权，如果 host 没有指定，则忽略 port。

这些属性都是可选的，但是相互之间并非完全独立。如果授权有效，则 scheme 必须指定。如果 path 有效，则 scheme 和授权必须指定。

当 Intent 对象中的 URI 与过滤器中的 URI 规范比较时，它仅与过滤器中实际提到的 URI 部分相比较。例如，如果过滤器仅指定了 scheme，所有具有该 scheme 的 URI 都能匹配该过滤器；如果过滤器指定了 scheme 和授权而没指定 path，则不管 path 如何，具有该 scheme 和授权的 URI 都能匹配；如果过滤器指定了 scheme、授权和 path，则具有相同 scheme、授权和 path 的 URI 能够匹配。然而，过滤器中的 path 可以包含通配符来允许部分匹配。

<data>标签中的 type 属性指定数据的 MIME 类型。在过滤器中，这比 URI 更常见。Internet 对象和过滤器都能使用"*"通配符来包含子类型，如"text/*"或者"audio/*"。

数据测试比较 Intent 对象和过滤器中的 URI 和数据类型，其规则如表 6.4 所示。

表 6.4 数据测试规则说明

编　号	Intent 对象		过　滤　器		通　过　条　件
	URI	数 据 类 型	URI	数 据 类 型	
1	未指定	未指定	未指定	未指定	无条件通过
2	指定	未指定	指定	未指定	两个 URI 匹配
3	未指定	指定	未指定	指定	两个数据类型匹配
4	指定	指定	指定	指定	URI 和数据类型匹配

说明 Intent 对象数据类型的未指定也包括不能从 URI 中推断数据类型。同理，指定也包括能从 URI 中推断数据类型。

注意 对于表 6.4 中的第 4 种情况，如果 Intent 对象中包含 content: 或 file: URI，过滤器中未指定 URI 也可以通过测试。换句话说，如果组件过滤器仅包含数据类型，则假设其支持 content:和 file: URI。

如果 Intent 对象可以通过多个 Activity 或者 Service 的过滤器，则用户需要选择执行的组件；如果没有任何匹配，则报告异常。

6.2.2　范例 1：使用包含预定义动作的隐式 Intent

例6.3　在 Eclipse 中创建 Android 项目，名称为 6.3，在 Activity 中使用包含预定义动作的隐式 Intent 启动另外一个 Activity。（**实例位置：光盘\TM\sl\6\6.3**）

（1）修改新建项目的 res\layout 目录下的布局文件 firstactivity_layout.xml。将默认添加的相对布局管理器修改为垂直线性布局管理器，并且在该布局管理器中添加一个按钮，并修改其默认属性，其代码如下：

```xml
<?xml version="1.0" encoding="utf-8"?>
<LinearLayout xmlns:android="http://schemas.android.com/apk/res/android"
    android:layout_width="fill_parent"
    android:layout_height="fill_parent"
    android:background="@drawable/background"
    android:orientation="vertical" >
    <Button
        android:id="@+id/button"
        android:layout_width="wrap_content"
        android:layout_height="wrap_content"
        android:text="@string/button"
        android:textColor="@android:color/black" />
</LinearLayout>
```

（2）在布局文件中添加文本框控件来显示字符串，并修改其默认属性。修改完成后的布局代码如下所示：

```xml
<?xml version="1.0" encoding="utf-8"?>
<LinearLayout xmlns:android="http://schemas.android.com/apk/res/android"
    android:layout_width="fill_parent"
    android:layout_height="fill_parent"
    android:background="@drawable/background"
    android:orientation="vertical" >
    <TextView
        android:id="@+id/textView"
        android:layout_width="wrap_content"
        android:layout_height="wrap_content"
        android:text="@string/text"
        android:textColor="@android:color/black"
        android:textSize="25sp" />
</LinearLayout>
```

（3）编写 FirstActivity 类，获得布局文件中的按钮控件并为其增加单击事件监听器。在监听器中传递包含动作的隐式 Intent，其代码如下：

```
public class FirstActivity extends Activity {
    @Override
    protected void onCreate(Bundle savedInstanceState) {
        super.onCreate(savedInstanceState);
        setContentView(R.layout.firstactivity_layout);              //设置页面布局
        Button button = (Button) findViewById(R.id.button);         //通过 id 值获得按钮对象
        button.setOnClickListener(new View.OnClickListener() {      //为按钮增加单击事件监听器
            public void onClick(View v) {
                Intent intent = new Intent();                       //创建 Intent 对象
                intent.setAction(Intent.ACTION_VIEW);               //为 Intent 设置动作
                startActivity(intent);                              //将 Intent 传递给 Activity
            }
        });
    }
}
```

注意 在上面的代码中，并没有指定将 Intent 对象传递给哪个 Activity。

（4）编写 SecondActivity 类，仅为其设置布局文件，其代码如下：

```
public class SecondActivity extends Activity {
    @Override
    protected void onCreate(Bundle savedInstanceState) {
        super.onCreate(savedInstanceState);
        setContentView(R.layout.secondactivity_layout);             //设置页面布局
    }
}
```

（5）编写 AndroidManifest.xml 文件，为两个 Activity 设置不同的 Intent 过滤器，其代码如下：

```
<manifest xmlns:android="http://schemas.android.com/apk/res/android"
    package="com.mingrisoft"
    android:versionCode="1"
    android:versionName="1.0" >

    <uses-sdk
        android:minSdkVersion="14"
        android:targetSdkVersion="21" />
    <application
        android:icon="@drawable/ic_launcher"
        android:label="@string/app_name" >
        <activity android:name=".FirstActivity" >
            <intent-filter >
                <action android:name="android.intent.action.MAIN" />
                <category android:name="android.intent.category.LAUNCHER" />
```

```
            </intent-filter>
        </activity>
        <activity android:name=".SecondActivity" >
            <intent-filter >
                <action android:name="android.intent.action.VIEW" />
                <category android:name="android.intent.category.DEFAULT" />
            </intent-filter>
        </activity>
    </application>
</manifest>
```

（6）启动程序后，单击"转到下一个 Activity"按钮，显示如图 6.5 所示的界面。

（7）选择"6.3"跳转到第二个 Activity，界面如图 6.6 所示。

图 6.5　选择发送方式界面

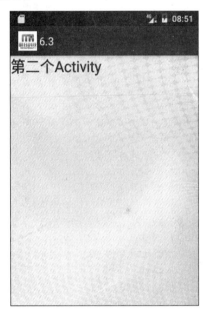

图 6.6　第二个 Activity 界面

 说明

　　由于有多种匹配 ACTION_VIEW 的方式，因此需要用户进行选择。

6.2.3　范例 2：使用包含自定义动作的隐式 Intent

　　在范例 1 中，讲述了使用系统中预定义的动作来定义 Intent。开发人员还可以根据需要自定义动作。本范例将在范例 1 的基础上进行修改，使用自定义动作来启动隐式 Intent。

　　例 6.4　在 Eclipse 中创建 Android 项目，名称为 6.4，在 Activity 中使用包含自定义动作的隐式 Intent 启动另外一个 Activity。（**实例位置：光盘\TM\sl\6\6.4**）

（1）在例 6.3 的基础上，将 FirstActivity 类的代码修改为如下内容：

```java
public class FirstActivity extends Activity {
    @Override
    protected void onCreate(Bundle savedInstanceState) {
        super.onCreate(savedInstanceState);
        setContentView(R.layout.firstactivity_layout);          //设置页面布局
        Button button = (Button) findViewById(R.id.button);     //通过 id 值获得按钮对象
        button.setOnClickListener(new View.OnClickListener() {  //为按钮增加单击事件监听器
            public void onClick(View v) {
                Intent intent = new Intent();                   //创建 Intent 对象
                intent.setAction("test_action");                //为 Intent 设置动作
                startActivity(intent);                          //将 Intent 传递给 Activity
            }
        });
    }
}
```

（2）将 AndroidManifest.xml 文件代码修改为如下内容：

```xml
<?xml version="1.0" encoding="utf-8"?>
<manifest xmlns:android="http://schemas.android.com/apk/res/android"
    package="com.mingrisoft"
    android:versionCode="1"
    android:versionName="1.0" >
    <uses-sdk
        android:minSdkVersion="14"
        android:targetSdkVersion="21" />
    <application
        android:icon="@drawable/ic_launcher"
        android:label="@string/app_name" >
        <activity android:name=".FirstActivity" >
            <intent-filter >
                <action android:name="android.intent.action.MAIN" />
                <category android:name="android.intent.category.LAUNCHER" />
            </intent-filter>
        </activity>
        <activity android:name=".SecondActivity" >
            <intent-filter >
                <action android:name="test_action" />
                <category android:name="android.intent.category.DEFAULT" />
            </intent-filter>
        </activity>
    </application>
</manifest>
```

（3）启动应用程序，如图 6.7 所示。单击"转到下一个 Activity"按钮，如图 6.8 所示。此时并没有让用户选择处理隐式 Intent 的组件，而是直接跳转到第二个 Activity。

图 6.7　第一个 Activity 界面

图 6.8　第二个 Activity 界面

6.3　经　典　范　例

6.3.1　使用 Intent 拨打电话

例 6.5　在 Eclipse 中创建 Android 项目，名称为 6.5，实现拨打电话功能。（**实例位置：光盘\TM\sl\6\6.5**）

（1）修改新建项目的 res\layout 目录下的布局文件 main.xml。在该布局文件中，将默认添加的相对布局管理器修改为垂直线性布局管理器，并且在该布局管理器中添加一个编辑框和一个按钮，并修改其默认属性，其代码如下：

```
<?xml version="1.0" encoding="utf-8"?>
<LinearLayout xmlns:android="http://schemas.android.com/apk/res/android"
    android:layout_width="fill_parent"
    android:layout_height="fill_parent"
    android:background="@drawable/background"
    android:orientation="vertical" >
<EditText
    android:id="@+id/editText"
    android:layout_width="match_parent"
    android:layout_height="wrap_content"
    android:inputType="phone"
    android:textColor="@android:color/black"
    android:textSize="25sp" >
    <requestFocus />
</EditText>
<Button
```

```
        android:id="@+id/button"
        android:layout_width="wrap_content"
        android:layout_height="wrap_content"
        android:text="@string/call"
        android:textColor="@android:color/black"
        android:textSize="25sp" />
</LinearLayout>
```

（2）编写 DialActivity，它从页面中获得用户输入的电话号码。通过为按钮增加单击事件监听器来完成拨号功能，其代码如下：

```
public class DialActivity extends Activity {
    private String number ;
    private EditText numberTV;
    @Override
    protected void onCreate(Bundle savedInstanceState) {
        super.onCreate(savedInstanceState);
        setContentView(R.layout.main);                          //设置页面布局
        numberTV = (EditText) findViewById(R.id.editText);      //通过 id 值获得编辑框对象
        Button dial = (Button) findViewById(R.id.button);       //通过 id 值获得按钮对象
        dial.setOnClickListener(new View.OnClickListener() {
            public void onClick(View v) {
                number = numberTV.getText().toString();         //获得用户输入的电话号码
                Intent intent = new Intent();                   //创建 Intent 对象
                intent.setAction(Intent.ACTION_CALL);           //为 Intent 设置动作
                intent.setData(Uri.parse("tel:" + number));     //为 Intent 设置数据
                startActivity(intent);                          //将 Intent 传递给 Activity
            }
        });
    }
}
```

（3）修改 AndroidManifest.xml 文件，增加拨打电话的权限，其代码如下：

```
<?xml version="1.0" encoding="utf-8"?>
<manifest xmlns:android="http://schemas.android.com/apk/res/android"
    package="com.mingrisoft"
    android:versionCode="1"
    android:versionName="1.0" >

    <uses-sdk
        android:minSdkVersion="14"
        android:targetSdkVersion="21" />
    <application
        android:icon="@drawable/ic_launcher"
        android:label="@string/app_name" >
        <activity android:name=".DialActivity" >
            <intent-filter >
                <action android:name="android.intent.action.MAIN" />
                <category android:name="android.intent.category.LAUNCHER" />
            </intent-filter>
        </activity>
```

```
        </application>
        <uses-permission android:name="android.permission.CALL_PHONE" />
</manifest>
```

（4）运行应用程序，效果如图 6.9 所示。在编辑框中输入需要拨打的电话，单击"拨打电话"按钮就可以完成拨号功能。

图 6.9　拨打电话界面

6.3.2　使用 Intent 打开网页

例 6.6　在 Eclipse 中创建 Android 项目，名称为 6.6，实现打开网页功能。（**实例位置：光盘\TM\sl\6\6.6**）

（1）修改新建项目的 res\layout 目录下的布局文件 main.xml。在该布局文件中，将默认添加的相对布局管理器修改为垂直线性布局管理器，并且在该布局管理器中添加一个按钮，并修改其默认属性，其代码如下：

```xml
<?xml version="1.0" encoding="utf-8"?>
<LinearLayout xmlns:android="http://schemas.android.com/apk/res/android"
    android:layout_width="fill_parent"
    android:layout_height="fill_parent"
    android:background="@drawable/background"
    android:orientation="vertical" >
    <Button
        android:id="@+id/button"
        android:layout_width="wrap_content"
        android:layout_height="wrap_content"
        android:text="@string/open"
        android:textColor="@android:color/black"
        android:textSize="25sp" />
</LinearLayout>
```

（2）编写 WebActivity，它通过为按钮增加单击事件监听器来完成打开网页功能，其代码如下：

```
public class WebActivity extends Activity {
    @Override
    protected void onCreate(Bundle savedInstanceState) {
        super.onCreate(savedInstanceState);
        setContentView(R.layout.main);                              //设置页面布局
        Button button = (Button) findViewById(R.id.button);        //通过 id 值获得按钮对象
        button.setOnClickListener(new View.OnClickListener() {
            public void onClick(View v) {
                Intent intent = new Intent();                       //创建 Intent 对象
                intent.setAction(Intent.ACTION_VIEW);               //为 Intent 设置动作
                intent.setData(Uri.parse("http://www.mingrisoft.com")); //为 Intent 设置数据
                startActivity(intent);                              //将 Intent 传递给 Activity
            }
        });
    }
}
```

（3）修改 AndroidManifest.xml 文件，增加要启动的 Activity。

（4）启动应用，其运行效果如图 6.10 所示。单击"打开网页"按钮，如果是初次使用 Chrome 浏览器，那么将显示欢迎使用 Chrome 页面，此时，单击"授权并继续"按钮，将显示登录 Chrome 页面，在该页面中，单击"不,谢谢"按钮，将进入如图 6.11 所示的明日学院主页。否则，将直接进入到明日学院。

图 6.10　打开网页界面

图 6.11　明日学院主页

6.4　小　　结

本章介绍的是 Intent 对象在 Android 中的作用。Intent 对象用于实现不同组件之间的连接。一个 Intent 对象包含组件名称、动作、数据、种类、额外和标记等内容。Android 系统可以根据开发人员在 Intent 中设置的内容选择合适的组件进行处理。在日常开发中，应该注意显式 Intent 和隐式 Intent 的应用场合。

6.5　实践与练习

1．编写 Android 程序，实现使用 Intent 播放视频（假设在手机 SD 卡中包含 mingrisoft.mp4 文件）的功能。（**答案位置：光盘\TM\sl\6\6.7**）

2．编写 Android 程序，实现使用 Intent 编辑通讯录信息（假设在通讯录中至少保存了一条记录）的功能。（**答案位置：光盘\TM\sl\6\6.8**）

第 **7** 章

Android 事件处理

（ 📹 教学录像：37分钟 ）

用户在使用手机、平板电脑时，总是通过各种操作来与软件进行交互，较常见的方式包括键盘操作、触摸操作和手势等。在 Android 中，这些操作都将转换为对应的事件进行处理，本章就对 Android 中事件处理进行介绍。

通过阅读本章，您可以：

▸▸ 了解事件处理的机制

▸▸ 掌握键盘事件处理

▸▸ 掌握触摸事件处理

▸▸ 掌握手势的创建与识别

7.1　事件处理概述

📀 **教学录像：光盘\TM\lx\7\事件处理概述.exe**

在前面的章节中，简单地介绍了 Android 中各种常用的控件，它们组成了应用程序界面。此外，还应当学习如何处理用户对这些控件的操作，如单击按钮等，这就是本章的核心内容。

现在的图形界面应用程序，都是通过事件来实现人机交互的。事件就是用户对图形界面的操作。在 Android 手机和平板电脑上，主要包括键盘事件和触摸事件两大类。键盘事件包括按下、弹起等，触摸事件包括按下、弹起、滑动、双击等。

在 Android 控件中，提供了事件处理的相关方法。例如在 View 类中，提供了 onTouchEvent() 方法来处理触摸事件。但是，仅有重写这个方法才能完成事件处理显然并不实用。这种方式主要适用于重写控件的场景。除了 onTouchEvent() 方法，还可以使用 setOnTouchListener() 方法为控件设置监听器来处理触摸事件，这在日常开发中更加常用。

7.2　处理键盘事件

📀 **教学录像：光盘\TM\lx\7\处理键盘事件.exe**

7.2.1　物理按键简介

对于一个标准的 Android 设备，包含了多个能够触发事件的物理按键，如图 7.1 所示。

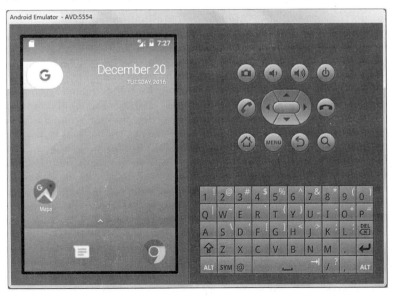

图 7.1　带有物理键盘的 Android 模拟器

说明

模拟器 Skin 使用内置的 HVGA。

各个可用的物理按键能够触发的事件及其说明如表 7.1 所示。

表 7.1　Android 设备可用物理按键及其触发事件

物 理 按 键	KeyEvent	说　　明
电源键	KEYCODE_POWER	启动或唤醒设备，将界面切换到锁定的屏幕
后退键	KEYCODE_BACK	返回到前一个界面
菜单键	KEYCODE_MENU	显示当前应用的可用菜单
Home 键	KEYCODE_HOME	返回到 Home 界面
查找键	KEYCODE_SEARCH	在当前应用中启动搜索
相机键	KEYCODE_CAMERA	启动相机
音量键	KEYCODE_VOLUME_UP KEYCODE_VOLUME_DOWN	控制当前上下文音量，如音乐播放器、手机铃声、通话音量等
方向键	KEYCODE_DPAD_CENTER KEYCODE_DPAD_UP KEYCODE_DPAD_DOWN KEYCODE_DPAD_LEFT KEYCODE_DPAD_RIGHT	某些设备中包含方向键，用于移动光标等

Android 中控件在处理物理按键事件时，提供的回调方法有 onKeyUp()、onKeyDown()和 onKeyLongPress()。

7.2.2　范例 1：屏蔽后退键

例 7.1　在 Eclipse 中创建 Android 项目，名称为 7.1，屏蔽物理键盘中的后退键。（**实例位置：光盘\TM\sl\7\7.1**）

编写 ForbiddenBackActivity，重写 onCreate()方法来加载布局文件，重写 onKeyDown()方法来拦截用户单击后退按钮事件，代码如下：

```
public class ForbiddenBackActivity extends Activity {
    @Override
    protected void onCreate(Bundle savedInstanceState) {
        super.onCreate(savedInstanceState);
        setContentView(R.layout.main);                       //设置页面布局
    }
    @Override
    public boolean onKeyDown(int keyCode, KeyEvent event) {
        if (keyCode == KeyEvent.KEYCODE_BACK) {
            return true;                                      //屏蔽后退键
        }
```

```
        return super.onKeyDown(keyCode, event);
    }
}
```

运行程序后，显示如图 7.2 所示的界面。单击后退键，可以看到应用程序并未退出。

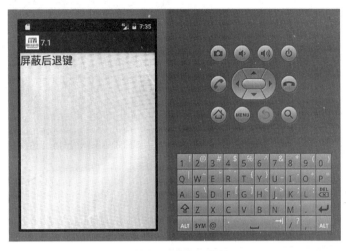

图 7.2　屏蔽物理按键

7.2.3　范例 2：提示音量增加事件

例 7.2　在 Eclipse 中创建 Android 项目，名称为 7.2，当用户单击增加音量键时显示提示信息。（实例位置：**光盘\TM\sl\7\7.2**）

编写 VolumeUpMessageActivity 类，它继承了 Activity 类。重写 onCreate()方法来加载布局文件，重写 onKeyDown()方法，当音量增加键被按下时显示提示信息，代码如下：

```
public class VolumeUpMessageActivity extends Activity {
    @Override
    protected void onCreate(Bundle savedInstanceState) {
        super.onCreate(savedInstanceState);
        setContentView(R.layout.main);                              //设置页面布局
    }
    @Override
    public boolean onKeyDown(int keyCode, KeyEvent event) {
        if (keyCode == KeyEvent.KEYCODE_VOLUME_UP) {
            Toast.makeText(this, "音量增加", Toast.LENGTH_LONG).show();   //提示音量增加
            return false;
        }
        return super.onKeyDown(keyCode, event);
    }
}
```

运行程序后，显示如图 7.3 所示的界面。单击音量增加键，屏幕下方显示音量增加信息。

图 7.3　显示音量增加信息

注意

当单击音量增加键时，onKeyDown()方法的返回值是 false，这并没有屏蔽该键的功能。

7.3　处理触摸事件

教学录像：光盘\TM\lx\7\处理触摸事件.exe

目前，主流的手机都以较大的屏幕取代了外置键盘，平板电脑也没有提供键盘，这些设备都需要通过触摸来操作。下面介绍一下 Android 中如何实现触摸事件的处理。

7.3.1　范例 1：按钮触摸事件

对于触摸屏上的按钮，可以使用 OnClickListener 和 OnLongClickListener 监听器分别处理用户短时间单击和长时间单击（按住按钮一段时间）事件。

例 7.3　在 Eclipse 中创建 Android 项目，名称为 7.3，当用户短时间单击按钮和长时间单击按钮时，显示不同的提示信息。（实例位置：光盘\TM\sl\7\7.3）

编写 TouchEventActivity 类，它继承了 Activity 类。重写 onCreate()方法来加载布局文件，使用 findViewById()方法获得布局文件中定义的按钮，并为其增加 OnClickListener 和 OnLongClickListener 事件监听器，代码如下：

```
public class TouchEventActivity extends Activity {
    /** Called when the activity is first created. */
    @Override
    public void onCreate(Bundle savedInstanceState) {
        super.onCreate(savedInstanceState);
        setContentView(R.layout.main);                    //设置页面布局
        Button button = (Button) findViewById(R.id.button);  //获得按钮控件
        button.setOnClickListener(new OnClickListener() {
```

```
        public void onClick(View v) {                          //处理用户短时间单击按钮事件
            Toast.makeText(TouchEventActivity.this, getText(R.string.short_click),
                                                Toast.LENGTH_SHORT).show();
        }
    });
    button.setOnLongClickListener(new OnLongClickListener() {
        public boolean onLongClick(View v) {                  //处理用户长时间单击按钮事件
            Toast.makeText(TouchEventActivity.this, getText(R.string.long_click),
                                                Toast.LENGTH_SHORT).show();

            return true;
        }
    });
    }
}
```

运行程序后，短时间单击按钮，显示如图 7.4 所示的提示信息。

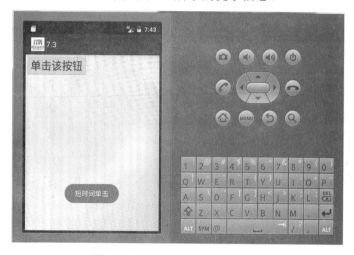

图 7.4　显示短时间单击按钮信息

长时间单击按钮，显示如图 7.5 所示的提示信息。

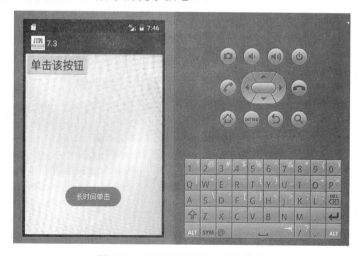

图 7.5　显示长时间单击按钮信息

View 类是其他 Android 控件的父类。在该类中，定义了 setOnTouchListener()方法用来为控件设置触摸事件监听器，下面演示该监听器的用法。

7.3.2　范例 2：检测触摸事件

例 7.4　在 Eclipse 中创建 Android 项目，名称为 7.4，当用户触摸屏幕时显示提示信息。（**实例位置：光盘\TM\sl\7\7.4**）

编写 ScreenTouchEventActivity 类，它继承了 Activity 类并实现了 OnTouchListener 接口。重写 onCreate()方法来定义线性布局管理器，并为其增加触摸事件监听器及设置背景图片，重写 onTouch()方法来处理触摸事件，显示提示信息，代码如下：

```
public class ScreenTouchEventActivity extends Activity implements OnTouchListener {
    @Override
    protected void onCreate(Bundle savedInstanceState) {
        super.onCreate(savedInstanceState);                  //调用父类构造方法
        LinearLayout layout = new LinearLayout(this);        //定义线性布局
        layout.setOnTouchListener(this);                     //设置触摸事件监听器
        layout.setBackgroundResource(R.drawable.background); //设置背景图片
        setContentView(layout);                              //使用布局
    }
    @Override
    public boolean onTouch(View v, MotionEvent event) {
        Toast.makeText(this, "发生触摸事件", Toast.LENGTH_LONG).show();
        return true;
    }
}
```

运行程序后，触摸屏幕，显示如图 7.6 所示的提示信息。

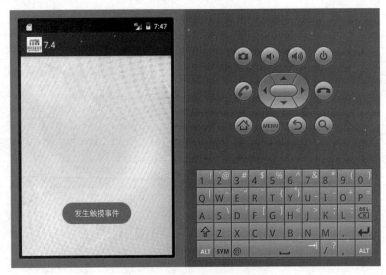

图 7.6　显示触摸事件信息

7.4　手势的创建与识别

教学录像：光盘\TM\lx\7\手势的创建与识别.exe

前面介绍的触摸事件比较简单，下面介绍一下如何在 Android 中创建和识别手势。目前有很多款手机都支持手写输入，其原理就是根据用户输入的内容，在预先定义的词库中查找最佳的匹配项供用户选择。在 Android 中，也需要先定义类似的词库。

7.4.1　手势的创建

下面请读者运行自己的模拟器，进入到应用程序界面，如图 7.7 所示。

在图 7.7 中，单击 Gestures Builder 应用，如图 7.8 所示。

图 7.7　应用程序界面

图 7.8　Gestures Builder 程序界面

在图 7.8 中，单击 Add gesture 增加手势，如图 7.9 所示。在 Name 栏中输入该手势所代表的字符，在 Name 栏下方画出对应的手势。单击 Done 按钮完成手势的增加。

类似地继续增加数字 1、2、3 所对应的手势，如图 7.10 所示。

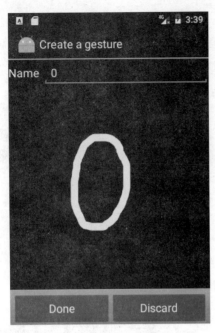

图 7.9　增加手势界面

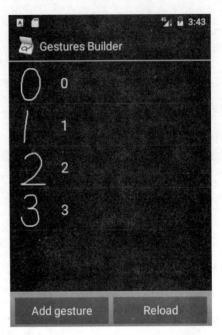

图 7.10　显示当前已经存在的手势

7.4.2　手势的导出

在创建完手势后，需要将保存手势的文件导出，以便在自己开发的应用程序中使用。在保存手势时，可以看到该手势文件保存在"/storage/emulated/0/"目录下，该目录实际就是内部存储 SD 卡的根目录。手势文件的默认名称为 gestures。在当前版本的 Android 中，已经不能直接在 DDMS 视图中直接导出文件了，需要在命令行窗口中实现。具体方法是，在命令行窗口中，输入 adb pull /sdcard/gestures，并按下〈Enter〉键，即可将保存在手机内部存储 SD 卡上的文件，下载到本地电脑（例如，图 7.11 中，该文件会保存在"C:\Users\Administrator"目录下。

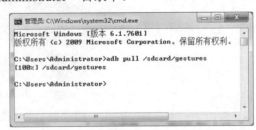

图 7.11　导出保存手势的文件

7.4.3　手势的识别

例 7.5　在 Eclipse 中创建 Android 项目，名称为 7.5，实现识别用户输入手势的功能。（**实例位置：光盘\TM\sl\7\7.5**）

（1）在 res 文件夹中创建子文件夹，名称为 raw。将前面导出的手势文件复制到该文件夹中。

（2）修改新建项目的 res\layout 目录下的布局文件 main.xml，将默认添加的相对布局管理器修改为垂直线性布局管理器，并且在该布局管理器中添加一个 GuestOverlayView 控件来接收用户的手势。修改完成后，main.xml 文件代码如下：

```xml
<?xml version="1.0" encoding="utf-8"?>
<LinearLayout xmlns:android="http://schemas.android.com/apk/res/android"
    android:layout_width="fill_parent"
    android:layout_height="fill_parent"
    android:background="@drawable/background"
    android:orientation="vertical" >
    <TextView
        android:layout_width="fill_parent"
        android:layout_height="wrap_content"
        android:gravity="center_horizontal"
        android:text="@string/title"
        android:textColor="@android:color/black"
        android:textSize="20dp" />
    <android.gesture.GestureOverlayView
        android:id="@+id/gestures"
        android:layout_width="fill_parent"
        android:layout_height="0dip"
        android:layout_weight="1.0" />
</LinearLayout>
```

（3）创建 GesturesRecognitionActivity 类，它继承了 Activity 类并实现了 OnGesturePerformedListener 接口。在 onCreate()方法中，加载 raw 文件夹中的手势文件，接着获得布局文件中定义的 GestureOverlayView 控件。在 onGesturePerformed()方法的实现中，获得得分最高的预测结果并提示，该类代码如下：

```java
public class GesturesRecognitionActivity extends Activity implements OnGesturePerformedListener {
    private GestureLibrary library;
    @Override
    public void onCreate(Bundle savedInstanceState) {
        super.onCreate(savedInstanceState);
        setContentView(R.layout.main);
        library = GestureLibraries.fromRawResource(this, R.raw.gestures);    //加载手势文件
        if (!library.load()) {                                              //如果加载失败则退出
            finish();
        }
        GestureOverlayView gesture = (GestureOverlayView) findViewById(R.id.gestures);
        gesture.addOnGesturePerformedListener(this);                        //增加事件监听器
    }
    @Override
    public void onGesturePerformed(GestureOverlayView overlay, Gesture gesture) {
        ArrayList<Prediction> gestures = library.recognize(gesture);        //获得全部预测结果
        int index = 0;                                                      //保存当前预测的索引号
        double score = 0.0;                                                 //保存当前预测的得分
        for (int i = 0; i < gestures.size(); i++) {                         //获得最佳匹配结果
```

```
            Prediction result = gestures.get(i);                    //获得一个预测结果
            if (result.score > score) {
                index = i;
                score = result.score;
            }
        }
        Toast.makeText(this, gestures.get(index).name, Toast.LENGTH_LONG).show();
    }
}
```

运行程序后，绘制手势，如图 7.12 所示。

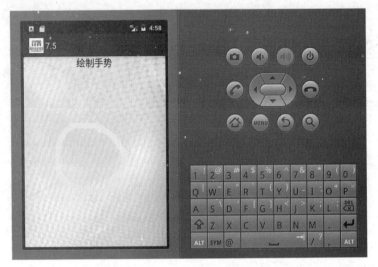

图 7.12　用户绘制的手势

在手势绘制完成后，显示提示信息，如图 7.13 所示。

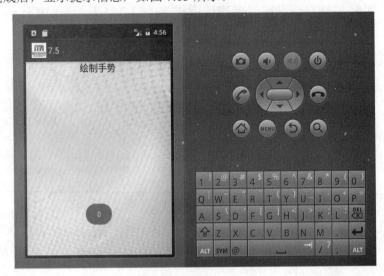

图 7.13　手势对应的信息

7.5　经 典 范 例

7.5.1　查看手势对应分值

　　例 7.6　在 Eclipse 中创建 Android 项目，名称为 7.6，实现显示用户绘制的手势所对应的分值。（**实例位置：光盘\TM\sl\7\7.6**）

　　（1）在 res 文件夹中创建子文件夹，名称为 raw，将自定义的手势文件复制到该文件夹中。

说明

　　这里使用的手势文件仅包含 0~9 十个数字，用户可以自己制作。

　　（2）修改新建项目的 res\layout 目录下的布局文件 main.xml 文件，将默认添加的相对布局管理器修改为垂直线性布局管理器，并且在该布局管理器中添加一个 GuestOverlayView 控件来接收用户的手势；添加一个标签显示结果。修改后的 main.xml 文件代码请参见光盘。

　　（3）创建 GesturesGuessActivity 类，它继承了 Activity 类并实现了 OnGesturePerformedListener 接口。在 onCreate()方法中，加载 raw 文件夹中的手势文件，接着获得布局文件中定义的 GestureOverlayView 控件。在 onGesturePerformed()方法的实现中，获得所有手势所对应的分值并进行显示，该类代码如下：

```java
public class GestureGuessActivity extends Activity implements OnGesturePerformedListener {
    private GestureLibrary library;
    private TextView resultTV;
    @Override
    public void onCreate(Bundle savedInstanceState) {
        super.onCreate(savedInstanceState);
        setContentView(R.layout.main);
        library = GestureLibraries.fromRawResource(this, R.raw.gestures);    //加载手势文件
        resultTV = (TextView) findViewById(R.id.prediction);
        if (!library.load()) {                                              //如果加载失败则退出
            finish();
        }
        GestureOverlayView gesture = (GestureOverlayView) findViewById(R.id.gestures);
        gesture.addOnGesturePerformedListener(this);                        //增加事件监听器
    }
    @Override
    public void onGesturePerformed(GestureOverlayView overlay, Gesture gesture) {
        ArrayList<Prediction> gestures = library.recognize(gesture);        //获得全部预测结果
        Collections.sort(gestures, new Comparator<Prediction>() {           //将预测结果进行排序
                @Override
                public int compare(Prediction lhs, Prediction rhs) {
                    return lhs.name.compareTo(rhs.name);                    //使用结果对应的字符串来排序
                }
```

```
        });
    StringBuilder results = new StringBuilder();                      //保存全部结果
    NumberFormat formatter = new DecimalFormat("#00.00");             //定义格式化样式
    for (int i = 0; i < gestures.size(); i++) {                       //遍历全部结果
        Prediction result = gestures.get(i);
        results.append(result.name + ": " + formatter.format(result.score) + "\n");
    }
    resultTV.setText(results);                                        //显示结果
    }
}
```

运行程序后，绘制手势，如图 7.14 所示。

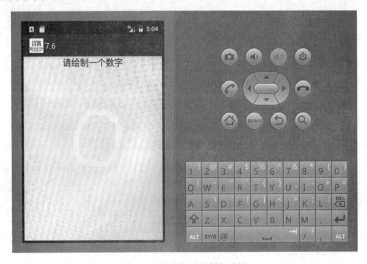

图 7.14　用户绘制的手势

在手势绘制完成后，显示得分信息，如图 7.15 所示。

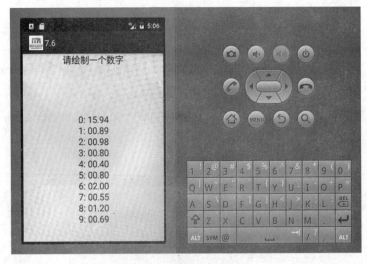

图 7.15　手势得到的分值

7.5.2　使用手势输入数字

例 7.7　在 Eclipse 中创建 Android 项目，名称为 7.7，利用用户绘制的手势在编辑框中输入数字。（**实例位置：光盘\TM\sl\7\7.7**）

（1）在 res 文件夹中创建子文件夹，名称为 raw。将自定义的手势文件复制到该文件夹中。

说明

这里使用的手势文件仅包含 0~9 十个数字，用户可以自己制作。

（2）修改新建项目的 res\layout 目录下的布局文件 main.xml 文件，将默认添加的相对布局管理器修改为垂直线性布局管理器，并在该布局管理器中添加一个编辑框显示结果；添加一个 GuestOverlayView 控件来接收用户的手势，修改后的 main.xml 文件代码请参见光盘。

（3）创建 NumberInputActivity 类，它继承了 Activity 类并实现了 OnGesturePerformedListener 接口。在 onCreate() 方法中，加载 raw 文件夹中的手势文件，接着获得布局文件中定义的 GestureOverlayView 控件。在 onGesturePerformed() 方法的实现中，获得最佳匹配进行显示，该类代码如下：

```java
public class NumberInputActivity extends Activity implements OnGesturePerformedListener {
    private GestureLibrary library;
    private EditText et;
    @Override
    public void onCreate(Bundle savedInstanceState) {
        super.onCreate(savedInstanceState);
        setContentView(R.layout.main);
        library = GestureLibraries.fromRawResource(this, R.raw.gestures);   //加载手势文件
        et = (EditText) findViewById(R.id.editText);
        if (!library.load()) {                                              //如果加载失败则退出
            finish();
        }
        GestureOverlayView gesture = (GestureOverlayView) findViewById(R.id.gestures);
        gesture.addOnGesturePerformedListener(this);                       //增加事件监听器
    }
    @Override
    public void onGesturePerformed(GestureOverlayView overlay, Gesture gesture) {
        ArrayList<Prediction> gestures = library.recognize(gesture);       //获得全部预测结果
        int index = 0;                                                     //保存当前预测的索引号
        double score = 0.0;                                                //保存当前预测的得分
        for (int i = 0; i < gestures.size(); i++) {                        //获得最佳匹配结果
            Prediction result = gestures.get(i);                           //获得一个预测结果
            if (result.score > score) {
                index = i;
                score = result.score;
```

```
        }
    }
    String text = et.getText().toString();        //获得编辑框中已经包含的文本
    text += gestures.get(index).name;             //获得最佳匹配
    et.setText(text);                             //更新编辑框
    }
}
```

运行程序后，绘制手势，如图 7.16 所示。

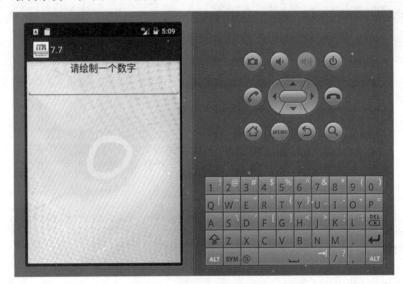

图 7.16 用户绘制的手势

在手势绘制完成后，显示最佳匹配信息，如图 7.17 所示。

图 7.17 手势对应的字符

244

7.6　小　　结

本章重点介绍了 Android 中常见的事件处理方式，通过与前面介绍的常用控件结合，就可以实现 Android 应用程序的外部框架。本章介绍的内容几乎在各个应用程序中都会使用，请读者务必熟练掌握。

7.7　实践与练习

1. 编写 Android 程序，显示用户触摸持续的时间。（**答案位置：光盘\TM\sl\7\7.8**）
2. 编写 Android 程序，显示用户触摸的位置。（**答案位置：光盘\TM\sl\7\7.9**）

第 8 章

资源访问

(📹 教学录像：2 小时 56 分钟)

Android 中的资源是指可以在代码中使用的外部文件，这些文件作为应用程序的一部分，被编译到应用程序中。在 Android 中，各种资源都被保存到 Android 应用的 res 目录下对应的子目录中，这些资源既可以在 Java 文件中使用，也可以在其他 XML 资源中使用。本章将对 Android 中的资源进行详细介绍。

通过阅读本章，您可以：

▶▶ 掌握字符串资源、颜色资源和尺寸资源文件的定义及使用

▶▶ 掌握布局资源

▶▶ 掌握数组资源文件的定义及使用

▶▶ 掌握图片资源和 StateListDrawable 资源的使用

▶▶ 掌握样式和主题资源的使用

▶▶ 掌握如何通过菜单资源定义上下文菜单和选项菜单

▶▶ 掌握如何对 Android 程序进行国际化

8.1 字符串资源

📀 **教学录像：光盘\TM\lx\8\字符串（string）资源.exe**

在 Android 中，当需要使用大量的字符串（String）作为提示信息时，可以将这些字符串声明在配置文件中，从而实现程序的可配置性。下面对字符串资源进行详细介绍。

8.1.1 定义字符串资源文件

字符串资源文件位于 res\values 目录下，根元素是<resources></resources>标记，在该元素中，使用<string></string>标记定义各字符串。其中，通过为<string></string>标记设置 name 属性来指定字符串的名称，在起始标记<string>和结束标记</string>中间添加字符串的内容。例如，在 Android 项目中，创建一个名称为 strings.xml 的字符串资源文件，在该文件中定义一个名称为 introduce 的字符串，内容是公司简介，strings.xml 的具体代码如下：

```
<resources>
    <string name="introduce">明日科技有限公司是一家以计算机软件为核心的高科技企业，
        多年来始终致力于行业管理软件开发、数字化出版物制作、
        计算机网络系统综合应用以及行业电子商务网站开发等领域。</string>
</resources>
```

✔️ **说明** 在 Android 中，资源文件的文件名不能采用大写字母，必须是以小写字母 a~z 开头，由小写字母 a~z、数字 0~9 或者下划线 "_" 组成。

8.1.2 使用字符串资源

在字符串资源文件中定义字符串资源后，就可以在 Java 或 XML 文件中使用该字符串资源了。在 Java 文件中使用字符串资源的语法格式如下：

[<package>.]R.string.字符串名

例如，在 MainActivity 中，要获取名称为 introduce 的字符串，可以使用下面的代码：

getResources().getString(**R.string.introduce**)

在 XML 文件中使用字符串资源的基本语法格式如下：

@[<package>:]string/字符串名

例如，在定义 TextView 组件时，通过字符串资源为其指定 android:text 属性的代码如下：

```
<TextView
    android:layout_width=" wrap_content"
    android:layout_height="wrap_content"
    android:text="@string/introduce" />
```

8.2 颜色资源

 教学录像：光盘\TM\lx\8\颜色（color）资源.exe

颜色（Color）资源也是进行 Android 应用开发时比较常用的资源，它通常用于设置文字、背景的颜色等。下面对颜色资源进行详细介绍。

8.2.1 颜色值的定义

在 Android 中，颜色值通过 RGB（红、绿、蓝）三原色和一个透明度（Alpha）值表示。它必须以"#"开头，后面接 Alpha-Red-Green-Blue 形式的内容。其中，Alpha 值可以省略，如果省略，表示颜色默认是完全不透明的。通常情况下，颜色值使用以下 4 种形式之一。

☑ #RGB：使用红、绿、蓝三原色的值来表示颜色，其中，红、绿和蓝采用 0~f 来表示。例如，要表示红色，可以使用#f00。

☑ #ARGB：使用透明度以及红、绿、蓝三原色来表示颜色，其中，透明度、红、绿和蓝均采用 0~f 来表示。例如，要表示半透明的红色，可以使用#6f00。

☑ #RRGGBB：使用红、绿、蓝三原色的值来表示颜色，与#RGB 不同的是，这里的红、绿和蓝使用 00~ff 来表示。例如，要表示蓝色，可以使用#0000ff。

☑ #AARRGGBB：使用透明度以及红、绿、蓝三原色来表示颜色，其中，透明度、红、绿和蓝均采用 00~ff 来表示。例如，要表示半透明的绿色，可以使用#6600ff00。

说明

在表示透明度时，0 表示完全透明，f 表示完全不透明。

8.2.2 定义颜色资源文件

颜色资源文件位于 res\values 目录下，根元素是<resources></resources>标记，在该元素中，使用<color></color>标记定义各颜色资源，其中，通过为<color></color>标记设置 name 属性来指定颜色资源的名称，在起始标记<color>和结束标记</color>中间添加颜色值。例如，在 Android 项目中，创建一个名称为 colors.xml 的颜色资源文件，在该文件中定义 4 个颜色资源，其中第 1 个名称为 title，颜色值采用#AARRGGBB 格式；第 2 个名称为 title1，颜色值采用#ARGB 格式，这两个资源都表示半透明的红色；第 3 个名称为 content，颜色值采用#RRGGBB 格式；第 4 个名称为 content1，颜色值采用#RGB

格式，这两个资源都表示完全不透明的红色。colors.xml 的具体代码如下：

```xml
<resources>
    <color name="title">#66ff0000</color>
    <color name="title1">#6f00</color>
    <color name="content">#ff0000</color>
    <color name="content1">#f00</color>
</resources>
```

8.2.3　使用颜色资源

在颜色资源文件中定义颜色资源后，就可以在 Java 或 XML 文件中使用该颜色资源了。在 Java 文件中使用颜色资源的语法格式如下：

```
[<package>.]R.color.颜色资源名
```

例如，在 MainActivity 中，通过颜色资源为 TextView 组件设置文字颜色，可以使用下面的代码：

```java
TextView tv=(TextView)findViewById(R.id.title);
tv.setTextColor(getResources().getColor(R.color.title1));
```

在 XML 文件中使用颜色资源的基本语法格式如下：

```
@[<package>:]color/颜色资源名
```

例如，在定义 TextView 组件时，通过颜色资源为其指定 android:textColor 属性，即设置组件内文字的颜色，代码如下：

```xml
<TextView
    android:layout_width=" wrap_content "
    android:layout_height="wrap_content"
    android:textColor="@color/title" />
```

8.3　尺 寸 资 源

教学录像：光盘\TM\lx\8\尺寸（dimen）资源.exe

尺寸（Dimen）资源也是进行 Android 应用开发时比较常用的资源，它通常用于设置文字的大小、组件的间距等。下面对尺寸资源进行详细介绍。

8.3.1　Android 支持的尺寸单位

在 Android 中，支持的常用尺寸单位如下。
- ☑　px（Pixels，像素）：每个 px 对应屏幕上的一个点。例如，320×480 的屏幕在横向有 320 个像素，在纵向有 480 个像素。

- ☑ in（Inches，英寸）：标准长度单位。每英寸等于 2.54 厘米。例如，形容手机屏幕大小，经常说 3.2（英）寸、3.5（英）寸、4（英）寸就是指这个单位。这些尺寸是屏幕对角线的长度。如果手机的屏幕是 4 英寸，表示手机的屏幕（可视区域）对角线长度是 4×2.54 = 10.16 厘米。
- ☑ pt（Points，磅）：屏幕物理长度单位，1 磅为 1/72 英寸。
- ☑ dip 或 db（设置独立像素）：一种基于屏幕密度的抽象单位。在每英寸 160 点的显示器上，1dip=1px。但随着屏幕密度的改变，dip 与 px 的换算也会发生改变。
- ☑ sp（比例像素）：主要处理字体的大小，可以根据用户字体大小首选项进行缩放。
- ☑ mm（Millimeters，毫米）：屏幕物理长度单位。

8.3.2 定义尺寸资源文件

尺寸资源文件位于 res\values 目录下，根元素是<resources></resources>标记，在该元素中，使用<dimen></dimen>标记定义各尺寸资源，其中，通过为<dimen></dimen>标记设置 name 属性来指定尺寸资源的名称，在起始标记<dimen>和结束标记</dimen>中间定义一个尺寸常量。例如，在 Android 项目中，创建一个名称为 dimens.xml 的尺寸资源文件，在该文件中定义两个尺寸资源，其中一个名称为 title，尺寸值是 24sp；另一个名称为 content，尺寸值是 14dp。dimens.xml 文件的具体代码如下：

```xml
<?xml version="1.0" encoding="utf-8"?>
<resources>
    <dimen name="title">24sp</dimen>
    <dimen name="content">14dp</dimen>
</resources>
```

8.3.3 使用尺寸资源

在尺寸资源文件中定义尺寸资源后，就可以在 Java 或 XML 文件中使用该尺寸资源了。在 Java 文件中使用尺寸资源的语法格式如下：

```
[<package>.]R.color.尺寸资源名
```

例如，在 MainActivity 中，通过尺寸资源为 TextView 组件设置文字大小，可以使用下面的代码：

```java
TextView tv=(TextView)findViewById(R.id.title);
tv.setTextSize(getResources().getDimension(R.dimen.title));
```

在 XML 文件中使用尺寸资源的基本语法格式如下：

```
@[<package>:]dimen/尺寸资源名
```

例如，在定义 TextView 组件时，通过尺寸资源为其指定 android:textSize 属性，即设置组件内文字的大小，代码如下：

```xml
<TextView
    android:layout_width=" wrap_content "
```

```
android:layout_height="wrap_content"
android:textSize="@dimen/content" />
```

8.3.4 范例 1：通过字符串、颜色和尺寸资源改变文字及样式

例 8.1 在 Eclipse 中创建 Android 项目，名称为 8.1，实现一个游戏的关于界面，并通过字符串资源、颜色资源和尺寸资源设置文字及其颜色和大小等。（**实例位置：光盘\TM\sl\8\8.1**）

（1）打开新建项目的 res\values 目录下的 strings.xml 文件，在该文件中将默认添加的名称为 hello 的字符串资源删除，然后分别定义名称为 title、company、url 和 introduce 的字符串资源，关键代码如下：

```
<string name="title">关于泡泡龙</string>
<string name="company">开发公司：吉林省明日科技有限公司</string>
<string name="url">公司网址：http://www.mingribook.com</string>
<string name="introduce">        泡泡龙游戏是一款十分流行
的益智游戏。它可以从下方中央的弹珠发射台射出彩珠，当有多于 3 个同色弹珠相连时，这些弹珠将会爆掉，否
则该弹珠被连接到指向的位置，直到泡泡下压越过下方的警戒线，游戏结束。</string>
```

（2）在 res\values 目录下，创建一个保存颜色资源的 colors.xml 文件，在该文件中，分别定义名称为 title、introduce、company 和 url 的颜色资源，关键代码如下：

```
<resources>
    <color name="title">#ff0</color>
    <color name="introduce">#7e8</color>
    <color name="company">#f70</color>
     <color name="url">#9f60</color>
</resources>
```

（3）在 res\values 目录下，创建一个保存尺寸资源的 dimen.xml 文件，在该文件中，分别定义名称为 title、padding、introduce 和 titlePadding 的尺寸资源，关键代码如下：

```
<resources>

    <dimen name="title">25sp</dimen>
    <dimen name="padding">6dp</dimen>
    <dimen name="introduce">20sp</dimen>
    <dimen name="titlePadding">20dp</dimen>
</resources>
```

（4）修改新建项目的 res\layout 目录下的布局文件 main.xml 文件，将默认添加的相对布局管理器修改为垂直线性布局管理器，并在该布局管理器中添加 4 个 TextView 组件，并使用前面 3 个步骤中创建的字符串、颜色和尺寸资源，关键代码如下：

```
<TextView
    android:text="@string/title"
    android:padding="@dimen/titlePadding"
    android:textSize="@dimen/title"
    android:textColor="@color/title"
    android:gravity="center"
```

```
        android:layout_width="match_parent"
        android:layout_height="wrap_content"
    />
    <TextView
        android:text="@string/introduce"
        android:textColor="@color/introduce"
        android:textSize="@dimen/introduce"
        android:layout_width="wrap_content"
        android:layout_height="wrap_content"
    />
    <TextView
        android:text="@string/company"
        android:gravity="center"
        android:textColor="@color/company"
        android:padding="@dimen/padding"
        android:layout_width="match_parent"
        android:layout_height="wrap_content"
    />
    <TextView
        android:text="@string/url"
        android:gravity="center"
        android:textColor="@color/url"
        android:paddingLeft="@dimen/padding"
        android:layout_width="match_parent"
        android:layout_height="wrap_content"
    />
```

说明 在上面的代码中，第 1 个组件设置要显示的文字为名称为 title 的字符串资源、内间距为名称为 titlePadding 的尺寸资源、文字大小为名称为 title 的尺寸资源、文字颜色为名称为 title 的颜色资源；第 2 个组件设置要显示的文字为名称为 introduce 的字符串资源、文字颜色为名称为 introduce 的颜色资源、文字大小为名称为 introduce 的尺寸资源；第 3 个组件设置为要显示的文字为 company 的字符串资源、文字颜色为名称为 company 的颜色资源、内边距为名称为 padding 的尺寸资源；第 4 个组件设置要显示的文字为名称为 url 的字符串资源、文字颜色为名称为 url 的颜色资源、左内边距为名称为 padding 的尺寸资源。

运行本实例，将显示如图 8.1 所示的运行结果。

8.3.5 范例 2：逐渐加宽的彩虹桥背景

例 8.2 在 Eclipse 中创建 Android 项目，名称为 8.2，实现逐渐加宽的彩虹桥背景。（实例位置：光盘\TM\sl\8\8.2）

（1）修改新建项目的 res\layout 目录下的布局文件 main.xml 文件，将默认添加的相对布局管理器修改为垂直线性布局管理器，并在该布局管理器中添加 7 个 TextView 组件，然后设置各组件的 android:id 属性依次为@+id/str1、@+id/str2、…、@+id/str7，再设置各组件的 android:text 属性值依次为赤、橙、黄、绿、青、蓝、紫，最后将各组件的 android:layout_width 属性设置为 match_parent。由于此处的布局代码比较简单，这里不再给出，具体代码请参见光盘。

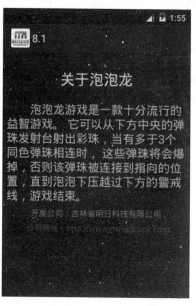

图 8.1 泡泡龙游戏的关于界面

（2）在 res\values 目录下，创建一个保存颜色资源的 colors.xml 文件，在该文件中，定义 8 个颜色资源，名称依次为 color1、color2、…、color8，颜色值分别为赤、橙、黄、绿、青、蓝、紫、黑所对应的颜色值。colors.xml 文件的关键代码如下：

```
<resources>
    <color name="color1">#f00</color>
    <color name="color2">#f60</color>
    <color name="color3">#ff0</color>
    <color name="color4">#0f0</color>
    <color name="color5">#0ff</color>
    <color name="color6">#00f</color>
    <color name="color7">#60f</color>
    <color name="color8">#000</color>
</resources>
```

（3）在 res\values 目录下，创建一个保存尺寸资源的 dimen.xml 文件，在该文件中，只定义一个名称为 basic 的尺寸资源，并设置尺寸常量为 24 像素。dimen.xml 文件的关键代码如下：

```
<resources>
    <dimen name="basic">24dp</dimen>
</resources>
```

（4）打开默认创建的 MainActivity，在 onCreate()方法中，首先创建一个由 TextView 组件的 id 组成的一维数组，然后定义一个由颜色资源组件组成的一维数组，最后通过一个 for 循环，分别为各 TextView 组件设置文字居中显示、背景颜色和组件高度，关键代码如下：

```
int[] tvID=new int[]{R.id.str1,R.id.str2,R.id.str3,
        R.id.str4,R.id.str5,R.id.str6,R.id.str7};                           //定义 TextView 组件的 id 数组
int[] tvColor=new int[]{R.color.color1,R.color.color2,R.color.color3,
        R.color.color4,R.color.color5,R.color.color6,R.color.color7};       //使用颜色资源
for(int i=0;i<7;i++){
    TextView tv=(TextView)findViewById(tvID[i]);                            //根据 id 获取 TextView 组件
    tv.setGravity(Gravity.CENTER);                                          //设置文字居中显示
    tv.setBackgroundColor(getResources().getColor(tvColor[i]));             //为 TextView 组件设置背景颜色
    tv.setHeight((int)(getResources().getDimension(R.dimen.basic))*(i+2)/2); //为 TextView 组件设置高度
}
```

运行本实例，将显示如图 8.2 所示的运行结果。

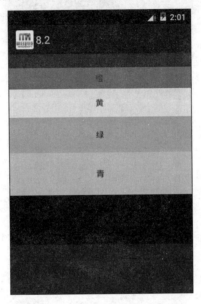

图 8.2　逐渐加宽的彩虹桥背景

8.4　布　局　资　源

教学录像：光盘\TM\lx\8\布局（Layout）资源.exe

布局（Layout）资源是 Android 中最常用的一种资源，在第一个 Android 应用开始，我们就已经在使用布局资源了，而且在 3.2 节中已经详细介绍了各种布局管理器的应用。因此，这里不再详细介绍布局管理器的知识，只对如何使用布局资源进行简单的归纳。

在 Android 中，将布局资源文件放置在 res\layout 目录下，布局资源文件的根元素通常是各种布局管理器，在该布局管理器中，通常是各种 View 组件或是嵌套的其他布局管理器。例如，在应用 Eclipse 创建一个 Android 应用时，默认创建的布局资源文件 main.xml 中，就是一个垂直的线性布局管理器，其中包含一个 TextView 组件。

布局文件创建完成后，可以在 Java 代码或是 XML 文件中使用。在 Java 代码中，可以通过下面的

语法格式访问布局文件：

[<package>.]R.layout.<文件名>

例如，在 MainActivity 的 onCreate()方法中，可以通过下面的代码指定该 Activity 应用的布局文件为 main.xml。

setContentView(R.layout.main);

在 XML 文件中，可以通过下面的语法格式访问布局资源文件：

@[<package>:]layout.文件名

例如，如果要在一个布局文件 main.xml 中包含另一个布局文件 image.xml，可以在 main.xml 文件中使用下面的代码：

<include layout="@layout/image" />

8.5　数 组 资 源

教学录像：光盘\TM\lx\8\数组（array）资源.exe

同 Java 一样，Android 中也允许使用数组（Array）。但是在 Android 中，不推荐在 Java 程序中定义数组，而是推荐使用数组资源文件来定义数组。下面对数组资源进行详细介绍。

8.5.1　定义数组资源文件

数组资源文件位于 res\values 目录下，根元素是<resources></resources>标记，在该元素中，包括以下 3 个子元素。

☑　<array>子元素：用于定义普通类型的数组。

☑　<integer-array>子元素：用于定义整数数组。

☑　<string-array>子元素：用于定义字符串数组。

无论使用上面 3 个子元素中的哪一个，都可以使用 name 属性定义数组名称，并且在起始标记和结束标记中间使用<item></item>标记定义数组中的元素。例如，要定义一个名称为 list Item.xml 的数组资源文件，并在该文件中添加一个名称为 listItem、包括 3 个数组元素的字符串数组，可以使用下面的代码：

```xml
<?xml version="1.0" encoding="utf-8"?>
<resources>
    <string-array name="listItem">
        <item>程序管理</item>
        <item>邮件设置</item>
        <item>保密设置</item>
    </string-array>
</resources>
```

8.5.2 使用数组资源

在数组资源文件中定义数组资源后，就可以在 Java 或 XML 文件中使用该数组资源了。在 Java 文件中使用数组资源的语法格式如下：

[<package>.]R.array.数组名

例如，在 MainActivity 中，要获取名称为 listItem 的字符串数组，可以使用下面的代码：

String[] arr=getResources().getStringArray(**R.array.listItem**);

在 XML 文件中使用数组资源的基本语法格式如下：

@[<package>:]array/数组名

例如，在定义 ListView 组件时，通过字符串数组资源为其指定 android:entries 属性的代码如下：

```
<ListView
    android:id="@+id/listView1"
    android:entries="@array/listItem"
    android:layout_width="match_parent"
    android:layout_height="wrap_content" >
</ListView>
```

8.6　Drawable 资源

教学录像：光盘\TM\lx\8\Drawable 资源.exe

Drawable 资源是 Android 应用中使用最广泛、灵活的资源。它不仅可以直接使用图片作为资源，而且可以使用多种 XML 文件作为资源，只要 XML 文件可以被系统编译成 Drawable 子类的对象，那么该 XML 文件就可以作为 Drawable 资源。

说明 Drawable 资源通常保存在 res\drawable 目录中，实际上是保存在 res\drawable-hdpi、res\drawable-ldpi、res\drawable-mdpi 目录下。其中，res\drawable-hdpi 保存的是高分辨率的图片；res\drawable-ldpi 保存的是低分辨率的图片；res\drawable-mdpi 保存的是中等分辨率的图片。

8.6.1 图片资源

在 Android 中，不仅可以将扩展名为.png、.jpg 和.gif 的普通图片作为图片资源，而且可以将扩展名为.9.png 的 9-Patch 图片作为图片资源。扩展名为.png、.jpg 和.gif 的普通图片较常见，它们通常是通过绘图软件完成的，下面对扩展名为.9.png 的 9-Patch 图片进行简要介绍。

9-Patch 图片是使用 Android SDK 中提供的工具 Draw 9-patch 生成的,该工具位于 Android SDK 安装目录下的 tools 目录中,双击 draw9patch.bat 即可打开该工具。使用该工具可以生成一个可以伸缩的标准 PNG 图像,Android 会自动调整大小来容纳显示的内容。通过 Draw 9-patch 生成扩展名为.9.png 的图片的具体步骤如下。

(1)打开 Draw 9-patch,选择工具栏中的 File/Open 9-patch 命令,如图 8.3 所示。

(2)在打开的"打开"对话框中,选择要生成 9-Patch 图片的原始图片,这里选择名称为 mrbiao.png 的图片。打开后的效果如图 8.4 所示。

图 8.3 启动 Draw 9-patch 工具

图 8.4 打开原始图片

> **说明** 在图片的四周多了一圈一个像素的可操作区域,在该可操作区域上单击,可以绘制一个像素的黑线,水平方向黑线与垂直方向黑线的交集为可缩放区域,在已经绘制的黑线上单击鼠标右键(或者按下 Shift 键后单击),可以清除已经绘制的内容。

(3)在打开的图片上定义如图 8.5 所示的可缩放区域和内容显示区域。

(4)选择菜单栏中的 File/Save 9-patch 命令,保存 9-Patch 图片,这里将其命名为 mrbiao.9.png。

(5)生成扩展名为.9.png 的图片后,就可以将其作为图片资源使用了。9-Patch 图片通常用作背景。与普通图片不同的是,使用 9-Patch 图片作为屏幕或按钮的背景时,当屏幕尺寸或者按钮大小改变时,图片可自动缩放,达到不失真效果。如图 8.6 所示就是在模拟器中使用 9-Patch 图片和普通 PNG 图像作为按钮背景时的效果。

在了解了可以作为图片资源的图像后,下面来介绍如何使用图片资源。在使用图片资源时,首先将准备好的图片放置在 res\drawable-xxx 目录中,然后就可以在 Java 或 XML 文件中访问该资源了。在 Java 代码中,可以通过下面的语法格式访问图片。

```
[<package>.]R.drawable.<文件名>
```

图 8.5　定义 9-Patch 图片

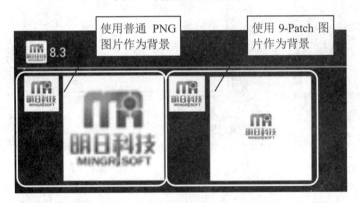

图 8.6　普通 PNG 图片与 9-Patch 图片的对比

 注意

Android 中不允许图片资源的文件名中出现大写字母，且不能以数字开头。

例如，在 MainActivity 中，通过图片资源为 ImageView 组件设置要显示的图片，可以使用下面的代码：

```
ImageView iv=(ImageView)findViewById(R.id.imageView1);
iv.setImageResource(R.drawable.head);
```

在 XML 文件中，可以通过下面的语法访问图片资源：

```
@[<package>:]drawable/文件名
```

例如，在定义 ImageView 组件时，通过图片资源为其指定 android:src 属性，也就是设置要显示的图片，具体代码如下：

```
<ImageView
    android:id="@+id/imageView1"
    android:layout_width="wrap_content"
    android:layout_height="wrap_content"
    android:src="@drawable/head" />
```

说明　在 Android 应用中，使用 9-Patch 图片时不需要加扩展名.9.png。例如，要在 XML 文件中使用一个名称为 mrbiao.9.png 的 9-Patch 图片，可以使用@drawable/mrbiao。

8.6.2　StateListDrawable 资源

StateListDrawable 资源是定义在 XML 文件中的 Drawable 对象，能根据状态来呈现不同的图像。例如，一个 Button 组件存在多种不同的状态（pressed、enabled 或 focused 等），使用 StateListDrawable 资源可以为按钮的每个状态提供不同的按钮图片。

StateListDrawable 资源文件同图片资源一样，也是放在 res\drawable-xxx 目录中。StateListDrawable 资源文件的根元素为<selector></selector>，在该元素中可以包括多个<item></item>元素。每个 Item 元素可以设置以下两个属性。

☑　android:color 或 android:drawable：用于指定颜色或 Drawable 资源。

☑　android:state_xxx：用于指定一个特定的状态，常用的状态属性如表 8.1 所示。

表 8.1　StateListDrawable 支持的常用状态属性

状 态 属 性	描　　述
android:state_active	表示是否处于激活状态，属性值为 true 或 false
android:state_checked	表示是否处于选中状态，属性值为 true 或 false
android:state_enabled	表示是否处于可用状态，属性值为 true 或 false
android:state_first	表示是否处于开始状态，属性值为 true 或 false
android:state_focused	表示是否处于获得焦点状态，属性值为 true 或 false
android:state_last	表示是否处于结束状态，属性值为 true 或 false
android:state_middle	表示是否处于中间状态，属性值为 true 或 false
android:state_pressed	表示是否处于被按下状态，属性值为 true 或 false
android:state_selected	表示是否处于被选择状态，属性值为 true 或 false
android:state_window_focused	表示窗口是否已经得到焦点状态，属性值为 true 或 false

例如，创建一个根据编辑框是否获得焦点来改变文本框内文字颜色的 StateListDrawable 资源，名称为 edittext_focused.xml，可以使用下面的代码：

```
<?xml version="1.0" encoding="utf-8"?>
<selector xmlns:android="http://schemas.android.com/apk/res/android" >
    <item android:color="#f60" android:state_focused="true"/>
    <item android:color="#0a0" android:state_focused="false"/>
</selector>
```

创建一个 StateListDrawable 资源后，可以将该文件放置在 res\drawable-xxx 目录下，然后在相应的组件中使用该资源即可。例如，要在编辑框中使用名称为 edittext_focused.xml 的 StateListDrawable 资源，可以使用下面的代码：

```
<EditText
    android:id="@+id/editText"
    android:layout_width="wrap_content"
    android:layout_height="wrap_content"
    android:textColor="@drawable/edittext_focused"
    android:text="请输入文字" />
```

8.6.3 范例 1：使用 9-Patch 图片实现不失真按钮背景

例 8.3 在 Eclipse 中创建 Android 项目，名称为 8.3，实现应用 9-Patch 图片作为按钮的背景，并让按钮背景随按下状态动态改变。（**实例位置：光盘\TM\sl\8\8.3**）

（1）打开 Draw 9-patch 工具，在该工具中，将已经准备好的 green1.png 和 red.png 图片制作成 9-Patch 图片。最终完成后的图片如图 8.7 所示。

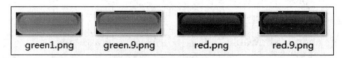

图 8.7 完成后的图片

（2）修改新建项目的 res\layout 目录下的布局文件 main.xml，将默认添加的相对布局管理器修改为垂直线性布局管理器，并且在垂直线性布局管理器中，将默认添加的 TextView 组件删除，然后添加 3 个 Button 组件，并为各按钮设置背景。其中第 1 个按钮的背景设置为普通 PNG 图片；第 2 个按钮的背景设置为 9-Patch 图片；第 3 个按钮的背景设置为 StateListDrawable 资源（用于让按钮的背景图片随按钮状态而动态改变）。关键代码如下：

```
<Button
    android:id="@+id/button1"
    android:background="@drawable/green1"
    android:layout_margin="5dp"
    android:layout_width="match_parent"
    android:layout_height="50dp"
    android:text="我是普通图片背景"/>
 <Button
    android:id="@+id/button2"
    android:background="@drawable/green"
    android:layout_margin="5dp"
    android:layout_width="300dp"
    android:layout_height="150dp"
    android:text="我是 9-Patch 图片背景（按钮宽度和高度固定）"
    />
<Button
    android:id="@+id/button3"
```

```
    android:background="@drawable/button_state"
    android:layout_margin="5dp"
    android:layout_width="match_parent"
    android:layout_height="wrap_content"
    android:text="我是 9-Patch 图片背景（单击会变色）"
    />
```

（3）在 res\drawable-mdpi 目录中，创建一个名称为 button_state.xml 的 StateListDrawable 资源文件，在该文件中，分别指定 android:state_pressed 属性为 true 时使用的背景图片和 android:state _pressed 属性为 false 时使用的背景图片，这两张图片均为 9-Patch 图片。button_state.xml 文件的具体代码如下：

```
<?xml version="1.0" encoding="utf-8"?>
<selector xmlns:android="http://schemas.android.com/apk/res/android" >
    <item android:drawable="@drawable/red" android:state_pressed="true"/>
    <item android:drawable="@drawable/green" android:state_pressed="false"/>
</selector>
```

运行本实例，将显示如图 8.8 所示的运行结果。其中，第一个按钮采用的是普通 PNG 图片，效果失真，而后面两个则采用 9-Patch 图片，效果没有失真。另外，在最后一个按钮上按下鼠标后，按钮的背景将变成红色，释放鼠标后，又变回绿色。

8.6.4 范例 2：控制按钮是否可用

例 8.4 在 Eclipse 中创建 Android 项目，名称为 8.4，实现当按钮为可用状态时，使用绿色背景；为不可用状态时，使用灰色背景。（**实例位置：光盘\TM\sl\8\8.4**）

（1）打开 Draw 9-patch 工具，制作如图 8.9 所示的 3 张 9-Patch 图片。

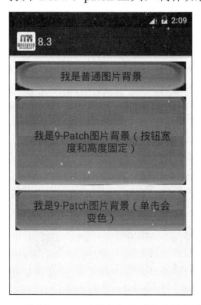

图 8.8 使用 9-Patch 图片实现不失真按钮背景

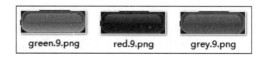

图 8.9 制作完成的 9-Patch 图片

（2）在 res\drawable-mdpi 目录中，创建一个名称为 button_state.xml 的 StateListDrawable 资源文件，在该文件中，分别指定 android:state_enabled 属性为 true 时使用的背景图片（green.9.png）和 android:state_enabled 属性为 false 时使用的背景图片（grey.9.png）。button_state.xml 文件的具体代码如下：

```xml
<?xml version="1.0" encoding="utf-8"?>
<selector xmlns:android="http://schemas.android.com/apk/res/android" >
    <item android:drawable="@drawable/green" android:state_enabled="true"/>
    <item android:drawable="@drawable/grey" android:state_enabled="false"/>
</selector>
```

（3）修改新建项目的 res\layout 目录下的布局文件 main.xml，将默认添加的相对布局管理器修改为垂直线性布局管理器，并且在该布局管理器中将默认添加的 TextView 组件删除，然后添加两个 Button 组件，并为各按钮设置背景，其中第一个按钮的背景设置为 StateListDrawable 资源（用于让按钮的背景图片随按钮状态而动态改变），第二个按钮的背景设置为 9-Patch 图片 red.9.png，关键代码如下：

```xml
<Button
    android:id="@+id/button1"
    android:background="@drawable/button_state"
    android:padding="15dp"
    android:layout_width="wrap_content"
    android:layout_height="wrap_content"
    android:text="我是可用按钮"
  />
<Button
    android:id="@+id/button2"
    android:layout_width="wrap_content"
    android:background="@drawable/red"
    android:layout_marginTop="5dp"
    android:padding="15dp"
    android:layout_height="wrap_content"
    android:text="单击我可以让上面的按钮变为可用" />
```

（4）打开 MainActivity，在 onCreate()方法中，首先获取第一个按钮，并为其添加单击事件监听器，在重写的 onClick()方法中，将该按钮设置为不可用，并改变按钮上的文字，然后获取第二个按钮，并为其添加单击事件监听器，在重写的 onClick()方法中，将第一个按钮设置为可用，并改变按钮上显示的文字。关键代码如下：

```java
final Button button1 = (Button) findViewById(R.id.button1);        //获取布局文件中添加的 button1
//为按钮添加单击事件监听器
button1.setOnClickListener(new OnClickListener() {
    @Override
    public void onClick(View v) {
        Button b = (Button) v;                                    //获取当前按钮
        b.setEnabled(false);                                      //让按钮变为不可用
        b.setText("我是不可用按钮");                              //改变按钮上显示的文字
        Toast.makeText(MainActivity.this, "按钮变为不可用", Toast.LENGTH_SHORT)
            .show();                                              //显示消息提示框
    }
```

```
});
Button button2 = (Button) findViewById(R.id.button2);          //获取布局文件中添加的 button2
//为按钮添加单击事件监听器
button2.setOnClickListener(new OnClickListener() {
    @Override
    public void onClick(View v) {
        button1.setEnabled(true);                              //让 button1 变为可用
        button1.setText("我是可用按钮");                        //改变按钮上显示的文字
    }
});
```

运行本实例，将显示如图 8.10 所示的运行结果。单击"我是可用按钮"按钮，该按钮将变为不可用按钮，如图 8.11 所示。当第一个按钮变为不可用按钮后，单击"单击我可以让上面的按钮变为可用"按钮，可以让已经变为不可用的按钮再次变为可用按钮。

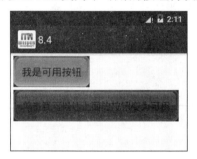

图 8.10　显示可用按钮

图 8.11　显示不可用按钮

8.7　样式和主题资源

📀 **教学录像：光盘\TM\lx\8\样式（style）和主题（theme）资源.exe**

在 Android 中，提供了用于对 Android 应用进行美化的样式（Style）和主题（Theme）资源，使用这些资源可以开发出各种风格的 Android 应用。下面对 Android 中提供的样式资源和主题资源进行详细介绍。

8.7.1　样式资源

样式资源主要用于对组件的显示样式进行控制，如改变文本框显示文字的大小和颜色等。样式资源文件放置在 res\values 目录中，其根元素是<resources></resources>标记，在该元素中，使用<style></style>标记定义样式，其中，通过为<style></style>标记设置 name 属性来指定样式的名称；在起始标记<style>和结束标记</style>中间添加<item></item>标记来定义格式项，在一个<style></style>标记中，可以包括多个<item></item>标记。例如，在 Android 项目中，创建一个名称为 styles.xml 的样式资源文件，在该文件中定义一个名称为 title 的样式，在该样式中，定义两个样式，一个是设置文字大小的样式，另一个是设置文字颜色的样式，styles.xml 的具体代码如下：

```
<resources>
    <style name="title">
        <item name="android:textSize">30sp</item>
        <item name="android:textColor">#f60</item>
    </style>
</resources>
```

在 Android 中，还支持继承样式的功能，只需要在<style></style>标记中使用 parent 属性进行设置即可。例如，定义一个名称为 basic 的样式，然后定义一个名称为 title 的样式，并让该样式继承 basic 样式，关键代码如下：

```
<resources>
    <style name="basic">
        <item name="android:textSize">30sp</item>
        <item name="android:textColor">#f60</item>
    </style>
    <style name="title" parent="basic">
        <item name="android:padding">10dp</item>
        <item name="android:gravity">center</item>
    </style>
</resources>
```

说明 当一个样式继承另一个样式后，如果在该子样式中，出现了与父样式相同的属性，将使用子样式中定义的属性值。

在样式资源文件中定义样式资源后，就可以在 XML 文件中使用该样式资源了，其基本语法格式如下：

`@[<package>:]style/样式资源名`

例如，在定义 TextView 组件时，使用名称为 title 的样式资源为其定义样式，可以使用下面的代码：

```
<TextView
    android:id="@+id/textView1"
    style="@style/title"
    android:layout_width="match_parent"
    android:layout_height="wrap_content"
    android:text="改变了屏幕的背景" />
```

8.7.2　主题资源

主题资源与样式资源类似，定义主题资源的资源文件也是保存在 res\values 目录中，其根元素同样是<resource></resource>标记，在该标记中，也是使用<style></style>标记定义主题。所不同的是，主题资源不能作用于单个的 View 组件，而是对所有（或单个）Activity 起作用。通常情况下，主题中定义的格式都是为改变窗口外观而设置的。例如，要定义一个用于改变所有窗口背景的主题，可以使用下面的代码：

```
<resources>
    <style name="bg">
        <item name="android:background">@drawable/background_a
</item>
    </style>
</resources>
```

主题资源定义完成后，就可以使用该主题了。在 Android 中，提供了以下两种使用主题资源的方法。

☑ 在 AndroidManifest.xml 文件中使用主题资源

在 AndroidManifest.xml 文件中使用主题资源比较简单，只需要使用 android:theme 属性指定要使用的主题资源即可。例如，要使用名称为 bg 的主题资源，可以使用下面的代码：

```
android:theme="@style/bg"
```

android:theme 属性是 AndroidManifest.xml 文件中<application></application>标记和<activity></activity>标记的共有属性，如果要使用的主题资源作用于项目中的全部 Activity 上，可以使用<application></application>标记的 android:theme 属性，也就是为<application></application>标记添加 android:theme 属性，关键代码如下：

```
<application android:theme="@style/bg">…</application>
```

如果要使用的主题资源作用于项目中的指定 Activity 上，那么可以在配置该 Activity 时，为其指定 android:theme 属性，关键代码如下：

```
<activity android:theme="@style/bg">…</activity>
```

说明 在 Android 应用中，android:theme 属性值还可以使用 Android SDK 提供的一些主题资源，这些资源我们只需使用即可。例如，使用 android:theme="@android:style/Theme.NoTitleBar"后，屏幕上将不显示标题栏。

☑ 在 Java 文件中使用主题资源

在 Java 文件中也可以为当前的 Activity 指定使用的主题资源，这可以在 Activity 的 onCreate() 方法中通过 setTheme()方法实现，例如，下面的代码就是指定当前 Activity 使用名称为 bg 的主题资源。

```
@Override
public void onCreate(Bundle savedInstanceState) {
    super.onCreate(savedInstanceState);
    setTheme(R.style.bg);
    setContentView(R.layout.main);
}
```

注意 在 Activity 的 onCreate()方法中设置使用的主题资源时、一定要在为该 Activity 设置布局内容前设置（也就是在 setContentView()方法之前设置），否则将不起作用。

使用 bg 主题资源后，运行默认的 MainActivity 时，屏幕的背景不再是默认的黑色，而是如图 8.12 所示的图片。

图 8.12　更改主题的 MainActivity 的运行结果

8.8　原始 XML 资源

教学录像：光盘\TM\lx\8\原始 XML 资源.exe

在定义资源文件时，使用的也是 XML 文件，这些文件不属于本节要介绍的原始 XML 资源。这里所说的原始 XML 资源，是指一份格式良好的、没有特殊要求的普通 XML 文件。它一般保存在 res\xml 目录（在创建 Android 项目时，没有自动创建 xml 目录，需要手动创建）中，通过 Resources.getXml() 方法来访问。

下面通过一个具体的实例来介绍如何使用原始 XML 资源。

例 8.5　在 Eclipse 中创建 Android 项目，名称为 8.5，实现从保存客户信息的 XML 文件中读取客户信息并显示。（实例位置：光盘\TM\sl\8\8.5）

（1）修改新建项目的 res\layout 目录下的布局文件 main.xml，将默认添加的相对布局管理器修改为垂直线性布局管理器，并且在该布局管理器中为默认添加的 TextView 组件设置文字大小、id 属性以及默认显示的文本，关键代码如下：

```
<TextView
    android:id="@+id/show"
```

```
android:textSize="20sp"
android:layout_width="match_parent"
android:layout_height="wrap_content"
android:text="正在读取 XML 文件..." />
```

（2）在 res 目录中，创建一个名称为 xml 的目录，然后在该目录中创建一个名称为 customers.xml 的文件，在该文件中，添加一个名称为 customers 的根节点，并在该节点中添加 3 个 customer 子节点，用于保存客户信息。customers.xml 文件的具体代码如下：

```xml
<?xml version="1.0" encoding="utf-8"?>
<customers>
    <customer name="wgh" tel="1363*******" email="wgh8007@163.com"/>
    <customer name="mr" tel="0431-84*******" email="mingrisoft@mingirsoft.com"/>
    <customer name="sk" tel="130********" email="sk666888@sina.com" />
</customers>
```

（3）打开默认创建的 MainActivity，在 onCreate()方法中，首先获取 XML 文档，然后通过 while 循环（循环的条件是不能到文档的结尾）对该 XML 文档进行遍历，在遍历时，首先判断是否为指定的开始标记，如果是则获取各属性，否则遍历下一个标记，一直遍历到文档的结尾，最后获取显示文本框，并将获取的结果显示到该文本框中。关键代码如下：

```java
XmlResourceParser xrp=getResources().getXml(R.xml.customers);              //获取 XML 文档
StringBuilder sb=new StringBuilder("");                                   //创建一个空的字符串构建器
try {
    //如果没有到 XML 文档的结尾处
    while(xrp.getEventType()!=XmlResourceParser.END_DOCUMENT){
        if(xrp.getEventType()==XmlResourceParser.START_TAG){              //判断是否为开始标记
            String tagName=xrp.getName();                                //获取标记名
            if(tagName.equals("customer")){                              //如果标记名是 customer
                sb.append("姓名："+xrp.getAttributeValue(0)+"    ");      //获取客户姓名
sb.append("\n");                                                          //添加换行符
                sb.append("联系电话："+xrp.getAttributeValue(1)+"    "); //获取联系电话
sb.append("\n");                                                          //添加换行符
                sb.append("E-mail："+xrp.getAttributeValue(2));          //获取 E-mail
                sb.append("\n");                                         //添加换行符
            }
        }
        xrp.next();                                                      //下一个标记
    }
    TextView tv=(TextView)findViewById(R.id.show);                       //获取显示文本框
    tv.setText(sb.toString());                                           //将获取到的 XML 文件的内容显示到文本框中
} catch (XmlPullParserException e) {
    e.printStackTrace();
} catch (IOException e) {
    e.printStackTrace();
}
```

运行本实例，将从指定的 XML 文件中获取客户信息并显示，如图 8.13 所示。

图 8.13　从 XML 文件中读取客户信息

8.9　菜 单 资 源

教学录像：光盘\TM\lx\8\菜单（menu）资源.exe

在桌面应用程序中，菜单（Menu）的使用十分广泛。但是在 Android 应用中，菜单减少了不少。不过 Android 中提供了两种实现菜单的方法，分别是通过 Java 代码创建菜单和使用菜单资源文件创建菜单，Android 推荐使用菜单资源来定义菜单，下面进行详细介绍。

8.9.1　定义菜单资源文件

菜单资源文件通常放置在 res\menu 目录下，在创建项目时，默认是不自动创建 menu 目录的，所以需要手动创建。菜单资源的根元素通常是<menu></menu>标记，在该标记中可以包含以下两个子元素。

☑　<item></item>标记：用于定义菜单项，可以通过如表 8.2 所示的各属性来为菜单项设置标题等内容。

表 8.2　<item></item>标记的常用属性

属　　性	描　　述
android:id	用于为菜单项设置 ID，也就是唯一标识
android:title	用于为菜单项设置标题
android:alphabeticShortcut	用于为菜单项指定字符快捷键
android:numericShortcut	用于为菜单项指定数字快捷键
android:icon	用于为菜单项指定图标
android:enabled	用于指定该菜单项是否可用
android:checkable	用于指定该菜单项是否可选
android:checked	用于指定该菜单项是否已选中
android:visible	用于指定该菜单项是否可见

说明 如果某个菜单项中还包括子菜单，可以通过在该菜单项中再包含<menu></menu>标记来实现。

☑ <group></group>标记：用于将多个<item></item>标记定义的菜单包装成一个菜单组，其说明如表 8.3 所示。

表 8.3 <group></group>标记的常用属性

属　　性	描　　述
android:id	用于为菜单组设置 ID，也就是唯一标识
android:heckableBehavior	用于指定菜单组内各项菜单项的选择行为，可选值为 none（不可选）、all（多选）和 single（单选）
android:menuCategory	用于对菜单进行分类，指定菜单的优先级，可选值为 container、system、secondary 和 alternative
android:enabled	用于指定该菜单组中的全部菜单项是否可用
android:visible	用于指定该菜单组中的全部菜单项是否可见

例如，在 res\xml 目录中，定义一个名称为 menus.xml 的菜单资源文件，在该菜单资源中，包含 3 个菜单项和一个包含两个菜单项的菜单组。menus.xml 的具体代码如下：

```xml
<?xml version="1.0" encoding="utf-8"?>
<menu xmlns:android="http://schemas.android.com/apk/res/android" >
    <item android:id="@+id/item1" android:title="更换背景" android:alphabeticShortcut="g"></item>
    <item android:id="@+id/item2" android:title="编辑组件" android:alphabeticShortcut="e"></item>
    <item android:id="@+id/item3" android:title="恢复默认" android:alphabeticShortcut="r"></item>
    <group android:id="@+id/setting">
        <item android:id="@+id/sound" android:title="使用背景"></item>
        <item android:id="@+id/video" android:title="背景音乐"></item>
    </group>
</menu>
```

8.9.2 使用菜单资源

在 Android 中，定义的菜单资源可以用来创建选项菜单（Option Menu）和上下文菜单（Content Menu）。使用菜单资源创建这两种类型的菜单的方法是不同的，下面分别进行介绍。

1．选项菜单

当用户单击菜单按钮时，弹出的菜单就是选项菜单。使用菜单资源创建选项菜单的具体步骤如下。

（1）重写 Activity 中的 onCreateOptionsMenu()方法。在该方法中，首先创建一个用于解析菜单资源文件的 MenuInflater 对象，然后调用该对象的 inflate()方法解析一个菜单资源文件，并把解析后的菜单保存在 menu 中，关键代码如下：

```java
@Override
public boolean onCreateOptionsMenu(Menu menu) {
```

```
        MenuInflater inflater=new MenuInflater(this);        //实例化一个 MenuInflater 对象
        inflater.inflate(R.menu.optionmenu, menu);           //解析菜单文件
        return super.onCreateOptionsMenu(menu);
}
```

（2）重写 onOptionsItemSelected()方法，用于当菜单项被选择时，做出相应的处理。例如，当菜单项被选择时，弹出一个消息提示框显示被选中菜单项的标题，可以使用下面的代码：

```
@Override
public boolean onOptionsItemSelected(MenuItem item) {
        Toast.makeText(MainActivity.this, item.getTitle(), Toast.LENGTH_SHORT).show();
        return super.onOptionsItemSelected(item);
}
```

2．上下文菜单

当用户长时间按键不放时，弹出的菜单就是上下文菜单。使用菜单资源创建上下文菜单的具体步骤如下。

（1）在 Activity 的 onCreate()方法中注册上下文菜单。例如，为文本框组件注册上下文菜单，可以使用下面的代码。也就是在单击该文本框时，才显示上下文菜单。

```
TextView tv=(TextView)findViewById(R.id.show);
registerForContextMenu(tv);                        //为文本框注册上下文菜单
```

（2）重写 Activity 中的 onCreateContextMenu()方法。在该方法中，首先创建一个用于解析菜单资源文件的 MenuInflater 对象，然后调用该对象的 inflate()方法解析一个菜单资源文件，并把解析后的菜单保存在 menu 中，最后为菜单头设置图标和标题。关键代码如下：

```
@Override
public void onCreateContextMenu(ContextMenu menu, View v, ContextMenuInfo menuInfo) {
        MenuInflater inflator=new MenuInflater(this);        //实例化一个 MenuInflater 对象
        inflator.inflate(R.menu.menus, menu);                //解析菜单文件
        menu.setHeaderIcon(R.drawable.ic_launcher);          //为菜单头设置图标
        menu.setHeaderTitle("请选择");                        //为菜单头设置标题
}
```

（3）重写 onContextItemSelected()方法，用于当菜单项被选择时，做出相应的处理。例如，当菜单项被选择时，弹出一个消息提示框显示被选中菜单项的标题，可以使用下面的代码：

```
@Override
public boolean onContextItemSelected(MenuItem item) {
        Toast.makeText(MainActivity.this, item.getTitle(), Toast.LENGTH_SHORT).show();
        return super.onContextItemSelected(item);
}
```

8.9.3　范例 1：创建上下文菜单

例 8.6　在 Eclipse 中创建 Android 项目，名称为 8.6，实现一个用于改变文字颜色的上下文菜单。

（实例位置：光盘\TM\sl\8\8.6）

（1）在 res 目录下创建一个 menu 目录，并在该目录中创建一个名称为 contextmenu.xml 的菜单资源文件，在该文件中，定义 4 个代表颜色的菜单项和一个恢复默认菜单项。具体代码如下：

```xml
<?xml version="1.0" encoding="utf-8"?>
<menu xmlns:android="http://schemas.android.com/apk/res/android" >
    <item android:id="@+id/color1" android:title="红色"></item>
    <item android:id="@+id/color2" android:title="绿色"></item>
    <item android:id="@+id/color3" android:title="蓝色"></item>
    <item android:id="@+id/color4" android:title="橙色"></item>
    <item android:id="@+id/color5" android:title="恢复默认"></item>
</menu>
```

（2）打开默认创建的布局文件 main.xml，将默认添加的相对布局管理器修改为垂直线性布局管理器，并且在该布局管理器中修改默认添加的 TextView 文本框，修改后的代码如下：

```xml
<TextView
    android:id="@+id/show"
    android:textSize="28sp"
    android:layout_width="match_parent"
    android:layout_height="wrap_content"
    android:text="打开菜单..." />
```

（3）在 Activity 的 onCreate()方法中，首先获取要添加上下文菜单的文本框，然后为其注册上下文菜单，关键代码如下：

```java
private TextView tv;
...                                            //省略部分代码
tv=(TextView)findViewById(R.id.show);
registerForContextMenu(tv);                    //为文本框注册上下文菜单
```

（4）在 Activity 的 onCreate()方法中，重写 onCreateContextMenu()方法，在该方法中，首先创建一个用于解析菜单资源文件的 MenuInflater 对象，然后调用该对象的 inflate()方法解析一个菜单资源文件，并把解析后的菜单保存在 menu 中，最后再为菜单头设置图标和标题，关键代码如下：

```java
@Override
public void onCreateContextMenu(ContextMenu menu, View v, ContextMenuInfo menuInfo) {
    MenuInflater inflator=new MenuInflater(this);      //实例化一个 MenuInflater 对象
    inflator.inflate(R.menu.contextmenu, menu);        //解析菜单文件
    menu.setHeaderIcon(R.drawable.ic_launcher);        //为菜单头设置图标
    menu.setHeaderTitle("请选择文字颜色：");            //为菜单头设置标题
}
```

（5）重写 onContextItemSelected()方法，在该方法中，通过 Switch 语句使用用户选择的颜色来设置文本框中显示文字的颜色。具体代码如下：

```java
@Override
public boolean onContextItemSelected(MenuItem item) {
```

```
switch(item.getItemId()){
    case R.id.color1:                                    //当选择红颜色时
        tv.setTextColor(Color.rgb(255, 0, 0));
        break;
    case R.id.color2:                                    //当选择绿颜色时
        tv.setTextColor(Color.rgb(0, 255, 0));
        break;
    case R.id.color3:                                    //当选择蓝颜色时
        tv.setTextColor(Color.rgb(0, 0, 255));
        break;
    case R.id.color4:                                    //当选择橙色时
        tv.setTextColor(Color.rgb(255, 180, 0));
        break;
    default:
        tv.setTextColor(Color.rgb(255, 255, 255));
}
return true;
}
```

运行本实例，在文字"打开菜单…"上长时间按键不放时，将弹出上下文菜单，通过该菜单可以改变该文字的颜色，如图 8.14 所示。

图 8.14　弹出的上下文菜单

272

8.9.4　范例 2：创建带子菜单的选项菜单

例 8.7　在 Eclipse 中创建 Android 项目，名称为 8.7，实现一个带子菜单的选项菜单，其中子菜单为可以多选的菜单组。（**实例位置：光盘\TM\sl\8\8.7**）

（1）在 res 目录下的 menu 目录中创建一个名称为 optionmenu.xml 的菜单资源文件，在该文件中定义 3 个菜单项，并在第 2 个菜单项中再定义一个多选菜单组的子菜单，具体代码如下：

```xml
<?xml version="1.0" encoding="utf-8"?>
<menu xmlns:android="http://schemas.android.com/apk/res/android" >
    <item android:id="@+id/item1" android:title="更换背景" android:alphabeticShortcut="g"></item>
    <item android:id="@+id/item2" android:title="参数设置" android:alphabeticShortcut="e">
        <menu>
            <group android:id="@+id/setting" android:checkableBehavior="all">
                <item android:id="@+id/sound" android:title="使用背景"></item>
                <item android:id="@+id/video" android:title="背景音乐"></item>
            </group>
        </menu>
    </item>
    <item android:id="@+id/item3" android:title="恢复默认" android:alphabeticShortcut="r"></item>
</menu>
```

✎ 说明

在上面的代码中，加粗的代码用于创建一个子菜单，在该子菜单中添加一个多选菜单组。

（2）在 Activity 的 onCreate()方法中，重写 onCreateOptionsMenu()方法，在该方法中，首先创建一个用于解析菜单资源文件的 MenuInflater 对象，然后调用该对象的 inflate()方法解析一个菜单资源文件，并把解析后的菜单保存在 menu 中，最后返回 true，关键代码如下：

```java
@Override
public boolean onCreateOptionsMenu(Menu menu) {
    MenuInflater inflater=new MenuInflater(this);        //实例化一个 MenuInflater 对象
    inflater.inflate(R.menu.optionmenu, menu);           //解析菜单文件
    return true;
}
```

（3）重写 onOptionsItemSelected()方法，在该方法中，首选判断是否选择了"参数设置"菜单项，如果选择了，改变菜单项的选中状态，然后获取除"参数设置"菜单项之外的菜单项的标题，并用消息提示框显示，最后返回真值，具体代码如下：

```java
@Override
public boolean onOptionsItemSelected(MenuItem item) {
    if(item.getGroupId()==R.id.setting){                 //判断是否选择了"参数设置"菜单项
        if(item.isChecked()){                            //若菜单项已经被选中
            item.setChecked(false);                      //设置菜单项不被选中
```

```
        }else{
            item.setChecked(true);              //设置菜单项被选中
        }
    }
    if(item.getItemId()!=R.id.item2){
        //弹出消息提示框显示选择的菜单项的标题
        Toast.makeText(MainActivity.this, item.getTitle(), Toast.LENGTH_SHORT).show();
    }
    return true;
}
```

运行本实例，单击屏幕右上方的菜单按钮，将弹出选项菜单，如图 8.15 所示，选择"参数设置"菜单项，该菜单消失，然后显示对应的子菜单，该子菜单为多选菜单组，如果选择"使用背景"菜单项，该菜单将消失，同时，该菜单项将被设置为选中状态。再次打开"参数设置"菜单组时，可以看到"使用背景"菜单项被选中，如图 8.16 所示。

图 8.15　显示选项菜单

图 8.16　被选中的子菜单项

8.10　Android 程序国际化

教学录像：光盘\TM\lx\8\Android 程序国际化.exe

国际化的英文单词是 Internationalization，因为该单词较长，有时简称为 I18N，其中，I 是该单词的第一个字母；18 表示中间省略的字母个数；N 是该单词的最后一个字母。Android 程序国际化，是指程序可以根据系统所使用的语言，将界面中的文字翻译成与之对应的语言。这样，可以让程序更加通用。Android 可以通过资源文件非常方便地实现程序的国际化。下面将以国际字符串资源为例，介绍如何实现 Android 程序的国际化。

在编写 Android 项目时，通常都是将程序中要使用的字符串资源放置在 res\values 目录下的 strings.xml 文件中，为了实现这些字符串资源的国际化，可以在 Android 项目的 res 目录下创建对应于各个语言的资源文件夹（例如，为了让程序兼容简体中文、繁体中文和美式英文，可以分别创建名称为

values-zh-rCN、values-zh-rTW 和 values-en-rUS 的文件夹），然后在每个文件夹中创建一个对应的 strings.xml 文件，并在该文件中定义对应语言的字符串即可。这样，当程序运行时，就会自动根据操作系统所使用的语言来显示对应的字符串信息。

下面通过一个具体的实例来说明 Android 程序的国际化。

例 8.8 在 Eclipse 中创建 Android 项目，名称为 8.8，实现在不同语言的操作系统下显示不同的文字。（**实例位置：光盘\TM\sl\8\8.8**）

（1）打开新建项目的 res\values 目录，在默认创建的 strings.xml 文件中，将默认添加的字符串变量 hello 删除，然后添加一个名称为 word 的字符串变量，内容是 "Nothing is impossible to a willing heart."，修改后的 strings.xml 文件的具体代码如下：

```
<?xml version="1.0" encoding="utf-8"?>
<resources>
    <string name="word"> Nothing is impossible to a willing heart.</string>
        <string name="app_name">8.8</string>
</resources>
```

说明 在 res\values 目录中创建的 strings.xml 文件，为默认使用的字符串资源文件。当在后面创建的资源文件（与各语言对应的资源文件）中没有与系统使用的语言相对应的文件时，将使用该资源文件。

（2）在 res 目录中，分别创建 values-zh-rCN（简体中文）、values-zh-rTW（繁体中文）和 values-en-rUS（美式英文）文件夹，并将 res\values 目录下的 strings.xml 文件分别复制到这 3 个文件夹中，如图 8.17 所示。

（3）修改 res\values-zh-rCN 目录中的 strings.xml 文件，将 word 变量的内容修改为 "精诚所至，金石为开。"，关键代码如下：

```
<string name="word">精诚所至，金石为开。</string>
```

（4）修改 res/values-zh-rTW 目录中的 strings.xml 文件，将 word 变量的内容修改为 "精誠所至，金石為開。"，关键代码如下：

```
<string name="word">精誠所至，金石為開。</string>
```

在简体中文环境中运行本实例，将显示如图 8.18 所示的运行结果；在繁体中文环境中运行本实例，将显示如图 8.19 所示的运行结果；在美式英语环境中运行本实例，将显示如图 8.20 所示的运行结果。另外，在除上面所示语言环境以外的语言环境中运行本实例，都将显示如图 8.20 所示的运行结果。

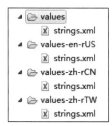

图 8.17 完成后的文件夹

图 8.18 简体中文环境中的运行结果

275

图 8.19　繁体中文环境中的运行结果

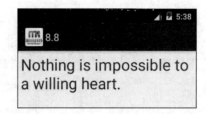

图 8.20　美式英语环境中的运行结果

8.11　经　典　范　例

8.11.1　背景半透明效果的 Activity

例 8.9　在 Eclipse 中创建 Android 项目，名称为 8.9，实现背景半透明效果的游戏开始界面。（实例位置：光盘\TM\sl\8\8.9）

（1）修改新建项目的 res\layout 目录下的布局文件 main.xml，将默认添加的相对布局管理器修改为垂直线性布局管理器，并且在该布局管理器中将默认添加的 TextView 组件删除，然后添加一个用于显示顶部图片的 ImageView 组件，并设置其要显示的图片，接下来再添加一个相对布局管理器，并在该布局管理器中添加一个 ImageView 组件，用于在中间位置显示"进入"按钮，关键代码如下：

```
<!-- 添加顶部图片 -->
<ImageView android:layout_width="match_parent"
    android:layout_height="wrap_content"
    android:scaleType="fitXY"
    android:layout_weight="1"
    android:src="@drawable/top" />
<!-- 添加一个相对布局管理器 -->
<RelativeLayout android:layout_weight="2"
    android:layout_height="wrap_content"
    android:background="@drawable/bottom"
    android:id="@+id/relativeLayout1"
    android:layout_width="match_parent">
    <!-- 添加中间位置的图片 -->
    <ImageView android:layout_width="wrap_content"
        android:layout_height="wrap_content"
        android:id="@+id/imageButton0"
        android:src="@drawable/start_a"
        android:layout_alignTop="@+id/imageButton5"
        android:layout_centerInParent="true" />
</RelativeLayout>
```

（2）在 res\values 目录中，创建一个名称为 styles.xml 的样式资源文件，在该文件中，定义一个名称为 Theme.Translucent 的样式，该样式继承系统中提供的 android:style/Theme.Translucent 样式，并为该样式设置两个项目，一个用于设置透明度，另一个用于设置不显示窗体标题。styles.xml 文件的完整

代码如下:

```xml
<?xml version="1.0" encoding="utf-8"?>
<resources>
    <style name="Theme.Translucent" parent="android:style/Theme.Translucent">
        <item name="android:alpha">0.95</item>
        <item name="android:windowNoTitle">true</item>
    </style>
</resources>
```

说明 android:alpha 属性用于设置透明度，其属性值为浮点型，0.0 表示完全透明，1.0 表示完全不透明。

（3）打开 AndroidManifest.xml 文件，修改默认配置的主活动 MainActivity 的代码，为其设置 android:theme 属性，其属性值采用步骤（2）中创建的样式资源，修改后的关键代码如下：

```xml
<activity
    android:label="@string/app_name"
    android:theme="@style/Theme.Translucent"
    android:name=".MainActivity" >
    <intent-filter >
        <action android:name="android.intent.action.MAIN" />
        <category android:name="android.intent.category.LAUNCHER" />
    </intent-filter>
</activity>
```

运行本实例，在屏幕上将显示如图 8.21 所示的背景半透明效果的游戏开始界面。

图 8.21　背景半透明效果的游戏开始界面

8.11.2　实现了国际化的选项菜单

例 8.10　在 Eclipse 中创建 Android 项目，名称为 8.10，实现国际化的选项菜单。（**实例位置：光盘\TM\sl\8\8.10**）

（1）在 res 目录下的 menu 目录中创建一个名称为 contextmenu.xml 的菜单资源文件，在该文件中定义 3 个菜单项，它们的 android:title 属性均通过字符串资源进行指定，具体代码如下：

```xml
<?xml version="1.0" encoding="utf-8"?>
<menu xmlns:android="http://schemas.android.com/apk/res/android" >
    <item android:id="@+id/item1" android:title="@string/itemTitle1" android:alphabeticShortcut="c"></item>
    <item android:id="@+id/item2" android:title="@string/itemTitle2" android:alphabeticShortcut="x"></item>
    <item android:id="@+id/item3" android:title="@string/itemTitle3" android:alphabeticShortcut="v"></item>
</menu>
```

（2）打开默认创建的布局文件 main.xml，将默认添加相对布局管理器的代码修改为垂直线性布局管理器，并将默认添加的 TextView 组件删除，然后在垂直线性布局管理器中添加一个 EditText 组件，该组件中通过字符串资源设置默认显示的文本，关键代码如下：

```xml
<EditText
    android:id="@+id/editText1"
    android:text="@string/edittext"
    android:layout_width="match_parent"
    android:layout_height="wrap_content" />
```

（3）打开 res\values 目录下的 strings.xml 文件，在该文件中创建各个菜单项标题和编辑框要显示的默认文本所需的字符串变量，具体代码如下：

```xml
<?xml version="1.0" encoding="utf-8"?>
<resources>
  <string name="edittext">Please enter your search keywords</string>
    <string name="itemTitle1">Copy</string>
    <string name="itemTitle2">Cut</string>
    <string name="itemTitle3">Paste</string>
    <string name="app_name">8.10</string>
</resources>
```

（4）在 res 目录中，分别创建 values-zh-rCN（简体中文）和 values-zh-rTW（繁体中文）文件夹，并将 res\values 目录下的 strings.xml 文件分别复制到这两个文件夹中。

（5）修改 res\values-zh-rCN 目录中的 strings.xml 文件，将要显示的字符串内容替换为对应的简体中文，修改后的关键代码如下：

```xml
<string name="edittext">请输入搜索关键字</string>
<string name="itemTitle1">复制</string>
<string name="itemTitle2">剪切</string>
<string name="itemTitle3">粘贴</string>
```

（6）修改 res\values-zh-rTW 目录中的 strings.xml 文件，将要显示的字符串内容替换为对应的繁体中文，修改后的关键代码如下：

```
<string name="edittext">請輸入搜索關鍵字</string>
<string name="itemTitle1">複製</string>
<string name="itemTitle2">剪切</string>
<string name="itemTitle3">粘貼</string>
```

（7）在 Activity 的 onCreate()方法中，首先获取要添加上下文菜单的文本框，然后为其注册上下文菜单，关键代码如下：

```
private TextView tv;
…  //省略部分代码
        EditText et=(EditText)findViewById(R.id.editText1);        //获取编辑框组件
        registerForContextMenu(et);                               //为编辑框注册上下文菜单
```

（8）在 Activity 的 onCreate()方法中，重写 onCreateContextMenu()方法，在该方法中，首先创建一个用于解析菜单资源文件的 MenuInflater 对象，然后调用该对象的 inflate()方法解析一个菜单资源文件，并把解析后的菜单保存在 menu 中，关键代码如下：

```
@Override
public void onCreateContextMenu(ContextMenu menu, View v, ContextMenuInfo menuInfo) {
    MenuInflater inflator=new MenuInflater(this);               //实例化一个 MenuInflater 对象
    inflator.inflate(R.menu.contextmenu, menu);                //解析菜单文件
}
```

（9）重写 onContextItemSelected()方法，在该方法中，通过消息提示框显示选择的菜单项，具体代码如下：

```
@Override
public boolean onContextItemSelected(MenuItem item) {
    Toast.makeText(this,item.getTitle(), Toast.LENGTH_SHORT).show();       //显示选择的菜单项
    return true;
}
```

在简体中文环境中运行本实例，将显示如图 8.22 所示的运行结果；在繁体中文环境中运行本实例，将显示如图 8.23 所示的运行结果；在其他语言环境中运行本实例，将显示如图 8.24 所示的运行结果。

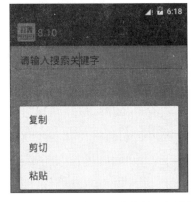

图 8.22　在简体中文环境中的运行结果

图 8.23　在繁体中文环境中的运行结果

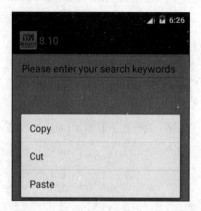

图 8.24　在其他语言环境中的运行结果

8.12　小　　结

在 Android 中，将程序中经常使用的字符串、颜色、尺寸、样式、主题和菜单等通过资源文件进行管理。本章首先介绍了字符串资源、颜色资源和尺寸资源的使用，然后介绍了布局资源、数组资源、Drawable 资源、样式资源和主题资源，其中在介绍 Drawable 资源时，主要介绍了图片资源和 StatelistDrawable 资源，接下来又介绍了如何使用原始 XML 资源，以及如何使用菜单资源创建上下文菜单和选项菜单，最后介绍了 Android 程序的国际化。本章所介绍的内容，在以后的项目开发中经常应用，希望读者能很好地理解并掌握。

8.13　实践与练习

1. 编写 Android 项目，实现跟踪按钮状态的图片按钮。（答案位置：光盘\TM\sl\8\8.11）
2. 编写 Android 项目，实现带子菜单的上下文菜单。（答案位置：光盘\TM\sl\8\8.12）

第 2 篇

高级篇

　　本篇包括图形图像处理技术、多媒体应用开发、Content Provider 实现数据共享、线程与消息处理、Service 应用、网络编程及 Internet 应用，并结合大量的图示、范例、经典应用和录像等使读者快速掌握 Android 开发中的高级内容，学习完本篇，读者可以掌握更深一层的 Android 开发技术。

第 9 章

图形图像处理技术

(📽 教学录像：2 小时 57 分钟)

图形图像处理技术在 Android 中非常重要，特别是在开发益智类游戏或者 2D 游戏时，都离不开图形图像处理技术的支持。本章将对 Android 中的图形图像处理技术进行详细介绍。

通过阅读本章，您可以：

▶▶ 了解常用的绘图类
▶▶ 掌握如何绘制几何图形
▶▶ 掌握如何绘制文本
▶▶ 掌握如何绘制路径及绕路径文本
▶▶ 掌握如何绘制图片
▶▶ 掌握如何为图形添加旋转、缩放、倾斜和平移特效
▶▶ 掌握如何使用 BitmapShader 渲染图像
▶▶ 掌握如何实现逐帧动画
▶▶ 掌握如何实现补间动画

9.1　常用绘图类

📀 **教学录像：光盘\TM\lx\9\常用绘图类.exe**

在 Android 中，绘制图像时最常应用的就是 Paint 类、Canvas 类、Bitmap 类和 BitmapFactory 类。其中，Paint 类代表画笔，Canvas 类代表画布。在现实生活中，有画笔和画布就可以作画了，在 Android 中也是如此，通过 Paint 类和 Canvas 类即可绘制图像。下面将对这 4 个类进行详细介绍。

9.1.1　Paint 类

Paint 类代表画笔，用来描述图形的颜色和风格，如线宽、颜色、透明度和填充效果等信息。使用 Paint 类时，首先需要创建该类的对象，这可以通过该类提供的构造方法来实现。通常情况下，只需要使用无参数的构造方法来创建一个使用默认设置的 Paint 对象，具体代码如下：

```
Paint paint=new Paint();
```

创建 Paint 类的对象后，还可以通过该对象提供的方法来对画笔的默认设置进行改变，例如，改变画笔的颜色、笔触宽度等。用于改变画笔设置的常用方法如表 9.1 所示。

表 9.1　Paint 类的常用方法

方　　法	描　　述
setARGB(int a, int r, int g, int b)	用于设置颜色，各参数值均为 0~255 之间的整数，分别用于表示透明度、红色、绿色和蓝色值
setColor(int color)	用于设置颜色，参数 color 可以通过 Color 类提供的颜色常量指定，也可以通过 Color.rgb(int red,int green,int blue)方法指定
setAlpha(int a)	用于设置透明度，值为 0~255 之间的整数
setAntiAlias(boolean aa)	用于指定是否使用抗锯齿功能，如果使用，会使绘图速度变慢
setDither(boolean dither)	用于指定是否使用图像抖动处理，如果使用，会使图像颜色更加平滑和饱满，使图像更加清晰
setPathEffect(PathEffect effect)	用于设置绘制路径时的路径效果，如点划线
setShader(Shader shader)	用于设置渐变，可以使用 LinearGradient（线性渐变）、RadialGradient（径向渐变）或者 SweepGradient（角度渐变）
setShadowLayer(float radius, float dx, float dy, int color)	用于设置阴影，参数 radius 为阴影的角度；dx 和 dy 为阴影在 x 轴和 y 轴上的距离；color 为阴影的颜色。如果参数 radius 的值为 0，那么将没有阴影
setStrokeCap(Paint.Cap cap)	用于当画笔的填充样式为 STROKE 或 FILL_AND_STROKE 时，设置笔刷的图形样式，参数值可以是 Cap.BUTT、Cap.ROUND 或 Cap.SQUARE。主要体现在线的端点上
setStrokeJoin(Paint.Join join)	用于设置画笔转弯处的连接风格，参数值为 Join.BEVEL、Join.MITER 或 Join.ROUND
setStrokeWidth(float width)	用于设置笔触的宽度
setStyle(Paint.Style style)	用于设置填充风格，参数值为 Style.FILL、Style.FILL_AND_STROKE 或 Style.STROKE

方　　法	描　　述
setTextAlign(Paint.Align align)	用于设置绘制文本时的文字对齐方式，参数值为 Align.CENTER、Align.LEFT 或 Align.RIGHT
setTextSize(float textSize)	用于设置绘制文本时的文字的大小
setFakeBoldText(boolean fakeBoldText)	用于设置是否为粗体文字
setXfermode(Xfermode xfermode)	用于设置图形重叠时的处理方式，如合并、取交集或并集，经常用来制作橡皮的擦除效果

例如，要定义一个画笔，指定该画笔的颜色为红色，并带一个浅灰色的阴影，可以使用下面的代码：

```
Paint paint=new Paint();
paint.setColor(Color. RED);
setLayerType(View.LAYER_TYPE_SOFTWARE, null);        //关闭硬件加速，否则阴影不显示
paint.setShadowLayer(2, 3, 3, Color.rgb(180, 180, 180));
```

应用该画笔，在画布上绘制一个带阴影的矩形的效果如图 9.1 所示。

说明　关于如何在画布上绘制矩形，将在 9.1.2 节进行介绍。

例 9.1　在 Eclipse 中创建 Android 项目，名称为 9.1，分别定义一个线性渐变、径向渐变和角度渐变的画笔，并应用这 3 个画笔绘制 3 个矩形。（**实例位置：光盘\TM\sl\9\9.1**）

关键代码如下：

```
Paint paint=new Paint();                                //定义一个默认的画笔
//线性渐变
Shader shader=new LinearGradient(0, 0, 50, 50, Color.RED, Color.GREEN, Shader.TileMode.MIRROR);
paint.setShader(shader);                                //为画笔设置渐变器
canvas.drawRect(10, 70, 100, 150, paint);               //绘制矩形
//径向渐变
shader=new RadialGradient(160, 110, 50, Color.RED, Color.GREEN, Shader.TileMode.MIRROR);
paint.setShader(shader);                                //为画笔设置渐变器
canvas.drawRect(115,70,205,150, paint);                 //绘制矩形
//角度渐变
shader=new SweepGradient(265,110,new int[]{Color.RED,Color.GREEN,Color.BLUE},null);
paint.setShader(shader);                                //为画笔设置渐变器
canvas.drawRect(220, 70, 310, 150, paint);              //绘制矩形
```

运行本实例，将显示如图 9.2 所示的运行结果。

图 9.1　绘制带阴影的矩形

图 9.2　绘制以渐变色填充的矩形

9.1.2 Canvas 类

Canvas 类代表画布，通过该类提供的方法，可以绘制各种图形（如矩形、圆形和线条等）。通常情况下，要在 Android 中绘图，需要先创建一个继承自 View 类的视图，并且在该类中重写其 onDraw(Canvas canvas)方法，然后在显示绘图的 Activity 中添加该视图。下面将通过一个具体的实例来说明如何创建用于绘图的画布。

例 9.2 在 Eclipse 中创建 Android 项目，名称为 9.2，实现创建绘图画布的功能。（**实例位置：光盘\TM\sl\9\9.2**）

（1）创建一个名称为 DrawView 的类（该类继承自 android.view.View 类），并添加构造方法和重写onDraw(Canvas canvas)方法，关键代码如下：

```
public class DrawView extends View {
    /**
     * 功能：构造方法
     */
    public DrawView(Context context, AttributeSet attrs) {
        super(context, attrs);
    }
    /*
     * 功能：重写 onDraw()方法
     */
    @Override
    protected void onDraw(Canvas canvas) {
        super.onDraw(canvas);
    }
}
```

说明 上面加粗的代码为重写 onDraw()方法的代码。在重写的 onDraw()方法中，可以编写绘图代码，参数 canvas 就是要进行绘图的画布。

（2）修改新建项目的 res\layout 目录下的布局文件 main.xml，将默认添加的相对布局管理器和TextView 组件删除，然后添加一个帧布局管理器，并在帧布局管理器中添加步骤（1）中创建的自定义视图。修改后的代码如下：

```
<?xml version="1.0" encoding="utf-8"?>
<FrameLayout xmlns:android="http://schemas.android.com/apk/res/android"
    android:layout_width="fill_parent"
    android:layout_height="fill_parent"
    android:orientation="vertical" >
    <com.mingrisoft.DrawView
        android:id="@+id/drawView1"
        android:layout_width="wrap_content"
        android:layout_height="wrap_content" />
</FrameLayout>
```

（3）在 DrawView 的 onDraw()方法中，添加以下代码，用于绘制一个带阴影的红色矩形。

```
Paint paint=new Paint();                              //定义一个采用默认设置的画笔
paint.setColor(Color.RED);                            //设置颜色为红色
setLayerType(View.LAYER_TYPE_SOFTWARE, null);         //关闭硬件加速，否则阴影不显示
paint.setShadowLayer(2, 3, 3, Color.rgb(180, 180, 180));  //设置阴影
canvas.drawRect(40, 40, 200, 100, paint);             //绘制矩形
```

运行本实例，将显示如图 9.3 所示的运行结果。

9.1.3　Bitmap 类

Bitmap 类代表位图，是 Android 系统中图像处理的一个重要类。使用该类，不仅可以获取图像文件信息，进行图像剪切、旋转、缩放等操作，而且还可以指定格式保存图像文件。对于这些操作，都可以通过 Bitmap 类提供的方法来实现。Bitmap 类提供的常用方法如表 9.2 所示。

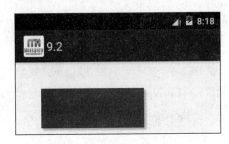

图 9.3　创建绘图画布并绘制带阴影的矩形

表 9.2　Bitmap 类的常用方法

方　法	描　述
compress(Bitmap.CompressFormat format, int quality, OutputStream stream)	用于将 Bitmap 对象压缩为指定格式并保存到指定的文件输出流中，其中 format 参数值可以是 Bitmap.CompressFormat.PNG、Bitmap.CompressFormat. JPEG 和 Bitmap.CompressFormat.WEBP
createBitmap(Bitmap source, int x, int y, int width, int height, Matrix m, boolean filter)	用于从源位图的指定坐标点开始，"挖取"指定宽度和高度的一块图像来创建新的 Bitmap 对象，并按 Matrix 指定规则进行变换
createBitmap(int width, int height, Bitmap.Config config)	用于创建一个指定宽度和高度的新的 Bitmap 对象
createBitmap(Bitmap source, int x, int y, int width, int height)	用于从源位图的指定坐标点开始，"挖取"指定宽度和高度的一块图像来创建新的 Bitmap 对象
createBitmap(int[] colors, int width, int height, Bitmap.Config config)	使用颜色数组创建一个指定宽度和高度的新的 Bitimap 对象，其中，数组元素的个数为 width*height
createBitmap(Bitmap src)	用于使用源位图创建一个新的 Bitmap 对象
createScaledBitmap(Bitmap src, int dstWidth, int dstHeight, boolean filter)	用于将源位图缩放为指定宽度和高度的新的 Bitmap 对象
isRecycled()	用于判断 Bitmap 对象是否被回收
recycle()	强制回收 Bitmap 对象

说明　表 9.2 中给出的方法不包括对图像进行缩放和旋转的方法，关于如何使用 Bitmap 类对图像进行缩放和旋转，将在 9.3 节进行介绍。

例如，创建一个包括 4 个像素（每个像素对应一种颜色）的 Bitmap 对象的代码如下：

```
Bitmap bitmap=Bitmap.createBitmap(new int[]{Color.RED,Color.GREEN,Color.BLUE,Color.MAGENTA}, 4, 1,
Config.RGB_565);
```

9.1.4 BitmapFactory 类

在 Android 中，还提供了一个 BitmapFactory 类，该类为一个工具类，用于从不同的数据源来解析、创建 Bitmap 对象。BitmapFactory 类提供的创建 Bitmap 对象的常用方法如表 9.3 所示。

表 9.3 BitmapFactory 类的常用方法

方　　法	描　　述
decodeFile(String pathName)	用于从给定的路径所指定的文件中解析、创建 Bitmap 对象
decodeFileDescriptor(FileDescriptor fd)	用于从 FileDescriptor 对应的文件中解析、创建 Bitmap 对象
decodeResource(Resources res, int id)	用于根据给定的资源 id，从指定的资源中解析、创建 Bitmap 对象
decodeStream(InputStream is)	用于从指定的输入流中解析、创建 Bitmap 对象

例如，要解析 SD 卡上的图片文件 img01.jpg 并创建对应的 Bitmap 对象，可以使用下面的代码：

```
String path="/sdcard/pictures/bccd/img01.jpg";
Bitmap bm=BitmapFactory.decodeFile(path);
```

要解析 Drawable 资源中保存的图片文件 img02.jpg 并创建对应的 Bitmap 对象，可以使用下面的代码：

```
Bitmap bm=BitmapFactory.decodeResource(MainActivity.this.getResources(), R.drawable.img02);
```

9.2　绘制 2D 图像

教学录像：光盘\TM\lx\9\绘制 2D 图像.exe

Android 提供了非常强大的本机二维图形库，用于绘制 2D 图像。在 Android 应用中，比较常用的是绘制几何图形、文本、路径和图片等，下面分别进行介绍。

9.2.1 绘制几何图形

常见的几何图形包括点、线、弧、圆形、矩形等。在 Android 中，Canvas 类提供了丰富的绘制几何图形的方法，通过这些方法，可以绘制出各种几何图形。常用的绘制几何图形的方法如表 9.4 所示。

表 9.4　Canvas 类提供的绘制几何图形的方法

方　　法	描　　述	举　　例	绘图效果
drawArc(RectF oval, float startAngle, float sweepAngle, boolean useCenter, Paint paint)	绘制弧	RectF rectf=new RectF(10, 20, 100, 110); canvas.drawArc(rectf, 0, 60, true, paint);	
		RectF rectf1=new RectF(10, 20, 100, 110); canvas.drawArc(rectf1, 0, 60, false, paint);	

续表

方　法	描　述	举　例	绘图效果
drawCircle(float cx, float cy, float radius, Paint paint)	绘制圆形	paint.setStyle(Style.STROKE); canvas.drawCircle(50, 50, 15, paint);	○
drawLine(float startX, float startY, float stopX, float stopY, Paint paint)	绘制一条线	canvas.drawLine(100, 10, 150, 10, paint);	—
drawLines(float[] pts, Paint paint)	绘制多条线	canvas.drawLines(new float[]{10,10, 30,10, 30,10, 15,30, 15,30, 10,10}, paint);	▽
drawOval(RectF oval, Paint paint)	绘制椭圆	RectF rectf=new RectF(40, 20, 80, 40); canvas.drawOval(rectf,paint);	○
drawPoint(float x, float y, Paint paint)	绘制一个点	canvas.drawPoint(10, 10, paint);	.
drawPoints(float[] pts, Paint paint)	绘制多个点	canvas.drawPoints(new float[]{10,10, 15,10, 20,15, 25,10, 30,10}, paint);	·.··
drawRect(float left, float top, float right, float bottom, Paint paint)	绘制矩形	canvas.drawRect(10, 10, 40, 30, paint);	▢
drawRoundRect(RectF rect, float rx, float ry, Paint paint)	绘制圆角矩形	RectF rectf=new RectF(40, 20, 80, 40); canvas.drawRoundRect(rectf, 6, 6, paint);	▭

说明 表 9.4 中给出的绘图效果使用的画笔均为以下代码所定义的画笔。

```
Paint paint=new Paint();           //创建一个采用默认设置的画笔
paint.setAntiAlias(true);          //使用抗锯齿功能
paint.setColor(Color.RED);         //设置颜色为红色
paint.setStrokeWidth(2);           //笔触的宽度为 2 像素
paint.setStyle(Style.STROKE);      //填充样式为描边
```

例 9.3　在 Eclipse 中创建 Android 项目，名称为 9.3，实现绘制由 5 个不同颜色的圆形组成的图案。（实例位置：光盘\TM\sl\9\9.3）

（1）修改新建项目的 res\layout 目录下的布局文件 main.xml，将默认添加的相对布局管理器和 TextView 组件删除，然后添加一个帧布局管理器，用于显示自定义的绘图类。修改后的代码如下：

```xml
<?xml version="1.0" encoding="utf-8"?>
<FrameLayout xmlns:android="http://schemas.android.com/apk/res/android"
    android:id="@+id/frameLayout1"
    android:layout_width="fill_parent"
    android:layout_height="fill_parent"
    android:orientation="vertical" >
</FrameLayout>
```

（2）打开默认创建的 MainActivity，在该文件中，创建一个名称为 MyView 的内部类，该类继承自 android.view.View 类，并添加构造方法和重写 onDraw(Canvas canvas)方法，关键代码如下：

```java
public class MyView extends View{
        public MyView(Context context) {
                super(context);
```

```
        }
        @Override
        protected void onDraw(Canvas canvas) {
            super.onDraw(canvas);
        }
    }
```

（3）在 MainActivity 的 onCreate()方法中，获取布局文件中添加的帧布局管理器，并将步骤（2）中创建的 MyView 视图添加到该帧布局管理器中，关键代码如下：

```
FrameLayout ll=(FrameLayout)findViewById(R.id.frameLayout1);   //获取布局文件中添加的帧布局管理器
ll.addView(new MyView(this));                                   //将自定义的 MyView 视图添加到帧布局管理器中
```

（4）在 MyView 的 onDraw()方法中，首先指定画布的背景色，然后创建一个采用默认设置的画笔，并设置该画笔使用抗锯齿功能，接着设置画笔笔触的宽度，再设置填充样式为描边，最后设置画笔颜色并绘制圆形。具体代码如下：

```
canvas.drawColor(Color.WHITE);              //指定画布的背景色为白色
Paint paint=new Paint();                    //创建采用默认设置的画笔
paint.setAntiAlias(true);                   //使用抗锯齿功能
paint.setStrokeWidth(3);                    //设置笔触的宽度
paint.setStyle(Style.STROKE);               //设置填充样式为描边
paint.setColor(Color.BLUE);
canvas.drawCircle(50, 50, 30, paint);       //绘制蓝色的圆形
paint.setColor(Color.YELLOW);
canvas.drawCircle(100, 50, 30, paint);      //绘制黄色的圆形
paint.setColor(Color.BLACK);
canvas.drawCircle(150, 50, 30, paint);      //绘制黑色的圆形
paint.setColor(Color.GREEN);
canvas.drawCircle(75, 90, 30, paint);       //绘制绿色的圆形
paint.setColor(Color.RED);
canvas.drawCircle(125, 90, 30, paint);      //绘制红色的圆形
```

运行本实例，将显示如图 9.4 所示的运行结果。

9.2.2　绘制文本

在 Android 中，虽然可以通过 TextView 或图片显示文本，但是在开发游戏，特别是开发 RPG（角色）类游戏时，会包含很多文字，使用 TextView 和图片显示文本不太合适，这时，就需要通过绘制文本的方式来实现。Canvas 类提供了一系列绘制文本的方法，下面分别进行介绍。

图 9.4　绘制 5 个不同颜色的圆形

1. drawText()方法

drawText()方法用于在画布的指定位置绘制文字。该方法比较常用的语法格式如下：

```
drawText(String text, float x, float y, Paint paint)
```

在该语法中，参数 text 用于指定要绘制的文字；x 用于指定文字起始位置的 X 坐标；y 用于指定文字起始位置的 Y 坐标；paint 用于指定使用的画笔。

例如，要在画布上输出文字"明日科技"，可以使用下面的代码：

```
Paint paintText=new Paint();
paintText.setTextSize(20);
canvas.drawText("明日科技", 165,65, paintText);
```

2．drawPosText()方法

drawPosText()方法也用于在画布上绘制文字，与 drawText()方法不同的是，使用该方法绘制字符串时，需要为每个字符指定一个位置。该方法比较常用的语法格式如下：

```
drawPosText(String text, float[] pos, Paint paint)
```

在该语法中，参数 text 用于指定要绘制的文字；pos 用于指定每一个字符的位置；paint 用于指定要使用的画笔。

例如，要在画布上分两行输出文字"很高兴见到你"，可以使用下面的代码：

```
Paint paintText=new Paint();
paintText.setTextSize(24);
float[] pos= new float[]{80,215, 105,215, 130,215,80,240, 105,240, 130,240};
canvas.drawPosText("很高兴见到你", pos, paintText);
```

例 9.4　在 Eclipse 中创建 Android 项目，名称为 9.4，实现绘制一个游戏对白界面。（**实例位置：光盘\TM\sl\9\9.4**）

（1）修改新建项目的 res\layout 目录下的布局文件 main.xml，将默认添加的相对布局管理器和 TextView 组件删除，然后添加一个帧布局管理器并为其设置背景，用于显示自定义的绘图类，修改后的代码如下：

```
<FrameLayout xmlns:android="http://schemas.android.com/apk/res/android"
    android:id="@+id/frameLayout1"
    android:layout_width="fill_parent"
    android:layout_height="fill_parent"
    android:background="@drawable/background"
    android:orientation="vertical" >
</FrameLayout>
```

（2）打开默认创建的 MainActivity，在该文件中，创建一个名称为 MyView 的内部类，该类继承自 android.view.View 类，并添加构造方法和重写 onDraw(Canvas canvas)方法，关键代码如下：

```
public class MyView extends View{
        public MyView(Context context) {
                super(context);
        }
        @Override
        protected void onDraw(Canvas canvas) {
                super.onDraw(canvas);
        }
    }
```

（3）在 MainActivity 的 onCreate()方法中，获取布局文件中添加的帧布局管理器，并将步骤（2）中创建的 MyView 视图添加到该帧布局管理器中，关键代码如下：

```
FrameLayout ll=(FrameLayout)findViewById(R.id.frameLayout1);      //获取布局文件中添加的帧布局管理器
ll.addView(new MyView(this));                                     //将自定义的 MyView 视图添加到帧布局管理器中
```

（4）在 MyView 的 onDraw()方法中，首先创建一个采用默认设置的画笔，然后设置画笔颜色以及对齐方式、文字大小和使用抗锯齿功能，再分别通过 drawText()和 drawPosText()方法绘制文字。具体代码如下：

```
Paint paintText=new Paint();                              //创建一个采用默认设置的画笔
paintText.setColor(Color.BLACK);                         //设置画笔颜色
paintText.setTextAlign(Align.LEFT);                      //设置文字左对齐
paintText.setTextSize(12);                               //设置文字大小
paintText.setAntiAlias(true);                            //使用抗锯齿功能
canvas.drawText("不，我不想去！", 240,40, paintText);      //通过 drawText()方法绘制文字
float[] pos= new float[]{180,140, 190,140, 200,140, 210,140,
         220,140, 230,140, 180,155, 190,155, 200,155, 210,155, 220,155};   //定义代表文字位置的数组
canvas.drawPosText("你想和我一起去探险吗？", pos, paintText);   //通过 drawPosText()方法绘制文字
```

（5）在 AndroidManifest.xml 文件的<activity>标记中添加 screenOrientation 属性，设置其横屏显示，关键代码如下：

```
android:screenOrientation="landscape"
```

运行本实例，将显示如图 9.5 所示的运行结果。

图 9.5　在画布上绘制文字

9.2.3　绘制路径

在 Android 中提供了绘制路径的功能。绘制一条路径可以分为创建路径和将定义好的路径绘制在画布上两部分，下面分别进行介绍。

1．创建路径

要创建路径，可以使用 android.graphics.Path 类来实现。Path 类包含一组矢量绘图方法，如画圆、矩形、弧、线条等。常用的绘图方法如表 9.5 所示。

表 9.5　Path 类的常用绘图方法

方　　法	描　　述
addArc(RectF oval, float startAngle, float sweepAngle)	添加弧形路径
addCircle(float x, float y, float radius, Path.Direction dir)	添加圆形路径
addOval(RectF oval, Path.Direction dir)	添加椭圆形路径
addRect(RectF rect, Path.Direction dir)	添加矩形路径
addRoundRect(RectF rect, float rx, float ry, Path. Direction dir)	添加圆角矩形路径
moveTo(float x, float y)	设置开始绘制直线的起始点
lineTo(float x, float y)	在 moveTo()方法设置的起始点与该方法指定的结束点之间画一条直线，如果在调用该方法之前没使用 moveTo()方法设置起始点，那么将从（0,0）点开始绘制直线
quadTo(float x1, float y1, float x2, float y2)	用于根据指定的参数绘制一条线段轨迹
close()	闭合路径

说明　在使用 addCircle()、addOval()、addRect()和 addRoundRect()方法时，需要指定 Path.Direction 类型的常量，可选值为 Path.Direction.CW（顺时针）和 Path.Direction.CCW（逆时针）。

例如，要创建一个顺时针旋转的圆形路径，可以使用下面的代码：

```
Path path=new Path();                          //创建并实例化一个 path 对象
path.addCircle(150, 200, 60, Path.Direction.CW);   //在 path 对象中添加一个圆形路径
```

要创建一个折线，可以使用下面的代码：

```
Path mypath=new Path();                        //创建并实例化一个 mypath 对象
mypath.moveTo(50, 100);                        //设置起始点
mypath.lineTo(100, 45);                        //设置第 1 段直线的结束点
mypath.lineTo(150, 100);                       //设置第 2 段直线的结束点
mypath.lineTo(200, 80);                        //设置第 3 段直线的结束点
```

将该路径绘制到画布上的效果如图 9.6 所示。

要创建一个三角形路径，可以使用下面的代码：

```
Path path=new Path();                          //创建并实例化一个 path 对象
path.moveTo(50,50);                            //设置起始点
path.lineTo(100, 10);                          //设置第 1 条边的结束点，也是第 2 条边的起始点
path.lineTo(150, 50);                          //设置第 2 条边的结束点，也是第 3 条边的起始点
path.close();                                  //闭合路径
```

将该路径绘制到画布上的效果如图 9.7 所示。

图 9.6　绘制 3 条线组成的折线

图 9.7　绘制一个三角形

说明　在创建三角形路径时，如果不使用 close()方法闭合路径，那么绘制的将是两条线组成的折线，如图 9.8 所示。

图 9.8　绘制两条线组成的折线

2．将定义好的路径绘制在画布上

使用 Canvas 类提供的 drawPath()方法，可以将定义好的路径绘制在画布上。

说明　在 Android 的 Canvas 类中，还提供了另一个应用路径的方法 drawTextOnPath()，也就是沿着指定的路径绘制字符串。使用该方法可绘制环形文字。

例 9.5　在 Eclipse 中创建 Android 项目，名称为 9.5，实现在屏幕上绘制圆形路径、折线路径、三角形路径以及绕路径的环形文字。（**实例位置：光盘\TM\sl\9\9.5**）

（1）修改新建项目的 res\layout 目录下的布局文件 main.xml，将默认添加的相对布局管理器和 TextView 组件删除，然后添加一个帧布局管理器，用于显示自定义的绘图类。

（2）打开默认创建的 MainActivity，在该文件中，首先创建一个名称为 MyView 的内部类，该类继承自 android.view.View 类，并添加构造方法和重写 onDraw(Canvas canvas)方法，然后在 onCreate()方法中，获取布局文件中添加的帧布局管理器，并将 MyView 视图添加到该帧布局管理器中。

（3）在 MyView 的 onDraw()方法中，首先创建一个画笔，并设置画笔的相关属性，然后创建并绘制一个圆形路径、折线路径和三角形路径，最后再绘制绕路径的环形文字。具体代码如下：

```
Paint paint=new Paint();                          //创建一个画笔
paint.setAntiAlias(true);                         //设置使用抗锯齿功能
paint.setColor(0xFFFF6600);                       //设置画笔颜色
paint.setTextSize(18);                            //设置文字大小
paint.setStyle(Style.STROKE);                     //设置填充方式为描边
//绘制圆形路径
Path pathCircle=new Path();                       //创建并实例化一个 path 对象
pathCircle.addCircle(70, 70, 40, Path.Direction.CCW);  //添加逆时针的圆形路径
```

```
canvas.drawPath(pathCircle, paint);                              //绘制路径
//绘制折线路径
Path pathLine=new Path();                                        //创建并实例化一个 Path 对象
pathLine.moveTo(150, 100);                                       //设置起始点
pathLine.lineTo(200, 45);                                        //设置第 1 段直线的结束点
pathLine.lineTo(250, 100);                                       //设置第 2 段直线的结束点
pathLine.lineTo(300, 80);                                        //设置第 3 段直线的结束点
canvas.drawPath(pathLine, paint);                                //绘制路径
//绘制三角形路径
Path pathTr=new Path();                                          //创建并实例化一个 path 对象
pathTr.moveTo(20,250);                                           //设置起始点
pathTr.lineTo(70, 200);                                          //设置第 1 条边的结束点，也是第 2 条边的起始点
pathTr.lineTo(120, 250);                                         //设置第 2 条边的结束点，也是第 3 条边的起始点
pathTr.close();                                                  //闭合路径
canvas.drawPath(pathTr, paint);                                  //绘制路径
//绘制绕路径的环形文字
String str="风萧萧兮易水寒，壮士一去兮不复还";
Path path=new Path();                                            //创建并实例化一个 path 对象
path.addCircle(200, 200, 48, Path.Direction.CW);                 //添加顺时针的圆形路径
paint.setStyle(Style.FILL);                                      //设置画笔的填充方式
canvas.drawTextOnPath(str, path,0, -18, paint);                  //绘制绕路径文字
```

运行本实例，将显示如图 9.9 所示的运行结果。

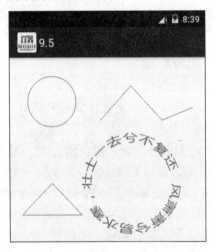

图 9.9　绘制路径及绕路径文字

9.2.4　绘制图片

在 Android 中，Canvas 类不仅可以绘制几何图形、文件和路径，还可用来绘制图片。要想使用 Canvas 类绘制图片，只需要使用 Canvas 类提供的如表 9.6 所示的方法将 Bitmap 对象中保存的图片绘制到画布上即可。

表 9.6　Canvas 类提供的绘制图片的常用方法

方　　法	描　　述
drawBitmap(Bitmap bitmap, Rect src, RectF dst, Paint paint)	用于从指定点绘制从源位图中"挖取"的一块
drawBitmap(Bitmap bitmap, float left, float top, Paint paint)	用于在指定点绘制位图
drawBitmap(Bitmap bitmap, Rect src, Rect dst, Paint paint)	用于从指定点绘制从源位图中"挖取"的一块

例如，从源位图上"挖取"从（0,0）点到（500,300）点的一块图像，然后绘制到画布的（50,50）点到（450,350）点所指区域，可以使用下面的代码：

```
Rect src=new Rect(0,0,500,300);                //设置挖取的区域
Rect dst=new Rect(50,50,450,350);              //设置绘制的区域
canvas.drawBitmap(bm, src, dst, paint);        //绘制图片
```

例 9.6　在 Eclipse 中创建 Android 项目，名称为 9.6，实现在屏幕上绘制指定位图，以及从该位图上"挖取"一块绘到屏幕的指定区域。（**实例位置：光盘\TM\sl\9\9.6**）

（1）修改新建项目的 res\layout 目录下的布局文件 main.xml，将默认添加的相对布局管理器和 TextView 组件删除，然后添加一个帧布局管理器，用于显示自定义的绘图类，并在该帧布局管理器中添加一个 ImageView 组件。关键代码如下：

```xml
<FrameLayout xmlns:android="http://schemas.android.com/apk/res/android"
    android:id="@+id/frameLayout1"
    android:layout_width="fill_parent"
    android:layout_height="fill_parent"
    android:orientation="vertical" >
    <ImageView
        android:id="@+id/imageView1"
        android:layout_width="100dp"
        android:paddingTop="5dp"
        android:layout_height="25dp"/>
</FrameLayout>
```

（2）打开默认创建的 MainActivity，在该文件中，首先创建一个名称为 MyView 的内部类，该类继承自 android.view.View 类，并添加构造方法和重写 onDraw(Canvas canvas)方法，然后在 onCreate()方法中，获取布局文件中添加的帧布局管理器，并将 MyView 视图添加到该帧布局管理器中。

（3）在 MainActivity 中，声明一个 ImageView 组件的对象，关键代码如下：

```
private ImageView iv;
```

（4）在 MainActivity 的 onCreate()文件中，获取布局文件中添加的 ImageView 组件，关键代码如下：

```
iv=(ImageView)findViewById(R.id.imageView1);        //获取布局文件中添加的 ImageView 组件
```

（5）在 MyView 的 onDraw()方法中，首先创建一个画笔，并指定要绘制图片的路径，获取要绘制图片所对应的 Bitmap 对象，再在画布的指定位置绘制 Bitmap 对象，以及从源图片中挖取指定区域并绘制挖取到的图像，最后使用颜色数组创建一个 Bitmap 对象，并将其在 ImageView 中显示。具体代码

如下：

```
Paint paint = new Paint();                                    //创建一个采用默认设置的画笔
String path = "/sdcard/ img01.png";                           //指定图片文件的路径
Bitmap bm = BitmapFactory.decodeFile(path);                   //获取图片文件对应的 Bitmap 对象
canvas.drawBitmap(bm, 0, 30, paint);                          //将获取的 Bitmap 对象绘制在画布的指定位置
Rect src = new Rect(60, 100, 140, 190);                       //设置挖取的区域
Rect dst = new Rect(350, 100, 430, 190);                      //设置绘制的区域
canvas.drawBitmap(bm, src, dst, paint);                       //绘制挖取到的图像
Bitmap bitmap = Bitmap.createBitmap(new int[] { Color.RED, Color.GREEN, Color.BLUE,
        Color.MAGENTA }, 4, 1,Config.RGB_565);               //使用颜色数组创建一个 Bitmap 对象
iv.setImageBitmap(bitmap);                                    //为 ImageView 指定要显示的位图
```

（6）重写 onDestroy()方法，在该方法中回收 ImageView 组件中使用的 Bitmap 资源，具体代码如下：

```
@Override
protected void onDestroy() {
    //获取 ImageView 组件中使用的 BitmapDrawable 资源
    BitmapDrawable b = (BitmapDrawable) iv.getDrawable();
        if (b != null && !b.getBitmap().isRecycled()) {
            b.getBitmap().recycle();                          //回收资源
        }
        super.onDestroy();
    }
```

（7）打开 AndroidManifest.xml 文件，在其中设置 SD 卡的读取权限，具体代码如下：

```
<uses-permission android:name="android.permission.READ_EXTERNAL_STORAGE"/>
```

运行本实例，将显示如图 9.10 所示的运行结果。

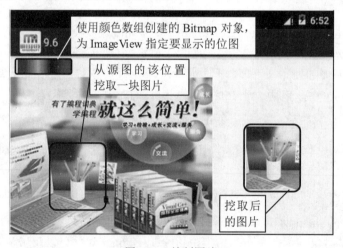

图 9.10　绘制图片

说明　在运行本实例时，需要到应用界面中，为该应用开启访问存储空间的权限。具体方法为：切换到"设置"/"应用"界面，然后单击当前的实例名称选项（9.6），在进入的界面中，找到"权限"选项，再将"存储空间"右侧的开关按钮，设置为开启状态即可。

9.2.5　范例 1：绘制 Android 的机器人

例 9.7　在 Eclipse 中创建 Android 项目，名称为 9.7，实现在屏幕上绘制 Android 机器人。（实例位置：光盘\TM\sl\9\9.7）

（1）修改新建项目的 res\layout 目录下的布局文件 main.xml，将默认添加的相对布局管理器和 TextView 组件删除，然后添加一个帧布局管理器，用于显示自定义的绘图类。

（2）打开默认创建的 AndroidIcon，在该文件中，首先创建一个名称为 MyView 的内部类，该类继承自 android.view.View 类，并添加构造方法和重写 onDraw(Canvas canvas)方法，然后在 onCreate()方法中获取布局文件中添加的帧布局管理器，并将 MyView 视图添加到该帧布局管理器中。

（3）在 MyView 的 onDraw()方法中，首先创建一个画笔，并设置画笔的相关属性，然后绘制机器人的头、眼睛、天线、身体、胳膊和腿，具体代码如下：

```
Paint paint=new Paint();                                    //采用默认设置创建一个画笔
paint.setAntiAlias(true);                                   //使用抗锯齿功能
paint.setColor(0xFFA4C739);                                 //设置画笔的颜色为绿色
//绘制机器人的头
RectF rectf_head=new RectF(10, 10, 100, 100);
rectf_head.offset(100, 20);
canvas.drawArc(rectf_head, -10, -160, false, paint);        //绘制弧
//绘制眼睛
paint.setColor(Color.WHITE);                                //设置画笔的颜色为白色
canvas.drawCircle(135, 53, 4, paint);                       //绘制圆
canvas.drawCircle(175, 53, 4, paint);                       //绘制圆
paint.setColor(0xFFA4C739);                                 //设置画笔的颜色为绿色
//绘制天线
paint.setStrokeWidth(2);                                    //设置笔触的宽度
canvas.drawLine(120, 15, 135, 35, paint);                   //绘制线
canvas.drawLine(190, 15, 175, 35, paint);                   //绘制线
//绘制身体
canvas.drawRect(110, 75, 200, 150, paint);                  //绘制矩形
RectF rectf_body=new RectF(110,140,200,160);
canvas.drawRoundRect(rectf_body, 10, 10, paint);            //绘制圆角矩形
//绘制胳膊
RectF rectf_arm=new RectF(85,75,105,140);
canvas.drawRoundRect(rectf_arm, 10, 10, paint);             //绘制左侧的胳膊
rectf_arm.offset(120, 0);                                   //设置在 X 轴上偏移 120 像素
canvas.drawRoundRect(rectf_arm, 10, 10, paint);             //绘制右侧的胳膊
```

```
//绘制腿
RectF rectf_leg=new RectF(125,150,145,200);
canvas.drawRoundRect(rectf_leg, 10, 10, paint);        //绘制左侧的腿
rectf_leg.offset(40, 0);                                //设置在 X 轴上偏移 40 像素
canvas.drawRoundRect(rectf_leg, 10, 10, paint);        //绘制右侧的腿
```

运行本实例，将显示如图 9.11 所示的运行结果。

9.2.6 范例 2：实现简易涂鸦板

例 9.8　在 Eclipse 中创建 Android 项目，名称为 9.8，实现用于实现手绘功能的简易涂鸦板。(**实例位置：光盘\TM\sl\9\9.8**)

（1）创建一个名称为 DrawView 的类，该类继承自 android.view.View 类。在该类中，首先定义程序中所需的属性，然后添加构造方法，并重写 onDraw(Canvas canvas)方法，关键代码如下：

图 9.11　在屏幕上绘制 Android 机器人

```
public class DrawView extends View {
    private int view_width = 0;                     //屏幕的宽度
    private int view_height = 0;                    //屏幕的高度
    private float preX;                             //起始点的 X 坐标值
    private float preY;                             //起始点的 Y 坐标值
    private Path path;                              //路径
    public Paint paint = null;                      //画笔
    Bitmap cacheBitmap = null;                      //定义一个内存中的图片，该图片将作为缓冲区
    Canvas cacheCanvas = null;                      //定义 cacheBitmap 上的 Canvas 对象
    /**
     * 功能：构造方法
     */
    public DrawView(Context context, AttributeSet attrs) {
        super(context, attrs);
    }
    /*
     * 功能：重写 onDraw()方法
     */
    @Override
    protected void onDraw(Canvas canvas) {
        super.onDraw(canvas);
    }
}
```

（2）修改新建项目的 res\layout 目录下的布局文件 main.xml，将默认添加的相对布局管理器和 TextView 组件删除，然后添加一个帧布局管理器，并在帧布局管理器中添加步骤（1）中创建的自定义视图。修改后的代码如下：

```
<FrameLayout xmlns:android="http://schemas.android.com/apk/res/android"
```

```
    android:layout_width="fill_parent"
    android:layout_height="fill_parent"
    android:orientation="vertical" >
    <com.mingrisoft.DrawView
        android:id="@+id/drawView1"
        android:layout_width="match_parent"
        android:layout_height="match_parent" />
</FrameLayout>
```

（3）在 DrawView 类的构造方法中，首先获取屏幕的宽度和高度，并创建一个与该 View 相同大小的缓存区，然后创建一个新的画面，并实例化一个路径，再将内存中的位图绘制到 cacheCanvas 中，最后实例化一个画笔，并设置画笔的相关属性。关键代码如下：

```
view_width = context.getResources().getDisplayMetrics().widthPixels;       //获取屏幕的宽度
view_height = context.getResources().getDisplayMetrics().heightPixels;      //获取屏幕的高度
//创建一个与该 View 相同大小的缓存区
cacheBitmap = Bitmap.createBitmap(view_width, view_height,Config.ARGB_8888);
cacheCanvas = new Canvas();                                                 //创建一个新的画布
path = new Path();
cacheCanvas.setBitmap(cacheBitmap);                                         //在 cacheCanvas 上绘制 cacheBitmap
paint = new Paint(Paint.DITHER_FLAG);
paint.setColor(Color.RED);                                                  //设置默认的画笔颜色
//设置画笔风格
paint.setStyle(Paint.Style.STROKE);                                        //设置填充方式为描边
paint.setStrokeJoin(Paint.Join.ROUND);                                     //设置笔刷的图形样式
paint.setStrokeCap(Paint.Cap.ROUND);                                       //设置画笔转弯处的连接风格
paint.setStrokeWidth(1);                                                    //设置默认笔触的宽度为 1 像素
paint.setAntiAlias(true);                                                   //使用抗锯齿功能
paint.setDither(true);                                                      //使用抖动效果
```

（4）在 DrawView 类的 onDraw()方法中，添加以下代码，用于设置背景颜色、绘制 cacheBitmap、绘制路径以及保存当前绘图状态到栈中，并调用 restore()方法恢复所保存的状态。

```
canvas.drawColor(0xFFFFFFFF);                                               //设置背景颜色
Paint bmpPaint = new Paint();                                              //采用默认设置创建一个画笔
canvas.drawBitmap(cacheBitmap, 0, 0, bmpPaint);                            //绘制 cacheBitmap
canvas.drawPath(path, paint);                                             //绘制路径
canvas.save(Canvas.ALL_SAVE_FLAG);                                        //保存 canvas 的状态
canvas.restore();      //恢复 canvas 之前保存的状态，防止保存后对 canvas 执行的操作对后续的绘制有影响
```

（5）在 DrawView 类中，重写 onTouchEvent()方法，为该视图添加触摸事件监听器，在该方法中，首先获取触摸事件发生的位置，然后应用 switch 语句对事件的不同状态添加响应代码，最后调用 invalidate()方法更新视图。具体代码如下：

```
@Override
public boolean onTouchEvent(MotionEvent event) {
    //获取触摸事件发生的位置
    float x = event.getX();
    float y = event.getY();
```

```
switch (event.getAction()) {
case MotionEvent.ACTION_DOWN:
    path.moveTo(x, y);                                    //将绘图的起始点移到（x,y）坐标点的位置
    preX = x;
    preY = y;
    break;
case MotionEvent.ACTION_MOVE:
    float dx = Math.abs(x - preX);
    float dy = Math.abs(y - preY);
    if (dx >= 5 || dy >= 5) {                             //判断是否在允许的范围内
        path.quadTo(preX, preY, (x + preX) / 2, (y + preY) / 2);
        preX = x;
        preY = y;
    }
    break;
case MotionEvent.ACTION_UP:
    cacheCanvas.drawPath(path, paint);                   //绘制路径
    path.reset();
    break;
}
invalidate();
return true;                                              //返回 true，表明处理方法已经处理该事件
}
```

（6）编写 clear()方法，用于实现橡皮擦功能，具体代码如下：

```
public void clear() {
    paint.setXfermode(new PorterDuffXfermode(PorterDuff.Mode.CLEAR)); //设置图形重叠时的处理方式
    paint.setStrokeWidth(50);                                          //设置笔触的宽度
}
```

（7）编写保存当前绘图的 save()方法，在该方法中，调用 saveBitmap()方法将当前绘图保存为 PNG 图片。save()方法的具体代码如下：

```
public void save() {
    try {
        saveBitmap("myPicture");
    } catch (IOException e) {
        e.printStackTrace();
    }
}
```

（8）编写保存绘制好的位图的方法 saveBitmap()，在该方法中，首先在 SD 卡上创建一个文件，然后创建一个文件输出流对象，并调用 Bitmap 类的 compress()方法将绘图内容压缩为 PNG 格式输出到刚刚创建的文件输出流对象中，最后将缓冲区的数据全部写出到输出流中，并关闭文件输出流对象。saveBitmap()方法的具体代码如下：

```
//保存绘制好的位图
public void saveBitmap(String fileName) throws IOException {
    File file = new File("/sdcard/"+ fileName + ".png");              //创建文件对象
```

```
    file.createNewFile();                                    //创建一个新文件
    FileOutputStream fileOS = new FileOutputStream(file);    //创建一个文件输出流对象
    //将绘图内容压缩为 PNG 格式输出到输出流对象中
    cacheBitmap.compress(Bitmap.CompressFormat.PNG, 100, fileOS);
    fileOS.flush();                                          //将缓冲区中的数据全部写出到输出流中
    fileOS.close();                                          //关闭文件输出流对象
}
```

注意 如果在程序中，需要向 SD 卡上保存文件，那么需要在 AndroidManifest.xml 文件中赋予相应的权限，具体代码如下：

```
<uses-permission android:name="android.permission.MOUNT_UNMOUNT_FILESYSTEMS"/>
<uses-permission android:name="android.permission.WRITE_EXTERNAL_STORAGE"/>
```

（9）在 res 目录中，创建一个 menu 目录，并在该目录中创建一个名称为 toolsmenu.xml 的菜单资源文件，在该文件中编写实例中所应用的功能菜单，关键代码如下：

```
<menu xmlns:android="http://schemas.android.com/apk/res/android" >
    <item android:title="@string/color">
        <menu >
            <!-- 定义一组单选菜单项 -->
            <group android:checkableBehavior="single" >
                <!-- 定义子菜单 -->
                <item android:id="@+id/red" android:title="@string/color_red"/>
                <item android:id="@+id/green" android:title="@string/color_green"/>
                <item android:id="@+id/blue" android:title="@string/color_blue"/>
            </group>
        </menu>
    </item>
    <item android:title="@string/width">
        <menu >
            <!-- 定义子菜单 -->
            <group>
                <item android:id="@+id/width_1" android:title="@string/width_1"/>
                <item android:id="@+id/width_2" android:title="@string/width_2"/>
                <item android:id="@+id/width_3" android:title="@string/width_3"/>
            </group>
        </menu>
    </item>
    <item android:id="@+id/clear" android:title="@string/clear"/>
    <item android:id="@+id/save" android:title="@string/save"/>
</menu>
```

说明 在上面的代码中，应用了字符串资源，这些资源均保存在 res\values 目录中的 strings.xml 文件中，具体代码请参见光盘。

（10）在默认创建的 DrawActivity 中，为实例添加选项菜单。

首先，重写 onCreateOptionsMenu()方法，在该方法中，实例化一个 MenuInflater 对象，并调用该对象的 inflate()方法解析步骤（9）中创建的菜单文件，具体代码如下：

```
//创建选项菜单
@Override
public boolean onCreateOptionsMenu(Menu menu) {
    MenuInflater inflator = new MenuInflater(this);       //实例化一个 MenuInflater 对象
    inflator.inflate(R.menu.toolsmenu, menu);             //解析菜单文件
    return super.onCreateOptionsMenu(menu);
}
```

然后，重写 onOptionsItemSelected()方法，分别对各个菜单项被选择时做出相应的处理，具体代码如下：

```
//当菜单项被选择时，做出相应的处理
@Override
public boolean onOptionsItemSelected(MenuItem item) {
    DrawView dv = (DrawView) findViewById(R.id.drawView1);   //获取自定义的绘图视图
    dv.paint.setXfermode(null);                              //取消擦除效果
    dv.paint.setStrokeWidth(1);                              //初始化画笔的宽度
    switch (item.getItemId()) {
    case R.id.red:
        dv.paint.setColor(Color.RED);                       //设置画笔的颜色为红色
        item.setChecked(true);
        break;
    case R.id.green:
        dv.paint.setColor(Color.GREEN);                     //设置画笔的颜色为绿色
        item.setChecked(true);
        break;
    case R.id.blue:
        dv.paint.setColor(Color.BLUE);                      //设置画笔的颜色为蓝色
        item.setChecked(true);
        break;
    case R.id.width_1:
        dv.paint.setStrokeWidth(1);                         //设置笔触的宽度为 1 像素
        break;
    case R.id.width_2:
        dv.paint.setStrokeWidth(5);                         //设置笔触的宽度为 5 像素
        break;
    case R.id.width_3:
        dv.paint.setStrokeWidth(10);                        //设置笔触的宽度为 10 像素
        break;
    case R.id.clear:
        dv.clear();                                         //擦除绘画
        break;
    case R.id.save:
        dv.save();                                          //保存绘画
        break;
    }
    return true;
}
```

说明　在运行本实例时，需要到应用界面中，为该应用开启访问存储空间的权限。具体方法为：切换到"设置"/"应用"界面，然后单击当前的实例名称选项（简易涂鸦板），在进入的界面中，找到"权限"选项，再将"存储空间"右侧的开关按钮，设置为开启状态即可。

运行本实例，将显示一个简易涂鸦板，在屏幕上可以随意绘画，单击屏幕右上方的菜单按钮，将弹出选项菜单，主要用于完成更改画笔颜色、画笔宽度、擦除绘画和保存绘画功能。实例运行效果如图 9.12 所示。

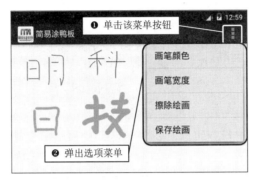

图 9.12　在简易涂鸦板上绘画

说明　选择"保存绘画"菜单项，可以将当前绘图保存到手机的内部存储设备 SD 卡的 pictures 目录中，文件名为 myPicture.png。。

9.3　为图形添加特效

教学录像：光盘\TM\lx\9\为图形添加特效.exe

在 Android 中，不仅可以绘制图形，还可以为图形添加特效。例如，对图形进行旋转、缩放、倾斜、平移和渲染等，下面将分别进行介绍。

9.3.1　旋转图像

使用 Android 提供的 android.graphics.Matrix 类的 setRotate()、postRotate()和 preRotate()方法，可以对图像进行旋转。

说明　在 Android API 中，提供了 setXXX()、postXXX()和 preXXX()3 种方法，其中，setXXX()方法用于直接设置 Matrix 的值，每使用一次 setXXX()方法，整个 Matrix 都会改变；postXXX()方法用于采用后乘的方式为 Matrix 设置值，可以连续多次使用 post 完成多个变换；preXXX()方法用于采用前乘的方式为 Matrix 设置值，使用 preXXX()方法设置的操作最先发生。

由于这 3 个方法除了方法名不同外，语法格式等均相同，下面将以 setRotate()方法为例来进行介绍。setRotate()方法有以下两种语法格式。

☑ setRotate(float degrees)

使用该语法格式可以控制 Matrix 进行旋转，float 类型的参数用于指定旋转的角度。例如，创建一个 Matrix 的对象，并将其旋转 30°，可以使用下面的代码：

```
Matrix matrix=new Matrix();                              //创建一个 Matrix 的对象
matrix.setRotate(30);                                    //将 Matrix 的对象旋转 30°
```

☑ setRotate(float degrees, float px, float py)

使用该语法格式可以控制 Matrix 以参数 px 和 py 为轴心进行旋转，float 类型的参数用于指定旋转的角度。例如，创建一个 Matrix 的对象，并将其以（10,10）为轴心旋转 30°，可以使用下面的代码：

```
Matrix matrix=new Matrix();                              //创建一个 Matrix 的对象
matrix.setRotate(30,10,10);                              //将 Matrix 的对象旋转 30°
```

创建 Matrix 的对象并对其进行旋转后，还需要应用该 Matrix 对图像或组件进行控制。在 Canvas 类中提供了一个 drawBitmap(Bitmap bitmap, Matrix matrix, Paint paint)方法，可以在绘制图像的同时应用 Matrix 上的变化。例如，需要将一个图像旋转 30° 后绘制到画布上，可以使用下面的代码：

```
Paint paint=new Paint();
Bitmap bitmap=BitmapFactory.decodeResource(MainActivity.this.getResources(), R.drawable.rabbit);
Matrix matrix=new Matrix();
matrix.setRotate(30);
canvas.drawBitmap(bitmap, matrix, paint);
```

例 9.9　在 Eclipse 中创建 Android 项目，名称为 9.9，实现应用 Matrix 旋转图像。（**实例位置：光盘\TM\sl\9\9.9**）

（1）修改新建项目的 res\layout 目录下的布局文件 main.xml，将默认添加的相对布局管理器和 TextView 组件删除，然后添加一个帧布局管理器，用于显示自定义的绘图类。

（2）打开默认创建的 MainActivity，在该文件中，首先创建一个名称为 MyView 的内部类，该类继承自 android.view.View 类，并添加构造方法和重写 onDraw(Canvas canvas)方法，然后在 onCreate()方法中获取布局文件中添加的帧布局管理器，并将 MyView 视图添加到该帧布局管理器中。

（3）在 MyView 的 onDraw()方法中，首先定义一个画笔，并绘制一张背景图像，然后在（0,0）点的位置绘制要旋转图像的原图，再绘制以（0,0）点为轴心旋转 30° 的图像，最后绘制以（87,87）点为轴心旋转 90° 的图像，具体代码如下：

```
Paint paint=new Paint();                                 //定义一个画笔
Bitmap bitmap_bg=BitmapFactory.decodeResource(MainActivity.this.getResources(), R.drawable.background);
canvas.drawBitmap(bitmap_bg, 0, 0, paint);               //绘制背景图像
Bitmap bitmap_rabbit=BitmapFactory.decodeResource(MainActivity.this.getResources(), R.drawable.rabbit);
canvas.drawBitmap(bitmap_rabbit, 0, 0, paint);           //绘制原图
//应用 setRotate(float degrees)方法旋转图像
Matrix matrix=new Matrix();
matrix.setRotate(30);                                    //以（0,0）点为轴心旋转 30°
```

```
canvas.drawBitmap(bitmap_rabbit, matrix, paint);        //绘制图像并应用 matrix 的变换
//应用 setRotate(float degrees, float px, float py)方法旋转图像
Matrix m=new Matrix();
m.setRotate(90,87,87);                                   //以（87,87）点为轴心旋转 90°
canvas.drawBitmap(bitmap_rabbit, m, paint);             //绘制图像并应用 matrix 的变换
```

运行本实例，将显示如图 9.13 所示的运行结果。

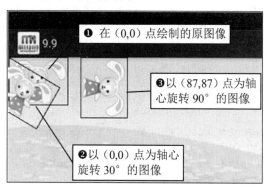

图 9.13　旋转图像

9.3.2　缩放图像

使用 Android 提供的 android.graphics.Matrix 类的 setScale()、postScale()和 preScale()方法，可对图像进行缩放。由于这 3 个方法除了方法名不同外，语法格式等均相同，下面将以 setScale()方法为例来进行介绍。setScale()方法有以下两种语法格式。

☑　setScale(float sx, float sy)

使用该语法格式可以控制 Matrix 进行缩放，参数 sx 和 sy 用于指定 X 轴和 Y 轴的缩放比例。例如，创建一个 Matrix 的对象，并将其在 X 轴上缩放 30%，在 Y 轴上缩放 20%，可以使用下面的代码：

```
Matrix matrix=new Matrix();        //创建一个 Matrix 的对象
matrix.setScale(0.3f, 0.2f);       //缩放 Matrix 对象
```

☑　setScale(float sx, float sy, float px, float py)

使用该语法格式可以控制 Matrix 以参数 px 和 py 为轴心进行缩放，参数 sx 和 sy 用于指定 X 轴和 Y 轴的缩放比例。例如，创建一个 Matrix 的对象，并将其以（100,100）为轴心，在 X 轴和 Y 轴上均缩放 30%，可以使用下面的代码：

```
Matrix matrix=new Matrix();            //创建一个 Matrix 的对象
matrix. setScale (30,30,100,100);      //缩放 Matrix 对象
```

创建 Matrix 的对象并对其进行缩放后，还需要应用该 Matrix 对图像或组件进行控制。同旋转图像一样，也可应用 Canvas 类中提供的 drawBitmap(Bitmap bitmap, Matrix matrix, Paint paint)方法，在绘制图像的同时应用 Matrix 上的变化。下面通过一个具体的实例来说明如何对图像进行缩放。

例 9.10　在 Eclipse 中创建 Android 项目，名称为 9.10，实现应用 Matrix 缩放图像。（**实例位置：**

光盘\TM\sl\9\9.10）

（1）修改新建项目的 res\layout 目录下的布局文件 main.xml，将默认添加的相对布局管理器和 TextView 组件删除，然后添加一个帧布局管理器，用于显示自定义的绘图类。

（2）打开默认创建的 MainActivity，在该文件中，首先创建一个名称为 MyView 的内部类，该类继承自 android.view.View 类，并添加构造方法和重写 onDraw(Canvas canvas)方法，然后在 onCreate()方法中获取布局文件中添加的帧布局管理器，并将 MyView 视图添加到该帧布局管理器中。

（3）在 MyView 的 onDraw()方法中，首先定义一个画笔，并绘制一张背景图像，然后绘制以（0,0）点为轴心，在 X 轴和 Y 轴上均缩放 200%的图像，再绘制以（156,156）点为轴心、在 X 轴和 Y 轴上均缩放 80%的图像，最后在（0,0）点的位置绘制要缩放图像的原图，具体代码如下：

```
Paint paint=new Paint();                                  //定义一个画笔
paint.setAntiAlias(true);
Bitmap bitmap_bg=BitmapFactory.decodeResource(MainActivity.this.getResources(), R.drawable.background);
canvas.drawBitmap(bitmap_bg, 0, 0, paint);                //绘制背景
Bitmap bitmap_rabbit=BitmapFactory.decodeResource(MainActivity.this.getResources(), R.drawable.rabbit);
//应用 setScale(float sx, float sy)方法缩放图像
Matrix matrix=new Matrix();
matrix.setScale(2f, 2f);                                  //以（0,0）点为轴心将图像在 X 轴和 Y 轴上均缩放 200%
canvas.drawBitmap(bitmap_rabbit, matrix, paint);          //绘制图像并应用 matrix 的变换
//应用 setScale(float sx, float sy, float px, float py) 方法缩放图像
Matrix m=new Matrix();
m.setScale(0.8f,0.8f,156,156);                            //以（156,156)点为轴心将图像在 X 轴和 Y 轴上均缩放 80%
canvas.drawBitmap(bitmap_rabbit, m, paint);               //绘制图像并应用 matrix 的变换
canvas.drawBitmap(bitmap_rabbit, 0, 0, paint);            //绘制原图
```

运行本实例，将显示如图 9.14 所示的运行结果。

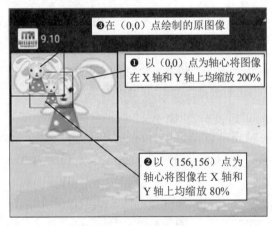

图 9.14　缩放图像

9.3.3　倾斜图像

使用 Android 提供的 android.graphics.Matrix 类的 setSkew()、postSkew()和 preSkew()方法，可对图

像进行倾斜。由于这 3 个方法除了方法名不同外，语法格式等均相同，下面将以 setSkew()方法为例来进行介绍。setSkew()方法有以下两种语法格式。

☑　setSkew(float kx, float ky)

使用该语法格式可以控制 Matrix 进行倾斜，参数 kx 和 ky 用于指定在 X 轴和 Y 轴上的倾斜量。例如，创建一个 Matrix 的对象，并将其在 X 轴上倾斜 0.3，在 Y 轴上不倾斜，可以使用下面的代码：

```
Matrix matrix=new Matrix();                    //创建一个 Matrix 的对象
matrix.setSkew(0.3f, 0);                       //倾斜 Matrix 对象
```

☑　setSkew(float kx, float ky, float px, float py)

使用该语法格式可以控制 Matrix 以参数 px 和 py 为轴心进行倾斜，参数 sx 和 sy 用于指定在 X 轴和 Y 轴上的倾斜量。例如，创建一个 Matrix 的对象，并将其以（100,100）为轴心，在 X 轴和 Y 轴上均倾斜 0.1，可以使用下面的代码：

```
Matrix matrix=new Matrix();                    //创建一个 Matrix 的对象
matrix. setSkew (0.1f,0.1f,100,100);           //倾斜 Matrix 对象
```

创建 Matrix 的对象并对其进行倾斜后，还需要应用该 Matrix 对图像或组件进行控制。同旋转图像一样，也可应用 Canvas 类中提供的 drawBitmap(Bitmap bitmap, Matrix matrix, Paint paint)方法，在绘制图像的同时应用 Matrix 上的变化。下面通过一个具体的实例来说明如何对图像进行倾斜。

例 9.11　在 Eclipse 中创建 Android 项目，名称为 9.11，实现应用 Matrix 倾斜图像。（**实例位置：光盘\TM\sl\9\9.11**）

（1）修改新建项目的 res\layout 目录下的布局文件 main.xml，将默认添加的相对布局管理器和 TextView 组件删除，然后添加一个帧布局管理器，用于显示自定义的绘图类。

（2）打开默认创建的 MainActivity，在该文件中，首先创建一个名称为 MyView 的内部类，该类继承自 android.view.View 类，并添加构造方法和重写 onDraw(Canvas canvas)方法，然后在 onCreate()方法中获取布局文件中添加的帧布局管理器，并将 MyView 视图添加到该帧布局管理器中。

（3）在 MyView 的 onDraw()方法中，首先定义一个画笔并绘制一张背景图像，然后绘制以（0,0）点为轴心，在 X 轴上倾斜 2、在 Y 轴上倾斜 1 的图像，再绘制以（78,69）点为轴心，在 X 轴上倾斜-0.5 的图像，最后在（0,0）点的位置绘制要缩放图像的原图，具体代码如下：

```
Paint paint=new Paint();                       //定义一个画笔
paint.setAntiAlias(true);
Bitmap bitmap_bg=BitmapFactory.decodeResource(MainActivity.this.getResources(), R.drawable.background);
canvas.drawBitmap(bitmap_bg, 0, 0, paint);     //绘制背景
Bitmap bitmap_rabbit=BitmapFactory.decodeResource(MainActivity.this.getResources(), R.drawable.rabbit);
//应用 setSkew(float sx, float sy)方法倾斜图像
Matrix matrix=new Matrix();
matrix.setSkew(2f, 1f);                         //以（0,0）点为轴心将图像在 X 轴上倾斜 2，在 Y 轴上倾斜 1
canvas.drawBitmap(bitmap_rabbit, matrix, paint); //绘制图像并应用 matrix 的变换
//应用 setSkew(float sx, float sy, float px, float py) 方法倾斜图像
Matrix m=new Matrix();
m.setSkew(-0.5f, 0f,78,69);                     //以（78,69）点为轴心将图像在 X 轴上倾斜-0.5
```

canvas.drawBitmap(bitmap_rabbit, m, paint);	//绘制图像并应用 matrix 的变换
canvas.drawBitmap(bitmap_rabbit, 0, 0, paint);	//绘制原图

运行本实例，将显示如图 9.15 所示的运行结果。

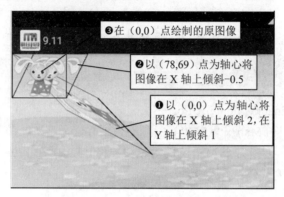

图 9.15　倾斜图像

9.3.4　平移图像

使用 Android 提供的 android.graphics.Matrix 类的 setTranslate()、postTranslate()和 preTranslate()方法，可对图像进行平移。由于这 3 个方法除了方法名不同外，语法格式等均相同，下面将以 setTranslate()方法为例来进行介绍。setTranslate()方法的语法格式如下：

```
setTranslate(float dx, float dy)
```

在该语法中，参数 dx 和 dy 用于指定将 Matrix 移动到的位置的 x 和 y 坐标。

例如，创建一个 Matrix 的对象，并将其平移到（100,50）的位置，可以使用下面的代码：

```
Matrix matrix=new Matrix();                        //创建一个 Matrix 的对象
matrix.setTranslate(100,50);                       //将对象平移到（100,50）的位置
```

创建 Matrix 的对象并对其进行平移后，还需要应用该 Matrix 对图像或组件进行控制。同旋转图像一样，也可应用 Canvas 类中提供的 drawBitmap(Bitmap bitmap, Matrix matrix, Paint paint)方法，在绘制图像的同时应用 Matrix 上的变化。下面通过一个具体的实例来说明如何对图像进行平移。

例 9.12　在 Eclipse 中创建 Android 项目，名称为 9.12，实现应用 Matrix 将图像旋转后再平移。（**实例位置：光盘\TM\sl\9\9.12**）

（1）修改新建项目的 res\layout 目录下的布局文件 main.xml，将默认添加的相对布局管理器和 TextView 组件删除，然后添加一个帧布局管理器，用于显示自定义的绘图类。

（2）打开默认创建的 MainActivity，在该文件中，首先创建一个名称为 MyView 的内部类，该类继承自 android.view.View 类，并添加构造方法和重写 onDraw(Canvas canvas)方法，然后在 onCreate()方法中获取布局文件中添加的帧布局管理器，并将 MyView 视图添加到该帧布局管理器中。

（3）在 MyView 的 onDraw()方法中，首先定义一个画笔，并绘制一张背景图像，然后在（0,0）点的位置绘制要缩放图像的原图，再创建一个 Matrix 的对象，并将其旋转 30°后平移到指定位置，最后

绘制应用 matrix 变换的图像，具体代码如下：

```
Paint paint=new Paint();                                //定义一个画笔
paint.setAntiAlias(true);                               //使用抗锯齿功能
Bitmap bitmap_bg=BitmapFactory.decodeResource(MainActivity.this.getResources(), R.drawable.background);
canvas.drawBitmap(bitmap_bg, 0, 0, paint);             //绘制背景
Bitmap bitmap_rabbit=BitmapFactory.decodeResource(MainActivity.this.getResources(), R.drawable.rabbit);
canvas.drawBitmap(bitmap_rabbit, 0, 0, paint);         //绘制原图
Matrix matrix=new Matrix();                             //创建一个 Matrix 的对象
matrix.setRotate(30);                                   //将 matrix 旋转 30°
matrix.postTranslate(100,50);                           //将 matrix 平移到（100,50）的位置
canvas.drawBitmap(bitmap_rabbit, matrix, paint);       //绘制图像并应用 matrix 的变换
```

运行本实例，将显示如图 9.16 所示的运行结果。

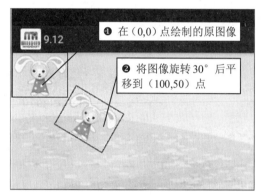

图 9.16　旋转并平移图像

9.3.5　使用 BitmapShader 渲染图像

在 Android 中，提供的 BitmapShader 类主要用来渲染图像。如果需要将一张图片裁剪成椭圆形或圆形等形状并显示到屏幕上，就可以使用 BitmapShader 类来实现。使用 BitmapShader 来渲染图像的基本步骤如下。

（1）创建 BitmapShader 类的对象，可以通过以下构造方法进行创建：

```
BitmapShader(Bitmap bitmap, Shader.TileMode tileX, Shader.TileMode tileY)
```

其中，参数 bitmap 用于指定一个位图对象，通常是要用来渲染的原图像；参数 tileX 用于指定在水平方向上图像的重复方式；参数 tileY 用于指定在垂直方向上图像的重复方式。

例如，要创建一个在水平方向上重复、在垂直方向上镜像的 BitmapShader 对象，可以使用下面的代码：

```
BitmapShader bitmapshader= new BitmapShader(bitmap_bg,TileMode.REPEAT,TileMode.MIRROR);
```

说明　Shader.TileMode 类型的参数包括 CLAMP、MIRROR 和 REPEAT 3 个可选值，其中，CLAMP 为使用边界颜色来填充剩余的空间；MIRROR 为采用镜像方式；REPEAT 为采用重复方式。

（2）通过 Paint 的 setShader()方法来设置渲染对象。

（3）在绘制图像时，使用已经设置了 setShader()方法的画笔。

下面通过一个具体的实例来说明如何使用 BitmapShader 渲染图像。

例 9.13 在 Eclipse 中创建 Android 项目，名称为 9.13，应用 BitmapShader 实现平铺的画布背景和椭圆形的图片。（**实例位置：光盘\TM\sl\9\9.13**）

（1）修改新建项目的 res\layout 目录下的布局文件 main.xml，将默认添加的相对布局管理器和 TextView 组件删除，然后添加一个帧布局管理器，用于显示自定义的绘图类。

（2）打开默认创建的 MainActivity，在该文件中，首先创建一个名称为 MyView 的内部类，该类继承自 android.view.View 类，并添加构造方法和重写 onDraw(Canvas canvas)方法，然后在 onCreate()方法中获取布局文件中添加的帧布局管理器，并将 MyView 视图添加到该帧布局管理器中。

（3）在 MyView 的 onDraw()方法中，首先定义一个画笔，并设置其使用抗锯齿功能，然后应用 BitmapShader 实现平铺的画布背景，这里使用的是一张机器人图片，接下来绘制一张椭圆形的图片，具体代码如下：

```
Paint paint=new Paint();                                //定义一个画笔
paint.setAntiAlias(true);                               //使用抗锯齿功能
Bitmap bitmap_bg=BitmapFactory.decodeResource(MainActivity.this.getResources(), R.drawable.android);
//创建一个在水平和垂直方向都重复的 BitmapShader 对象
BitmapShader bitmapshader= new BitmapShader(bitmap_bg,TileMode.REPEAT,TileMode.REPEAT);
paint.setShader(bitmapshader);                          //设置渲染对象
canvas.drawRect(0, 0, view_width, view_height, paint);  //绘制一个使用 BitmapShader 渲染的矩形
Bitmap bm=BitmapFactory.decodeResource(MainActivity.this.getResources(), R.drawable.img02);
//创建一个在水平方向上重复，在垂直方向上镜像的 BitmapShader 对象
BitmapShader bs= new BitmapShader(bm,TileMode.REPEAT,TileMode.MIRROR);
paint.setShader(bs);                                    //设置渲染对象
RectF oval=new RectF(0,0,280,180);
canvas.translate(40, 20);                               //将画面在 X 轴上平移 40 像素，在 Y 轴上平移 20 像素
canvas.drawOval(oval, paint);                           //绘制一个使用 BitmapShader 渲染的椭圆形
```

运行本实例，将显示如图 9.17 所示的运行结果。

图 9.17　显示平铺背景和椭圆形的图片

9.3.6　范例 1：实现带描边的圆角图片

例 9.14　在 Eclipse 中创建 Android 项目，名称为 9.14，实现带描边的圆角图片。（**实例位置：光盘\TM\sl\9\9.14**）

（1）修改新建项目的 res\layout 目录下的布局文件 main.xml，将默认添加的相对布局管理器和 TextView 组件删除，然后添加一个帧布局管理器，用于显示自定义的绘图类。

（2）打开默认创建的 MainActivity，在该文件中，首先创建一个名称为 MyView 的内部类，该类继承自 android.view.View 类，并添加构造方法和重写 onDraw(Canvas canvas)方法，然后在 onCreate()方法中获取布局文件中添加的帧布局管理器，并将 MyView 视图添加到该帧布局管理器中。

（3）在 MyView 的 onDraw()方法中，首先定义一个画笔，并绘制一张背景图像，然后定义一个要绘制的圆角矩形的区域，并将画布在 X 轴上平移 40 像素，在 Y 轴上平移 20 像素，再绘制一个黑色的 2 像素的圆角矩形，作为图片的描边，最后绘制一个使用 BitmapShader 渲染的圆角矩形图片，具体代码如下：

```
Paint paint=new Paint();                                  //定义一个画笔
paint.setAntiAlias(true);                                 //使用抗锯齿功能
Bitmap bitmap_bg=BitmapFactory.decodeResource(MainActivity.this.getResources(), R.drawable.background);
canvas.drawBitmap(bitmap_bg, 0, 0, paint);                //绘制背景
RectF rect=new RectF(0,0,280,180);
canvas.translate(40, 20);                                 //将画布在 X 轴上平移 40 像素，在 Y 轴上平移 20 像素
//为图片添加描边
paint.setStyle(Style.STROKE);                             //设置填充样式为描边
paint.setColor(Color.BLACK);                              //设置颜色为黑色
paint.setStrokeWidth(2);                                  //设置笔触宽度为 2 像素
canvas.drawRoundRect(rect, 10, 10, paint);                //绘制一个描边的圆角矩形
paint.setStyle(Style.FILL);                               //设置填充样式为填充
Bitmap bm=BitmapFactory.decodeResource(MainActivity.this.getResources(), R.drawable.img02);
//创建一个在水平方向上重复，在垂直方向上镜像的 BitmapShader 对象
BitmapShader bs= new BitmapShader(bm,TileMode.REPEAT,TileMode.MIRROR);
paint.setShader(bs);                                      //设置渲染对象
canvas.drawRoundRect(rect, 10, 10, paint);                //绘制一个使用 BitmapShader 渲染的圆角矩形图片
```

运行本实例，将显示如图 9.18 所示的运行结果。

9.3.7　范例 2：实现放大镜效果

例 9.15　在 Eclipse 中创建 Android 项目，名称为 9.15，实现放大镜效果。（**实例位置：光盘\TM\sl\9\9.15**）

（1）修改新建项目的 res\layout 目录下的布局文件 main.xml，将默认添加的相对布局管理器和 TextView 组件删除，然后添加一个帧布局管理器，用于显示自定义的绘图类。

图 9.18　绘制带描边的圆角图片

（2）打开默认创建的 MainActivity，在该文件中，首先创建一个名称为 MyView 的内部类，该类继承自 android.view.View 类，并添加构造方法和重写 onDraw(Canvas canvas)方法，然后在 onCreate()方法中获取布局文件中添加的帧布局管理器，并将 MyView 视图添加到该帧布局管理器中。

（3）在内部类 MyView 中，定义源图像、放大镜图像、放大镜的半径、放大倍数、放大镜的左边距和顶边距等，具体代码如下：

```
private Bitmap bitmap;                              //源图像，也就是背景图像
private ShapeDrawable drawable;
private final int RADIUS = 57;                      //放大镜的半径
private final int FACTOR = 2;                       //放大倍数
private Matrix matrix = new Matrix();
private Bitmap bitmap_magnifier;                    //放大镜位图
private int m_left = 0;                             //放大镜的左边距
private int m_top = 0;                             //放大镜的顶边距
```

（4）在内部类 MyView 的构造方法中，首先获取要显示的源图像，然后创建一个 BitmapShader 对象，用于指定渲染图像，接下来创建一个圆形的 drawable，并设置相关属性，最后获取放大镜图像，并计算放大镜的默认左、右边距，具体代码如下：

```
Bitmap bitmap_source = BitmapFactory.decodeResource(getResources(),
        R.drawable.source);                        //获取要显示的源图像
bitmap = bitmap_source;
BitmapShader shader = new BitmapShader(Bitmap.createScaledBitmap(
        bitmap_source, bitmap_source.getWidth() * FACTOR,
        bitmap_source.getHeight() * FACTOR, true), TileMode.CLAMP,
        TileMode.CLAMP);                           //创建 BitmapShader 对象
//圆形的 drawable
drawable = new ShapeDrawable(new OvalShape());
drawable.getPaint().setShader(shader);
drawable.setBounds(0, 0, RADIUS * 2, RADIUS * 2);  //设置圆的外切矩形
```

```
bitmap_magnifier = BitmapFactory.decodeResource(getResources(),        //获取放大镜图像
        R.drawable.magnifier);
m_left = RADIUS - bitmap_magnifier.getWidth() / 2;                      //计算放大镜的默认左边距
m_top = RADIUS - bitmap_magnifier.getHeight() / 2;                     //计算放大镜的默认右边距
```

（5）在 MyView 的 onDraw()方法中，分别绘制背景图像、放大镜图像和放大后的图像，具体代码如下：

```
canvas.drawBitmap(bitmap, 0, 0, null);                                  //绘制背景图像
canvas.drawBitmap(bitmap_magnifier, m_left, m_top, null);              //绘制放大镜图像
drawable.draw(canvas);                                                  //绘制放大后的图像
```

（6）在内部类 MyView 中，重写 onTouchEvent()方法，实现当用户触摸屏幕时，放大触摸点附近的图像，具体代码如下：

```
@Override
public boolean onTouchEvent(MotionEvent event) {
    final int x = (int) event.getX();                                  //获取当前触摸点的 X 轴坐标
    final int y = (int) event.getY();                                  //获取当前触摸点的 Y 轴坐标
    matrix.setTranslate(RADIUS - x * FACTOR, RADIUS - y * FACTOR);//平移到绘制 shader 的起始位置
    drawable.getPaint().getShader().setLocalMatrix(matrix);
    drawable.setBounds(x - RADIUS, y - RADIUS, x + RADIUS, y + RADIUS);  //设置圆的外切矩形
    m_left = x - bitmap_magnifier.getWidth() / 2;                      //计算放大镜的左边距
    m_top = y - bitmap_magnifier.getHeight() / 2;                      //计算放大镜的右边距
    invalidate();                                                      //重绘画布
    return true;
}
```

运行本实例，将显示如图 9.19 所示的运行结果，放大镜的位置跟随触摸点的改变而改变。

图 9.19　实现放大镜效果

9.4　Android 中的动画

📹 教学录像：光盘\TM\lx\9\Android 中的动画.exe

在应用 Android 进行项目开发时，特别是在进行游戏开发时，经常需要涉及动画。Android 中的动画通常可以分为逐帧动画和补间动画两种。下面将分别介绍如何实现这两种动画。

9.4.1　实现逐帧动画

逐帧动画就是顺序播放事先准备好的静态图像，利用人眼的"视觉暂留"原理，给用户造成动画的错觉。实现逐帧动画比较简单，只需要以下两个步骤。

（1）在 Android XML 资源文件中定义一组用于生成动画的图片资源，可以使用包含一系列<item></item>子标记的<animation-list></animation-list>标记来实现，具体语法格式如下：

```
<animation-list xmlns:android="http://schemas.android.com/apk/res/android"
    android:oneshot="true|false">
        <item android:drawable="@drawable/图片资源名 1" android:duration="integer" />
        …    <!-- 省略了部分<item></item>标记 -->
        <item android:drawable="@drawable/图片资源名 n" android:duration="integer" />
</animation-list>
```

在上面的语法中，android:oneshot 属性用于设置是否循环播放，默认值为 true，表示循环播放；android:drawable 属性用于指定要显示的图片资源；android:duration 属性指定图片资源持续的时间。

（2）使用步骤（1）中定义的动画资源。通常情况下，可以将其作为组件的背景使用。例如，可以在布局文件中添加一个线性布局管理器，然后将该布局管理器的 android:background 属性设置为所定义的动画资源。也可以将定义的动画资源作为 ImageView 的背景使用。

> 📖 **说明** 在 Android 中还支持在 Java 代码中创建逐帧动画。具体的步骤是：首先创建 AnimationDrawable 对象，然后调用 addFrame()方法向动画中添加帧，每调用一次 addFrame()方法，将添加一个帧。

9.4.2　实现补间动画

补间动画就是通过对场景中的对象不断进行图像变化来产生动画效果。在实现补间动画时，只需要定义动画开始和结束的关键帧，其他过渡帧由系统自动计算并补齐。在 Android 中，提供了 4 种补间动画。

1. 透明度渐变动画

透明度渐变动画（AlphaAnimation）就是指通过 View 组件透明度的变化来实现 View 的渐隐渐显

效果。它主要通过为动画指定开始时的透明度、结束时的透明度以及持续时间来创建动画。同逐帧动画一样，也可以在 XML 文件中定义透明度渐变动画的资源文件，基本的语法格式如下：

```
<set xmlns:android="http://schemas.android.com/apk/res/android"
    android:interpolator="@[package:]anim/interpolator_resource">
    <alpha
        android:repeatMode="reverse|restart"
        android:repeatCount="次数|infinite"
        android:duration="Integer"
        android:fromAlpha="float"
        android:toAlpha="float" />
</set>
```

在上面的语法中，各属性说明如表 9.7 所示。

表 9.7　定义透明度渐变动画时常用的属性

属　　性	描　　述
android:interpolator	用于控制动画的变化速度，使得动画效果可以匀速、加速、减速或抛物线速度等各种速度变化，其属性值如表 9.8 所示
android:repeatMode	用于设置动画的重复方式，可选值为 reverse（反向）或 restart（重新开始）
android:repeatCount	用于设置动画的重复次数，属性可以是代表次数的数值，也可以是 infinite（无限循环）
android:duration	用于指定动画持续的时间，单位为毫秒
android:fromAlpha	用于指定动画开始时的透明度，值为 0.0 代表完全透明，值为 1.0 代表完全不透明
android:toAlpha	用于指定动画结束时的透明度，值为 0.0 代表完全透明，值为 1.0 代表完全不透明

表 9.8　android:interpolator 属性的常用属性值

属　性　值	描　　述
@android:anim/linear_interpolator	动画一直在做匀速改变
@android:anim/accelerate_interpolator	动画在开始的地方改变较慢，然后开始加速
@android:anim/decelerate_interpolator	动画在开始的地方改变速度较快，然后开始减速
@android:anim/accelerate_decelerate_interpolator	动画在开始和结束的地方改变速度较慢，在中间的时候加速
@android:anim/cycle_interpolator	动画循环播放特定的次数，变化速度按正弦曲线改变
@android:anim/bounce_interpolator	动画结束的地方采用弹球效果
@android:anim/anticipate_overshoot_interpolator	在动画开始的地方先向后退一小步，再开始动画，到结束的地方再超出一小步，最后回到动画结束的地方
@android:anim/overshoot_interpolator	动画快速到达终点并超出一小步，最后回到动画结束的地方
@android:anim/anticipate_interpolator	在动画开始的地方先向后退一小步，再快速到达动画结束的地方

例如，定义一个让 View 组件从完全透明到完全不透明、持续时间为 2 秒钟的动画，可以使用下面的代码：

```
<set xmlns:android="http://schemas.android.com/apk/res/android">
    <alpha android:fromAlpha="0"
        android:toAlpha="1"
```

```
        android:duration="2000"/>
</set>
```

2. 旋转动画

旋转动画（RotateAnimation）就是通过为动画指定开始时的旋转角度、结束时的旋转角度以及持续时间来创建动画。在旋转时，还可以通过指定轴心点坐标来改变旋转的中心。同透明度渐变动画一样，也可以在 XML 文件中定义旋转动画资源文件，基本的语法格式如下：

```
<set xmlns:android="http://schemas.android.com/apk/res/android"
    android:interpolator="@[package:]anim/interpolator_resource">
    <rotate
        android:fromDegrees="float"
        android:toDegrees="float"
        android:pivotX="float"
        android:pivotY="float"
        android:repeatMode="reverse|restart"
        android:repeatCount="次数|infinite"
        android:duration="Integer"/>
</set>
```

在上面的语法中，各属性说明如表 9.9 所示。

表 9.9　定义旋转动画时常用的属性

属　　性	描　　述
android:interpolator	用于控制动画的变化速度，使得动画效果可以匀速、加速、减速或抛物线速度等各种速度变化，其属性值见表 9.8
android:fromDegrees	用于指定动画开始时的旋转角度
android:toDegrees	用于指定动画结束时的旋转角度
android:pivotX	用于指定轴心点的 X 坐标
android:pivotY	用于指定轴心点的 Y 坐标
android:repeatMode	用于设置动画的重复方式，可选值为 reverse（反向）或 restart（重新开始）
android:repeatCount	用于设置动画的重复次数，属性可以是代表次数的数值，也可以是 infinite（无限循环）
android:duration	用于指定动画持续的时间，单位为毫秒

例如，定义一个让图片从 0°转到 360°、持续时间为 2 秒钟、中心点在图片的中心的动画，可以使用下面的代码：

```
    <rotate
        android:fromDegrees="0"
        android:toDegrees="360"
        android:pivotX="50%"
        android:pivotY="50%"
        android:duration="2000">
    </rotate>
```

3. 缩放动画

缩放动画（ScaleAnimation）就是通过为动画指定开始时的缩放系数、结束时的缩放系数以及持续时间来创建动画。在缩放时，还可以通过指定轴心点坐标来改变缩放的中心。同透明度渐变动画一样，也可以在 XML 文件中定义缩放动画资源文件，基本的语法格式如下：

```xml
<set xmlns:android="http://schemas.android.com/apk/res/android"
    android:interpolator="@[package:]anim/interpolator_resource">
    <scale
        android:fromXScale="float"
        android:toXScale="float"
        android:fromYScale="float"
        android:toYScale="float"
        android:pivotX="float"
        android:pivotY="float"
        android:repeatMode="reverse|restart"
        android:repeatCount="次数|infinite"
        android:duration="Integer"/>
</set>
```

在上面的语法中，各属性说明如表 9.10 所示。

表 9.10　定义缩放动画时常用的属性

属　　性	描　　述
android:interpolator	用于控制动画的变化速度，使得动画效果可以匀速、加速、减速或抛物线速度等各种速度变化，其属性值见表 9.8
android:fromXScale	用于指定动画开始时水平方向上的缩放系数，值为 1.0 表示不变化
android:toXScale	用于指定动画结束时水平方向上的缩放系数，值为 1.0 表示不变化
android:fromYScale	用于指定动画开始时垂直方向上的缩放系数，值为 1.0 表示不变化
android:toYScale	用于指定动画结束时垂直方向上的缩放系数，值为 1.0 表示不变化
android:pivotX	用于指定轴心点的 X 坐标
android:pivotY	用于指定轴心点的 Y 坐标
android:repeatMode	用于设置动画的重复方式，可选值为 reverse（反向）或 restart（重新开始）
android:repeatCount	用于设置动画的重复次数，属性值可以是代表次数的数值，也可以是 infinite（无限循环）
android:duration	用于指定动画持续的时间，单位为毫秒

例如，定义一个以图片的中心为轴心点，将图片放大 2 倍的、持续时间为 2 秒钟的动画，可以使用下面的代码：

```xml
<scale android:fromXScale="1"
    android:fromYScale="1"
    android:toXScale="2.0"
    android:toYScale="2.0"
    android:pivotX="50%"
    android:pivotY="50%"
    android:duration="2000"/>
```

4．平移动画

平移动画（Translate Animation）就是通过为动画指定开始时的位置、结束时的位置以及持续时间来创建动画。同透明度渐变动画一样，也可以在 XML 文件中定义平移动画资源文件，基本的语法格式如下：

```
<set xmlns:android="http://schemas.android.com/apk/res/android"
    android:interpolator="@[package:]anim/interpolator_resource">
    <translate
        android:fromXDelta="float"
        android:toXDelta="float"
        android:fromYDelta="float"
        android:toYDelta="float"
        android:repeatMode="reverse|restart"
        android:repeatCount="次数|infinite"
        android:duration="Integer"/>
</set>
```

在上面的语法中，各属性说明如表 9.11 所示。

表 9.11　定义平移动画时常用的属性

属　性	描　述
android:interpolator	用于控制动画的变化速度，使得动画效果可以匀速、加速、减速或抛物线速度等各种速度变化，其属性值见表 9.8
android:fromXDelta	用于指定动画开始时水平方向上的起始位置
android:toXDelta	用于指定动画结束时水平方向上的起始位置
android:fromYDelta	用于指定动画开始时垂直方向上的起始位置
android:toYDelta	用于指定动画结束时垂直方向上的起始位置
android:repeatMode	用于设置动画的重复方式，可选值为 reverse（反向）或 restart（重新开始）
android:repeatCount	用于设置动画的重复次数，属性可以是代表次数的数值，也可以是 infinite（无限循环）
android:duration	用于指定动画持续的时间，单位为毫秒

例如，定义一个让图片从（0,0）点到（300,300）点、持续时间为 2 秒钟的动画，可以使用下面的代码：

```
<translate
    android:fromXDelta="0"
    android:toXDelta="300"
    android:fromYDelta="0"
    android:toYDelta="300"
    android:duration="2000">
</translate>
```

9.4.3　范例 1：忐忑的精灵

例 9.16　在 Eclipse 中创建 Android 项目，名称为 9.16，使用逐帧动画实现一个忐忑的精灵动画。（实例位置：光盘\TM\sl\9\9.16）

（1）在新建项目的 res 目录中，首先创建一个名称为 anim 的目录，并在该目录中添加一个名称为

fairy.xml 的 XML 资源文件，然后在该文件中定义组成动画的图片资源，具体代码如下：

```xml
<?xml version="1.0" encoding="utf-8"?>
<animation-list xmlns:android="http://schemas.android.com/apk/res/android" >
    <item android:drawable="@drawable/img001" android:duration="60"/>
    <item android:drawable="@drawable/img002" android:duration="60"/>
    <item android:drawable="@drawable/img003" android:duration="60"/>
    <item android:drawable="@drawable/img004" android:duration="60"/>
    <item android:drawable="@drawable/img005" android:duration="60"/>
    <item android:drawable="@drawable/img006" android:duration="60"/>
</animation-list>
```

（2）修改新建项目的 res\layout 目录下的布局文件 main.xml，将默认添加的相对布局管理器修改为垂直线性布局管理器，并且在该布局管理器中将默认添加的 TextView 组件删除，然后为修改后的线性布局管理器设置 android:id 和 android:background 属性。将 android:background 属性设置为步骤（1）中创建的动画资源，修改后的代码如下：

```xml
<LinearLayout xmlns:android="http://schemas.android.com/apk/res/android"
    android:layout_width="fill_parent"
    android:layout_height="fill_parent"
    android:background="@anim/fairy"
    android:id="@+id/ll"
    android:orientation="vertical" >
</LinearLayout>
```

（3）打开默认创建的 MainActivity，在该文件中，首先创建一个名称为 MyView 的内部类，该类继承自 android.view.View 类，并添加构造方法和重写 onDraw(Canvas canvas)方法，然后在 onCreate()方法中获取布局文件中添加的帧布局管理器，并将 MyView 视图添加到该帧布局管理器中。

```java
LinearLayout ll=(LinearLayout)findViewById(R.id.ll);              //获取布局文件中添加的线性布局管理器
final AnimationDrawable anim=(AnimationDrawable)ll.getBackground();   //获取 AnimationDrawable 对象
//为线性布局管理器添加单击事件监听器
ll.setOnClickListener(new OnClickListener() {
    @Override
    public void onClick(View v) {
        if(flag){
            anim.start();                                        //开始播放动画
            flag=false;
        }else{
            anim.stop();                                         //停止播放动画
            flag=true;
        }
    }
});
```

运行本实例并单击屏幕，将播放自定义的逐帧动画，如图 9.20 所示。当动画播放时，单击屏幕，将停止动画的播放，再次单击屏幕，将继续播放动画。

图 9.20　忐忑的精灵

9.4.4　范例 2：旋转、平移、缩放和透明度渐变的补间动画

例 9.17　在 Eclipse 中创建 Android 项目，名称为 9.17，实现旋转、平移、缩放和透明度渐变的补间动画。（**实例位置：光盘\TM\sl\9\9.17**）

（1）在新建项目的 res 目录中，创建一个名称为 anim 的目录，并在该目录中创建实现旋转、平移、缩放和透明度渐变的动画资源文件。

① 创建名称为 anim_alpha.xml 的 XML 资源文件，在该文件中定义一个实现透明度渐变的动画，该动画的渐变过程为"完全不透明→完全透明→完全不透明"，具体代码如下：

```xml
<?xml version="1.0" encoding="utf-8"?>
<set xmlns:android="http://schemas.android.com/apk/res/android">
    <alpha android:fromAlpha="1"
        android:toAlpha="0"
        android:fillAfter="true"
        android:repeatMode="reverse"
        android:repeatCount="1"
        android:duration="2000"/>
</set>
```

② 创建名称为 anim_rotate.xml 的 XML 资源文件，在该文件中定义一个实现旋转的动画，该动画为从 0°旋转到 720°，再从 360°旋转到 0°，具体代码如下：

```xml
<set xmlns:android="http://schemas.android.com/apk/res/android">
    <rotate
        android:interpolator="@android:anim/accelerate_interpolator"
        android:fromDegrees="0"
        android:toDegrees="720"
        android:pivotX="50%"
        android:pivotY="50%"
        android:duration="2000">
    </rotate>
    <rotate
        android:interpolator="@android:anim/accelerate_interpolator"
```

```
            android:startOffset="2000"
            android:fromDegrees="360"
            android:toDegrees="0"
            android:pivotX="50%"
            android:pivotY="50%"
            android:duration="2000">
    </rotate>
</set>
```

③ 创建名称为 anim_scale.xml 的 XML 资源文件，在该文件中定义一个实现缩放的动画，该动画首先将原图像放大 2 倍，再逐渐收缩为图像的原尺寸，具体代码如下：

```
<?xml version="1.0" encoding="utf-8"?>
<set   xmlns:android="http://schemas.android.com/apk/res/android">
    <scale android:fromXScale="1"
        android:interpolator="@android:anim/decelerate_interpolator"
        android:fromYScale="1"
        android:toXScale="2.0"
        android:toYScale="2.0"
        android:pivotX="50%"
        android:pivotY="50%"
        android:fillAfter="true"
        android:repeatCount="1"
        android:repeatMode="reverse"
        android:duration="2000"/>
</set>
```

④ 创建名称为 anim_translate.xml 的 XML 资源文件，在该文件中定义一个实现平移的动画，该动画为从屏幕的左侧移动到屏幕的右侧，再从屏幕的右侧返回到左侧，具体代码如下：

```
<?xml version="1.0" encoding="utf-8"?>
<set xmlns:android="http://schemas.android.com/apk/res/android">
    <translate
        android:fromXDelta="0"
        android:toXDelta="860"
        android:fromYDelta="0"
        android:toYDelta="0"
        android:fillAfter="true"
        android:repeatMode="reverse"
        android:repeatCount="1"
        android:duration="2000">
    </translate>
</set>
```

（2）修改新建项目的 res\layout 目录下的布局文件 main.xml，将默认添加的相对布局管理器修改为线性布局管理器，并且在该布局管理器中将默认添加的 TextView 组件删除，然后在修改后的线性布局管理器中添加一个水平线性布局管理器和一个 ImageView 组件，再向该水平线性布局管理器中添加 4 个 Button 组件，最后设置 ImageView 组件的左边距和要显示的图片，具体代码请参见光盘。

（3）打开默认创建的 MainActivity，在 onCreate()方法中，首先获取动画资源文件中创建的动画资源，然后获取要应用动画效果的 ImageView，再获取"旋转"按钮，并为该按钮添加单击事件监听器，在重写的 onClick()方法中，播放旋转动画。具体代码如下：

```
final Animation rotate=AnimationUtils.loadAnimation(this, R.anim.anim_rotate);        //获取旋转动画资源
final Animation translate=AnimationUtils.loadAnimation(this, R.anim.anim_translate);//获取平移动画资源
final Animation scale=AnimationUtils.loadAnimation(this, R.anim.anim_scale);         //获取缩放动画资源
final Animation alpha=AnimationUtils.loadAnimation(this, R.anim.anim_alpha);         //获取透明度变化动画资源
final ImageView iv=(ImageView)findViewById(R.id.imageView1);        //获取要应用动画效果的 ImageView
Button button1=(Button)findViewById(R.id.button1);                 //获取"旋转"按钮
button1.setOnClickListener(new OnClickListener() {

    @Override
    public void onClick(View v) {
        iv.startAnimation(rotate);                                  //播放旋转动画

    }
});
```

获取"平移"按钮，并为该按钮添加单击事件监听器，在重写的 onClick()方法中，播放平移动画，关键代码如下：

```
iv.startAnimation(translate);                                      //播放平移动画
```

获取"缩放"按钮，并为该按钮添加单击事件监听器，在重写的 onClick()方法中，播放缩放动画，关键代码如下：

```
iv.startAnimation(scale);                                          //播放缩放动画
```

获取"透明度渐变"按钮，并为该按钮添加单击事件监听器，在重写的 onClick()方法中，播放透明度渐变动画，关键代码如下：

```
iv.startAnimation(alpha);                                          //播放透明度渐变动画
```

运行本实例，单击"旋转"按钮，屏幕中的小猫将旋转，如图 9.21 所示；单击"平移"按钮，屏幕中的小猫将从屏幕的左侧移动到右侧，再从右侧返回左侧；单击"缩放"按钮，屏幕中的小猫将放大 2 倍，再恢复为原来的大小；单击"透明度渐变"按钮，屏幕中的小猫将逐渐隐藏，再逐渐显示。

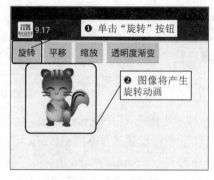

图 9.21　旋转图像动画

9.5 经 典 范 例

9.5.1 在 GridView 中显示 SD 卡上的全部图片

例 9.18 在 Eclipse 中创建 Android 项目，名称为 9.18，实现在 GridView 中显示手机内部存储 SD 卡上的全部图片。(**实例位置：光盘\TM\sl\9\9.18**)

（1）修改新建项目的 res\layout 目录下的布局文件 main.xml，将默认添加的相对布局管理器修改为垂直线性布局管理器，并且在该布局管理器中添加一个 id 属性为 gridView1 的 GridView 组件，并设置其列数为 4，也就是每行显示 4 张图片。关键代码如下：

```
<GridView android:id="@+id/gridView1"
        android:layout_height="match_parent"
        android:layout_width="wrap_content"
        android:layout_marginTop="10dp"
        android:horizontalSpacing="3dp"
        android:verticalSpacing="3dp"
        android:numColumns="4"
/>
```

（2）打开默认添加的 MainActivity，定义一个用于保存图片路径的 List 集合对象，关键代码如下：

```
private List<String> imagePath = new ArrayList<String>();                //图片文件的路径
```

（3）定义一个保存合法的图片文件格式的字符串数组，并编写根据文件路径判断文件是否为图片文件的方法，具体代码如下：

```
private static String[] imageFormatSet = new String[] { "jpg", "png", "gif" };    //合法的图片文件格式
//判断是否为图片文件
private static boolean isImageFile(String path) {
    for (String format : imageFormatSet) {                               //遍历数组
        if (path.contains(format)) {                                     //判断是否为合法的图片文件
            return true;
        }
    }
    return false;
}
```

（4）编写 getFiles()方法，用于遍历指定路径。在该方法中，采用递归调用的方式来实现遍历指定路径下的全部文件（包括子文件中的文件），关键代码如下：

```
private void getFiles(String url) {
    File files = new File(url);                                          //创建文件对象
    File[] file = files.listFiles();
    try {
        for (File f : file) {                                           //通过 for 循环遍历获取到的文件数组
            if (f.isDirectory()) {                                      //如果是目录，也就是文件夹
```

```
                getFiles(f.getAbsolutePath());                      //递归调用
            } else {
                if (isImageFile(f.getPath())) {                     //如果是图片文件
                    imagePath.add(f.getPath());                     //将文件的路径添加到 List 集合中
                }
            }
        }
    } catch (Exception e) {
        e.printStackTrace();                                        //输出异常信息
    }
}
```

（5）在主活动的 onCreate()方法中，获得 SD 卡的路径，并调用 getFiles()方法获取 SD 卡上的全部图片，当 SD 卡上不存在图片文件时返回。具体代码如下：

```
String sdpath = Environment.getExternalStorageDirectory() + "/";   //获得 SD 卡的路径
getFiles(sdpath);                               //调用 getFiles()方法获取 SD 卡上的全部图片
if(imagePath.size()<1){                         //如果不存在图片文件
    return;
}
```

（6）首先获取 GridView 组件，然后创建 BaseAdapter 类的对象，并重写其中的 getView()、getItemId()、getItem()和 getCount()方法，其中最主要的是重写 getView()方法来设置要显示的图片，最后将 BaseAdapter 适配器与 GridView 相关联，具体代码如下：

```
GridView gridview = (GridView) findViewById(R.id.gridView1);       //获取 GridView 组件
BaseAdapter adapter = new BaseAdapter() {
    @Override
    public View getView(int position, View convertView, ViewGroup parent) {
        ImageView imageview;                                        //声明 ImageView 的对象
        if (convertView == null) {
            imageview = new ImageView(MainActivity.this);           //实例化 ImageView 的对象
            /************* 设置图像的宽度和高度 *******************/
            imageview.setAdjustViewBounds(true);
            imageview.setMaxWidth(150);
            imageview.setMaxHeight(113);
            /***************************************************/
            imageview.setPadding(5, 5, 5, 5);                       //设置 ImageView 的内边距
        } else {
            imageview = (ImageView) convertView;
        }
        //为 ImageView 设置要显示的图片
        Bitmap bm=BitmapFactory.decodeFile(imagePath.get(position));
        imageview.setImageBitmap(bm);
        return imageview;                                           //返回 ImageView
    }
    /*
     * 功能：获得当前选项的 ID
     */
    @Override
    public long getItemId(int position) {
```

```
            return position;
        }
        /*
         * 功能：获得当前选项
         */
        @Override
        public Object getItem(int position) {
            return position;
        }
        /*
         * 获得数量
         */
        @Override
        public int getCount() {
            return imagePath.size();
        }
    };
    gridview.setAdapter(adapter);                                //将适配器与 GridView 关联
```

（7）打开 AndroidManifest.xml 文件，在其中设置 SD 卡的读取权限，具体代码如下：

```
<uses-permission android:name="android.permission.READ_EXTERNAL_STORAGE"/>
```

在 SD 卡上上传如图 9.22 所示的图片文件。运行本实例，将显示如图 9.23 所示的运行结果。

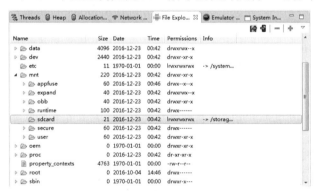

图 9.22　在 SD 卡上上传文件

图 9.23　在 GridView 中显示 SD 卡上的全部图片

说明　在运行本实例时，需要到应用界面中，为该应用开启访问存储空间的权限。具体方法为：切换到"设置"/"应用"界面，然后单击当前的实例名称选项（9.18），在进入的界面中，找到"权限"选项，再将"存储空间"右侧的开关按钮，设置为开启状态即可。

9.5.2　迷途奔跑的野猪

例 9.19　在 Eclipse 中创建 Android 项目，名称为 9.19，实现迷途的野猪来回奔跑的动画。（**实例位置：光盘\TM\sl\9\9.19**）

（1）在新建项目的 res 目录中，创建一个名称为 anim 的目录，并在该目录中创建实现野猪做向右奔跑动作和做向左奔跑动作的逐帧动画资源文件。

① 创建名称为 motionright.xml 的 XML 资源文件，在该文件中定义一个野猪做向右奔跑动作的动画，该动画由两帧组成，也就是由两个预先定义好的图片组成，具体代码如下：

```xml
<animation-list xmlns:android="http://schemas.android.com/apk/res/android" >
    <item android:drawable="@drawable/pig1" android:duration="40" />
    <item android:drawable="@drawable/pig2" android:duration="40" />
</animation-list>
```

② 创建名称为 motionleft.xml 的 XML 资源文件，在该文件中定义一个野猪做向左奔跑动作的动画，该动画也由两帧组成，具体代码如下：

```xml
<animation-list xmlns:android="http://schemas.android.com/apk/res/android" >
    <item android:drawable="@drawable/pig3" android:duration="40" />
    <item android:drawable="@drawable/pig4" android:duration="40" />
</animation-list>
```

（2）在 amin 目录中，创建实现野猪向右侧奔跑和向左侧奔跑的补间动画资源文件。

① 创建名称为 translateright.xml 的 XML 资源文件，在该文件中定义一个实现野猪向右侧奔跑的补间动画，该动画为在水平方向上向右平移 320 像素，持续时间为 3 秒钟，具体代码如下：

```xml
<set xmlns:android="http://schemas.android.com/apk/res/android">
    <translate
        android:fromXDelta="0"
        android:toXDelta="320"
        android:fromYDelta="0"
        android:toYDelta="0"
        android:duration="3000">
    </translate>
</set>
```

② 创建名称为 translate left.xml 的 XML 资源文件，在该文件中定义一个实现野猪向左侧奔跑的补间动画，该动画为在水平方向上向左平移 320 像素，持续时间为 3 秒钟，具体代码如下：

```xml
<set xmlns:android="http://schemas.android.com/apk/res/android" >
    <translate
        android:fromXDelta="320"
        android:toXDelta="0"
        android:fromYDelta="0"
        android:toYDelta="0"
        android:duration="3000">
    </translate>
</set>
```

（3）修改新建项目的 res\layout 目录下的布局文件 main.xml，将默认添加的相对布局管理器修改为垂直线性布局管理器，并且在该布局管理器中将默认添加的 TextView 组件删除，然后在修改后的线性布局管理器中添加一个 ImageView 组件，并设置该组件的背景为逐帧动画资源 motionright，最后设置 ImageView 组件的顶外边距和左外边距，关键代码如下：

```
<ImageView
    android:id="@+id/imageView1"
    android:layout_width="wrap_content"
    android:layout_height="wrap_content"
    android:background="@anim/motionright"
    android:layout_marginTop="150dp"
    android:layout_marginLeft="30dp"/>
```

（4）打开默认创建的 MainActivity，在 onCreate()方法中，首先获取要应用动画效果的 ImageView，并获取向右奔跑和向左奔跑的补间动画资源，然后获取 ImageView 应用的逐帧动画以及线性布局管理器，并显示一个消息提示框，再为线性布局管理器添加触摸监听器，在重写的 onTouch()方法中，开始播放逐帧动画并播放向右奔跑的补间动画，最后为向右奔跑和向左奔跑的动画添加动画监听器，并在重写的 onAnimationEnd()方法中改变要使用的逐帧动画和补间动画、播放动画，实现野猪来回奔跑的动画效果。具体代码如下：

```
final ImageView iv=(ImageView)findViewById(R.id.imageView1);        //获取要应用动画效果的 ImageView
//获取向右奔跑的动画资源
final Animation translateright=AnimationUtils.loadAnimation(this, R.anim.translateright);
//获取向左奔跑的动画资源
final Animation translateleft=AnimationUtils.loadAnimation(this, R.anim.translateleft);
anim=(AnimationDrawable)iv.getBackground();                          //获取应用的帧动画
LinearLayout ll=(LinearLayout)findViewById(R.id.linearLayout1);      //获取线性布局管理器
Toast.makeText(this,"触摸屏幕开始播放...", Toast.LENGTH_SHORT).show(); //显示一个消息提示框
ll.setOnTouchListener(new OnTouchListener() {
    @Override
    public boolean onTouch(View v, MotionEvent event) {
        anim.start();                                                //开始播放帧动画
        iv.startAnimation(translateright);                           //播放向右奔跑的动画
        return false;
    }
});
translateright.setAnimationListener(new AnimationListener() {
    @Override
    public void onAnimationStart(Animation animation) {}
    @Override
    public void onAnimationRepeat(Animation animation) {}
    @Override
    public void onAnimationEnd(Animation animation) {
        iv.setBackgroundResource(R.anim.motionleft);                 //重新设置 ImageView 应用的帧动画
        iv.startAnimation(translateleft);                            //播放向左奔跑的动画
        anim=(AnimationDrawable)iv.getBackground();                  //获取应用的帧动画
        anim.start();                                                //开始播放帧动画
    }
});
translateleft.setAnimationListener(new AnimationListener() {
    @Override
    public void onAnimationStart(Animation animation) {}
    @Override
```

```
public void onAnimationRepeat(Animation animation) {}
@Override
public void onAnimationEnd(Animation animation) {
    iv.setBackgroundResource(R.anim.motionright);      //重新设置 ImageView 应用的帧动画
    iv.startAnimation(translateright);                  //播放向右奔跑的动画
    anim=(AnimationDrawable)iv.getBackground();          //获取应用的帧动画
    anim.start();                                       //开始播放帧动画
    }
});
```

运行本实例，触摸屏幕后，屏幕中的野猪将从左侧奔跑到右侧，如图 9.24 所示，撞到右侧的栅栏后，转身向左侧奔跑，直到撞上左侧的栅栏，再转身向右侧奔跑，如此反复。

图 9.24　迷途奔跑的野猪

9.6　小　　结

本章主要介绍了在 Android 中进行图形图像处理的相关技术，包括如何绘制 2D 图像、为图形添加特效以及实现动画等内容。在介绍 2D 图像的绘制时，主要介绍了如何绘制几何图形、文本、路径和图片等，在进行游戏开发时，经常需要应用到这些内容，需要读者重点掌握；在介绍如何实现动画效果时，主要介绍了如何实现逐帧动画和补间动画，其中，逐帧动画主要通过图片的变化来形成动画效果，而补间动画则主要体现在位置、大小、旋转度、透明度变化方面，并且只需要指定起始帧和结束帧，其他过渡帧将由系统自动计算得出。

9.7　实践与练习

1．编写 Android 项目，实现探照灯效果。（答案位置：光盘\TM\sl\9\9.20）
2．编写 Android 项目，实现闪烁的星星动画。（答案位置：光盘\TM\sl\9\9.21）

第10章

多媒体应用开发

（ 📷 教学录像：1 小时 36 分钟）

随着 3G 时代的到来，多媒体在手机和平板电脑上广泛应用。Android 作为手机和平板电脑的一个操作系统，对于多媒体应用也提供了良好的支持。它不仅支持音频和视频的播放，而且还支持音频录制和摄像头拍照。本章将对 Android 中的音频、视频以及摄像头拍照等多媒体应用进行详细介绍。

通过阅读本章，您可以：

▶▶ 了解 Android 支持的音频和视频格式

▶▶ 掌握使用 MediaPlayer 播放音频的方法

▶▶ 掌握使用 SoundPool 播放音频的方法

▶▶ 掌握如何使用 VideoView 播放视频

▶▶ 掌握如何使用 MediaPlayer 和 SurfaceView 播放视频

▶▶ 掌握如何控制相机拍照

10.1 播放音频与视频

📀 **教学录像：光盘\TM\lx\10\播放音频与视频.exe**

Android 提供了对常用音频和视频格式的支持，它所支持的音频格式有 MP3（.mp3）、3GPP（.3gp）、Ogg（.ogg）和 WAVE（.ave）等，支持的视频格式有 3GPP（.3gp）和 MPEG-4（.mp4）等。通过 Android API 提供的相关方法，在 Android 中可以实现音频与视频的播放。下面将分别介绍播放音频与视频的不同方法。

10.1.1 使用 MediaPlayer 播放音频

diaPlayer 类播放音频比较简单，只需要创建该类的对象，并为其指定要播放的音频文件，然后调用该类的 start()方法即可，下面进行详细介绍。

1. 创建 MediaPlayer 对象，并装载音频文件

创建 MediaPlayer 对象并装载音频文件，可以使用 MediaPlayer 类提供的静态方法 create()来实现，也可以通过其无参构造方法来创建并实例化该类的对象来实现。

MediaPlayer 类的静态方法 create()常用的语法格式有以下两种。

☑ create(Context context, int resid)

用于从资源 ID 所对应的资源文件中装载音频，并返回新创建的 MediaPlayer 对象。例如，要创建装载音频资源（res/raw/d.wav）的 MediaPlayer 对象，可以使用下面的代码：

```
MediaPlayer player=MediaPlayer.create(this, R.raw.d);
```

☑ create(Context context, Uri uri)

用于根据指定的 URI 来装载音频，并返回新创建的 MediaPlayer 对象。例如，要创建装载了音频文件（URI 地址为 http://www.mingribook.com/sound/bg.mp3）的 MediaPlayer 对象，可以使用下面的代码：

```
MediaPlayer player=MediaPlayer.create(this, Uri.parse("http://www.mingribook.com/sound/bg.mp3"));
```

📖 **说明** 在访问网络中的资源时，要在 AndroidManifest.xml 文件中授予该程序访问网络的权限，具体的授权代码如下：

```
<uses-permission android:name="android.permission.INTERNET"/>
```

在通过 MediaPlayer 类的静态方法 create()来创建 MediaPlayer 对象时，已经装载了要播放的音频，而使用无参的构造方法来创建 MediaPlayer 对象时，需要单独指定要装载的资源，这可以使用 MediaPlayer 类的 setDataSource()方法实现。

在使用 setDataSource()方法装载音频文件后，实际上 MediaPlayer 并未真正装载该音频文件，还需要调用 MediaPlayer 的 prepare()方法去真正装载音频文件。使用无参的构造方法来创建 MediaPlayer 对

象并装载指定的音频文件，可以使用下面的代码：

```
MediaPlayer player=new MediaPlayer();
try {
        player.setDataSource("/sdcard/s.wav");        //指定要装载的音频文件
} catch (IllegalArgumentException e1) {
        e1.printStackTrace();
} catch (SecurityException e1) {
        e1.printStackTrace();
} catch (IllegalStateException e1) {
        e1.printStackTrace();
} catch (IOException e1) {
        e1.printStackTrace();
}
    try {
            player.prepare();                          //预加载音频
        } catch (IllegalStateException e) {
                e.printStackTrace();
        } catch (IOException e) {
                e.printStackTrace();
        }
```

2．开始或恢复播放

在获取到 MediaPlayer 对象后，就可以使用 MediaPlayer 类提供的 start()方法来开始播放或恢复已经暂停的音频的播放。例如，已经创建了一个名称为 player 的对象，并且装载了要播放的音频，可以使用下面的代码播放该音频：

```
player.start();                                        //开始播放
```

3．停止播放

使用 MediaPlayer 类提供的 stop()方法可以停止正在播放的音频。例如，已经创建了一个名称为 player 的对象，并且已经开始播放装载的音频，可以使用下面的代码停止播放该音频：

```
player.stop();                                         //停止播放
```

4．暂停播放

使用 MediaPlayer 类提供的 pause()方法可以暂停正在播放的音频。例如，已经创建了一个名称为 player 的对象，并且已经开始播放装载的音频，可以使用下面的代码暂停播放该音频：

```
player.pause();                                        //暂停播放
```

例 10.1　在 Eclipse 中创建 Android 项目，名称为 10.1，实现包括播放、暂停/继续和停止功能的简易音乐播放器。（**实例位置：光盘\TM\sl\10\10.1**）

（1）将要播放的音频文件上传到 SD 卡的根目录中，这里要播放的音频文件为 ninan.mp3。

（2）修改新建项目的 res\layout 目录下的布局文件 main.xml，将默认添加的相对布局管理器修改为垂直线性布局管理器，并且在该布局管理中添加一个水平线性布局管理器，并在其中添加 3 个按钮控件，分别为"播放"、"暂停/继续"和"停止"按钮，具体代码请参见光盘。

（3）打开默认添加的 MainActivity，在该类中，定义所需的成员变量，具体代码如下：

```
private MediaPlayer player;                    //MediaPlayer 对象
private boolean isPause = false;               //是否暂停
private File file;                             //要播放的音频文件
private TextView hint;                         //声明显示提示信息的文本框
```

（4）在 onCreate()方法中，首先获取布局管理器中添加的"播放"按钮、"暂停/继续"按钮、"停止"按钮和显示提示信息的文本框，然后获取要播放的文件，最后判断该文件是否存在，如果存在，则创建一个装载该文件的 MediaPlayer 对象；否则，显示提示信息，并设置"播放"按钮不可用，关键代码如下：

```
final Button button1 = (Button) findViewById(R.id.button1);      //获取"播放"按钮
final Button button2 = (Button) findViewById(R.id.button2);      //获取"暂停/继续"按钮
final Button button3 = (Button) findViewById(R.id.button3);      //获取"停止"按钮
hint = (TextView) findViewById(R.id.hint);                       //获取用于显示提示信息的文本框
file = new File("/sdcard/ninan.mp3");                            //获取要播放的文件
if (file.exists()) {                                             //如果文件存在
    player = MediaPlayer
            .create(this, Uri.parse(file.getAbsolutePath()));    //创建 MediaPlayer 对象
} else {
    hint.setText("要播放的音频文件不存在！");
    button1.setEnabled(false);
    return;
}
```

（5）编写用于播放音乐的 play()方法，该方法没有入口参数的返回值。在该方法中，首先调用 MediaPlayer 对象的 reset()方法重置 MediaPlayer 对象，然后重新为其设置要播放的音频文件，并预加载该音频，最后调用 start()方法开始播放音频，并修改显示提示信息的文本框中的内容，具体代码如下：

```
private void play() {
    try {
        player.reset();
        player.setDataSource(file.getAbsolutePath());    //重新设置要播放的音频
        player.prepare();                                //预加载音频
        player.start();                                  //开始播放
        hint.setText("正在播放音频...");
    } catch (Exception e) {
        e.printStackTrace();                             //输出异常信息
    }
}
```

（6）为 MediaPlayer 对象添加完成事件监听器，用于当音乐播放完毕后，重新开始播放音乐，具体代码如下：

```
player.setOnCompletionListener(new OnCompletionListener() {
    @Override
    public void onCompletion(MediaPlayer mp) {
```

```
        play();                                      //重新开始播放
    }
});
```

（7）为"播放"按钮添加单击事件监听器，在重写的 onClick()方法中，首先调用 play()方法开始播放音乐，然后对代表是否暂停的标记变量 isPause 进行设置，最后设置各按钮的可用状态，关键代码如下：

```
button1.setOnClickListener(new OnClickListener() {
    @Override
    public void onClick(View v) {
        play();                                      //开始播放音乐
        if (isPause) {
            button2.setText("暂停");
            isPause = false;                         //设置暂停标记变量的值为 false
        }
        button2.setEnabled(true);                    // "暂停/继续" 按钮可用
        button3.setEnabled(true);                    // "停止" 按钮可用
        button1.setEnabled(false);                   // "播放" 按钮不可用
    }
});
```

（8）为"暂停/继续"按钮添加单击事件监听器，在重写的 onClick()方法中，如果 MediaPlayer 处于播放状态并且标记变量 isPause 的值为 false，则暂停播放音频，并设置相关信息；否则，调用 MediaPlayer 对象的 start()方法继续播放音乐，并设置相关信息，关键代码如下：

```
button2.setOnClickListener(new OnClickListener() {
    @Override
    public void onClick(View v) {
        if (player.isPlaying() && !isPause) {
            player.pause();                          //暂停播放
            isPause = true;
            ((Button) v).setText("继续");
            hint.setText("暂停播放音频...");
            button1.setEnabled(true);                // "播放" 按钮可用
        } else {
            player.start();                          //继续播放
            ((Button) v).setText("暂停");
            hint.setText("继续播放音频...");
            isPause = false;
            button1.setEnabled(false);               // "播放" 按钮不可用
        }
    }
});
```

（9）为"停止"按钮添加单击事件监听器，在重写的 onClick()方法中，首先调用 MediaPlayer 对象的 stop()方法停止播放音频，然后设置提示信息及各按钮的可用状态，具体代码如下：

```
button3.setOnClickListener(new OnClickListener() {
    @Override
    public void onClick(View v) {
```

```
            player.stop();                              //停止播放
            hint.setText("停止播放音频...");
            button2.setEnabled(false);                  // "暂停/继续" 按钮不可用
            button3.setEnabled(false);                  // "停止" 按钮不可用
            button1.setEnabled(true);                   // "播放" 按钮可用
        }
    });
```

（10）重写 Activity 的 onDestroy()方法，用于在当前 Activity 销毁时，停止正在播放的视频，并释放 MediaPlayer 所占用的资源，具体代码如下：

```
@Override
protected void onDestroy() {
    if(player.isPlaying()){
        player.stop();                                  //停止音频的播放
    }
    player.release();                                   //释放资源
    super.onDestroy();
}
```

（11）从 Android 4.4.2 开始，如果需要访问 SD 卡的文件，需要在 AndroidManifest.xml 文件中赋予程序访问 SD 卡的权限，关键代码如下：

```
<uses-permission android:name="android.permission.WRITE_EXTERNAL_STORAGE" />
<uses-permission android:name="android.permission.MOUNT_UNMOUNT_FILESYSTEMS" />
```

运行本实例，将显示一个简易音乐播放器，单击"播放"按钮，将开始播放音乐，同时"播放"按钮变为不可用状态，而"暂停"和"停止"按钮变为可用状态，如图 10.1 所示；单击"暂停"按钮，将暂停音乐的播放，同时"播放"按钮变为可用；单击"继续"按钮，将继续音乐的播放，同时"继续"按钮变为"暂停"按钮；单击"停止"按钮，将停止音乐的播放，同时"暂停/继续"和"停止"按钮将变为不可用，"播放"按钮可用。

图 10.1　简易音乐播放器

说明　在运行本实例时，需要到应用界面中，为该应用开启访问存储空间的权限。具体方法为：切换到"设置"/"应用"界面，然后单击当前的实例名称选项（10.1），在进入的界面中，找到"权限"选项，再将"存储空间"右侧的开关按钮，设置为开启状态即可。

10.1.2　使用 SoundPool 播放音频

由于 MediaPlayer 占用资源较多，且不支持同时播放多个音频，所以 Android 还提供了另一个播放音频的类——SoundPool。SoundPool 即音频池，可以同时播放多个短小的音频，而且占用的资源较少。SoundPool 适合在应用程序中播放按键音或者消息提示音等，在游戏中播放密集而短暂的声音，如多个飞机的爆炸声等。使用 SoundPool 播放音频，首先需要创建 SoundPool 对象，然后加载所要播放的音频，最后调用 play()方法播放音频，下面进行详细介绍。

1．创建 SoundPool 对象

SoundPool 类提供了一个构造方法，用来创建 SoundPool 对象，该构造方法的语法格式如下：

```
SoundPool(int maxStreams, int streamType, int srcQuality)
```

其中，参数 maxStreams 用于指定可以容纳多少个音频；参数 streamType 用于指定声音类型，可以通过 AudioManager 类提供的常量进行指定，通常使用 STREAM_MUSIC；参数 srcQuality 用于指定音频的品质，默认值为 0。

例如，创建一个可以容纳 10 个音频的 SoundPool 对象，可以使用下面的代码：

```
SoundPool soundpool = new SoundPool(10,
        AudioManager.STREAM_SYSTEM, 0);    //创建一个 SoundPool 对象，该对象可以容纳 10 个音频流
```

2．加载所要播放的音频

创建 SoundPool 对象后，可以调用 load()方法来加载要播放的音频。load()方法的语法格式有以下 4 种。

☑　public int load(Context context, int resId, int priority)：用于通过指定的资源 ID 来加载音频。

☑　public int load(String path, int priority)：用于通过音频文件的路径来加载音频。

☑　public int load(AssetFileDescriptor afd, int priority)：用于从 AssetFileDescriptor 所对应的文件中加载音频。

☑　public int load(FileDescriptor fd, long offset, long length, int priority)：用于加载 FileDescriptor 对象中从 offset 开始，长度为 length 的音频。

例如，要通过资源 ID 来加载音频文件 ding.wav，可以使用下面的代码：

```
soundpool.load(this, R.raw.ding, 1);
```

> **说明**　为了更好地管理所加载的每个音频，一般使用 HashMap<Integer, Integer>对象来管理这些音频。这时可以先创建一个 HashMap<Integer,Integer>对象，然后应用该对象的 put()方法将加载的音频保存到该对象中。例如，创建一个 HashMap<Integer,Integer>对象，并应用 put()方法添加一个音频，可以使用下面的代码：
>
> ```
> HashMap<Integer, Integer> soundmap = new HashMap<Integer, Integer>();    //创建一个 HashMap 对象
> soundmap.put(1, soundpool.load(this, R.raw.chimes, 1));
> ```

3．播放音频

调用 SoundPool 对象的 play()方法可播放指定的音频。play()方法的语法格式如下：

```
play (int soundID, float leftVolume, float rightVolume, int priority, int loop, float rate)
```

play()方法各参数的说明如表 10.1 所示。

表 10.1　play()方法的参数说明

参　　数	描　　述
soundID	用于指定要播放的音频，该音频为通过 load()方法返回的音频
leftVolume	用于指定左声道的音量，取值范例为 0.0~1.0

续表

参　数	描　述
rightVolume	用于指定右声道的音量，取值范例为 0.0~1.0
priority	用于指定播放音频的优先级，数值越大，优先级越高
loop	用于指定循环次数，0 为不循环，−1 为循环
rate	用于指定速率，正常为 1，最低为 0.5，最高为 2

例如，要播放音频资源中保存的音频文件 notify.wav，可以使用下面的代码：

```
soundpool.play(soundpool.load(MainActivity.this, R.raw.notify, 1), 1, 1, 0, 0, 1);        //播放指定的音频
```

例 10.2　在 Eclipse 中创建 Android 项目，名称为 10.2，实现通过 SoundPool 播放音频。（**实例位置：光盘\TM\sl\10\10.2**）

（1）修改新建项目的 res\layout 目录下的布局文件 main.xml，将默认添加的 TextView 组件删除，然后将默认添加的相对布局管理器修改为水平线性布局管理器，并且在该布局管理器中添加 4 个按钮组件，分别为"风铃声"按钮、"布谷鸟叫声"按钮、"门铃声"按钮和"电话声"按钮，具体代码请参见光盘。

（2）打开默认添加的 MainActivity，在该类中，创建两个成员变量，具体代码如下：

```
private SoundPool soundpool;                                                              //声明一个 SoundPool 对象
private HashMap<Integer, Integer> soundmap = new HashMap<Integer, Integer>();  //创建一个 HashMap 对象
```

（3）在 onCreate()方法中，首先获取布局管理器中添加的"风铃声"按钮、"布谷鸟叫声"按钮、"门铃声"按钮和"电话声"按钮，然后实例化 SoundPool 对象，再将要播放的全部音频流保存到 HashMap 对象中，具体代码如下：

```
Button chimes = (Button) findViewById(R.id.button1);                      //获取"风铃声"按钮
Button enter = (Button) findViewById(R.id.button2);                       //获取"布谷鸟叫声"按钮
Button notify = (Button) findViewById(R.id.button3);                      //获取"门铃声"按钮
Button ringout = (Button) findViewById(R.id.button4);                     //获取"电话声"按钮
soundpool = new SoundPool(5,
            AudioManager.STREAM_SYSTEM, 0);     //创建一个 SoundPool 对象，该对象可以容纳 5 个音频流
//将要播放的音频流保存到 HashMap 对象中
soundmap.put(1, soundpool.load(this, R.raw.chimes, 1));
soundmap.put(2, soundpool.load(this, R.raw.enter, 1));
soundmap.put(3, soundpool.load(this, R.raw.notify, 1));
soundmap.put(4, soundpool.load(this, R.raw.ringout, 1));
soundmap.put(5, soundpool.load(this, R.raw.ding, 1));
```

（4）分别为"风铃声"按钮、"布谷鸟叫声"按钮、"门铃声"按钮和"电话声"按钮添加单击事件监听器，在重写的 onClick()方法中播放指定的音频，具体代码如下：

```
chimes.setOnClickListener(new OnClickListener() {
    @Override
    public void onClick(View v) {
        soundpool.play(soundmap.get(1), 1, 1, 0, 0, 1);                  //播放指定的音频
    }
});
```

```
enter.setOnClickListener(new OnClickListener() {
    @Override
    public void onClick(View v) {
        soundpool.play(soundmap.get(2), 1, 1, 0, 0, 1);        //播放指定的音频
    }
});
notify.setOnClickListener(new OnClickListener() {
    @Override
    public void onClick(View v) {
        soundpool.play(soundmap.get(3), 1, 1, 0, 0, 1);        //播放指定的音频
    }
});
ringout.setOnClickListener(new OnClickListener() {
    @Override
    public void onClick(View v) {
        soundpool.play(soundmap.get(4), 1, 1, 0, 0, 1);        //播放指定的音频
    }
});
```

（5）重写键盘按键被按下的 onKeyDown()方法，用于实现播放按键音的功能，具体代码如下：

```
@Override
public boolean onKeyDown(int keyCode, KeyEvent event) {
    soundpool.play(soundmap.get(5), 1, 1, 0, 0, 1);            //播放按键音
    return true;
}
```

运行本实例，将显示如图 10.2 所示的运行结果。
单击"风铃声""布谷鸟叫声"等按钮，将播放相应的
音乐；按下键盘上的按键，将播放一个按键音。

图 10.2　应用 SoundPool 播放音频

10.1.3　使用 VideoView 播放视频

在 Android 中，提供了 VideoView 组件用于播放
视频文件。要想使用 VideoView 组件播放视频，首先
需要在布局文件中创建该组件，然后在 Activity 中获取该组件，并应用其 setVideoPath()方法或
setVideoURI()方法加载要播放的视频，最后调用 start()方法来播放视频。另外，VideoView 组件还提供
了 stop()和 pause()方法，用于停止或暂停视频的播放。

在布局文件中创建 VideoView 组件的基本语法格式如下：

```
<VideoView
    属性列表>
</VideoView>
```

VideoView 组件支持的 XML 属性如表 10.2 所示。

在 Android 中还提供了一个可以与 VideoView 组件结合使用的 MediaController 组件。MediaController
组件用于通过图形控制界面来控制视频的播放。

表 10.2　VideoView 组件支持的 XML 属性

XML 属性	描　述
android:id	用于设置组件的 ID
android:background	用于设置背景，可以设置背景图片，也可以设置背景颜色
android:layout_gravity	用于设置对齐方式
android:layout_width	用于设置宽度
android:layout_height	用于设置高度

下面通过一个具体的实例来说明如何使用 VideoView 和 MediaController 来播放视频。

例 10.3　在 Eclipse 中创建 Android 项目，名称为 10.3，实现通过 VideoView 和 MediaController 播放视频。（**实例位置：光盘\TM\sl\10\10.3**）

（1）修改新建项目的 res\layout 目录下的布局文件 main.xml，将默认添加的 TextView 组件删除，然后将默认添加的相对布局管理器修改为垂直线性布局管理器，并且在该布局管理器中添加一个 VideoView 组件用于播放视频文件，关键代码如下：

```
<VideoView
    android:id="@+id/video"
    android:layout_width="match_parent"
    android:layout_height="wrap_content"
    android:layout_gravity="center" />
```

（2）打开默认添加的 MainActivity，在该类中，声明一个 VideoView 对象，具体代码如下：

```
private VideoView video;                          //声明 VideoView 对象
```

（3）在 onCreate() 方法中，首先获取布局管理器中添加的 VideoView 组件，并创建一个要播放视频所对应的 File 对象，然后创建一个 MediaController 对象，用于控制视频的播放，最后判断要播放的视频文件是否存在，如果存在，使用 VideoView 播放该视频，否则弹出消息提示框显示提示信息，具体代码如下：

```
video=(VideoView) findViewById(R.id.video);              //获取 VideoView 组件
File file=new File("/sdcard/mingrisoft.mp4");            //模拟器 SD 卡上的视频文件
MediaController mc=new MediaController(MainActivity.this);
if(file.exists()){                                       //判断要播放的视频文件是否存在
    video.setVideoPath(file.getAbsolutePath());          //指定要播放的视频
    video.setMediaController(mc);                         //设置 VideoView 与 MediaController 相关联
    video.requestFocus();                                //让 VideoView 获得焦点
    try {
        video.start();                                   //开始播放视频
    } catch (Exception e) {
        e.printStackTrace();                             //输出异常信息
    }
    //为 VideoView 添加完成事件监听器
    video.setOnCompletionListener(new OnCompletionListener() {
    @Override
            public void onCompletion(MediaPlayer mp) {
                //弹出消息提示框显示播放完毕
                Toast.makeText(MainActivity.this, "视频播放完毕！", Toast.LENGTH_SHORT).show();
```

```
            }
        });
    }else{
        //弹出消息提示框提示文件不存在
        Toast.makeText(this, "要播放的视频文件不存在", Toast.LENGTH_SHORT).show();
    }
}
```

（4）从 Android 4.4.2 开始，如果需要访问 SD 卡的文件，需要在 AndroidManifest.xml 文件中赋予程序访问 SD 卡的权限，关键代码如下：

```
<uses-permission android:name="android.permission.WRITE_EXTERNAL_STORAGE" />
<uses-permission android:name="android.permission.MOUNT_UNMOUNT_FILESYSTEMS" />
```

运行本实例，将显示如图 10.3 所示的运行结果。

图 10.3　使用 VideoView 和 MediaController 组件播放视频

说明　在运行本实例时，需要到应用界面中，为该应用开启访问存储空间的权限。具体方法请参见 10.1.1 节的例 10.1。

10.1.4　使用 MediaPlayer 和 SurfaceView 播放视频

使用 MediaPlayer 除可以播放音频外，还可以播放视频文件，只不过使用 MediaPlayer 播放视频时，没有提供图像输出界面。这时，可以使用 SurfaceView 组件来显示视频图像。使用 MediaPlayer 和 SurfaceView 来播放视频，大致可以分为以下 4 个步骤。

（1）定义 SurfaceView 组件。定义 SurfaceView 组件可以在布局管理器中实现，也可以直接在 Java 代码中创建，不过推荐在布局管理器中定义 SurfaceView 组件，其基本语法格式如下：

```
<SurfaceView
    android:id="@+id/ID 号"
    android:background="背景"
    android:keepScreenOn="true|false"
    android:layout_width="宽度"
    android:layout_height="高度"/>
```

在上面的语法中，android:keepScreenOn 属性用于指定在播放视频时，是否打开屏幕。

例如，在布局管理器中，添加一个 ID 号为 surfaceView1、设置了背景的 SurfaceView 组件，可以使用下面的代码：

```
<SurfaceView
    android:id="@+id/surfaceView1"
    android:background="@drawable/bg"
    android:keepScreenOn="true"
    android:layout_width="320dp"
    android:layout_height="36dp"/>
```

（2）创建 MediaPlayer 对象，并为其加载要播放的视频。与播放音频时创建 MediaPlayer 对象一样，也可以使用 MediaPlayer 类的静态方法 create()和无参的构造方法两种方式创建 MediaPlayer 对象，具体方法请参见 10.1.1 节。

（3）将所播放的视频画面输出到 SurfaceView。使用 MediaPlayer 对象的 setDisplay()方法，可以将所播放的视频画面输出到 SurfaceView。setDisplay()方法的语法格式如下：

```
setDisplay(SurfaceHolder sh)
```

参数 sh 用于指定 SurfaceHolder 对象，可以通过 SurfaceView 对象的 getHolder()方法获得。例如，为 MediaPlayer 对象指定输出视频画面的 SurfaceView，可以使用下面的代码：

```
mediaplayer.setDisplay(surfaceview.getHolder());    //设置将视频画面输出到 SurfaceView
```

（4）调用 MediaPlayer 对象的相应方法控制视频的播放。使用 MediaPlayer 对象提供的 play()、pause()和 stop()方法，可以控制视频的播放、暂停和停止。

下面通过一个具体的实例来说明如何使用 MediaPlayer 和 SurfaceView 来播放视频。

例 10.4   在 Eclipse 中创建 Android 项目，名称为 10.4，实现通过 MediaPlayer 和 SurfaceView 播放视频。（实例位置：光盘\TM\sl\10\10.4）

（1）修改新建项目的 res\layout 目录下的布局文件 main.xml，将默认添加的 TextView 组件删除，然后将默认添加的相对布局管理器修改为垂直线性布局管理器，并在该布局管理中添加一个 id 为 surfaceView1 的线性布局管理器，用于显示视频图像；再添加一个水平线性布局管理器，并在该水平线性布局管理器中添加 3 个按钮，分别为"播放"按钮、"暂停/继续"按钮和"停止"按钮，关键代码如下：

```
<LinearLayout
    android:id="@+id/surfaceView1"
    android:layout_width="320dp"
    android:layout_height="360dp"
    android:orientation="vertical"
    />
```

（2）打开默认添加的 MainActivity，在该类中，声明几个成员变量，具体代码如下：

```
private MediaPlayer mp;                              //声明 MediaPlayer 对象
private SurfaceView surface;                         //声明 SurfaceView 对象
private SurfaceHolder surfaceHolder;                 //声明 SurfaceHolder 对象
private Button play, pause, stop;                    //播放、暂停和停止按钮对象
```

（3）让默认创建的 MainActivity 实现 implements SurfaceHolder.Callback 接口，并重写相应的方法，关键代码如下：

```
public class MainActivity extends Activity implements SurfaceHolder.Callback {
    @Override
    public void surfaceChanged(SurfaceHolder arg0, int arg1, int arg2, int arg3) {
    }
    @Override
    public void surfaceCreated(SurfaceHolder arg0) {
    }
    @Override
    public void surfaceDestroyed(SurfaceHolder arg0) {
    }
}
```

（4）在 onCreate()方法中，首先获取布局管理器中添加的"播放"按钮、"暂停/继续"按钮和"停止"按钮，然后实例化一个 SurfaceView 对象，并获取 SurfaceHolder 对象，再设置显示分辨率和 Surface 类型，最后为 SurfaceHolder 添加回调对象，具体代码如下：

```
play = (Button) findViewById(R.id.play);                          //获取播放按钮对象
pause = (Button) findViewById(R.id.pause);                        //获取暂停按钮对象
stop = (Button) findViewById(R.id.stop);                          //获取停止按钮对象
surface = new SurfaceView(this);                                  //声明并实例化 SurfaceView 对象
surfaceHolder = surface.getHolder();                              //SurfaceHolder 是 SurfaceView 的控制接口
surfaceHolder.setFixedSize(320, 360);                            //显示的分辨率，不设置为视频默认
surfaceHolder.setType(SurfaceHolder.SURFACE_TYPE_PUSH_BUFFERS);   //Surface 类型
surfaceHolder.addCallback(this);                                  //为 SurfaceHolder 添加回调对象
```

（5）编写用于播放视频的 play()，在该方法中，首先实例化一个 MediaPlayer 对象，并清除 SurfaceView 的背景图片，然后设置 MediaPlayer 对象要显示视频的 SurfaceHolder，并为其添加完成事件监听器，接下来再设置要播放的视频，以及实现预加载，最后调用 MediaPlayer 的 start()方法开始播放视频，具体代码如下：

```
public void play() {
    mp = new MediaPlayer();
    surface.setBackgroundResource(0);                            //清除 SurfaceView 的背景图片
    mp.setAudioStreamType(AudioManager.STREAM_MUSIC);
    mp.setDisplay(surfaceHolder);                                //设置显示视频的 SurfaceHolder
    //为 MediaPlayer 对象添加完成事件监听器
    mp.setOnCompletionListener(new OnCompletionListener() {
        @Override
        public void onCompletion(MediaPlayer mp) {
            surface.setBackgroundResource(R.drawable.bg_finish);   //改变 SurfaceView 的背景图片
            Toast.makeText(MainActivity.this, "视频播放完毕！", Toast.LENGTH_SHORT).show();
            play.setEnabled(true);                               //设置"播放"按钮可用
            stop.setEnabled(false);                              //设置"停止"按钮不可用
            mp.release();                                        //释放资源
        }
    });
    try {
```

```
        mp.setDataSource("/sdcard/mingrisoft.mp4");    //模拟器的 SD 卡上的视频文件
        //手机上的视频文件
        //mp.setDataSource("/storage/emulated/0/DCIM/Camera/20141206_130313.mp4");

    } catch (Exception e) {
        e.printStackTrace();
    }
    try {
        mp.prepare();                                  //预加载
    } catch (Exception e) {
        e.printStackTrace();
    }
    mp.start();                                        //开始播放
}
```

（6）分别为"播放"按钮、"暂停/继续"按钮和"停止"按钮添加单击事件监听器，并在重写的
onClick()方法中，实现播放视频、暂停/继续播放视频和停止播放视频等功能，具体代码如下：

```
play.setOnClickListener(new OnClickListener() {
    @Override
    public void onClick(View v) {
        play();
        pause.setText("暂停");
        pause.setEnabled(true);                        //设置"暂停"按钮可用
        play.setEnabled(false);                        //设置"播放"按钮不可用
        stop.setEnabled(true);                         //设置"停止"按钮可用
    }
});
pause.setOnClickListener(new OnClickListener() {
    @Override
    public void onClick(View v) {
        if (mp.isPlaying()) {
            mp.pause();                                //暂停视频的播放
            ((Button) v).setText("继续");
        } else {
            mp.start();                                //继续视频的播放
            ((Button) v).setText("暂停");
        }
    }
});
stop.setOnClickListener(new OnClickListener() {
    @Override
    public void onClick(View v) {
        if (mp.isPlaying()) {
            mp.stop();                                 //停止播放
            mp.release();                              //Activity 销毁时停止播放，释放资源
            surface.setBackgroundResource(R.drawable.bg_finish); //改变 SurfaceView 的背景图片
            pause.setEnabled(false);                   //设置"暂停"按钮不可用
            play.setEnabled(true);                     //设置"播放"按钮可用
            stop.setEnabled(false);                    //设置"停止"按钮不可用
        }
```

```
        }
});
```

（7）在 onCreate()方法中，添加以下代码，用于获取布局文件中添加的线性布局管理器，并将 SurfaceView 添加到该线性布局管理器中。

```
//获取用于显示 SurfaceView 对象的线性布局管理器
LinearLayout ll = (LinearLayout) findViewById(R.id.surfaceView1);
ll.addView(surface);                             //将 SurfaceView 添加到线性布局管理器中显示
```

（8）重写 Activity 的 onDestroy()方法，用于在当前 Activity 销毁时，停止正在播放的视频，并释放 MediaPlayer 所占用的资源，具体代码如下：

```
@Override
protected void onDestroy() {
    if(mp!=null){
        if (mp.isPlaying()) {
            mp.stop();                           //停止播放视频
        }
        mp.release();                            //Activity 销毁时停止播放，释放资源
    }
}
```

（9）从 Android 4.4.2 开始，如果需要访问 SD 卡的文件，需要在 AndroidManifest.xml 文件中赋予程序访问 SD 卡的权限，关键代码如下：

```
<uses-permission android:name="android.permission.WRITE_EXTERNAL_STORAGE" />
<uses-permission android:name="android.permission.MOUNT_UNMOUNT_FILESYSTEMS" />
```

运行本实例，单击"播放"按钮，将开始播放视频，并且"暂停"按钮变为可用，如图 10.4 所示；单击"暂停"按钮，将暂停视频的播放，同时该按钮变为"继续"按钮；单击"停止"按钮，将停止正在播放的视频。

图 10.4　使用 MediaPlayer 和 SurfaceView 播放视频

说明 在运行本实例时，需要到应用界面中，为该应用开启访问存储空间的权限。具体方法请参见 10.1.1 节的例 10.1。

10.1.5　范例 1：播放 SD 卡上的全部音频文件

例 10.5　在 Eclipse 中创建 Android 项目，名称为 10.5，实现播放 SD 卡上的全部音频文件。（**实例位置：光盘\TM\sl\10\10.5**）

（1）修改新建项目的 res\layout 目录下的布局文件 main.xml，将默认添加的 TextView 组件删除，然后将默认添加的相对布局管理器修改为垂直线性布局管理器，并且在该布局管理器中添加一个 ListView 组件，用于显示获取到的音频列表；添加一个水平线性布局管理器，并在该水平线性布局管理器中添加 5 个按钮，分别为"上一首"按钮、"播放"按钮、"暂停/继续"按钮、"停止"按钮和"下一首"按钮，其中"暂停/继续"按钮默认为不可用，关键代码如下：

```
<ListView
  android:id="@+id/list"
  android:layout_width="fill_parent"
  android:layout_height="fill_parent"
  android:layout_weight="1"
  android:drawSelectorOnTop="false"/>
```

（2）打开默认添加的 MainActivity，在该类中，声明程序中所需的成员变量，具体代码如下：

```
private MediaPlayer mediaPlayer;                         //声明 MediaPlayer 对象
private List<String> audioList = new ArrayList<String>(); //要播放的音频列表
private int currentItem = 0;                              //当前播放歌曲的索引
private Button pause;                                     //声明一个"暂停"按钮对象
```

（3）在 onCreate()方法中，首先实例化 MediaPlayer 对象，然后获取布局管理器中添加的"上一首"按钮、"播放"按钮、"暂停/继续"按钮、"停止"按钮和"下一首"按钮，再调用 audioList()方法在 ListView 组件上显示全部音频，具体代码如下：

```
mediaPlayer = new MediaPlayer();                      //实例化一个 MediaPlayer 对象
Button play = (Button) findViewById(R.id.play);       //获取"播放"按钮
Button stop = (Button) findViewById(R.id.stop);       //获取"停止"按钮
pause = (Button) findViewById(R.id.pause);            //获取"暂停/继续"按钮
Button pre = (Button) findViewById(R.id.pre);         //获取"上一首"按钮
Button next = (Button) findViewById(R.id.next);       //获取"下一首"按钮
audioList();                                          //使用 ListView 组件显示 SD 卡上的全部音频文件
```

（4）编写 audioList()方法，用于使用 ListView 组件显示 SD 卡上的全部音频文件。在该方法中，首先调用 getFiles()方法获取 SD 卡上的全部音频文件，然后创建一个适配器，并获取布局管理器中添加的 ListView 组件，再将适配器与 ListView 关联，最后为 ListView 添加列表项单击事件监听器，用于当用户单击列表项时播放音乐。audioList()方法的具体代码如下：

```
private void audioList() {
    getFiles("/sdcard/");                                    //获取 SD 卡上的全部音频文件
    ArrayAdapter<String> adapter = new ArrayAdapter<String>(this,
            android.R.layout.simple_list_item_1, audioList);//创建一个适配器
    ListView listview = (ListView) findViewById(R.id.list);  //获取布局管理器中添加的 ListView 组件
    listview.setAdapter(adapter);                            //将适配器与 ListView 关联
    //当单击列表项时播放音乐
    listview.setOnItemClickListener(new OnItemClickListener() {
        @Override
        public void onItemClick(AdapterView<?> listView, View view,int position, long id) {
            currentItem = position;                          //将当前列表项的索引值赋值给 currentItem
            playMusic(audioList.get(currentItem));           //调用 playMusic()方法播放音乐
        }
    });
}
```

（5）定义一个保存合法的音频文件格式的字符串数组，并编写根据文件路径判断文件是否为音频文件的方法，具体代码如下：

```
private static String[] imageFormatSet = new String[] { "mp3", "wav", "3gp" };    //合法的音频文件格式
//判断是否为音频文件
private static boolean isAudioFile(String path) {
    for (String format : imageFormatSet) {                   //遍历数组
        if (path.contains(format)) {                         //判断是否为合法的音频文件
            return true;
        }
    }
    return false;
}
```

（6）编写 getFiles()方法，用于通过递归调用的方式获取 SD 卡上的全部音频文件，具体代码如下：

```
private void getFiles(String url) {
    File files = new File(url);                              //创建文件对象
    File[] file = files.listFiles();
    try {
        for (File f : file) {                                //通过 for 循环遍历获取到的文件数组
            if (f.isDirectory()) {                           //如果是目录，也就是文件夹
                getFiles(f.getAbsolutePath());               //递归调用
            } else {
                if (isAudioFile(f.getPath())) {              //如果是音频文件
                    audioList.add(f.getPath());              //将文件的路径添加到 List 集合中
                }
            }
        }
    } catch (Exception e) {
        e.printStackTrace();                                 //输出异常信息
    }
}
```

（7）编写用于播放音乐的方法 playMusic()，在该方法中，首先判断是否正在播放音乐，如果正在播放音乐，先停止播放，然后重置 MediaPlayer，并指定要播放的音频文件，再预加载该音频文件，最后播放音频，并设置"暂停"按钮的显示文字及可用状态。playMusic()方法的具体代码如下：

```java
void playMusic(String path) {
    try {
        if (mediaPlayer.isPlaying()) {
            mediaPlayer.stop();                    //停止当前音频的播放
        }
        mediaPlayer.reset();                       //重置 MediaPlayer
        mediaPlayer.setDataSource(path);           //指定要播放的音频文件
        mediaPlayer.prepare();                     //预加载音频文件
        mediaPlayer.start();                       //播放音频
        pause.setText("暂停");
        pause.setEnabled(true);                    //设置"暂停"按钮可用
    } catch (Exception e) {
        e.printStackTrace();
    }
}
```

（8）编写实现"下一首"功能的方法 nextMusic()，在该方法中，首先计算要播放音频的索引，然后调用 playMusic()播放音乐。nextMusic()方法的具体代码如下：

```java
void nextMusic() {
    if (++currentItem >= audioList.size()) {//当对 currentItem 进行+1 操作后，如果其值大于等于音频文件的总数
        currentItem = 0;
    }
    playMusic(audioList.get(currentItem));         //调用 playMusic()方法播放音乐
}
```

（9）编写实现"上一首"功能的方法 preMusic()，在该方法中，首先计算要播放音频的索引，然后调用 playMusic()播放音乐。preMusic()方法的具体代码如下：

```java
void preMusic() {
    if (--currentItem >= 0) {                      //当对 currentItem 进行-1 操作后，如果其值大于等于 0
        if (currentItem >= audioList.size()) {     //如果 currentItem 的值大于等于音频文件的总数
            currentItem = 0;
        }
    } else {
        currentItem = audioList.size() - 1;        //currentItem 的值设置为音频文件总数-1
    }
    playMusic(audioList.get(currentItem));         //调用 playMusic()方法播放音乐
}
```

（10）为 MediaPlayer 对象添加完成事件监听器，在重写的 onCompletion()方法中调用 nextMusic()方法播放下一首音乐，具体代码如下：

```java
mediaPlayer.setOnCompletionListener(new OnCompletionListener() {
    @Override
    public void onCompletion(MediaPlayer mp) {
        nextMusic();                               //播放下一首
```

```
        }
    });
```

（11）分别为"上一首"按钮、"播放"按钮、"暂停/继续"按钮、"停止"按钮和"下一首"按钮添加单击事件监听器，并在重写的 onClick()方法中，实现播放上一首、播放、暂停/继续播放、停止播放和播放下一首音频等功能，具体代码如下：

```
//为"上一首"按钮添加单击事件监听器
pre.setOnClickListener(new OnClickListener() {
    @Override
    public void onClick(View v) {
        preMusic();                              //播放上一首
    }
});
//为"播放"按钮添加单击事件监听器
play.setOnClickListener(new OnClickListener() {
    @Override
    public void onClick(View v) {
        playMusic(audioList.get(currentItem));   //调用 playMusic()方法播放音乐
    }
});
//为"暂停"按钮添加单击事件监听器
pause.setOnClickListener(new OnClickListener() {
    @Override
    public void onClick(View v) {
        if (mediaPlayer.isPlaying()) {
            mediaPlayer.pause();                 //暂停音频的播放
            ((Button) v).setText("继续");
        } else {
            mediaPlayer.start();                 //继续播放
            ((Button) v).setText("暂停");
        }
    }
});
//为"停止"按钮添加单击事件监听器
stop.setOnClickListener(new OnClickListener() {
    @Override
    public void onClick(View v) {
        if (mediaPlayer.isPlaying()) {
            mediaPlayer.stop();                  //停止播放音频
        }
        pause.setEnabled(false);                 //设置"暂停"按钮不可用
    }
});
//为"下一首"按钮添加单击事件监听器
next.setOnClickListener(new OnClickListener() {
    @Override
    public void onClick(View v) {
        nextMusic();                             //播放下一首
    }
});
```

（12）重写 Activity 的 onDestroy()方法，用于在当前 Activity 销毁时，停止正在播放的音频，并释放 MediaPlayer 所占用的资源，具体代码如下：

```
@Override
protected void onDestroy() {
    if (mediaPlayer.isPlaying()) {
        mediaPlayer.stop();                    //停止音乐的播放
    }
    mediaPlayer.release();                      //释放资源
    super.onDestroy();
}
```

（13）从 Android 4.4.2 开始，如果需要访问 SD 卡的文件，需要在 AndroidManifest.xml 文件中赋予程序访问 SD 卡的权限，关键代码如下：

```
<uses-permission android:name="android.permission.WRITE_EXTERNAL_STORAGE" />
<uses-permission android:name="android.permission.MOUNT_UNMOUNT_FILESYSTEMS" />
```

运行本实例，在屏幕中将显示获取到的音频列表，单击各列表项，可以播放当前列表项所指定的音乐；单击"播放"按钮，将开始播放音乐，并且"暂停"按钮变为可用，如图 10.5 所示；单击"暂停"按钮，将暂停音乐的播放，同时该按钮变为"继续"按钮；单击"停止"按钮，将停止播放音乐；单击"上一首"按钮，将播放上一首音乐；单击"下一首"按钮，将播放下一首音乐。

图 10.5　播放 SD 卡上的全部音频文件

> **说明**　在运行本实例时，需要到应用界面中，为该应用开启访问存储空间的权限。具体方法请参见 10.1.1 节的例 10.1。

10.1.6　范例 2：带音量控制的音乐播放器

例 10.6　在 Eclipse 中创建 Android 项目，名称为 10.6，实现带音量控制功能的音乐播放器。（实例位置：光盘\TM\sl\10\10.6）

说明　本实例是在 10.1.1 节中的例 10.1 的基础上开发的,所以与其相同的部分这里就不再赘述。

（1）将要播放的音频文件上传到 SD 卡的根目录中，这里要播放的音频文件为 ninan.mp3。如果已经将 ninan.mp3 文件上传到 SD 卡的根目录中，就不需要再重新上传了。

（2）打开 res\layout 目录下的布局文件 main.xml，在水平线性布局管理器的结尾处添加一个 TextView 组件和一个拖动条组件，分别用于显示当前音量值和调整音量的拖动条，关键代码如下：

```xml
<TextView
    android:id="@+id/volume"
    android:layout_width="wrap_content"
    android:layout_height="wrap_content"
    android:padding="10dp"
    android:text="当前音量: " />
<SeekBar
    android:id="@+id/seekBar1"
    android:layout_width="match_parent"
    android:layout_height="wrap_content"
    android:layout_weight="1" />
```

说明　这里的拖动条不用指定最大值和当前值，在后面的 Java 代码中，我们会为其指定，这样可以让拖动条的值与音量相关联。

（3）在 onCreate()方法中，添加使用拖动条控制音量大小的代码。

```java
//获取音频管理器类的对象
final AudioManager am = (AudioManager) MainActivity.this.getSystemService(Context.AUDIO_SERVICE);
//设置当前调整音量只是针对媒体音乐
MainActivity.this.setVolumeControlStream(AudioManager.STREAM_MUSIC);
SeekBar seekbar = (SeekBar) findViewById(R.id.seekBar1);                 //获取拖动条
seekbar.setMax(am.getStreamMaxVolume(AudioManager.STREAM_MUSIC));        //设置拖动条的最大值
int progress=am.getStreamVolume(AudioManager.STREAM_MUSIC);         //获取当前的音量
seekbar.setProgress(progress);                                          //设置拖动条的默认值为当前音量
final TextView tv=(TextView)findViewById(R.id.volume);                  //获取显示当前音量的 TextView 组件
tv.setText("当前音量: "+progress);                                      //显示当前音量
//为拖动条组件添加 OnSeekBarChangeListener 监听器
seekbar.setOnSeekBarChangeListener(new OnSeekBarChangeListener() {
    @Override
    public void onStopTrackingTouch(SeekBar seekBar) {}
    @Override
    public void onStartTrackingTouch(SeekBar seekBar) {}
    @Override
    public void onProgressChanged(SeekBar seekBar, int progress,boolean fromUser) {
        tv.setText("当前音量: "+progress);                              //显示改变后的音量
```

```
        am.setStreamVolume(AudioManager.STREAM_MUSIC,
                progress, AudioManager.FLAG_PLAY_SOUND);    //设置改变后的音量
    }
});
```

说明 在上面的代码中，首先获取音频管理器类的对象，并设置当前调整音量只是针对媒体音乐进行，然后获取拖动条，并设置其最大值获取其当前值，再获取显示当前音量的 TextView 组件，并设置其显示内容为当前音量，最后为拖动条组件添加 OnSeekBarChangeListener 监听器，在重写的 onProgressChanged() 方法中，显示改变后的音量，并将改变后音量设置到音频管理器上，用来改变音量的大小。

（4）从 Android 4.4.2 开始，如果需要访问 SD 卡的文件，需要在 AndroidManifest.xml 文件中赋予程序访问 SD 卡的权限，关键代码如下：

```
<uses-permission android:name="android.permission.WRITE_EXTERNAL_STORAGE" />
<uses-permission android:name="android.permission.MOUNT_UNMOUNT_FILESYSTEMS" />
```

运行本实例，将显示一个带音量控制的音乐播放器，单击"播放"按钮、"暂停/继续"按钮和"停止"按钮，可以播放音乐、暂停/继续和停止音乐的播放；拖动音量控制拖动条上的滑块，可以调整音量的大小，并及时显示当前音量，如图 10.6 所示。

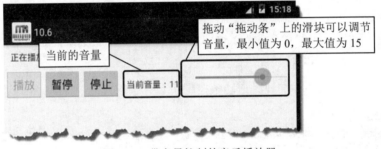

图 10.6　带音量控制的音乐播放器

说明 在运行本实例时，需要到应用界面中，为该应用开启访问存储空间的权限。具体方法请参见 10.1.1 节的例 10.1。

10.2　控制相机拍照

教学录像：光盘\TM\lx\10\控制相机拍照.exe

现在的手机和平板电脑一般都会提供相机功能，而且相机功能的应用越来越广泛。在 Android 中提供了专门用于处理相机相关事件的类，即 android.hardware 包中的 Camera 类。Camera 类没有构造方法，可以通过其提供的 open() 方法打开相机。打开相机后，可以通过 Camera.Parameters 类处理相机的拍照参数。拍照参数设置完成后，可以调用 startPreview() 方法预览拍照画面，也可以调用 takePicture()

方法进行拍照。结束程序时，可以调用 Camera 类的 stopPreview()方法结束预览，并调用 release()方法
释放相机资源。Camera 类常用的方法如表 10.3 所示。

表 10.3　Camera 类常用的方法

方　　法	描　　述
getParameters()	用于获取相机参数
Camera.open()	用于打开相机
release()	用于释放相机资源
setParameters(Camera.Parameters params)	用于设置相机的拍照参数
setPreviewDisplay(SurfaceHolder holder)	用于为相机指定一个用来显示相机预览画面的 SurfaceView
startPreview()	用于开始预览画面
takePicture(Camera.ShutterCallback shutter, Camera. PictureCallback raw, Camera.PictureCallback jpeg)	用于进行拍照
stopPreview()	用于停止预览

下面通过一个具体的实例来说明控制相机拍照的具体过程。

例 10.7　在 Eclipse 中创建 Android 项目，名称为 10.7，实现控制相机拍照功能。（**实例位置：光盘\TM\sl\10\10.7**）

（1）修改新建项目的 res\layout 目录下的布局文件 main.xml，将默认添加的 TextView 组件删除，并将默认添加的相对布局管理器修改为水平线性布局管理器，然后在该布局管理器中添加一个垂直线性布局管理器（用于放置控制按钮）和一个 SurfaceView 组件（用于显示相机预览画面），再在这个垂直线性布局管理器中添加两个按钮：一个是"预览"按钮，id 为 preview；另一个是"拍照"按钮，id 为 takephoto。关键代码如下：

```
<SurfaceView
    android:id="@+id/surfaceView1"
    android:layout_width="match_parent"
    android:layout_height="match_parent" />
```

（2）打开默认添加的 MainActivity，在该类中，声明程序中所需的成员变量，具体代码如下：

```
private Camera camera;                          //相机对象
private boolean isPreview = false;              //是否为预览模式
```

（3）设置程序为全屏运行。这里需要将下面的代码添加到 onCreate()方法中默认添加的 setContentView(R.layout.main);语句之前，否则不能应用全屏的效果。

```
requestWindowFeature(Window.FEATURE_NO_TITLE);    //设置全屏显示
```

（4）在 onCreate()方法中，首先判断是否安装 SD 卡，因为拍摄的图片需要保存到 SD 卡上，然后获取用于显示相机预览画面的 SurfaceView 组件，最后通过 SurfaceView 对象获取 SurfaceHolder 对象，并设置该 SurfaceHolder 不维护缓冲，具体代码如下：

```
/****************** 判断是否安装 SD 卡 *******************************/
if (!android.os.Environment.getExternalStorageState().equals(
        android.os.Environment.MEDIA_MOUNTED)) {
```

```
    Toast.makeText(this, "请安装 SD 卡！", Toast.LENGTH_SHORT).show(); //弹出消息提示框显示提示信息
}
/******************************************************************/
SurfaceView sv = (SurfaceView) findViewById(R.id.surfaceView1);        //获取 SurfaceView 组件，用于显示相机预览
final SurfaceHolder sh = sv.getHolder();                               //获取 SurfaceHolder 对象
sh.setType(SurfaceHolder.SURFACE_TYPE_PUSH_BUFFERS);                   //设置该 SurfaceHolder 不维护缓冲
```

（5）获取布局管理器中添加的"预览"按钮，并为其添加单击事件监听器，在重写的 onClick()方法中，首先判断相机是否为预览模式，如果不是，则打开相机，然后为相机设置显示预览画面的 SurfaceView，并设置相机参数，最后开始预览并设置自动对焦，具体代码如下：

```
Button preview = (Button) findViewById(R.id.preview);                  //获取"预览"按钮
preview.setOnClickListener(new View.OnClickListener() {
    @Override
    public void onClick(View v) {
        //如果相机为非预览模式，则打开相机
        if (!isPreview) {
            camera=Camera.open();                                      //打开相机
        }
        try {
            camera.setPreviewDisplay(sh);                              //设置用于显示预览的 SurfaceView
            Camera.Parameters parameters = camera.getParameters();     //获取相机参数
            parameters.setPictureSize(640, 480);                       //设置预览画面的尺寸
            parameters.setPictureFormat(PixelFormat.JPEG);             //指定图片为 JPEG 格式
            parameters.set("jpeg-quality", 80);                        //设置图片的质量
            parameters.setPictureSize(640, 480);                       //设置拍摄图片的尺寸
            camera.setParameters(parameters);                          //重新设置相机参数
            camera.startPreview();                                     //开始预览
            camera.autoFocus(null);                                    //设置自动对焦
        } catch (IOException e) {
            e.printStackTrace();
        }
    }
});
```

（6）获取布局管理器中添加的"拍照"按钮，并为其设置单击事件监听器，在重写的 onClick()方法中，如果相机对象不为空，则调用 takePicture()方法进行拍照，具体代码如下：

```
Button takePhoto = (Button) findViewById(R.id.takephoto);              //获取"拍照"按钮
takePhoto.setOnClickListener(new View.OnClickListener() {
    @Override
    public void onClick(View v) {
        if(camera!=null){
            camera.takePicture(null, null, jpeg);                      //进行拍照
        }
    }
});
```

（7）实现拍照的回调接口，在重写的 onPictureTaken()方法中，首先根据拍照所得的数据创建位图，然后实现一个带"保存"和"取消"按钮的对话框，用于保存所拍图片，具体代码如下：

352

```
final PictureCallback jpeg = new PictureCallback() {
    @Override
    public void onPictureTaken(byte[] data, Camera camera) {
        //根据拍照所得的数据创建位图
        final Bitmap bm = BitmapFactory.decodeByteArray(data, 0,data.length);
        //加载 layout/save.xml 文件对应的布局资源
        View saveView = getLayoutInflater().inflate(R.layout.save, null);
        final EditText photoName = (EditText) saveView.findViewById(R.id.phone_name);
        //获取对话框上的 ImageView 组件
        ImageView show = (ImageView) saveView.findViewById(R.id.show);
        show.setImageBitmap(bm);                          //显示刚刚拍得的照片
        camera.stopPreview();                             //停止预览
        isPreview = false;
        //使用对话框显示 saveDialog 组件
        new AlertDialog.Builder(MainActivity.this).setView(saveView)
                .setPositiveButton("保存", new DialogInterface.OnClickListener() {
                    @Override
                    public void onClick(DialogInterface dialog, int which) {
                        File file = new File("/sdcard/pictures/" + photoName
                                .getText().toString() + ".jpg");    //创建文件对象
                        try {
                            file.createNewFile();                 //创建一个新文件
                            //创建一个文件输出流对象
                            FileOutputStream fileOS = new FileOutputStream(file);
                            //将图片内容压缩为 JPEG 格式输出到输出流对象中
                            bm.compress(Bitmap.CompressFormat.JPEG, 100, fileOS);
                            fileOS.flush();                       //将缓冲区中的数据全部写出到输出流中
                            fileOS.close();                       //关闭文件输出流对象
                            isPreview = true;
                            resetCamera();
                        } catch (IOException e) {
                            e.printStackTrace();
                        }
                    }
                }).setNegativeButton("取消", new DialogInterface.OnClickListener() {

                    public void onClick(DialogInterface dialog, int which) {
                        isPreview = true;
                        resetCamera();                            //重新预览
                    }
                }).show();
    }
};
```

（8）编写保存对话框所需要的布局文件，名称为 save.xml，在该文件中，添加一个垂直线性布局管理器，并在该布局管理器中添加一个水平线性布局管理器（用于添加输入相片名称的文本框和编辑框）和一个 ImageView 组件（用于显示相片预览），具体代码请参见光盘。

（9）编写实现重新预览的方法 resetCamera()，在该方法中，当 isPreview 变量的值为真时，调用相机的 startPreview()方法开启预览，具体代码如下：

```
private void resetCamera(){
    if(isPreview){
        camera.startPreview();                                    //开启预览
    }
}
```

（10）重写 Activity 的 onPause()方法，用于当暂停 Activity 时，停止预览并释放相机资源，具体代码如下：

```
@Override
protected void onPause() {
    if(camera!=null){
        camera.stopPreview();                                     //停止预览
        camera.release();                                         //释放资源
    }
    super.onPause();
}
```

（11）由于本程序需要访问 SD 卡和控制相机，所以需要在 AndroidManifest.xml 文件中赋予程序访问 SD 卡和控制相机的权限，关键代码如下：

```
<!-- 授予程序可以向 SD 卡中保存文件的权限  -->
<uses-permission android:name="android.permission.MOUNT_UNMOUNT_FILESYSTEMS"/>
<uses-permission android:name="android.permission.WRITE_EXTERNAL_STORAGE"/>
<!-- 授予程序使用摄像头的权限  -->
<uses-permission android:name="android.permission.CAMERA" />
<uses-feature android:name="android.hardware.camera" />
<uses-feature android:name="android.hardware.camera.autofocus" />
```

运行本实例后，单击"预览"按钮，在屏幕的右侧将显示如图 10.7 所示的相机预览画面，单击"拍照"按钮，即可进行拍照，并显示保存图片对话框，输入文件名（不包括扩展名），如图 10.8 所示，单击"保存"按钮，即可将所拍的画面保存到 SD 卡的 pictures 目录中。

图 10.7　相机预览画面　　　　　　　　　　图 10.8　保存图片对话框

 说明 本实例需要摄像头硬件的支持，这里使用真机测试。

10.3 经 典 范 例

10.3.1 为游戏界面添加背景音乐和按键音

例 10.8 在 Eclipse 中创建 Android 项目，名称为 10.8，实现为游戏界面添加背景音乐和按键音。（实例位置：光盘\TM\sl\10\10.8）

（1）修改新建项目的 res\layout 目录下的布局文件 main.xml，将默认添加的布局代码删除，然后添加一个 FrameLayout 帧布局管理器，并在该布局管理器中添加一个 ImageView 组件，用于显示小兔子图像，另外，还需要为添加的帧布局管理器设置背景图片，具体代码请参见光盘。

（2）打开默认添加的 MainActivity，在该类中，创建程序中所需的成员变量，具体代码如下：

```
private SoundPool soundpool;                                    //声明一个 SoundPool 对象
private HashMap<Integer, Integer> soundmap = new HashMap<Integer, Integer>(); //创建一个 HashMap 对象
private ImageView rabbit;
private int x=0;                                                //兔子在 X 轴的位置
private int y=0;                                                //兔子在 Y 轴的位置
private int width=0;                                            //屏幕的宽度
private int height=0;                                           //屏幕的高度
```

（3）在 onCreate()方法中，首先实例化 SoundPool 对象，并将要播放的全部音频流保存到 HashMap 对象中，然后获取布局管理器中添加的小兔子，并获取屏幕的宽度和高度，再计算小兔子在 X 轴和 Y 轴的位置，最后通过 setX()和 setY()方法设置兔子的默认位置，具体代码如下：

```
soundpool = new SoundPool(5,
            AudioManager.STREAM_SYSTEM, 0);    //创建一个 SoundPool 对象，该对象可以容纳 5 个音频流
//将要播放的音频流保存到 HashMap 对象中
soundmap.put(1, soundpool.load(this, R.raw.chimes, 1));
soundmap.put(2, soundpool.load(this, R.raw.enter, 1));
soundmap.put(3, soundpool.load(this, R.raw.notify, 1));
soundmap.put(4, soundpool.load(this, R.raw.ringout, 1));
soundmap.put(5, soundpool.load(this, R.raw.ding, 1));
rabbit=(ImageView)findViewById(R.id.rabbit);
width= MainActivity.this.getResources().getDisplayMetrics().widthPixels;
height=MainActivity.this.getResources().getDisplayMetrics().heightPixels;
x=width/2-44;                                                  //计算兔子在 X 轴的位置
y=height/2-35;                                                 //计算兔子在 Y 轴的位置
rabbit.setX(x);                                               //设置兔子在 X 轴的位置
rabbit.setY(y);                                               //设置兔子在 Y 轴的位置
```

（4）重写键盘的按键被按下的 onKeyDown()方法，在该方法中，应用 switch()语句分别为上、下、左、右方向键和其他按键指定不同的按键音，同时，在按下上、下、左和右方向键时，还会控制小兔子在相应方向上移动，具体代码如下：

```
@Override
```

```
public boolean onKeyDown(int keyCode, KeyEvent event) {
    switch(keyCode){
        case KeyEvent.KEYCODE_DPAD_LEFT:                    //向左方向键
            soundpool.play(soundmap.get(1), 1, 1, 0, 0, 1);     //播放指定的音频
            if(x>0){
                x-=10;
                rabbit.setX(x);                             //移动小兔子
            }
            break;
        case KeyEvent.KEYCODE_DPAD_RIGHT:                   //向右方向键
            soundpool.play(soundmap.get(2), 1, 1, 0, 0, 1);     //播放指定的音频
            if(x<width-88){
                x+=10;
                rabbit.setX(x);                             //移动小兔子
            }
            break;
        case KeyEvent.KEYCODE_DPAD_UP:                      //向上方向键
            soundpool.play(soundmap.get(3), 1, 1, 0, 0, 1);     //播放指定的音频
            if(y>0){
                y-=10;
                rabbit.setY(y);                             //移动小兔子
            }
            break;
        case KeyEvent.KEYCODE_DPAD_DOWN:                    //向下方向键
            soundpool.play(soundmap.get(4), 1, 1, 0, 0, 1);     //播放指定的音频
            if(y<height-70){
                y+=10;
                rabbit.setY(y);                             //移动小兔子
            }
            break;
        default:
            soundpool.play(soundmap.get(5), 1, 1, 0, 0, 1);     //播放默认按键音
    }
    return super.onKeyDown(keyCode, event);
}
```

（5）在 res 目录下，创建一个 menu 子目录，并在该目录中创建一个名称为 setting.xml 的菜单资源文件，在该文件中，添加一个控制是否播放背景音乐的多选菜单组，默认为选中状态，setting.xml 文件具体代码如下：

```
<?xml version="1.0" encoding="utf-8"?>
<menu xmlns:android="http://schemas.android.com/apk/res/android" >
    <group android:id="@+id/setting" android:checkableBehavior="all">
    <item android:id="@+id/bgsound" android:title="播放背景音乐" android:checked="true"></item>
    </group>
</menu>
```

（6）重写 onCreateOptionsMenu()方法，应用步骤（5）中添加的菜单文件，创建一个选项菜单，并重写 onOptionsItemSelected()方法，对菜单项的选取状态进行处理，主要用于根据菜单项的选取状态控

制是否播放背景音乐。具体代码如下：

```
@Override
public boolean onCreateOptionsMenu(Menu menu) {
    MenuInflater inflater=new MenuInflater(this);          //实例化一个 MenuInflater 对象
    inflater.inflate(R.menu.setting, menu);                //解析菜单文件
    return super.onCreateOptionsMenu(menu);
}
@Override
public boolean onOptionsItemSelected(MenuItem item) {
    if(item.getGroupId()==R.id.setting){                   //判断是否选择了参数设置菜单组
        if(item.isChecked()){                              //若菜单项已经被选中
            item.setChecked(false);                        //设置菜单项不被选中
            Music.stop(this);
        }else{
            item.setChecked(true);                         //设置菜单项被选中
            Music.play(this, R.raw.jasmine);
        }
    }
    return true;
}
```

（7）编写 Music 类，在该类中，首先声明一个 MediaPlayer 对象，然后编写用于播放背景音乐的 play()方法，最后编写用于停止播放背景音乐的 stop()方法，关键代码如下：

```
public class Music {
    private static MediaPlayer mp = null;                  //声明一个 MediaPlayer 对象
    public static void play(Context context, int resource) {
        stop(context);
        if (SettingsActivity.getBgSound(context)) {        //判断是否播放背景音乐
            mp = MediaPlayer.create(context, resource);
            mp.setLooping(true);                           //是否循环播放
            mp.start();                                    //开始播放
        }
    }
    public static void stop(Context context) {
        if (mp != null) {
            mp.stop();                                     //停止播放
            mp.release();                                  //释放资源
            mp = null;
        }
    }
}
```

说明　在上面的代码中，加粗的代码 SettingsActivity.getBgSound(context)用于获取选项菜单存储的首选值，这样可以实现通过选项菜单控制是否播放背景音乐。

（8）编写 SettingsActivity 类，该类继承 PreferenceActivity 类，用于实现自动存储首选项的值。在

SettingsActivity 类中，首先重写 onCreate()方法，在该方法中调用 addPreferencesFromResource()方法加载首选项资源文件，然后编写获取是否播放背景音乐的首选项的值的 getBgSound()方法，在该方法中返回获取到的值，关键代码如下：

```java
public class SettingsActivity extends PreferenceActivity {
    @Override
    protected void onCreate(Bundle savedInstanceState) {

        super.onCreate(savedInstanceState);
        addPreferencesFromResource(R.xml.setting);
    }
    //获取是否播放背景音乐的首选项的值
    public static boolean getBgSound(Context context){
        return PreferenceManager.getDefaultSharedPreferences(context)
        .getBoolean("bgsound",true);
    }
}
```

说明 PreferenceActivity 类用于实现对程序设置参数的存储。在该 Activity 中，设置参数的存储是完全自动的，不需要手动保存，非常方便。

（9）在 res 目录下，创建一个 xml 目录，在该目录中添加一个名称为 setting.xml 的首选项资源文件，具体代码如下：

```xml
<PreferenceScreen    xmlns:android="http://schemas.android.com/apk/res/android">
    <CheckBoxPreference
        android:key="bgsound"
        android:title="播放背景音乐"
        android:summary="选中为播放背景音乐"
        android:defaultValue="true"/>
</PreferenceScreen>
```

（10）在 MainActivity 中，重写 onPause()方法，在该方法中，调用 Music 类的 stop()方法停止播放背景音乐，具体代码如下：

```java
@Override
protected void onPause() {
    Music.stop(this);                    //停止播放背景音乐
    super.onPause();
}
```

（11）在 MainActivity 中，重写 onResume()方法，在该方法中，调用 Music 类的 play()方法开始播放背景音乐，具体代码如下：

```java
@Override
protected void onResume() {
    Music.play(this, R.raw.jasmine);        //播放背景音乐
    super.onResume();
}
```

运行本实例，将显示如图 10.9 所示的运行结果。

10.3.2 制作开场动画

例 10.9 在 Eclipse 中创建 Android 项目，名称为 10.9，制作开场动画。(**实例位置：光盘\TM\sl\ 10\10.9**)

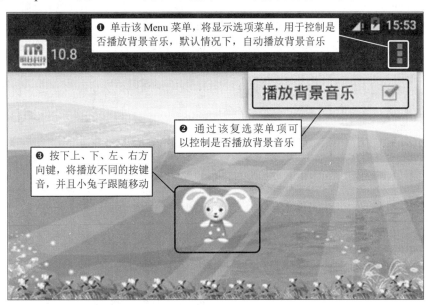

图 10.9 为游戏界面添加背景音乐和按键音

（1）修改新建项目的 res\layout 目录下的布局文件 main.xml，将默认添加的布局代码删除，然后添加一个 FrameLayout 帧布局管理器，并在该布局管理器中添加一个 ImageView 控件，用于显示小兔子图像，另外，还需要为添加的帧布局管理器设置背景图片，具体代码请参见光盘。

（2）在 res\layout 目录下创建一个布局文件 start.xml，在该文件中添加一居中显示的线性布局管理器，并在该布局管理器中添加一个 VideoView 组件，用于播放开场动画视频文件，关键代码如下：

```
<VideoView
    android:id="@+id/video"
    android:layout_width="wrap_content"
    android:layout_height="wrap_content" />
```

（3）创建一个名称为 StartActivity 的 Activity，并重写其 onCreate()方法，在该方法中，首先获取 VideoView 组件，并获取要播放的文件对应的 URI，然后为 VideoView 组件指定要播放的视频，并让其获得焦点，再调用 start()方法开始播放视频，最后为 VideoView 添加完成事件监听器，在重写的 onCompletion()方法中调用 startMain()方法进入到游戏主界面，具体代码如下：

```
video = (VideoView) findViewById(R.id.video);                              //获取 VideoView 组件
Uri uri = Uri.parse("android.resource://com.mingrisoft/"+R.raw.mingrisoft);  //获取要播放的文件对应的 URI
video.setVideoURI(uri);                                                    //指定要播放的视频
video.requestFocus();                                                      //让 VideoView 获得焦点
```

```
try {
    video.start();                                              //开始播放视频
    } catch (Exception e) {
        e.printStackTrace();                                    //输出异常信息
    }
    //为 VideoView 添加完成事件监听器
    video.setOnCompletionListener(new OnCompletionListener() {
        @Override
        public void onCompletion(MediaPlayer mp) {
            startMain();                                        //进入游戏主界面
        }
    });
```

（4）编写进入游戏主界面的 startMain()方法，在该方法中创建一个新的 Intent，以启动游戏主界面的 Activity，具体代码如下：

```
//进入游戏主界面
private void startMain(){
    Intent intent = new Intent(StartActivity.this, MainActivity.class);   //创建 Intent
    startActivity(intent);                                       //启动新的 Activity
    StartActivity.this.finish();                                 //结束当前 Activity
}
```

（5）打开 AndroidManifest.xml 文件，在该文件中配置项目中应用的 Activity。这里首先将主 Activity 设置为 StartActivity，然后再配置 MainActivity，关键代码如下：

```
<activity
    android:label="@string/app_name"
    android:name=".StartActivity" >
    <intent-filter >
        <action android:name="android.intent.action.MAIN" />
        <category android:name="android.intent.category.LAUNCHER" />
    </intent-filter>
</activity>
<activity android:name=".MainActivity"/>
```

运行本实例，首先播放指定的视频，视频播放完毕后，将进入到如图 10.10 所示的游戏主界面。

图 10.10　游戏主界面

360

10.4　小　　结

本章主要介绍了在 Android 中，如何播放音频与视频，以及如何控制相机拍照等内容。需要重点说明的是两种播放音频方法的区别。本章共介绍了两种播放音频的方法，一种是使用 MediaPlayer 播放，另一种是使用 SoundPool 播放。这两种方法的区别是：使用 MediaPlayer 每次只能播放一个音频，适用于播放长音乐或是背景音乐；使用 SoundPool 可以同时播放多个短小的音频，适用于播放按键音或者消息提示音等，希望读者根据实际情况选择合适的方法。

10.5　实践与练习

1. 编写 Android 项目，使用 MediaPlayer 和 SurfaceView 实现带音量控制的视频播放器。（答案位置：光盘\TM\sl\10\10.10）

2. 编写 Android 项目，实现控制是否播放按键音。（答案位置：光盘\TM\sl\10\10.11）

第11章

Content Provider 实现数据共享

(🎥 教学录像：43 分钟)

    Content Provider 用于保存和获取数据，并使其对所有应用程序可见。这是不同应用程序间共享数据的唯一方式，因为在 Android 中没有提供所有应用共同访问的公共存储区域。本章将介绍如何使用预定义和自定义 Content Provider。

    通过阅读本章，您可以：

▶▶ 了解 Content Provider 的基本概念

▶▶ 掌握 Content Provider 的常用方法

▶▶ 了解系统预定义的 Content Provider

▶▶ 了解如何自定义 Content Provider

11.1　Content Provider 概述

教学录像：光盘\TM\lx\11\Content Provider 概述.exe

Content Provider 内部如何保存数据由其设计者决定，但是所有的 Content Provider 都实现一组通用的方法，用来提供数据的增、删、改、查功能。

客户端通常不会直接使用这些方法，大多数是通过 ContentResolver 对象实现对 Content Provider 的操作。开发人员可以通过调用 Activity 或者其他应用程序组件的实现类中的 getContentResolver()方法来获得 ContentProvider 对象，例如：

```
ContentResolver cr = getContentResolver();
```

使用 ContentResolver 提供的方法可以获得 Content Provider 中任何感兴趣的数据。

当开始查询时，Android 系统确认查询的目标 Content Provider 并确保它正在运行。系统会初始化所有 ContentProvider 类的对象，开发人员不必完成此类操作，实际上，开发人员根本不会直接使用 ContentProvider 类的对象。通常，每个类型的 ContentProvider 仅有一个单独的实例。但是该实例能与位于不同应用程序和进程的多个 ContentResolver 类对象通信。不同进程之间的通信由 ContentProvider 类和 ContentResolver 类处理。

11.1.1　数据模型

Content Provider 使用基于数据库模型的简单表格来提供其中的数据，这里每行代表一条记录，每列代表特定类型和含义的数据。例如，联系人的信息可能以如表 11.1 所示的方式提供。

表 11.1　联系方式

_ID	NAME	NUMBER	EMAIL
001	张××	123*****	123**@163.com
002	王××	132*****	132**@google.com
003	李××	312*****	312**@qq.com
004	赵××	321*****	321**@126.com

每条记录包含一个数值型的_ID 字段，用于在表格中唯一标识该记录。ID 能用于匹配相关表格中的记录，例如，在一个表格中查询联系人的电话，在另一表格中查询其照片。

注意　_ID 字段前还包含了一条下划线，在编写代码时不要忘记。

查询返回一个 Cursor 对象，它能遍历各行各列来读取各个字段的值。对于各个类型的数据，它都提供了专用的方法。因此，为了读取字段的数据，开发人员必须知道当前字段包含的数据类型。

11.1.2　URI 的用法

每个 Content Provider 提供公共的 URI（使用 Uri 类包装）来唯一标识其数据集。管理多个数据集（多个表格）的 Content Provider 为每个数据集提供了单独的 URI。所有为 provider 提供的 URI 都以"content://"作为前缀，"content://"模式表示数据由 Content Provider 来管理。

如果自定义 Content Provider，则应该为其 URI 也定义一个常量，来简化客户端代码并让日后更新更加简洁。Android 为当前平台提供的 Content Provider 定义了 CONTENT_URI 常量。例如，匹配电话号码到联系人表格的 URI 和匹配保存联系人照片表格的 URI 分别如下：

```
android.provider.Contacts.Phones.CONTENT_URI

android.provider.Contacts.Photos.CONTENT_URI
```

URI 常量用于所有与 Content Provider 的交互中。每个 ContentResolver 方法使用 URI 作为其第一个参数。它标识 ContentResolver 应该使用哪个 provider 及其中的哪个表格。

下面是 Content URI 重要部分的总结：

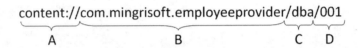

content://com.mingrisoft.employeeprovider/dba/001
　　A　　　　　　　　B　　　　　　C　D

- ☑　A：标准的前缀，用于标识该数据由 Content Provider 管理，不需修改。
- ☑　B：URI 的 authority 部分，用于标识该 Content Provider。对于第三方应用，该部分应该是完整的类名（使用小写形式）来保证唯一性。在<provider>元素的 authorities 属性中声明 authority。
- ☑　C：Content Provider 的路径部分，用于决定哪类数据被请求。如果 Content Provider 仅提供一种数据类型，可以省略该部分；如果 provider 提供几种类型，包括子类型，这部分可以由几部分组成。
- ☑　D：被请求的特定记录的 ID 值。这是被请求记录的_ID 值。如果请求不仅限于单条记录，该部分及其前面的斜线应该删除。

11.2　预定义 Content Provider

📀 **教学录像：光盘\TM\lx\11\预定义 Content Provider.exe**

Android 系统为常用数据类型提供了很多预定义的 Content Provider（声音、视频、图片、联系人等），它们大多位于 android.provider 包中。开发人员可以查询这些 provider 以获得其中包含的信息（尽管有些需要适当的权限来读取数据）。Android 系统提供的常见 Content Provider 说明如下。

- ☑　Browser：读取或修改书签、浏览历史或网络搜索。
- ☑　CallLog：查看或更新通话历史。
- ☑　Contacts：获取、修改或保存联系人信息。

☑　LiveFolders：由 Content Provider 提供内容的特定文件夹。

☑　MediaStore：访问声音、视频和图片。

☑　Setting：查看和获取蓝牙设置、铃声和其他设备偏好。

☑　SyncStateContract：用于使用数据数组账号关联数据的 ContentProvider 约束。希望使用标准方式保存数据的 provider 时可以使用。

☑　UserDictionary：在可预测文本输入时，提供用户定义单词给输入法使用。应用程序和输入法能增加数据到该字典。单词能关联频率信息和本地化信息。

11.2.1　查询数据

要查询 Content Provider 中的数据，需要以下 3 个信息：

☑　标识该 Content Provider 的 URI。

☑　需要查询的数据字段名称。

☑　字段中数据的类型。

如果查询特定的记录，则还需要提供该记录的 ID 值。

为了查询 Content Provider 中的数据，开发人员需要使用 ContentResolver.query()或 Activity.managedQuery()方法。这两个方法使用相同的参数，并且都返回 Cursor 对象。但是 managedQuery()方法导致 Activity 管理 Cursor 的生命周期。托管的 Cursor 处理所有的细节，如当 Activity 暂停时卸载自身，当 Activity 重启时加载自身。调用 Activity.startManagingCursor()方法可以让 Activity 管理未托管的 Cursor 对象。

query()和 managedQuery()方法的第一个参数是 provider 的 URI，即标识特定 ContentProvider 和数据集的 CONTENT_URI 常量。

为了限制仅返回一条记录，可以在 URI 结尾增加该记录的_ID 值，即将匹配 ID 值的字符串作为 URI 路径部分的结尾片段。例如，ID 值是 10，URI 将是：

```
content://.../10
```

有些辅助方法，特别是 ContentUris.withAppendedId()和 Uri.withAppendedPath()方法，能轻松地将 ID 增加到 URI。这两个方法都是静态方法，并返回一个增加了 ID 的 Uri 对象。

query()和 managedQuery()方法的其他参数用来更加细致地限制查询结果，它们是：

☑　应该返回的数据列名称。null 值表示返回全部列；否则，仅返回列出的列。全部预定义 Content Provider 为其列都定义了常量。例如，android.provider.Contacts.Phones 类定义了_ID、NUMBER、NUMBER_KEY、NAME 等常量。

☑　决定哪些行被返回的过滤器，格式类似 SQL 的 WHERE 语句（但是不包含 WHERE 自身）。null 值表示返回全部行（除非 URI 限制查询结果为单行记录）。

☑　选择参数。

☑　返回记录的排序器，格式类似 SQL 的 ORDER BY 语句（但是不包含 ORDER BY 自身）。null 值表示以默认顺序返回记录，这可能是无序的。

查询返回一组 0 条或多条数据库记录。列名、默认顺序和数据类型对每个 Content Provider 都是特别的。但是每个 provider 都有一个_ID 列，它为每条记录保存唯一的数值 ID。每个 provider 也能使用 _COUNT 报告返回结果中记录的行数，该值在各行都是相同的。

　　获得数据使用 Cursor 对象处理，它能向前或向后遍历整个结果集。开发人员可以使用 Cursor 对象来读取数据，而增加、修改和删除数据则必须使用 ContentResolver 对象。

11.2.2　增加记录

　　为了向 Content Provider 中增加新数据，首先需要在 ContentValues 对象中建立键值对映射，这里每个键匹配 Content Provider 中列名，每个值是该列中希望增加的值。然后调用 ContentResolver.insert()方法并传递给它 provider 的 URI 参数和 ContentValues 映射。该方法返回新记录的完整 URI，即增加了新记录 ID 的 URI。开发人员可以使用该 URI 来查询并获取该记录的 Cursor，以便修改该记录。

11.2.3　增加新值

　　一旦记录存在，开发人员可以向其中增加新信息或者修改已经存在的信息。增加记录到 Contacts 数据库的最佳方式是增加保存新数据的表名到代表记录的 URI，然后使用组装好的 URI 来增加新数据。每个 Contacts 表格以 CONTENT_DIRECTORY 常量的方式提供名称。

　　开发人员可以调用使用 byte 数组作为参数的 ContentValues.put()方法向表格中增加少量二进制数据，这适用于类似小图标的图片、短音频片段等。然而，如果需要增加大量二进制数据，如图片或者完整的歌曲等，则需要保存代表数据的 content:URI 到表格，然后使用文件 URI 调用 ContentResolver. openOutputStream()方法。这导致 Content Provider 保存数据到文件并在记录的隐藏字段保存文件路径。

11.2.4　批量更新记录

　　要批量更新数据（例如，将全部字段中"NY"替换成"New York"），可使用 ContentResolver.update() 方法并提供需要修改的列名和值。

11.2.5　删除记录

　　如果需要删除单条记录，可调用 ContentResolver.delete()方法并提供特定行的 URI。

　　如果需要删除多条记录，可调用 ContentResolver.delete()方法并提供删除记录类型的 URI（如 android.provider.Contacts.People.CONTENT_URI）和一个 SQL WHERE 语句，它定义哪些行需要删除。

注意　请确保提供了一个合适的 WHERE 语句，否则可能删除全部数据。

11.2.6　范例 1：系统内置联系人的使用

由于本章范例主要使用系统内置联系人来演示 Content Provider 的使用，下面先简单介绍一下如何完成向联系人中添加信息等基本操作。

（1）启动模拟器，进入应用程序界面，如图 11.1 所示。

（2）单击"通讯录"图标，打开通讯录界面，如图 11.2 所示。由于并未在模拟器中添加联系人，因此显示"没有联系人"，此时提供了两种选择方式。

图 11.1　Android 应用程序界面

图 11.2　Android 联系人程序界面

（3）在图 11.2 中，单击 按钮，弹出如图 11.3 所示的提示信息。

（4）在图 11.3 中，单击"本地保存"按钮，即可添加联系人信息，如图 11.4 所示。单击左上角的 按钮，完成联系人的添加。

图 11.3　提示信息界面

图 11.4　添加联系人

（5）之后会依次弹出 3 个权限设置对话框，可以全部选择"允许"。

（6）请读者自行添加联系人信息，以便后面应用程序测试。

11.2.7　范例 2：查询联系人 ID 和姓名

例 11.1　在 Eclipse 中创建 Android 项目，名称为 11.1，实现查询当前联系人应用中联系人的 ID 和姓名。（**实例位置：光盘\TM\sl\11\11.1**）

（1）修改 res\layout\main.xml 文件，将默认添加的相对布局管理器修改为垂直线性布局管理器，并且在该布局管理器中设置背景图片和标签属性，代码如下：

```xml
<?xml version="1.0" encoding="utf-8"?>
<LinearLayout xmlns:android="http://schemas.android.com/apk/res/android"
    android:layout_width="fill_parent"
    android:layout_height="fill_parent"
    android:background="@drawable/background"
    android:orientation="vertical" >
    <TextView
        android:id="@+id/result"
        android:layout_width="wrap_content"
        android:layout_height="wrap_content"
        android:textColor="@android:color/black"
        android:textSize="25dp" />
</LinearLayout>
```

（2）创建 RetrieveDataActivity 类，该类继承了 Activity 类。在 onCreate()方法中获得布局文件中定义的标签，在自定义的 getQueryData()方法中获得查询数据，代码如下：

```java
public class RetrieveDataActivity extends Activity {
    private String[] columns = { Contacts._ID,              //希望获得 ID 值
            Contacts.DISPLAY_NAME,                          //希望获得姓名
    };
    @Override
    public void onCreate(Bundle savedInstanceState) {
        super.onCreate(savedInstanceState);
        setContentView(R.layout.main);
        TextView tv = (TextView) findViewById(R.id.result);   //获得布局文件中的标签
        tv.setText(getQueryData());                          //为标签设置数据
    }
    private String getQueryData() {
        StringBuilder sb = new StringBuilder();              //用于保存字符串
        ContentResolver resolver = getContentResolver();     //获得 ContentResolver 对象
        Cursor cursor = resolver.query(Contacts.CONTENT_URI, columns, null, null, null);  //查询记录
        int idIndex = cursor.getColumnIndex(columns[0]);     //获得 ID 记录的索引值
        int displayNameIndex = cursor.getColumnIndex(columns[1]);   //获得姓名记录的索引值
        for (cursor.moveToFirst(); !cursor.isAfterLast(); cursor.moveToNext()) {//迭代全部记录
            int id = cursor.getInt(idIndex);
            String displayName = cursor.getString(displayNameIndex);
            sb.append(id + ": " + displayName + "\n");
```

```
        }
        cursor.close();                                    //关闭 Cursor
        return sb.toString();                              //返回查询结果
    }
}
```

（3）在 AndroidManifest 文件中增加读取联系人记录的权限，代码如下：

```
<uses-permission android:name="android.permission.READ_CONTACTS"/>
```

运行本实例，其效果如图 11.5 所示。

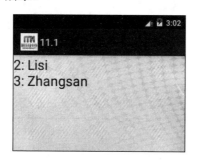

图 11.5　显示联系人 ID 和姓名

说明

在运行本实例时，需要到应用界面中，为该应用开启访问通讯录的权限。具体方法为：切换到"设置"/"应用"界面，然后单击当前的实例名称选项（11.1），在进入的界面中，找到"权限"选项，再将"通讯录"右侧的开关按钮，设置为开启状态即可。

11.3　自定义 Content Provider

教学录像：光盘\TM\lx\11\自定义 Content Provider.exe

如果开发人员希望共享自己的数据，则有以下两个选择：

☑　创建自定义的 Content Provider（一个 ContentProvider 类的子类）。

☑　如果有预定义的 provider，管理相同的数据类型并且有写入权限，则可以向其中增加数据。

前面已经详细介绍了如何使用系统预定义的 Content Provider，下面将介绍如何自定义 Content Provider。

如果自定义 Content Provider，开发人员需要完成以下操作：

☑　建立数据存储系统。大多数 Content Provider 使用 Android 文件存储方法或者 SQLite 数据库保存数据，但是开发人员可以使用任何方式存储。Android 提供了 SQLiteOpenHelper 类帮助创建数据库，SQLiteDatabase 类帮助管理数据库。

☑　继承 ContentProvider 类来提供数据访问方式。

☑　在应用程序的 AndroidManifest 文件中声明 Content Provider。

下面主要介绍继承 ContentProvider 类和声明 Content Provider 的操作。

11.3.1 继承 ContentProvider 类

开发人员定义 ContentProvider 类的子类，以便使用 ContentResolver 和 Cursor 类来共享数据。原则上，这意味着需要实现 ContentProvider 类定义的 6 个抽象方法，其语法格式如下：

```
public boolean onCreate()
public Cursor query(Uri uri, String[] projection, String selection, String[] selectionArgs, String sortOrder)
public Uri insert(Uri uri, ContentValues values)
public int update(Uri uri, ContentValues values, String selection, String[] selectionArgs)
public int delete(Uri uri, String selection, String[] selectionArgs)
public String getType(Uri uri)
```

各个方法的说明如表 11.2 所示。

表 11.2　ContentProvider 中的抽象方法及说明

方　　法	说　　明
onCreate()	用于初始化 provider
query()	返回数据给调用者
insert()	插入新数据到 Content Provider
update()	更新 Content Provider 中已经存在的数据
delete()	从 Content Provider 中删除数据
getType()	返回 Content Provider 数据的 MIME 类型

query()方法必须返回 Cursor 对象，用于遍历查询结果。Cursor 自身是一个接口，Android 提供了该接口的一些实现类，例如，SQLiteCursor 能遍历存储在 SQLite 数据库中的数据。通过调用 SQLiteDatabase 类的 query()方法可以获得 Cursor 对象，它们都位于 android.database 包中，其继承关系如图 11.6 所示。

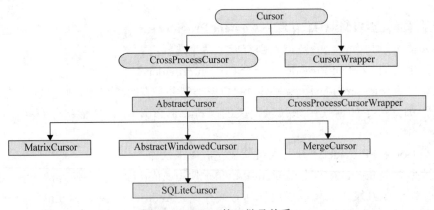

图 11.6　Cursor 接口继承关系

 说明

圆角矩形表示接口，矩形表示类。

由于这些 ContentProvider 方法能被位于不同进程和线程的不同 ContentResolver 对象调用，它们必须以线程安全的方式实现。

此外，开发人员也可以调用 ContentResolver.notifyChange()方法，以便在数据修改时通知监听器。

除了定义子类自身，还应采取一些措施以简化客户端工作并让类更加易用。

（1）定义 public static final Uri CONTENT_URI 变量（CONTENT_URI 是变量名称）。该字符串表示自定义的 Content Provider 处理的完整 content:URI。开发人员必须为该值定义唯一的字符串。最佳的解决方式是使用 Content Provider 的完整类名（小写）。例如，EmployeeProvider 的 URI 可能按如下方式定义：

```
public static final Uri CONTENT_URI = Uri.parse("content://com.mingrisoft.employeeprovider");
```

如果 provider 包含子表，也应该为各个子表定义 URI。这些 URI 应该有相同的 authority（因为它标识 Content Provider），使用路径进行区分，例如：

```
content://com.mingrisoft.employeeprovider/dba
content://com.mingrisoft.employeeprovider/programmer
content://com.mingrisoft.employeeprovider/ceo
```

（2）定义 Content Provider 将返回给客户端的列名。如果开发人员使用底层数据库，这些列名通常与 SQL 数据库列名相同。同样，定义 public static String 常量，客户端用它们来指定查询中的列和其他指令。确保包含名为 "_ID" 的整数列来作为记录的 ID 值。无论记录中其他字段是否唯一，如 URL，开发人员都应该包含该字段。如果打算使用 SQLite 数据库，_ID 字段类型如下：

```
INTEGER PRIMARY KEY AUTOINCREMENT
```

（3）仔细注释每列的数据类型，客户端需要使用这些信息来读取数据。

（4）如果开发人员正在处理新数据类型，则必须定义新的 MIME 类型，以便在 ContentProvider.getType()方法实现中返回。

（5）如果开发人员提供的 byte 数据太大而不能放到表格中，如 bitmap 文件，提供给客户端的字段应该包含 content:URI 字符串。

11.3.2　声明 Content Provider

为了让 Android 系统知道开发人员编写的 Content Provider，应该在应用程序的 AndroidManifest.xml 文件中定义<provider>元素。没有在配置文件中声明的自定义 Content Provider，对于 Android 系统不可见。

name 属性的值是 ContentProvider 类的子类的完整名称；authorities 属性是 provider 定义的 content:URI 中 authority 部分；ContentProvider 的子类是 EmployeeProvider。<provider>元素应该如下：

```
<provider android:name="com.mingrisoft.EmployeeProvider"
          android:authorities="com.mingrisoft.employeeprovider"
          . . . />
</provider>
```

注意

authorities 属性删除了 content:URI 中的路径部分。

其他<provider>属性能设置读写数据的权限、提供显示给用户的图标或文本、启用或禁用 provider 等。如果数据不需要在多个运行的 Content Provider 间同步，则设置 multiprocess 为 true。这允许在各个客户端进程创建一个 provider 实例，从而避免执行 IPC。

11.4 经 典 范 例

11.4.1 查询联系人姓名和电话

例 11.2 在 Eclipse 中创建 Android 项目，名称为 11.2，实现查询当前联系人应用中联系人的姓名和电话。（**实例位置：光盘\TM\sl\11\11.2**）

（1）修改 res\layout\main.xml 文件，将默认添加的相对布局管理器修改为垂直线性布局管理器，并且在该布局管理器中设置背景图片和标签属性，代码如下：

```xml
<?xml version="1.0" encoding="utf-8"?>
<LinearLayout xmlns:android="http://schemas.android.com/apk/res/android"
    android:layout_width="fill_parent"
    android:layout_height="fill_parent"
    android:background="@drawable/background"
    android:orientation="vertical" >
    <TextView
        android:id="@+id/result"
        android:layout_width="wrap_content"
        android:layout_height="wrap_content"
        android:textColor="@android:color/black"
        android:textSize="25dp" />
</LinearLayout>
```

（2）创建 RetrieveDataActivity 类，该类继承了 Activity 类。在 onCreate()方法中获得布局文件中定义的标签，在自定义的 getQueryData()方法中获得查询数据，代码如下：

```java
public class RetrieveDataActivity extends Activity {
    private String[] columns = { Contacts._ID,              //获得 ID 值
            Contacts.DISPLAY_NAME,                          //获得姓名
            Phone.NUMBER,                                   //获得电话
            Phone.CONTACT_ID, };
    public void onCreate(Bundle savedInstanceState) {
        super.onCreate(savedInstanceState);
        setContentView(R.layout.main);
        TextView tv = (TextView) findViewById(R.id.result);  //获得布局文件中的标签
        tv.setText(getQueryData());                          //为标签设置数据
    }
    private String getQueryData() {
        StringBuilder sb = new StringBuilder();              //用于保存字符串
```

```
ContentResolver resolver = getContentResolver();                              //获得 ContentResolver 对象
Cursor cursor = resolver.query(Contacts.CONTENT_URI, null, null, null, null);//查询记录
while (cursor.moveToNext()) {
    int idIndex = cursor.getColumnIndex(columns[0]);                          //获得 ID 值的索引
    int displayNameIndex = cursor.getColumnIndex(columns[1]);                 //获得姓名索引
    int id = cursor.getInt(idIndex);                                          //获得 id
    String displayName = cursor.getString(displayNameIndex);                  //获得名称
    Cursor phone = resolver.query(Phone.CONTENT_URI, null, columns[3] + "=" + id, null, null);
    while (phone.moveToNext()) {
        int phoneNumberIndex = phone.getColumnIndex(columns[2]);              //获得电话索引
        String phoneNumber = phone.getString(phoneNumberIndex);              //获得电话
        sb.append(displayName + ": " + phoneNumber + "\n");                   //保存数据
    }
}
cursor.close();/                                                             //关闭 Cursor
return sb.toString();
}
}
```

（3）在 AndroidManifest 文件中增加读取联系人记录的权限，代码如下：

```
<uses-permission android:name="android.permission.READ_CONTACTS"/>
```

运行本实例，其效果如图 11.7 所示。

图 11.7　显示联系人姓名和电话

说明

在运行本实例时，需要到应用界面中，为该应用开启访问通讯录的权限。具体方法请参见 11.2.7 节的例 11.2。

11.4.2　自动补全联系人姓名

例 11.3　在 Eclipse 中创建 Android 项目，名称为 11.3，实现自动补全联系人姓名的功能。（**实例位置：光盘\TM\sl\11\11.3**）

（1）修改 res\layout\main.xml 文件，将默认添加的相对布局管理器修改为垂直线性布局管理器，并

且在该布局管理器中设置背景图片和标签属性，并增加一个自动补全标签，代码如下：

```xml
<?xml version="1.0" encoding="utf-8"?>
<LinearLayout xmlns:android="http://schemas.android.com/apk/res/android"
    android:layout_width="fill_parent"
    android:layout_height="fill_parent"
    android:background="@drawable/background"
    android:orientation="vertical" >
    <TextView
        android:id="@+id/title"
        android:layout_width="wrap_content"
        android:layout_height="wrap_content"
        android:layout_gravity="center"
        android:text="@string/title"
        android:textColor="@android:color/black"
        android:textSize="30dp" />
    <LinearLayout
        android:layout_width="match_parent"
        android:layout_height="wrap_content"
        android:orientation="horizontal" >
        <TextView
            android:id="@+id/textView"
            android:layout_width="wrap_content"
            android:layout_height="wrap_content"
            android:layout_margin="5dp"
            android:text="@string/name"
            android:textColor="@android:color/black"
            android:textSize="25dp" />
        <AutoCompleteTextView
            android:id="@+id/edit"
            android:layout_width="match_parent"
            android:layout_height="wrap_content"
            android:completionThreshold="1"
            android:textColor="@android:color/black" >
            <requestFocus />
        </AutoCompleteTextView>
    </LinearLayout>
</LinearLayout>
```

注意

android:completionThreshold 属性用于设置输入几个字符时给出提示。

（2）创建 ContactListAdapter 类，它继承了 CursorAdapter 类并实现了 Filterable 接口，在重写方法时完成了获取联系人姓名的功能，代码如下：

```
public class ContactListAdapter extends CursorAdapter implements Filterable {
    private ContentResolver resolver;
    private   String[] columns = new String[] { Contacts._ID, Contacts.DISPLAY_NAME };
    public ContactListAdapter(Context context, Cursor c) {
        super(context, c);                              //调用父类构造方法
        resolver = context.getContentResolver();        //初始化 ContentResolver
    }
    @Override
    public void bindView(View arg0, Context arg1, Cursor arg2) {
        ((TextView) arg0).setText(arg2.getString(1));
    }
    @Override
    public View newView(Context context, Cursor cursor, ViewGroup parent) {
        LayoutInflater inflater = LayoutInflater.from(context);
        TextView view = (TextView) inflater.inflate(android.R.layout.simple_dropdown_item_1line, parent, false);
        view.setText(cursor.getString(1));
        return view;
    }
    @Override
    public CharSequence convertToString(Cursor cursor) {
        return cursor.getString(1);
    }
    @Override
    public Cursor runQueryOnBackgroundThread(CharSequence constraint) {
        FilterQueryProvider filter = getFilterQueryProvider();
        if (filter != null) {
            return filter.runQuery(constraint);
        }
        Uri uri = Uri.withAppendedPath(Contacts.CONTENT_FILTER_URI, Uri.encode(constraint.toString()));
        return resolver.query(uri, columns, null, null, null);
    }
}
```

（3）创建 AutoCompletionActivity 类，它继承了 Activity 类，在重写 onCreate()方法时，完成自动补全的设置，代码如下：

```
public class AutoCompletionActivity extends Activity {
    private   String[] columns = new String[] { Contacts._ID, Contacts.DISPLAY_NAME };
    @Override
    public void onCreate(Bundle savedInstanceState) {
        super.onCreate(savedInstanceState);
        setContentView(R.layout.main);
        ContentResolver resolver = getContentResolver();
        Cursor cursor = resolver.query(Contacts.CONTENT_URI, columns, null, null, null);
        ContactListAdapter adapter = new ContactListAdapter(this, cursor);
        AutoCompleteTextView textView = (AutoCompleteTextView) findViewById(R.id.edit);
```

```
            textView.setAdapter(adapter);
    }
}
```

（4）在 AndroidManifest 文件中增加读取联系人记录的权限，代码如下：

```
<uses-permission android:name="android.permission.READ_CONTACTS"/>
```

运行本实例，其效果如图 11.8 所示。

图 11.8　自动补全联系人姓名

说明　在运行本实例时，需要到应用界面中，为该应用开启访问通讯录的权限。具体方法请参见 11.2.7 节的例 11.2。

11.5　小　　结

本章重点介绍了 Android 四大组件之一的 Content Provider。Content Provider 是所有应用程序之间数据存储和检索的一个桥梁。在 Android 中，Content Provider 是一种特殊的数据存储类型，它提供了一套标准的方法来提供数据的增、删、改、查功能。本章详细介绍了实现各个功能需要使用的方法。此外，还介绍了如何自定义 Content Provider。

11.6　实践与练习

1．编写 Android 程序，使用列表显示联系人 ID 和姓名。（答案位置：光盘\TM\sl\11\11.4）

2．编写 Android 程序，查询联系人姓名和电话，并按 ID 值降序排列。（答案位置：光盘\TM\sl\11\11.5）

第12章

线程与消息处理

(📹 教学录像：51分钟)

在程序开发时，对于一些比较耗时的操作，通常会为其开辟一个单独的线程来执行，以尽可能减少用户的等待时间。在 Android 中，默认情况下，所有的操作都在主线程中进行，主线程负责管理与 UI 相关的事件，而在用户自己创建的子线程中，不能对 UI 组件进行操作。因此，Android 提供了消息处理传递机制来解决这一问题。本章将对 Android 中如何实现多线程以及如何通过线程和消息处理机制操作 UI 界面进行详细介绍。

通过阅读本章，您可以：

▶▶ 掌握如何创建及开启线程

▶▶ 掌握如何让线程休眠

▶▶ 掌握如何中断线程

▶▶ 了解循环者 Looper

▶▶ 掌握消息处理类 Handler 的应用

▶▶ 掌握消息类 Message 的应用

12.1 实现多线程

 教学录像：光盘\TM\lx\12\实现多线程.exe

在现实生活中，很多事情都是同时进行的，例如，我们可以一边看书，一边喝咖啡；而计算机则可以一边播放音乐，一边打印文档。对于这种可以同时进行的任务，可以用线程来表示，每个线程完成一个任务，并与其他线程同时执行，这种机制被称为多线程。下面就来介绍如何创建线程、开启线程、让线程休眠和中断线程。

12.1.1 创建线程

在 Android 中，提供了两种创建线程的方法：一种是通过 Thread 类的构造方法创建线程对象，并重写 run()方法实现；另一种是通过实现 Runnable 接口实现，下面分别进行介绍。

1. 通过 Thread 类的构造方法创建线程

在 Android 中，可以使用 Thread 类提供的以下构造方法来创建线程。

```
Thread(Runnable runnable)
```

该构造方法的参数 runnable 可以通过创建一个 Runnable 类的对象并重写其 run()方法来实现，例如，要创建一个名称为 thread 的线程，可以使用下面的代码：

```
Thread thread=new Thread(new Runnable(){
    //重写 run()方法
    @Override
    public void run() {
        //要执行的操作
    }
});
```

说明

在 run()方法中，可以编写要执行的操作的代码，当线程被开启时，run()方法将被执行。

2. 通过实现 Runnable 接口创建线程

在 Android 中，还可以通过实现 Runnable 接口来创建线程。实现 Runnable 接口的语法格式如下：

```
public class ClassName extends Object implements Runnable
```

当一个类实现 Runnable 接口后，还需要实现其 run()方法，在 run()方法中，可以编写要执行的操作的代码。

例如，要创建一个实现了 Runnable 接口的 Activity，可以使用下面的代码：

```
public class MainActivity extends Activity implements Runnable {
    @Override
    public void onCreate(Bundle savedInstanceState) {
        super.onCreate(savedInstanceState);
        setContentView(R.layout.main);
    }
    @Override
    public void run() {
        //要执行的操作
    }
}
```

12.1.2　开启线程

创建线程对象后，还需要开启线程，线程才能执行。Thread 类提供了 start()方法用于开启线程，其语法格式如下：

```
start()
```

例如，存在一个名称为 thread 的线程，如果想开启该线程，可以使用下面的代码：

```
thread.start();                    //开启线程
```

12.1.3　线程的休眠

线程的休眠就是让线程暂停一段时间后再次执行。同 Java 一样，在 Android 中，也可以使用 Thread 类的 sleep()方法让线程休眠指定的时间。sleep()方法的语法格式如下：

```
sleep(long time)
```

其中参数 time 用于指定休眠的时间，单位为毫秒。

例如，想要线程休眠 1 秒钟，可以使用下面的代码：

```
Thread.sleep(1000);
```

12.1.4　中断线程

当需要中断指定的线程时，可以使用 Thread 类提供的 interrupt()方法来实现。使用 interrupt()方法可以向指定的线程发送一个中断请求，并将该线程标记为中断状态。interrupt()方法的语法格式如下：

```
interrupt()
```

例如，存在一个名称为 thread 的线程，如果想中断该线程，可以使用下面的代码：

```
...                        //省略部分代码
thread.interrupt();
```

```
...                                    //省略部分代码
public void run() {
    while(!Thread.currentThread().isInterrupted()){
        ...                            //省略部分代码
    }
}
```

另外，由于当线程执行 wait()、join()或 sleep()方法时，线程的中断状态将被清除并抛出 InterruptedException，所以，如果想在线程中执行了 wait()、join()或 sleep()方法时中断线程，就需要使用一个 boolean 型的标记变量来记录线程的中断状态，并通过该标记变量来控制循环的执行与停止。例如，通过名称为 isInterrupt 的 boolean 型变量来标记线程的中断，关键代码如下：

```
private boolean isInterrupt=false;      //定义标记变量
    ...                                //省略部分代码
    ...                                //在需要中断线程时，将 isInterrupt 的值设置为 true
public void run() {
    while(!isInterrupt){
        ...                            //省略部分代码
    }
}
```

12.1.5　范例 1：通过实现 Runnable 接口来创建线程

例 12.1　在 Eclipse 中创建 Android 项目，名称为 12.1，通过实现 Runnable 接口来创建线程、开启线程和中断线程。（**实例位置：光盘\TM\sl\12\12.1**）

（1）修改新建项目的 res\layout 目录下的布局文件 main.xml，将默认添加的相对布局管理器和 TextView 组件删除，然后添加一个线性布局管理器，在其中添加两个按钮，一个用于开启线程，另一个用于中断线程，具体代码请参见光盘。

（2）打开默认添加的 MainActivity，让该类实现 Runnable 接口，修改后的创建类的代码如下：

```
public class MainActivity extends Activity implements Runnable {}
```

（3）实现 Runnable 接口中的 run()方法，在该方法中，判断当前线程是否被中断，如果没有被中断，则将循环变量值加 1，并在日志中输出循环变量的值，具体代码如下：

```
@Override
public void run() {
    while (!Thread.currentThread().isInterrupted()) {
        i++;
        Log.i("循环变量：", String.valueOf(i));
    }
}
```

（4）在该 MainActivity 中，创建两个成员变量，具体代码如下：

```
private Thread thread;                  //声明线程对象
int i;                                  //循环变量
```

（5）在 onCreate()方法中，首先获取布局管理器中添加的"开始"按钮，然后为该按钮添加单击事件监听器，在重写的 onCreate()方法中，根据当前 Activity 创建一个线程，并开启该线程，具体代码如下：

```
Button startButton = (Button) findViewById(R.id.button1);      //获取"开始"按钮
startButton.setOnClickListener(new OnClickListener() {
    @Override
    public void onClick(View v) {
        i = 0;
        thread = new Thread(MainActivity.this);                //创建一个线程
        thread.start();                                         //开启线程
    }
});
```

（6）获取布局管理器中添加的"停止"按钮，并为其添加单击事件监听器，在重写的 onCreate()方法中，如果 thread 对象不为空，则中断线程，并向日志中输出提示信息，具体代码如下：

```
Button stopButton = (Button) findViewById(R.id.button2);       //获取"停止"按钮
stopButton.setOnClickListener(new OnClickListener() {
    @Override
    public void onClick(View v) {
        if (thread != null) {
            thread.interrupt();                                 //中断线程
            thread = null;
        }
        Log.i("提示：", "中断线程");
    }
});
```

（7）重写 MainActivity 的 onDestroy()方法，在该方法中中断线程，具体代码如下：

```
@Override
protected void onDestroy() {
    if (thread != null) {
        thread.interrupt();                                     //中断线程
        thread = null;
    }
    super.onDestroy();
}
```

运行本实例，在屏幕上将显示一个"开始"按钮和一个"停止"按钮，单击"开始"按钮，将在日志面板中输出循环变量的值；单击"停止"按钮，将中断线程。日志面板的显示结果如图 12.1 所示。

12.1.6　范例 2：开启一个新线程播放背景音乐

例 12.2　在 Eclipse 中创建 Android 项目，名称为 12.2，开启一个新线程播放背景音乐，在音乐文件播放完毕后，暂停 5 秒钟后重新开始播放。（**实例位置：光盘\TM\sl\12\12.2**）

L...	Time	PID	TID	Application	Tag	Text
I	11-27 07:49:54.130	2564	2580	com.mingrisoft	循环变量:	79653
I	11-27 07:49:54.130	2564	2580	com.mingrisoft	循环变量:	79654
I	11-27 07:49:54.130	2564	2580	com.mingrisoft	循环变量:	79655
I	11-27 07:49:54.130	2564	2580	com.mingrisoft	循环变量:	79656
I	11-27 07:49:54.130	2564	2580	com.mingrisoft	循环变量:	79657
I	11-27 07:49:54.130	2564	2580	com.mingrisoft	循环变量:	79658
I	11-27 07:49:54.130	2564	2580	com.mingrisoft	循环变量:	79659
I	11-27 07:49:54.130	2564	2580	com.mingrisoft	循环变量:	79660
I	11-27 07:49:54.130	2564	2580	com.mingrisoft	循环变量:	79661
I	11-27 07:49:54.136	2564	2564	com.mingrisoft	提示:	中断线程
I	11-27 07:49:54.146	2564	2580	com.mingrisoft	循环变量:	79662

图 12.1　在日志面板中输出的内容

（1）修改新建项目的 res\layout 目录下的布局文件 main.xml，将默认添加的相对布局管理器和 TextView 组件删除，然后添加一个线性布局管理器，在其中添加一个"开始"按钮，用于开启线程并播放背景音乐，具体代码请参见光盘。

（2）在该 MainActivity 中，创建两个成员变量，具体代码如下：

```
private Thread thread;                           //声明一个线程对象
private static MediaPlayer mp = null;            //声明一个 MediaPlayer 对象
```

（3）在 onCreate()方法中，获取布局管理器中添加的"开始"按钮，并为该按钮添加单击事件监听器，在重写的 onCreate()方法中，首先设置该按钮不可用，然后调用 playBGSound()方法播放背景音乐，具体代码如下：

```
Button button = (Button) findViewById(R.id.button1);    //获取布局管理器中添加的"开始"按钮
button.setOnClickListener(new OnClickListener() {
    @Override
    public void onClick(View v) {
        ((Button) v).setEnabled(false);                 //设置按钮不可用
        playBGSound();                                  //播放背景音乐
    }
});
```

（4）编写 playBGSound()方法，创建一个用于播放背景音乐的线程，并开启该线程，在重写的 run()方法中，首先判断 MediaPlayer 对象是否为空，如果不为空，则释放该对象，然后创建一个用于播放背景音乐的 MediaPlayer 对象，并开始播放，最后再为该 MediaPlayer 对象添加播放完成事件监听器，在重写的 onCompletion()方法中，让线程休眠 5 秒钟，并调用 playBGSound()方法重新播放音乐，具体代码如下：

```
private void playBGSound() {
    //创建一个用于播放背景音乐的线程
    thread = new Thread(new Runnable() {
        @Override
        public void run() {
            if (mp != null) {
                mp.release();                           //释放资源
            }
            mp = MediaPlayer.create(MainActivity.this, R.raw.jasmine);
            mp.start();                                 //开始播放
```

```
//为 MediaPlayer 添加播放完成事件监听器
mp.setOnCompletionListener(new OnCompletionListener() {
    @Override
    public void onCompletion(MediaPlayer mp) {
        try {
            thread.sleep(5000, 0);          //线程休眠 5 秒钟
            playBGSound();                  //重新播放音乐
        } catch (InterruptedException e) {
            e.printStackTrace();
        }
    }
});
thread.start();                             //开启线程
}
```

（5）重写 MainActivity 的 onDestroy()方法，停止播放背景音乐并释放资源，具体代码如下：

```
@Override
protected void onDestroy() {
    if (mp != null) {
        mp.stop();                          //停止播放
        mp.release();                       //释放资源
        mp = null;
    }
    if (thread != null) {
        thread = null;
    }
    super.onDestroy();
}
```

运行本实例，在屏幕上将显示一个"开始"按钮，单击该按钮，该按钮将变为不可用状态，并且开始播放背景音乐，如图 12.2 所示。

图 12.2　程序运行效果

12.2　Handler 消息传递机制

📹 教学录像：光盘\TM\lx\12\Handler 消息传递机制.exe

在 12.1 节中，已经介绍了在 Android 中如何创建、开启、休眠和中断线程。不过，此时并没有在

新创建的子线程中对 UI 界面上的内容进行操作，如果应用前面介绍的方法对 UI 界面进行操作，将抛出异常。例如，在子线程的 run() 方法中循环修改文本框的显示文本，将抛出如图 12.3 所示的异常信息。

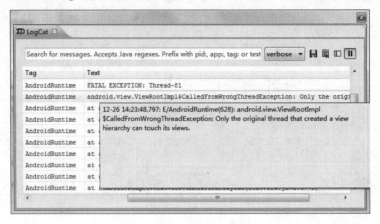

图 12.3　抛出的异常信息

为此，Android 中引入了 Handler 消息传递机制，来实现在新创建的线程中操作 UI 界面。下面将对 Handler 消息传递机制进行介绍。

12.2.1　循环者简介

在介绍循环者（Looper）之前，需要先来了解一下 MessageQueue 的概念。在 Android 中，一个线程对应一个 Looper 对象，而一个 Looper 对象又对应一个 MessageQueue（消息队列）。MessageQueue 用于存放 Message（消息），在 MessageQueue 中，存放的消息按照 FIFO（先进先出）原则执行，由于 MessageQueue 被封装到 Looper 里面，所以这里不对 MessageQueue 进行过多介绍。

Looper 对象用来为一个线程开启一个消息循环，从而操作 MessageQueue。默认情况下，Android 中新创建的线程是没有开启消息循环的，但是主线程除外。系统自动为主线程创建 Looper 对象，开启消息循环。所以，当在主线程中应用下面的代码创建 Handler 对象时不会出错，而如果在新创建的非主线程中应用下面的代码创建 Handler 对象，将产生如图 12.4 所示的异常信息。

```
Handler handler2 = new Handler();
```

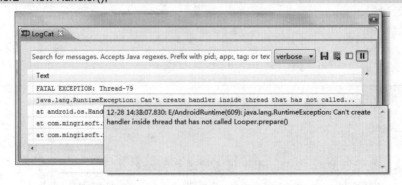

图 12.4　在非主线程中创建 Handler 对象产生的异常信息

如果想要在非主线程中创建 Handler 对象，首先需要使用 Looper 类的 prepare()方法来初始化一个 Looper 对象，然后创建该 Handler 对象，再使用 Looper 类的 loop()方法启动 Looper，从消息队列中获取和处理消息。

例 12.3　在 Eclipse 中创建 Android 项目，名称为 12.3，创建一个继承 Thread 类的 LooperThread，并在重写的 run()方法中创建一个 Handler 对象，发送并处理消息。（**实例位置：光盘\TM\sl\12\12.3**）

（1）创建一个继承了 Thread 类的 LooperThread，并在重写的 run()方法中创建一个 Handler 对象，发送并处理消息，关键代码如下：

```
public class LooperThread extends Thread {
    public Handler handler1;                      //声明一个 Handler 对象
    @Override
    public void run() {
        super.run();
        Looper.prepare();                         //初始化 Looper 对象
        //实例化一个 Handler 对象
        handler1 = new Handler() {
            public void handleMessage(Message msg) {
                Log.i("Looper",String.valueOf(msg.what));
            }
        };

        Message m=handler1.obtainMessage();       //获取一个消息
        m.what=0x11;                              //设置 Message 的 what 属性的值
        handler1.sendMessage(m);                  //发送消息
        Looper.loop();                            //启动 Looper
    }
}
```

（2）在 MainActivity 的 onCreate()方法中，创建一个 LooperThread 线程，并开启该线程，关键代码如下：

```
LooperThread thread=new LooperThread();          //创建一个线程
thread.start();                                  //开启线程
```

运行本实例，在日志面板（LogCat）中输出如图 12.5 所示的内容。

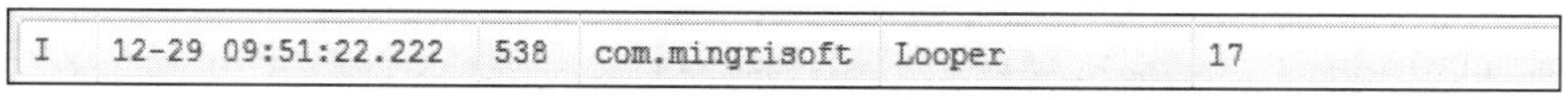

```
I   12-29 09:51:22.222   538   com.mingrisoft   Looper        17
```

图 12.5　在日志面板（LogCat）中输出的内容

Looper 类提供的常用方法如表 12.1 所示。

表 12.1　Looper 类提供的常用方法

方　　法	描　　　述
prepare()	用于初始化 Looper
loop()	启动 Looper 线程，线程会从消息队列里获取和处理消息
myLooper()	可以获取当前线程的 Looper 对象
getThread()	用于获取 Looper 对象所属的线程
quit()	用于结束 Looper 循环

385

注意 写在 Looper.loop()之后的代码不会被执行，该函数内部是一个循环，当调用 Handler. getLooper().quit()方法后，loop()方法才会中止，其后面的代码才能运行。

12.2.2 消息处理类简介

消息处理类（Handler）允许发送和处理 Message 或 Runnable 对象到其所在线程的 MessageQueue 中。Handler 主要有以下两个作用。

（1）将 Message 或 Runnable 应用 post()或 sendMessage()方法发送到 MessageQueue 中，在发送时可以指定延迟时间、发送时间及要携带的 Bundle 数据。当 MessageQueue 循环到该 Message 时，调用相应的 Handler 对象的 handlerMessage()方法对其进行处理。

（2）在子线程中与主线程进行通信，也就是在工作线程中与 UI 线程进行通信。

说明 在一个线程中，只能有一个 Looper 和 MessageQueue，但是可以有多个 Handler，而且这些 Handler 可以共享同一个 Looper 和 MessageQueue。

Handler 类提供的发送和处理消息的常用方法如表 12.2 所示。

表 12.2　Handler 类提供的常用方法

方　　法	描　　述
handleMessage(Message msg)	处理消息的方法。通常重写该方法来处理消息,在发送消息时,该方法会自动回调
post(Runnable r)	立即发送 Runnable 对象，该 Runnable 对象最后将被封装成 Message 对象
postAtTime(Runnable r, long uptimeMillis)	定时发送 Runnable 对象，该 Runnable 对象最后将被封装成 Message 对象
postDelayed(Runnable r, long delayMillis)	延迟发送 Runnable 对象，该 Runnable 对象最后将被封装成 Message 对象
sendEmptyMessage(int what)	发送空消息
sendMessage(Message msg)	立即发送消息
sendMessageAtTime(Message msg, long uptimeMillis)	定时发送消息
sendMessageDelayed(Message msg, long delayMillis)	延迟发送消息

12.2.3 消息类简介

消息类（Message）被存放在 MessageQueue 中，一个 MessageQueue 中可以包含多个 Message 对象。每个 Message 对象可以通过 Message.obtain()或 Handler.obtainMessage()方法获得。一个 Message 对象具有如表 12.3 所示的 5 个属性。

表 12.3　Message 对象的属性

属　　性	类　　型	描　　述
arg1	int	用来存放整型数据
arg2	int	用来存放整型数据
obj	Object	用来存放发送给接收器的 Object 类型的任意对象
replyTo	Messenger	用来指定此 Message 发送到何处的可选 Messager 对象
what	int	用于指定用户自定义的消息代码，这样接收者可以了解这个消息的信息

说明　使用 Message 类的属性可以携带 int 型数据，如果要携带其他类型的数据，可以先将要携带的数据保存到 Bundle 对象中，然后通过 Message 类的 setDate()方法将其添加到 Message 中。

总之，Message 类的使用方法比较简单，在使用时，需注意以下 3 点：

☑　尽管 Message 有 public 的默认构造方法，但是通常情况下，需要使用 Message.obtain()或 Handler.obtainMessage()方法从消息池中获得空消息对象，以节省资源。

☑　如果一个 Message 只需要携带简单的 int 型信息，应优先使用 Message.arg1 和 Message.arg2 属性来传递信息，这比用 Bundle 更节省内存。

☑　尽可能使用 Message.what 来标识信息，以便用不同方式处理 Message。

12.2.4　范例 1：开启新线程获取网络图片并显示到 ImageView 中

例 12.4　在 Eclipse 中创建 Android 项目，名称为 12.4，开启新线程获取网络图片并显示到 ImageView 中。（**实例位置：光盘\TM\sl\12\12.4**）

（1）修改新建项目的 res\layout 目录下的布局文件 main.xml，将默认添加的相对布局管理器和 TextView 组件删除，然后添加一个线性布局管理器，在其中添加一个 ImageView 组件，并且设置该组件默认显示的图片，关键代码如下：

```
<ImageView
    android:id="@+id/imageView1"
    android:layout_width="wrap_content"
    android:layout_height="wrap_content"
    android:padding="10dp"
    android:src="@drawable/hint" />
```

（2）在该 MainActivity 中，声明一个代表 ImageView 组件的对象，具体代码如下：

```
private ImageView iv;          //声明 ImageView 组件的对象
```

（3）编写 getPicture()方法，用于根据给定的网址从网络上获取图片，并根据获取到的图片创建一个 Bitmap 对象。getPicture()方法的具体代码如下：

```
/**
 * 功能：根据网址获取图片对应的 Bitmap 对象
 * @param path
```

```
    * @return
    */
public Bitmap getPicture(String path){
    Bitmap bm=null;
        try {
                URL url=new URL(path);                              //创建 URL 对象
                URLConnection conn=url.openConnection();            //获取 URL 对象对应的连接
                conn.connect();                                    //打开连接
                InputStream is=conn.getInputStream();              //获取输入流对象
                bm=BitmapFactory.decodeStream(is);                 //根据输入流对象创建 Bitmap 对象
        } catch (MalformedURLException e1) {
                e1.printStackTrace();                              //输出异常信息
        } catch (IOException e) {
                e.printStackTrace();                               //输出异常信息
        }
        return bm;
}
```

（4）在 onCreate()方法中，获取布局管理器中添加的 ImageView 组件，并创建和开启一个新线程，在创建线程时，需要重写它的 run()方法，在重写的 run()方法中调用 getPicture()方法从网络上获取图片，然后让线程休眠 2 秒钟，再通过 View 组件的 post()方法发送一个 Runnable 对象，修改 ImageView 中显示的图片，具体代码如下：

```
iv = (ImageView) findViewById(R.id.imageView1);            //获取布局管理器中添加的 ImageView
//创建一个新线程，用于从网络上获取图片
new Thread(new Runnable() {
    public void run() {
        //从网络上获取图片
        final Bitmap bitmap=getPicture("http://192.168.1.66:8080/test/images/android.png");
        try {
                Thread.sleep(2000);                        //线程休眠 2 秒钟
        } catch (InterruptedException e) {
                e.printStackTrace();
        }
        //发送一个 Runnable 对象
        iv.post(new Runnable() {
                public void run() {
                        iv.setImageBitmap(bitmap);         //在 ImageView 中显示从网络上获取到的图片
                }
        });
    }
}).start();                                                //开启线程
```

（5）由于在本实例中需要访问网络资源，所以还需要在 AndroidManifest.xml 文件中指定允许访问网络资源的权限，具体代码如下：

```
<uses-permission android:name="android.permission.INTERNET"/>
```

运行本实例，首先显示如图 12.6 所示的默认图片，几秒钟后，将显示如图 12.7 所示的从网络中获取的图片。

图 12.6　显示默认的图片

图 12.7　显示网络图片

12.2.5　范例 2：开启新线程实现电子广告牌

例 12.5　在 Eclipse 中创建 Android 项目，名称为 12.5，开启新线程实现电子广告牌。（**实例位置：光盘\TM\sl\12\12.5**）

（1）修改新建项目的 res\layout 目录下的布局文件 main.xml，将默认添加的相对布局管理器修改为垂直线性布局管理器，在默认添加的 TextView 组件上方添加一个 ImageView 组件，用于显示广告图片，并设置垂直线性布局管理器内的组件水平居中显示，具体代码请参见光盘。

（2）打开默认添加的 MainActivity，让该类实现 Runnable 接口，修改后的创建类的代码如下：

```
public class MainActivity extends Activity implements Runnable {}
```

（3）实现 Runnable 接口中的 run()方法，在该方法中，判断当前线程是否被中断，如果没有被中断，则首先产生一个随机数，然后获取一个 Message，并将要显示的广告图片的索引值和对应标题保存到该 Message 中，再发送消息，最后让线程休眠 2 秒钟，具体代码如下：

```
@Override
public void run() {
    int index = 0;
    while (!Thread.currentThread().isInterrupted()) {
        index = new Random().nextInt(path.length);        //产生一个随机数
        Message m = handler.obtainMessage();              //获取一个 Message
        m.arg1 = index;                                   //保存要显示广告图片的索引值
        Bundle bundle = new Bundle();                     //获取 Bundle 对象
        m.what = 0x101;                                   //设置消息标识
        bundle.putString("title", title[index]);          //保存标题
        m.setData(bundle);                                //将 Bundle 对象保存到 Message 中
        handler.sendMessage(m);                           //发送消息
        try {
            Thread.sleep(2000);                           //线程休眠 2 秒钟
        } catch (InterruptedException e) {
            e.printStackTrace();                          //输出异常信息
        }

    }
}
```

（4）在该 MainActivity 中，创建程序中所需的成员变量，具体代码如下：

```
private ImageView iv;                                      //声明一个显示广告图片的 ImageView 对象
private Handler handler;                                    //声明一个 Handler 对象
private int[] path = new int[] { R.drawable.img01, R.drawable.img02,
        R.drawable.img03, R.drawable.img04, R.drawable.img05,
        R.drawable.img06 };                                //保存广告图片的数组
private String[] title = new String[] { "编程词典系列产品", "高效开发", "快乐分享", "用户人群",
        "快速学习", "全方位查询" };                         //保存显示标题的数组
```

（5）在 onCreate()方法中，首先获取布局管理器中添加的 ImageView 组件，然后创建一个新线程，并开启该线程，再实例化一个 Handler 对象，在重写的 handleMessage()方法中，更新 UI 界面中的 ImageView 和 TextView 组件，具体代码如下：

```
iv = (ImageView) findViewById(R.id.imageView1);            //获取显示广告图片的 ImageView
//实例化一个 Handler 对象
handler = new Handler() {
    @Override
    public void handleMessage(Message msg) {
        //更新 UI
        TextView tv = (TextView) findViewById(R.id.textView1);   //获取 TextView 组件
        if (msg.what == 0x101) {
            tv.setText(msg.getData().getString("title"));        //设置标题
            iv.setImageResource(path[msg.arg1]);                 //设置要显示的图片
        }
        super.handleMessage(msg);
    }
};
Thread t = new Thread(this);                                //创建新线程
t.start();                                                  //开启线程
```

运行本实例，在屏幕上将每隔两秒钟随机显示一张广告图片，如图 12.8 所示。

图 12.8　电子广告牌

12.3　经 典 范 例

12.3.1　多彩的霓虹灯

例 12.6　在 Eclipse 中创建 Android 项目，名称为 12.6，实现多彩霓虹灯。（**实例位置：光盘\TM\sl\12\12.6**）

（1）修改新建项目的 res\layout 目录下的布局文件 main.xml，将默认添加的相对布局管理器和 TextView 组件删除，然后添加一个线性布局管理器，并为其设置 ID 属性，具体代码请参见光盘。

（2）在 res\values 目录下，创建一个保存颜色资源的 colors.xml 文件，在该文件中，定义 7 个颜色资源，名称依次为 color1、color2、…、color7，颜色值分别对应赤、橙、黄、绿、青、蓝、紫。colors.xml 文件的关键代码如下：

```xml
<?xml version="1.0" encoding="utf-8"?>
<resources>
    <color name="color1">#ffff0000</color>
    <color name="color2">#ffff6600</color>
    <color name="color3">#ffffff00</color>
    <color name="color4">#ff00ff00</color>
    <color name="color5">#ff00ffff</color>
    <color name="color6">#ff0000ff</color>
    <color name="color7">#ff6600ff</color>
</resources>
```

（3）在该 MainActivity 中，声明程序中所需的成员变量，具体代码如下：

```java
private Handler handler;                                              //创建 Handler 对象
private static LinearLayout linearLayout;                            //整体布局
public static TextView[] tv = new TextView[14];                     //TextView 数组
int[] bgColor=new int[]{R.color.color1,R.color.color2,R.color.color3,
            R.color.color4,R.color.color5,R.color.color6,R.color.color7};  //使用颜色资源
private int index=0;                                                 //当前颜色值
```

（4）在 MainActivity 的 onCreate()方法中，首先获取线性布局管理器，然后获取屏幕的高度，接下来再通过一个 for 循环创建 14 个文本框组件，并添加到线性布局管理器中，具体代码如下：

```java
linearLayout=(LinearLayout)findViewById(R.id.ll);                    //获取线性布局管理器
int height=this.getResources().getDisplayMetrics().heightPixels;     //获取屏幕的高度
for(int i=0;i<tv.length;i++){
    tv[i]=new TextView(this);                                        //创建一个文本框对象
    tv[i].setWidth(this.getResources().getDisplayMetrics().widthPixels);  //设置文本框的宽度
    tv[i].setHeight(height/tv.length);                               //设置文本框的高度
    linearLayout.addView(tv[i]);                                     //将 TextView 组件添加到线性布局管理器中
}
```

（5）创建并开启一个新线程，在重写的 run()方法中实现一个循环，在该循环中，首先获取一个
Message 对象，并为其设置一个消息标识，然后发送消息，最后让线程休眠 1 秒钟，具体代码如下：

```
Thread t = new Thread(new Runnable(){
    @Override
    public void run() {
        while (!Thread.currentThread().isInterrupted()) {
            Message m = handler.obtainMessage();        //获取一个 Message
            m.what=0x101;                                //设置消息标识
            handler.sendMessage(m);                      //发送消息
            try {
                Thread.sleep(new Random().nextInt(1000)); //休眠 1 秒钟
            } catch (InterruptedException e) {
                e.printStackTrace();                     //输出异常信息
            }
        }
    }
});
t.start();                                               //开启线程
```

（6）创建一个 Handler 对象，在重写的 handleMessage()方法中，为每个文本框设置背景颜色，该
背景颜色从颜色数组中随机获取，具体代码如下：

```
handler = new Handler() {
    @Override
    public void handleMessage(Message msg) {
        int temp=0;                                      //临时变量
        if (msg.what == 0x101) {
            for(int i=0;i<tv.length;i++){
                temp=new Random().nextInt(bgColor.length); //产生一个随机数
                //去掉重复的并且相邻的颜色
                if(index==temp){
                    temp++;
                    if(temp==bgColor.length){
                        temp=0;
                    }
                }
                index=temp;
                //为文本框设置背景
                tv[i].setBackgroundColor(getResources().getColor(bgColor[index]));
            }
        }
        super.handleMessage(msg);
    }
};
```

（7）在 AndroidManifest.xml 文件的<activity>标记中，设置 android:theme 属性，实现全屏显示，关
键代码如下：

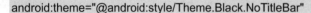

```
android:theme="@android:style/Theme.Black.NoTitleBar"
```

运行本实例,将全屏显示一个多彩的霓虹灯,它可以不断地变换颜色,如图 12.9 所示。

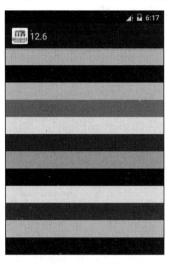

图 12.9　多彩的霓虹灯

12.3.2　简易打地鼠游戏

例 12.7　在 Eclipse 中创建 Android 项目,名称为 12.7,实现简易打地鼠游戏。(**实例位置:光盘\ TM\sl\12\12.7**)

(1)修改新建项目的 res\layout 目录下的布局文件 main.xml,首先将默认添加的线性布局管理器和 TextView 组件删除,然后添加一个帧布局管理器,最后在该布局管理器中添加一个用于显示地鼠的 ImageView 组件,并设置其显示一张地鼠图片,关键代码如下:

```
<FrameLayout xmlns:android="http://schemas.android.com/apk/res/android"
    android:id="@+id/fl"
    android:background="@drawable/background"
    android:layout_width="fill_parent"
    android:layout_height="fill_parent">
    <ImageView
        android:id="@+id/imageView1"
        android:layout_width="wrap_content"
        android:layout_height="wrap_content"
        android:src="@drawable/mouse" />
</FrameLayout>
```

(2)在该 MainActivity 中,声明程序中所需的成员变量,具体代码如下:

```
private int i = 0;                          //记录其打到了几只地鼠
private ImageView mouse;                    //声明一个 ImageView 对象
private Handler handler;                     //声明一个 Handler 对象
public int[][] position = new int[][] { { 95, 134 }, { 369, 117 },
                { 231, 99 }, { 240, 119 }, { 323, 93 }, { 350, 151 },
                { 181, 146 } };             //创建一个表示地鼠位置的数组
```

（3）创建并开启一个新线程，在重写的 run()方法中，创建一个记录地鼠位置的索引值的变量，并实现一个循环，在该循环中，首先生成一个随机数，并获取一个 Message 对象，然后将生成的随机数作为地鼠位置的索引值保存到 Message 对象中，再为该 Message 设置一个消息标识并发送消息，最后让线程休眠一段时间（该时间随机产生），具体代码如下：

```
Thread t = new Thread(new Runnable() {
    @Override
    public void run() {
        int index = 0;                                          //创建一个记录地鼠位置的索引值
        while (!Thread.currentThread().isInterrupted()) {
            index = new Random().nextInt(position.length);      //产生一个随机数
            Message m = handler.obtainMessage();                //获取一个 Message
            m.arg1 = index;                                     //保存地鼠位置的索引值
            m.what = 0x101;                                      //设置消息标识
            handler.sendMessage(m);                             //发送消息
            try {
                Thread.sleep(new Random().nextInt(500) + 500);  //休眠一段时间
            } catch (InterruptedException e) {
                e.printStackTrace();
            }
        }
    }
});
t.start();                                                      //开启线程
```

（4）创建一个 Handler 对象，在重写的 handleMessage()方法中，首先定义一个记录地鼠位置索引值的变量，然后使用 if 语句根据消息标识判断是否为指定的消息，如果是，则获取消息中保存的地鼠位置的索引值，并设置地鼠在指定位置显示，具体代码如下：

```
handler = new Handler() {
    @Override
    public void handleMessage(Message msg) {
        int index = 0;
        if (msg.what == 0x101) {
            index = msg.arg1;                          //获取位置索引值
            mouse.setX(position[index][0]);            //设置 X 轴位置
            mouse.setY(position[index][1]);            //设置 Y 轴位置
            mouse.setVisibility(View.VISIBLE);         //设置地鼠显示
        }
        super.handleMessage(msg);
    }
};
```

（5）获取布局管理器中添加的 ImageView 组件，并为该组件添加触摸监听器，在重写的 onTouch()方法中，首先设置地鼠不显示，然后将 i 的值加 1，再通过消息提示框显示打到了几只地鼠，具体代码如下：

```
mouse = (ImageView) findViewById(R.id.imageView1);             //获取 ImageView 对象
mouse.setOnTouchListener(new OnTouchListener() {
```

```
@Override
public boolean onTouch(View v, MotionEvent event) {
    v.setVisibility(View.INVISIBLE);                        //设置地鼠不显示
    i++;
    Toast.makeText(MainActivity.this, "打到[ " + i + " ]只地鼠！ ",
            Toast.LENGTH_SHORT).show();                     //显示消息提示框
    return false;
}
});
```

（6）在 AndroidManifest.xml 文件的<activity>标记中添加 screenOrientation 属性，设置其横屏显示，关键代码如下：

```
android:screenOrientation="landscape"
```

运行本实例，在屏幕上将随机显示地鼠，触摸地鼠后，该地鼠将不显示，同时在屏幕上通过消息提示框显示打到了几只地鼠，如图 12.10 所示。

图 12.10　简易打地鼠游戏

12.4　小　　结

本章主要介绍了在 Android 中如何实现多线程。由于在 Android 中，不能在子线程（也称为工作线程）中更新主线程（也称为 UI 线程）中的 UI 组件，因此 Android 引入了消息传递机制，通过使用 Looper、Handler 和 Message 就可以轻松实现多线程中更新 UI 界面的功能，这与 Java 中的多线程不同，希望读者能很好地理解，并能灵活应用。另外，多线程是游戏开发中非常重要的一项技术。

12.5　实践与练习

1. 编写 Android 项目，实现在屏幕上来回移动的气球。（答案位置：光盘\TM\sl\12\12.8）
2. 编写 Android 项目，实现颜色不断变化的文字。（答案位置：光盘\TM\sl\12\12.9）

第13章

Service 应用

(教学录像：48分钟)

Service 用于在后台完成用户指定的操作，它可以用于音乐播放器、文件下载工具等应用程序。用户可以使用其他控件来与 Service 进行通信。本章将介绍 Service 的实现和使用方式。

通过阅读本章，您可以：

▸▸ 掌握 Service 的概念和用途

▸▸ 掌握创建 Started Service 的两种方式

▸▸ 掌握创建 Bound Service 的两种方式

▸▸ 掌握 Service 生命周期的管理

13.1　Service 概述

教学录像：光盘\TM\lx\13\Service 概述.exe

Service（服务）是能够在后台执行长时间运行操作并且不提供用户界面的应用程序组件。其他应用程序组件能启动服务，并且即便用户切换到另一个应用程序，服务还可以在后台运行。此外，组件能够绑定到服务并与之交互，甚至执行进程间通信（IPC）。例如，服务能在后台处理网络事务、播放音乐、执行文件 I/O 或者与 Content Provider 通信。

13.1.1　Service 的分类

服务从本质上可以分为以下两种类型。

- ☑ Started（启动）：当应用程序组件（如 Activity）通过调用 startService()方法启动服务时，服务处于 started 状态。一旦启动，服务能在后台无限期运行，即使启动它的组件已经被销毁。通常，启动服务执行单个操作并且不会向调用者返回结果。例如，它可能通过网络下载或者上传文件。如果操作完成，服务需要停止自身。

- ☑ Bound（绑定）：当应用程序组件通过调用 bindService()方法绑定到服务时，服务处于 bound 状态。绑定服务提供客户端-服务器接口，以允许组件与服务交互、发送请求、获得结果，甚至使用进程间通信（IPC）跨进程完成这些操作。仅当其他应用程序组件与之绑定时，绑定服务才运行。多个组件可以一次绑定到一个服务上，当它们都解绑定时，服务被销毁。

尽管本章将两种类型的服务分开讨论，服务也可以同时属于这两种类型，既可以启动（无限期运行），也能绑定。其重点在于是否实现一些回调方法：onStartCommand()方法允许组件启动服务；onBind()方法允许组件绑定服务。

不管应用程序是否为启动状态、绑定状态或者两者兼有，都能通过 Intent 使用服务，就像使用 Activity 那样。然而，开发人员可以在配置文件中将服务声明为私有的，从而阻止其他应用程序访问。

服务运行于管理它的进程的主线程，服务不会创建自己的线程，也不会运行于独立的进程（除非开发人员定义）。这意味着，如果服务要完成 CPU 密集工作或者阻塞操作（如 MP3 回放或者联网），开发人员需要在服务中创建新线程来完成这些工作。通过使用独立的线程，能减少应用程序不响应（ANR）错误的风险，并且应用程序主线程仍然能用于用户与 Activity 的交互。

13.1.2　Service 类中的重要方法

为了创建服务，开发人员需要创建 Service 类（或其子类）的子类。在实现类中，需要重写一些处理服务生命周期重要方面的回调方法，并根据需要提供组件绑定到服务的机制。需要重写的重要回调方法如下：

☑ onStartCommand()

当其他组件（如 Activity）调用 startService()方法请求服务启动时，系统调用该方法。一旦该方法执行，服务就启动（处于 started 状态）并在后台无限期运行。如果开发人员实现该方法，则需要在任务完成时调用 stopSelf()或 stopService()方法停止服务（如果仅想提供绑定，则不必实现该方法）。

☑ onBind()

当其他组件调用 bindService()方法想与服务绑定时（如执行 RPC），系统调用该方法。在该方法的实现中，开发人员必须通过返回 IBinder 提供客户端用来与服务通信的接口。该方法必须实现，但是如果不想允许绑定，则返回 null。

☑ onCreate()

当服务第一次创建时，系统调用该方法执行一次性建立过程（在系统调用 onStartCommand()或 onBind()方法前）。如果服务已经运行，该方法不被调用。

☑ onDestroy()

当服务不再使用并即将销毁时，系统调用该方法。服务应该实现该方法来清理诸如线程、注册监听器、接收者等资源。这是服务收到的最后调用。

如果组件调用 startService()方法启动服务（onStartCommand()方法被调用），服务需要使用 stopSelf()方法停止自身，或者其他组件使用 stopService()方法停止该服务。

如果组件调用 bindService()方法创建服务（onStartCommand()方法不被调用），服务运行时间与组件绑定到服务的时间一样长。一旦服务从所有客户端解绑定，系统会将其销毁。

Android 系统仅当内存不足并且必须回收系统资源来显示用户关注的 Activity 时，才会强制停止服务。如果服务绑定到用户关注的 Activity，则会减小停止概率。如果服务被声明为前台运行，则基本不会停止。否则，如果服务是 started 状态并且长时间运行，则系统会随时间推移降低其在后台任务列表中的位置并且有很大概率将其停止。如果服务是 started 状态，则必须设计系统重启服务。系统停止服务后，资源可用时会将其重启（但这也依赖于 onStartCommand()方法的返回值）。

Service 类的继承关系如图 13.1 所示。

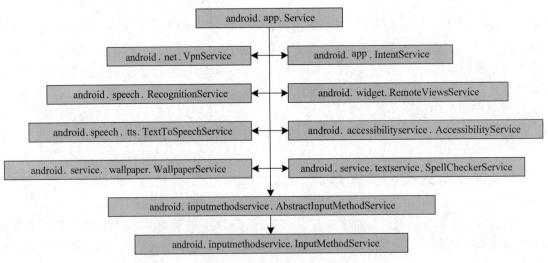

图 13.1 Service 类继承关系

13.1.3　Service 的声明

类似于 Activity 和其他组件，开发人员必须在应用程序配置文件中声明全部的 Service。为了声明 Service，需要向<application>标签中添加<service>子标签，<service>子标签的语法如下：

```
<service android:enabled=["true" | "false"]
    android:exported=["true" | "false"]
    android:icon="drawable resource"
    android:label="string resource"
    android:name="string"
    android:permission="string"
    android:process="string" >
    ...
</service>
```

各个标签属性的说明如下：

☑　android:enabled

服务能否被系统实例化，true 表示可以，false 表示不可以，默认值是 true。<application>标签也有自己的 enabled 属性，用于包括服务的全部应用程序组件。<application>和<service>的 enabled 属性必须同时设置成 true（两者的默认值都是 true）才能让服务可用。如果任何一个是 false，服务被禁用并且不能实例化。

☑　android:exported

其他应用程序组件能否调用服务或者与其交互，true 表示可以，false 表示不可以。当该值是 false 时，只有同一个应用程序的组件或者具有相同用户 ID 的应用程序能启动或者绑定到服务。

默认值依赖于服务是否包含 Intent 过滤器。若没有过滤器，说明服务仅能通过精确类名调用，这意味着服务仅用于应用程序内部（因为其他程序可能不知道类名）。此时，默认值是 false；若存在至少一个过滤器，暗示服务可以用于外部，因此默认值是 true。

该属性不是限制其他应用程序使用服务的唯一方式。还可以使用 permission 属性限制外部实体与服务交互。

☑　android:icon

表示服务的图标。该属性必须设置成包含图片定义的可绘制资源引用。如果没有设置，使用应用程序图标取代。

服务图标不管在此设置还是在<application>标签设置，都是所有服务的 Intent 过滤器默认图标。

☑　android:label

显示给用户的服务名称。如果没有设置，使用应用程序标签取代。

服务标签不管在此设置还是在<application>标签设置，都是所有服务的 Intent 过滤器默认标签。

标签应该设置为字符串资源引用，这样可以像用户界面的其他字符串那样本地化。然而，为了开发时方便，也可以设置成原始字符串。

☑　android:name

实现服务的 Service 子类名称，应该是一个完整的类名，如 com.mingrisoft.RoomService。然而，为了简便，如果名称的第一个符号是点号（如.RoomService），则会增加在<manifest>标签中定义的包名。

一旦发布了应用程序，不应该再修改子类名称。该属性没有默认值并且必须指定。

☑ android:permission

实体必须包含的权限名称，以便启动或者绑定到服务。如果 startService()、bindService()或 stopService()方法调用者没有被授权，方法调用无效，并且 Intent 对象也不会发送给服务。

如果没有设置该属性，使用<application>标签的 permission 属性设置给服务。如果<application>和<service>标签的 permission 属性都未设置，服务不受权限保护。

☑ android:process

服务运行的进程名称。通常，应用程序的全部组件运行于为应用程序创建的默认进程。进程名称与应用程序包名相同。<application>标签的 process 属性能为全部组件设置一个相同的默认值。但是组件能用自己的 process 属性重写默认值，从而允许应用程序跨越多个进程。

如果分配给该属性的名称以冒号（:）开头，仅属于应用程序的新进程会在需要时创建，服务能在该进程中运行；如果进程名称以小写字母开头，服务会运行在以此为名的全局进程，但需要提供相应的权限。这允许不同应用程序组件共享进程，减少资源使用。

13.2　创建 Started Service

🎬 **教学录像：光盘\TM\lx\13\创建 Started Service.exe**

Started Service(启动服务)是由其他组件调用 startService()方法启动的，这导致服务的 onStartCommand() 方法被调用。

当服务是 started 状态时，其生命周期与启动它的组件无关，并且可以在后台无限期运行，即使启动服务的组件已经被销毁。因此，服务需要在完成任务后调用 stopSelf()方法停止，或者由其他组件调用 stopService()方法停止。

应用程序组件（如 Activity）能通过调用 startService()方法和传递 Intent 对象来启动服务，在 Intent 对象中指定了服务并且包含服务需要使用的全部数据。服务使用 onStartCommand()方法接收 Intent。

例如，假设 Activity 需要保存一些数据到在线数据库。Activity 可以启动伴侣服务并通过传递 Intent 到 startService()方法来发送需要保存的数据。服务在 onStartCommand()方法中收到 Intent，联入网络并执行数据库事务。当事务完成时，服务停止自身并销毁。

Android 提供了两个类供开发人员继承以创建启动服务。

☑ Service：这是所有服务的基类。当继承该类时，创建新线程来执行服务的全部工作是非常重要的。因为服务默认使用应用程序主线程，这可能降低应用程序 Activity 的运行性能。

☑ IntentService：这是 Service 类的子类，它每次使用一个工作线程来处理全部启动请求。在不必同时处理多个请求时，这是最佳选择。开发人员仅需要实现 onHandleIntent()方法，该方法接收每次启动请求的 Intent 以便完成后台任务。

13.2.1　继承 IntentService 类

因为多数启动服务不必同时处理多个请求（在多线程情境下会很危险），所以使用 IntentService 类实现服务是非常好的选择。IntentService 可完成如下任务：

- ☑ 创建区别于应用程序主线程的默认工作线程来执行发送到 onStartCommand()方法的全部 Intent。
- ☑ 创建工作队列，每次传递一个 Intent 到 onHandleIntent()方法实现，这样就不必担心多线程。
- ☑ 所有启动请求处理完毕后停止服务，这样就不必调用 stopSelf()方法。
- ☑ 提供 onBind()方法默认实现，其返回值是 null。
- ☑ 提供 onStartCommand()方法默认实现，它先发送 Intent 到工作队列，然后到 onHandleIntent() 方法实现。

以上说明开发人员仅需要实现 onHandleIntent()方法来完成客户端提供的任务。由于 IntentService 类没有提供空参数的构造方法，因此需要提供一个构造方法。下面的代码是 IntentService 实现类的例子，在 onHandlerIntent()方法中，仅让线程休眠了 5 秒钟。

```java
public class HelloIntentService extends IntentService {
    public HelloIntentService() {
        super("HelloIntentService");
    }
    @Override
    protected void onHandleIntent(Intent intent) {
        long endTime = System.currentTimeMillis() + 5 * 1000;
        while (System.currentTimeMillis() < endTime) {
            synchronized (this) {
                try {
                    wait(endTime - System.currentTimeMillis());
                } catch (Exception e) {
                }
            }
        }
    }
}
```

这就是实现 IntentService 类所必需的全部操作：没有参数的构造方法和 onHandleIntent()方法。

如果开发人员决定重写其他回调方法，如 onCreate()、onStartCommand()或 onDestroy()，需要调用父类实现，这样 IntentService 能正确处理工作线程的生命周期。

例如，onStartCommand()方法必须返回默认实现：

```java
@Override
public int onStartCommand(Intent intent, int flags, int startId) {
    Toast.makeText(this, "service starting", Toast.LENGTH_SHORT).show();
    return super.onStartCommand(intent,flags,startId);
}
```

除 onHandleIntent()方法外，仅有 onBind()方法不必调用父类实现，该方法在服务允许绑定时实现。

13.2.2　继承 Service 类

如上所述，使用 IntentService 类将简化启动服务的实现。然而，如果需要让服务处理多线程（取代使用工作队列处理启动请求），则可以继承 Service 类来处理各个 Intent。

作为对比，下面通过实现 Service 类来完成与实现 IntentService 类完全相同的任务。对于每次启动请求，它使用工作线程来执行任务，并且每次处理一个请求。

```java
public class HelloService extends Service {
    private Looper mServiceLooper;
    private ServiceHandler mServiceHandler;
    private final class ServiceHandler extends Handler {
        public ServiceHandler(Looper looper) {
            super(looper);
        }
        @Override
        public void handleMessage(Message msg) {
            long endTime = System.currentTimeMillis() + 5 * 1000;
            while (System.currentTimeMillis() < endTime) {
                synchronized (this) {
                    try {
                        wait(endTime - System.currentTimeMillis());
                    } catch (Exception e) {
                    }
                }
            }
            stopSelf(msg.arg1);
        }
    }
    @Override
    public void onCreate() {
        HandlerThread thread = new HandlerThread("ServiceStartArguments", Process.THREAD_PRIORITY
_BACKGROUND);
        thread.start();
        mServiceLooper = thread.getLooper();
        mServiceHandler = new ServiceHandler(mServiceLooper);
    }
    @Override
    public int onStartCommand(Intent intent, int flags, int startId) {
        Toast.makeText(this, "service starting", Toast.LENGTH_SHORT).show();
        Message msg = mServiceHandler.obtainMessage();
        msg.arg1 = startId;
        mServiceHandler.sendMessage(msg);
        return START_STICKY;
    }
    @Override
```

```
public IBinder onBind(Intent intent) {
    return null;
}
@Override
public void onDestroy() {
    Toast.makeText(this, "service done", Toast.LENGTH_SHORT).show();
}
}
```

如上所示，这比使用 IntentService 增加了许多代码。

然而，由于开发人员自己处理 onStartCommand()方法调用，可以同时处理多个请求。这与示例代码不同，但是如果需要，就可以为每次请求创建一个新线程并且立即运行它们（避免等待前一个请求结束）。

onStartCommand()方法必须返回一个整数。该值用来描述系统停止服务后如何继续服务（如前所述，IntentService 默认实现已经处理了这些，开发人员也可以进行修改）。onStartCommand()方法返回值必须是下列常量之一。

☑　START_NOT_STICKY

如果系统在 onStartCommand()方法返回后停止服务，不重新创建服务，除非有 PendingIntent 要发送。为避免在不需要的时候运行服务，这是最佳选择。

☑　START_STICKY

如果系统在 onStartCommand()方法返回后停止服务，重新创建服务并调用 onStartCommand()方法，但是不重新发送最后的 Intent；相反，系统使用空 Intent 调用 onStartCommand()方法，除非有 PendingIntent 来启动服务，此时，这些 Intent 会被发送。这适合多媒体播放器（或者类似服务），它们不执行命令但是无限期运行并等待工作。

☑　START_REDELIVER_INTENT

如果系统在 onStartCommand()方法返回后停止服务，重新创建服务并使用发送给服务的最后 Intent 调用 onStartCommand()方法，全部 PendingIntent 依次发送。这适合积极执行应该立即恢复工作的服务，如下载文件。

说明

这些常量都定义在 Service 类中。

13.2.3　启动服务

开发人员可以从 Activity 或者其他应用程序组件通过传递 Intent 对象（指定要启动的服务）到 startService()方法启动服务。Android 系统调用服务的 onStartCommand()方法并将 Intent 传递给它。

注意

请不要直接调用 onStartCommand()方法。

例如，Activity 能使用显式 Intent 和 startService()方法启动前面章节的示例服务（HelloService），其

代码如下：

```
Intent intent = new Intent(this, HelloService.class);
startService(intent);
```

startService()方法立即返回，然后 Android 系统调用服务的 onStartCommand()方法。如果服务还没有运行，系统首先调用 onCreate()方法，接着调用 onStartCommand()方法。

如果服务没有提供绑定，startService()方法发送的 Intent 是应用程序组件和服务之间唯一的通信模式。然而，如果开发人员需要服务返回结果，则启动该服务的客户端能为广播创建 PendingIntent（使用 getBroadcast()方法）并通过启动服务的 Intent 进行发送。服务接下来便能使用广播来发送结果。

多次启动服务的请求导致 Service 的 onStartCommand()方法被调用多次，然而，仅需要一个停止方法（stopSelf()或 stopService()方法）来停止服务。

13.2.4　停止服务

启动服务必须管理自己的生命周期，即系统不会停止或销毁服务，除非系统必须回收系统内存而且在 onStartCommand()方法返回后服务继续运行。因此，服务必须调用 stopSelf()方法停止自身，或者其他组件调用 stopService()方法停止服务。

当使用 stopSelf()或 stopService()方法请求停止时，系统会尽快销毁服务。

然而，如果服务同时处理多个 onStartCommand()方法调用请求，则处理完一个请求后，不应该停止服务，因为可能收到一个新的启动请求（在第一个请求结束后停止会终止第二个请求）。为了解决这个问题，开发人员可以使用 stopSelf(int)方法来确保停止服务的请求总是基于最近收到的启动请求。即当调用 stopSelf(int)方法时，同时将启动请求的 ID（发送给 onStartCommand()方法的 startId）传递给停止请求。这样，如果服务在调用 stopSelf(int)方法前接收到新启动请求，会因 ID 不匹配而不停止服务。

注意　应用程序应该在任务完成后停止服务，来避免系统资源浪费和电池消耗。如果必要，其他组件能通过 stopService()方法停止服务。即便能够绑定服务，如果调用了 onStartCommand()方法就必须停止服务。

13.2.5　范例 1：继承 IntentService 输出当前时间

例 13.1　在 Eclipse 中创建 Android 项目，名称为 13.1，实现继承 IntentService 在后台输出当前时间。（**实例位置：光盘\TM\sl\13\13.1**）

（1）修改 res\layout 目录中的 main.xml 布局文件，将默认添加的相对布局管理器修改为线性布局管理器，并为其设置背景图片、添加一个按钮，然后设置按钮文字的内容、颜色和大小，其代码如下：

```
<?xml version="1.0" encoding="utf-8"?>
<LinearLayout xmlns:android="http://schemas.android.com/apk/res/android"
    android:layout_width="fill_parent"
    android:layout_height="fill_parent"
```

```
            android:background="@drawable/background"
            android:orientation="vertical" >
            <Button
                android:id="@+id/current_time"
                android:layout_width="wrap_content"
                android:layout_height="wrap_content"
                android:text="@string/current_time"
                android:textColor="@android:color/black"
                android:textSize="25dp" />
</LinearLayout>
```

（2）创建 CurrentTimeService 类，它继承了 IntentService 类，用于在后台输出当前时间，其代码如下：

```
public class CurrentTimeService extends IntentService {
    public CurrentTimeService() {
        super("CurrentTimeService");                          //调用父类非空构造方法
    }
    @Override
    protected void onHandleIntent(Intent intent) {
        Time time = new Time();                               //创建 Time 对象
        time.setToNow();                                      //设置时间为当前时间
        String currentTime = time.format("%Y-%m-%d %H:%M:%S");  //设置时间格式
        Log.i("CurrentTimeService", currentTime);            //记录当前时间
    }
}
```

注意
此处使用的时间格式与 Java API 中 SimpleDateFormat 类有所不同。

（3）创建 CurrentTimeActivity 类，它继承了 Activity 类。在 onCreate()方法中获得按钮控件并为其增加单击事件监听器。在监听器中，使用 Intent 启动服务，其代码如下：

```
public class CurrentTimeActivity extends Activity {
    @Override
    protected void onCreate(Bundle savedInstanceState) {
        super.onCreate(savedInstanceState);
        setContentView(R.layout.main);                        //设置页面布局
        Button currentTime = (Button) findViewById(R.id.current_time);  //通过 ID 值获得按钮对象
        currentTime.setOnClickListener(new View.OnClickListener() {  //为按钮增加单击事件监听器
            public void onClick(View v) {
                startService(new Intent(CurrentTimeActivity.this, CurrentTimeService.class));//启动服务
            }
        });
    }
}
```

（4）修改 AndroidManifest.xml 文件，增加 Activity 和 Service 配置，其代码如下：

```
<?xml version="1.0" encoding="utf-8"?>
<manifest xmlns:android="http://schemas.android.com/apk/res/android"
    package="com.mingrisoft"
    android:versionCode="1"
    android:versionName="1.0" >
    <uses-sdk android:minSdkVersion="15" />
    <application
        android:icon="@drawable/ic_launcher"
        android:label="@string/app_name" >
        <activity android:name=".CurrentTimeActivity">
            <intent-filter>
                <action android:name="android.intent.action.MAIN"/>
                <category android:name="android.intent.category.LAUNCHER"/>
            </intent-filter>
        </activity>
        <service android:name=".CurrentTimeService"></service>
    </application>
</manifest>
```

（5）启动应用程序，界面如图 13.2 所示。单击"当前时间"按钮，会在 LogCat 中显示格式化的当前时间，如图 13.3 所示。

图 13.2　应用程序主界面

L...	Time	PID	TID	Application	Tag	Text
I	12-20 16:46:40.563	6518	6541	com.mingrisoft	CurrentTimeS...	2016-12-20 16:46:40

图 13.3　LogCat 输出结果

13.2.6　范例 2：继承 Service 输出当前时间

例 13.2　在 Eclipse 中创建 Android 项目，名称为 13.2，实现继承 Service 在后台输出当前时间。

（实例位置：光盘\TM\sl\13\13.2）

（1）修改 res\layout 目录中的 main.xml 布局文件，将默认添加的相对布局管理器修改为线性布局管理器，并设置背景图片、添加一个按钮，然后设置按钮文字的内容、颜色和大小，其代码如下：

```xml
<?xml version="1.0" encoding="utf-8"?>
<LinearLayout xmlns:android="http://schemas.android.com/apk/res/android"
    android:layout_width="fill_parent"
    android:layout_height="fill_parent"
    android:background="@drawable/background"
    android:orientation="vertical" >
    <Button
        android:id="@+id/current_time"
        android:layout_width="wrap_content"
        android:layout_height="wrap_content"
        android:text="@string/current_time"
        android:textColor="@android:color/black"
        android:textSize="25dp" />
</LinearLayout>
```

（2）创建 CurrentTimeService 类，它继承了 Service 类，并且重写了 onBind()和 onStartCommand()方法，其中 onStartCommand()方法用于在后台输出当前时间，其代码如下：

```java
public class CurrentTimeService extends Service {
    @Override
    public IBinder onBind(Intent intent) {
        return null;
    }
    @Override
    public int onStartCommand(Intent intent, int flags, int startId) {
        Time time = new Time();                                      //创建 Time 对象
        time.setToNow();                                             //设置时间为当前时间
        String currentTime = time.format("%Y-%m-%d %H:%M:%S");       //设置时间格式
        Log.i("CurrentTimeService", currentTime);                   //记录当前时间
        return START_STICKY;
    }
}
```

> **注意**
>
> 此处使用的时间格式与 Java API 中 SimpleDateFormat 类有所不同。

（3）创建 CurrentTimeActivity 类，它继承了 Activity 类。在 onCreate()方法中获得按钮控件并为其增加单击事件监听器。在监听器中，使用 Intent 启动服务，其代码如下：

```java
public class CurrentTimeActivity extends Activity {
    @Override
    protected void onCreate(Bundle savedInstanceState) {
        super.onCreate(savedInstanceState);
        setContentView(R.layout.main);                               //设置页面布局
```

```
        Button currentTime = (Button) findViewById(R.id.current_time);    //通过 ID 值获得按钮对象
        currentTime.setOnClickListener(new View.OnClickListener() {    //为按钮增加单击事件监听器
            public void onClick(View v) {
                startService(new Intent(CurrentTimeActivity.this, CurrentTimeService.class));//启动服务
            }
        });
    }
}
```

（4）修改 AndroidManifest.xml 文件，增加 Activity 和 Service 配置，其代码如下：

```xml
<?xml version="1.0" encoding="utf-8"?>
<manifest xmlns:android="http://schemas.android.com/apk/res/android"
    package="com.mingrisoft"
    android:versionCode="1"
    android:versionName="1.0" >
    <uses-sdk android:minSdkVersion="15" />
    <application
        android:icon="@drawable/ic_launcher"
        android:label="@string/app_name" >
        <activity android:name=".CurrentTimeActivity">
            <intent-filter>
                <action android:name="android.intent.action.MAIN"/>
                <category android:name="android.intent.category.LAUNCHER"/>
            </intent-filter>
        </activity>
        <service android:name=".CurrentTimeService"></service>
    </application>
</manifest>
```

（5）启动应用程序，界面如图 13.4 所示。单击"当前时间"按钮，会在 LogCat 中显示格式化的当前时间，如图 13.5 所示。

图 13.4　应用程序主界面

L...	Time	PID	TID	Application	Tag	Text
I	12-20 16:48:50.976	6618	6618	com.mingrisoft	CurrentTimeS...	2016-12-20 16:48:50

图 13.5　LogCat 输出结果

13.3　创建 Bound Service

📹 **教学录像：光盘\TM\lx\13\创建 Bound Service.exe**

绑定服务是允许其他应用程序绑定，并且可以与之交互的 Service 实现类。为了提供绑定，开发人员必须实现 onBind()回调方法。该方法返回 IBinder 对象，它定义了客户端用来与服务交互的程序接口。

客户端能通过 bindService()方法绑定到服务。此时，客户端必须提供 ServiceConnection 接口的实现类，它监视客户端与服务之间的连接。bindService()方法立即返回，但是当 Android 系统创建客户端与服务之间的连接时，它调用 ServiceConnection 接口的 onServiceConnected()方法，来发送客户端用来与服务通信的 IBinder 对象。

多个客户端能同时连接到服务。然而，仅当第一个客户端绑定时，系统调用服务的 onBind()方法来获取 IBinder 对象。系统接着发送同一个 IBinder 对象到其他绑定的客户端，但是不再调用 onBind()方法。

当最后的客户端与服务解绑定时，系统销毁服务（除非服务也使用 startService()方法启动）。

在实现绑定服务时，最重要的是定义 onBind()回调方法返回的接口，有以下 3 种方式。

（1）继承 Binder 类

如果服务对应用程序私有并且与客户端运行于相同的进程（这非常常见），则应该继承 Binder 类来创建接口，并且从 onBind()方法返回其一个实例。客户端接收 Binder 对象并用其来直接访问 Binder 实现类或者 Service 类中可用公共方法。

当服务仅用于私有应用程序时，推荐使用该技术。但当服务可以用于其他应用程序或者访问独立进程时，则不能使用该技术。

（2）使用 Messenger

如果需要接口跨进程工作，则可以使用 Messenger 来为服务创建接口。此时，服务定义 Handler 对象来响应不同类型的 Message 对象。Handler 是 Messenger 的基础，能与客户端分享 IBinder，允许客户端使用 Message 对象向服务发送命令。此外，客户端能定义自己的 Messenger 对象，这样服务能发送回消息。

使用 Messenger 是执行进程间通信（IPC）的最简单方式，因为 Messenger 类将所有请求队列化到单独的线程，这样开发人员就不必设计服务为线程安全。

（3）使用 AIDL

AIDL（Android 接口定义语言）用于将对象分解为操作系统可以理解的基本单元，以便操作系统能理解并且跨进程执行 IPC。使用 Messenger 创建接口，实际上将 AIDL 作为底层架构。如上所述，Messenger 在单个线程中将所有客户端请求队列化，这样服务每次收到一个请求。如果希望服务能同时处理多个请求，则可以直接使用 AIDL。此时，服务必须能处理多线程并且要保证线程安全。

为了直接使用 AIDL，开发人员必须创建定义编程接口的.aidl 文件。Android SDK 工具使用该文件来生成抽象类，它实现接口并处理 IPC，然后就可以在服务中使用了。

说明 绝大多数应用程序不应该使用 AIDL 来创建绑定服务，因为它需要多线程能力而且会导致更加复杂的实现。因此，本章不详细讲解 AIDL 的使用。

13.3.1 继承 Binder 类

如果服务仅用于本地应用程序并且不必跨进程工作，则开发人员可以实现自己的 Binder 类来为客户端提供访问服务公共方法的方式。

注意 这仅当客户端与服务位于同一个应用程序和进程时才有效，这也是最常见的情况。例如，音乐播放器需要绑定 Activity 到自己的服务来在后台播放音乐。

其实现步骤如下。

（1）在服务中，创建 Binder 类实例来完成下列操作之一：

☑ 包含客户端能调用的公共方法。

☑ 返回当前 Service 实例，其中包含客户端能调用的公共方法。

☑ 返回服务管理的其他类的实例，其中包含客户端能调用的公共方法。

（2）从 onBind()回调方法中返回 Binder 类实例。

（3）在客户端，从 onServiceConnected()回调方法接收 Binder 类实例，并且使用提供的方法调用绑定服务。

说明 服务和客户端必须位于同一个应用程序的原因是，客户端能转型返回对象并且适当地调用其方法。服务和客户端必须也位于同一个进程，因为该技术不支持跨进程。

例如，下面的服务通过 Binder 实现类为客户端提供访问服务中方法的方法。

```java
public class LocalService extends Service {
    private final IBinder binder = new LocalBinder();
    private final Random generator = new Random();
    public class LocalBinder extends Binder {
        LocalService getService() {
            return LocalService.this;
        }
    }
    @Override
    public IBinder onBind(Intent intent) {
        return binder;
    }
    public int getRandomNumber() {
```

```
        return generator.nextInt(100);
    }
}
```

LocalBinder 类为客户端提供了 getService()方法来获得当前 LocalService 的实例。这允许客户端调用服务中的公共方法。例如，客户端能从服务中调用 getRandomNumber()方法。

下面的 Activity 绑定到 LocalService，并且在单击按钮时调用 getRandomNumber()方法。

```
public class BindingActivity extends Activity {
    LocalService localService;
    boolean bound = false;
    @Override
    protected void onCreate(Bundle savedInstanceState) {
        super.onCreate(savedInstanceState);
        setContentView(R.layout.main);
    }
    @Override
    protected void onStart() {
        super.onStart();
        Intent intent = new Intent(this, LocalService.class);
        bindService(intent, connection, Context.BIND_AUTO_CREATE);
    }
    @Override
    protected void onStop() {
        super.onStop();
        if (bound) {
            unbindService(connection);
            bound = false;
        }
    }
    public void onButtonClick(View v) {
        if (bound) {
            int num = localService.getRandomNumber();
            Toast.makeText(this, "获得随机数：" + num, Toast.LENGTH_SHORT).show();
        }
    }
    private ServiceConnection connection = new ServiceConnection() {
        public void onServiceConnected(ComponentName className, IBinder service) {
            LocalBinder binder = (LocalBinder) service;
            localService = binder.getService();
            bound = true;
        }
        public void onServiceDisconnected(ComponentName arg0) {
            bound = false;
        }
    };
}
```

上面的代码演示客户端如何使用 ServiceConnection 实现类和 onServiceConnected()回调方法绑定到服务。

13.3.2 使用 Messenger 类

如果开发人员需要服务与远程进程通信，则可以使用 Messenger 来为服务提供接口。该技术允许不使用 AIDL 执行进程间通信（IPC）。

使用 Messenger 时需注意：

☑ 实现 Handler 的服务因为每次从客户端调用而收到回调。

☑ Handler 用于创建 Messenger 对象（它是 Handler 的引用）。

☑ Messenger 创建 IBinder，服务从 onBind()方法将其返回到客户端。

☑ 客户端使用 IBinder 来实例化 Messenger，然后使用它来发送 Message 对象到服务。

☑ 服务在其 Handler 的 handleMessage()方法接收 Message。

此时，没有供客户端在服务上调用的方法。相反，客户端发送消息（Message 对象）到服务的 Handler 方法。

下面的代码演示了使用 Messenger 接口的服务：

```
public class MessengerService extends Service {
    static final int HELLO_WORLD = 1;
    class IncomingHandler extends Handler {
        @Override
        public void handleMessage(Message msg) {
            switch (msg.what) {
            case HELLO_WORLD:
                Toast.makeText(getApplicationContext(), "Hello World!", Toast.LENGTH_SHORT).show();
                break;
            default:
                super.handleMessage(msg);
            }
        }
    }
    final Messenger messenger = new Messenger(new IncomingHandler());
    @Override
    public IBinder onBind(Intent intent) {
        Toast.makeText(getApplicationContext(), "Binding", Toast.LENGTH_SHORT).show();
        return messenger.getBinder();
    }
}
```

Handler 中的 handleMessage()方法是服务接收 Message 对象的地方，并且根据 Message 类的 what 成员变量决定如何操作。

客户端需要完成的全部工作就是根据服务返回的 IBinder 创建 Messenger 并且使用 send()方法发送消息。例如，下面的 Activity 绑定到服务并发送 HELLO_WORLD 给服务。

```
public class ActivityMessenger extends Activity {
    Messenger messenger = null;
```

```
boolean bound;
private ServiceConnection connection = new ServiceConnection() {
    public void onServiceConnected(ComponentName className, IBinder service) {
        messenger = new Messenger(service);
        bound = true;
    }
    public void onServiceDisconnected(ComponentName className) {
        messenger = null;
        bound = false;
    }
};
public void sayHello(View v) {
    if (!bound)
        return;
    Message msg = Message.obtain(null, MessengerService.HELLO_WORLD, 0, 0);
    try {
        messenger.send(msg);
    } catch (RemoteException e) {
        e.printStackTrace();
    }
}
@Override
protected void onCreate(Bundle savedInstanceState) {
    super.onCreate(savedInstanceState);
    setContentView(R.layout.main);
}
@Override
protected void onStart() {
    super.onStart();
    bindService(new Intent(this, MessengerService.class), connection, Context.BIND_AUTO_CREATE);
}
@Override
protected void onStop() {
    super.onStop();
    if (bound) {
        unbindService(connection);
        bound = false;
    }
}
}
```

　　该实例并没有演示服务如何响应客户端。如果希望服务响应，则需要在客户端也创建 Messenger。当客户端收到 onServiceConnected()回调方法时，发送 Message 到服务。Message 的 replyTo 成员变量包含客户端的 Messenger。

13.3.3　绑定到服务

　　应用程序组件（客户端）能调用 bindService()方法绑定到服务，接下来 Android 系统调用服务的

onBind()方法，返回 IBinder 来与服务通信。

绑定是异步的。bindService()方法立即返回并且不返回 IBinder 到客户端。为了接收 IBinder，客户端必须创建 ServiceConnection 实例，然后将其传递给 bindService()方法。ServiceConnection 包含系统调用发送 IBinder 的回调方法。

> **注意** 只有 Activity、Service 和 ContentProvider 能绑定到服务，BroadcastReceiver 不能绑定到服务。

如果需要从客户端绑定服务，需要完成以下操作：

（1）实现 ServiceConnection，这需要重写 onServiceConnected()和 onServiceDisconnected()两个回调方法。

（2）调用 bindService()方法，传递 ServiceConnection 实现。

（3）当系统调用 onServiceConnected()回调方法时，就可以使用接口定义的方法调用服务。

（4）调用 unbindService()方法解绑定。

当客户端销毁时，会将其从服务上解绑定。但是当与服务完成交互或者 Activity 暂停时，最好解绑定，以便系统能及时停止不用的服务。

13.3.4 范例 1：继承 Binder 类绑定服务显示时间

例 13.3 在 Eclipse 中创建 Android 项目，名称为 13.3，实现继承 Binder 类绑定服务，并显示当前时间。（实例位置：光盘\TM\sl\13\13.3）

（1）修改 res\layout 目录中的 main.xml 布局文件，将默认添加的相对布局管理器修改为线性布局管理器，并设置背景图片、添加一个按钮，然后设置按钮文字的内容、颜色和大小，其代码如下：

```xml
<?xml version="1.0" encoding="utf-8"?>
<LinearLayout xmlns:android="http://schemas.android.com/apk/res/android"
    android:layout_width="fill_parent"
    android:layout_height="fill_parent"
    android:background="@drawable/background"
    android:orientation="vertical" >
    <Button
        android:id="@+id/current_time"
        android:layout_width="wrap_content"
        android:layout_height="wrap_content"
        android:text="@string/current_time"
        android:textColor="@android:color/black"
        android:textSize="25dp" />
</LinearLayout>
```

（2）创建 CurrentTimeService 类，它继承了 Service 类。内部类 LocalBinder 继承了 Binder 类，用于返回 CurrentTimeService 类的对象。getCurrentTime()方法用于返回当前时间，其代码如下：

```
public class CurrentTimeService extends Service {
    private final IBinder binder = new LocalBinder();
    public class LocalBinder extends Binder {
        CurrentTimeService getService() {
            return CurrentTimeService.this;                    //返回当前服务的实例
        }
    }
    @Override
    public IBinder onBind(Intent arg0) {
        return binder;
    }
    public String getCurrentTime() {
        Time time = new Time();                                //创建 Time 对象
        time.setToNow();                                       //设置时间为当前时间
        String currentTime = time.format("%Y-%m-%d %H:%M:%S"); //设置时间格式
        return currentTime;
    }
}
```

📢**注意**

　　此处使用的时间格式与 Java API 中 SimpleDateFormat 类有所不同。

　　（3）创建 CurrentTimeActivity 类，它继承了 Activity 类。在 onCreate()方法中设置布局。在 onStart()方法中，获得按钮控件并增加单击事件监听器。在监听器中，使用 bindService()方法绑定服务。在 onStop()方法中解除绑定，其代码如下：

```
public class CurrentTimeActivity extends Activity {
    CurrentTimeService cts;
    boolean bound;
    @Override
    protected void onCreate(Bundle savedInstanceState) {
        super.onCreate(savedInstanceState);
        setContentView(R.layout.main);
    }
    @Override
    protected void onStart() {
        super.onStart();
        Button button = (Button) findViewById(R.id.current_time);
        button.setOnClickListener(new View.OnClickListener() {
            public void onClick(View v) {
                Intent intent = new Intent(CurrentTimeActivity.this, CurrentTimeService.class);
                bindService(intent, sc, BIND_AUTO_CREATE);         //绑定服务
                if (bound) {                                       //如果绑定则显示当前时间
                    Toast.makeText(CurrentTimeActivity.this, cts.getCurrentTime(),
                                                Toast.LENGTH_LONG).show();
                }
```

```
        }
    });
}
@Override
protected void onStop() {
    super.onStop();
    if (bound) {
        bound = false;
        unbindService(sc);                                    //解绑定
    }
}
private ServiceConnection sc = new ServiceConnection() {
    public void onServiceDisconnected(ComponentName name) {
        bound = false;
    }
    public void onServiceConnected(ComponentName name, IBinder service) {
        LocalBinder binder = (LocalBinder) service;           //获得自定义的 LocalBinder 对象
        cts = binder.getService();                            //获得 CurrentTimeService 对象
        bound = true;
    }
};
}
```

（4）修改 AndroidManifest.xml 文件，增加 Activity 和 Service 配置，其代码如下：

```
<?xml version="1.0" encoding="utf-8"?>
<manifest xmlns:android="http://schemas.android.com/apk/res/android"
    package="com.mingrisoft"
    android:versionCode="1"
    android:versionName="1.0" >
    <uses-sdk android:minSdkVersion="15" />
    <application
        android:icon="@drawable/ic_launcher"
        android:label="@string/app_name" >
        <activity android:name=".CurrentTimeActivity" >
            <intent-filter >
                <action android:name="android.intent.action.MAIN" />
                <category android:name="android.intent.category.LAUNCHER" />
            </intent-filter>
        </activity>
        <service android:name=".CurrentTimeService" />
    </application>
</manifest>
```

（5）启动应用程序，界面如图 13.6 所示。单击"当前时间"按钮，会显示格式化的当前时间，如图 13.7 所示。

图 13.6　应用程序主界面

图 13.7　显示当前时间

13.3.5　范例 2：使用 Messenger 类绑定服务显示时间

例 13.4　在 Eclipse 中创建 Android 项目，名称为 13.4，实现使用 Messenger 类绑定服务并显示当前时间。（实例位置：光盘\TM\sl\13\13.4）

（1）修改 res\layout 目录中的 main.xml 布局文件，将默认添加的相对布局管理器修改为线性布局管理器，并设置背景图片、添加一个按钮，然后设置按钮文字的内容、颜色和大小，其代码如下：

```
<?xml version="1.0" encoding="utf-8"?>
<LinearLayout xmlns:android="http://schemas.android.com/apk/res/android"
    android:layout_width="fill_parent"
    android:layout_height="fill_parent"
    android:background="@drawable/background"
    android:orientation="vertical" >
    <Button
        android:id="@+id/current_time"
        android:layout_width="wrap_content"
        android:layout_height="wrap_content"
        android:text="@string/current_time"
        android:textColor="@android:color/black"
        android:textSize="25dp" />
</LinearLayout>
```

（2）创建 CurrentTimeService 类，它继承了 Service 类。内部类 IncomingHanlder 继承了 Handler 类，重写其 handleMessage()方法来显示当前时间，其代码如下：

```
public class CurrentTimeService extends Service {
    public static final int CURRENT_TIME = 0;
    private class IncomingHandler extends Handler {
        @Override
        public void handleMessage(Message msg) {
            if (msg.what == CURRENT_TIME) {
                Time time = new Time();                                          //创建 Time 对象
                time.setToNow();                                                 //设置时间为当前时间
                String currentTime = time.format("%Y-%m-%d %H:%M:%S");           //设置时间格式
                Toast.makeText(CurrentTimeService.this, currentTime, Toast.LENGTH_LONG).show();
            } else {
                super.handleMessage(msg);
            }
        }
    }
    @Override
    public IBinder onBind(Intent intent) {
        Messenger messenger = new Messenger(new IncomingHandler());
        return messenger.getBinder();
    }
}
```

注意

此处使用的时间格式与 Java API 中 SimpleDateFormat 类有所不同。

（3）创建 CurrentTimeActivity 类，它继承了 Activity 类。在 onCreate()方法中设置布局。在 onStart() 方法中获得按钮控件并增加单击事件监听器。在监听器中，使用 bindService()方法绑定服务。在 onStop() 方法中解除绑定。其代码如下：

```
public class CurrentTimeActivity extends Activity {
    Messenger messenger;
    boolean bound;
    @Override
    protected void onCreate(Bundle savedInstanceState) {
        super.onCreate(savedInstanceState);
        setContentView(R.layout.main);
    }
    @Override
    protected void onStart() {
        super.onStart();
        Button button = (Button) findViewById(R.id.current_time);
        button.setOnClickListener(new View.OnClickListener() {
            public void onClick(View v) {
                Intent intent = new Intent(CurrentTimeActivity.this, CurrentTimeService.class);
                bindService(intent, connection, BIND_AUTO_CREATE);               //绑定服务
                if (bound) {
```

```
                Message message = Message.obtain(null, CurrentTimeService.CURRENT_TIME, 0, 0);
                try {
                    messenger.send(message);
                } catch (RemoteException e) {
                    e.printStackTrace();
                }
            }
        }
    });
}
@Override
protected void onStop() {
    super.onStop();
    if (bound) {
        bound = false;
        unbindService(connection);                          //解绑定
    }
}
private ServiceConnection connection = new ServiceConnection() {
    public void onServiceDisconnected(ComponentName name) {
        messenger = null;
        bound = false;
    }
    public void onServiceConnected(ComponentName name, IBinder service) {
        messenger = new Messenger(service);
        bound = true;
    }
};
}
```

（4）修改 AndroidManifest.xml 文件，增加 Activity 和 Service 配置，其代码如下：

```xml
<?xml version="1.0" encoding="utf-8"?>
<manifest xmlns:android="http://schemas.android.com/apk/res/android"
    package="com.mingrisoft"
    android:versionCode="1"
    android:versionName="1.0" >
    <uses-sdk android:minSdkVersion="15" />
    <application
        android:icon="@drawable/ic_launcher"
        android:label="@string/app_name" >
        <activity android:name=".CurrentTimeActivity" >
            <intent-filter >
                <action android:name="android.intent.action.MAIN" />
                <category android:name="android.intent.category.LAUNCHER" />
            </intent-filter>
        </activity>
        <service android:name=".CurrentTimeService" />
```

```
    </application>
</manifest>
```

（5）启动应用程序，界面如图 13.8 所示。单击"当前时间"按钮，会显示格式化的当前时间，如图 13.9 所示。

图 13.8　应用程序主界面

图 13.9　显示当前时间

13.4　管理 Service 的生命周期

📹 **教学录像：光盘\TM\lx\13\管理 Service 的生命周期.exe**

服务的生命周期比 Activity 简单很多，但是却需要开发人员更加关注服务如何创建和销毁，因为服务可能在用户不知情的情况下在后台运行。服务的生命周期可以分成两个不同的路径。

☑　Started Service

当其他组件调用 startService()方法时，服务被创建。接着服务无限期运行，其自身必须调用 stopSelf()方法或者其他组件调用 stopService()方法来停止服务。当服务停止时，系统将其销毁。

☑　Bound Service

当其他组件调用 bindService()方法时，服务被创建。接着客户端通过 IBinder 接口与服务通信。客户端通过 unbindService()方法关闭连接。多个客户端能绑定到同一个服务并且当它们都解绑定时，系统销毁服务（服务不需要被停止）。

这两条路径并非完全独立，即开发人员可以绑定已经使用 startService()方法启动的服务。例如，后台音乐服务能使用包含音乐信息的 Intent 通过调用 startService()方法启动。当用户需要控制播放器或者获得当前音乐信息时，可以调用 bindService()方法绑定 Activity 到服务。此时，stopService()和 stopSelf()方法直到全部客户端解绑定时才能停止服务。图 13.10 演示了两类服务的生命周期。

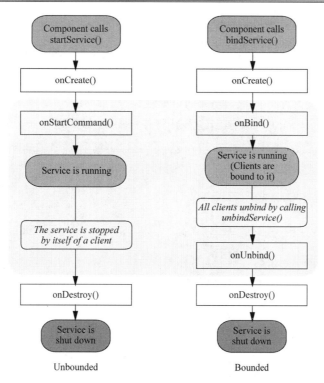

图 13.10　服务的生命周期

13.5　经 典 范 例

13.5.1　视力保护程序

例 13.5　在 Eclipse 中创建 Android 项目，名称为 13.5，当应用程序运行 1 分钟后，显示提示信息，提醒用户保护视力。（**实例位置：光盘\TM\sl\13\13.5**）

（1）打开 res\layout 目录中的 main.xml 文件，将默认添加的相对布局管理器修改为线性布局管理器，并定义应用程序的背景图片，添加一个文本框，代码如下：

```
<?xml version="1.0" encoding="utf-8"?>
<LinearLayout xmlns:android="http://schemas.android.com/apk/res/android"
    android:layout_width="fill_parent"
    android:layout_height="fill_parent"
    android:background="@drawable/background"
    android:orientation="vertical" >
<TextView
    android:id="@+id/textView"
    android:layout_width="fill_parent"
    android:layout_height="wrap_content"
    android:gravity="center"
```

```
            android:text="@string/activity_title"
            android:textColor="@android:color/black"
            android:textSize="25dp" />
</LinearLayout>
```

（2）在 com.mingrisoft 包中，定义 TimeService 类，它继承 Service 类。在 onStart()方法中，使用 Timer 类完成延时操作，在一个新线程中创建消息，并且在 60 秒后运行，代码如下：

```
public class TimeService extends Service {
    private Timer timer;
    @Override
    public IBinder onBind(Intent intent) {
        return null;
    }
    @Override
    public void onCreate() {
        super.onCreate();
        timer = new Timer(true);                                              //创建 Timer 对象
    }
    @Override
    public void onStart(Intent intent, int startId) {
        super.onStart(intent, startId);
        timer.schedule(new TimerTask() {
            @Override
            public void run() {
                String ns = Context.NOTIFICATION_SERVICE;
                //获得通知管理器
                NotificationManager manager = (NotificationManager) getSystemService(ns);
                Notification.Builder notification=new Notification.Builder(TimeService.this);
                CharSequence contentTitle = getText(R.string.content_title);  //定义通知的标题
                CharSequence contentText = getText(R.string.content_text);    //定义通知的内容
                notification.setSmallIcon(R.drawable.warning);               //设置图标
                notification.setContentTitle(contentTitle);                  //设置通知的标题
                notification.setContentText(contentText);                    //设置通知的内容
                //设置响铃和振动
                notification.setDefaults(Notification.DEFAULT_SOUND|Notification.DEFAULT_VIBRATE);
                Intent intent = new Intent(TimeService.this, TimeActivity.class);  //创建 Intent 对象
                manager.notify(0,notification.build());                      //显示通知
                TimeService.this.stopSelf();                                 //停止服务
            }
        }, 60000);
    }
}
```

（3）在 com.mingrisoft 包中，定义 TimeActivity 类，它继承 Activity 类。在 onCreate()方法中，启动服务。代码如下：

```
public class TimeActivity extends Activity {
    @Override
    protected void onCreate(Bundle savedInstanceState) {
        super.onCreate(savedInstanceState);
```

```
        setContentView(R.layout.main);
        startService(new Intent(this,TimeService.class));
    }
}
```

（4）修改 AndroidManifest.xml 文件，增加 Activity 和 Service 配置，其代码如下：

```xml
<?xml version="1.0" encoding="utf-8"?>
<manifest xmlns:android="http://schemas.android.com/apk/res/android"
    package="com.mingrisoft"
    android:versionCode="1"
    android:versionName="1.0" >
    <uses-sdk
        android:minSdkVersion="16"
        android:targetSdkVersion="23" />
    <uses-permission android:name="android.permission.VIBRATE"/>
    <application
        android:icon="@drawable/ic_launcher"
        android:label="@string/app_name" >
        <activity android:name=".TimeActivity" >
            <intent-filter >
                <action android:name="android.intent.action.MAIN" />
                <category android:name="android.intent.category.LAUNCHER" />
            </intent-filter>
        </activity>
        <service android:name=".TimeService" >
        </service>
    </application>
</manifest>
```

（5）启动应用程序，界面如图 13.11 所示。在应用程序启动 1 分钟后会显示提示信息，在通知栏向下滑动，可以查看通知的详细内容，如图 13.12 所示。

图 13.11　应用程序主界面

图 13.12　显示提示信息

13.5.2　查看当前运行服务信息

例 13.6　在 Eclipse 中创建 Android 项目，名称为 13.6，实现在 Activity 中显示当前运行服务的详细信息功能。（实例位置：光盘\TM\sl\13\13.6）

（1）在 com.mingrisoft 包中创建 ServicesListActivity 类，它继承了 Activity 类。在 onStart()方法中，获得当前正在运行服务的列表。对于每个服务，获得其详细信息并在 Activity 中输出，其代码如下：

```java
public class ServicesListActivity extends Activity {
    public void onCreate(Bundle savedInstanceState) {
        super.onCreate(savedInstanceState);
    }
    @Override
    protected void onStart() {
        super.onStart();
        StringBuilder serviceInfo = new StringBuilder();
        ActivityManager manager = (ActivityManager) getSystemService(ACTIVITY_SERVICE);
        List<RunningServiceInfo> services = manager.getRunningServices(100);//获得正在运行的服务列表
        for (Iterator<RunningServiceInfo> it = services.iterator(); it.hasNext();) {
            RunningServiceInfo info = it.next();
            //获得一个服务的详细信息并保存到 StringBuilder
            serviceInfo.append("activeSince: " + formatData(info.activeSince) + "\n");
            serviceInfo.append("clientCount: " + info.clientCount + "\n");
            serviceInfo.append("clientLabel: " + info.clientLabel + "\n");
            serviceInfo.append("clientPackage: " + info.clientPackage + "\n");
            serviceInfo.append("crashCount: " + info.crashCount + "\n");
            serviceInfo.append("flags: " + info.flags + "\n");
            serviceInfo.append("foreground: " + info.foreground + "\n");
            serviceInfo.append("lastActivityTime: " + formatData(info.lastActivityTime) + "\n");
            serviceInfo.append("pid: " + info.pid + "\n");
            serviceInfo.append("process: " + info.process + "\n");
            serviceInfo.append("restarting: " + formatData(info.restarting) + "\n");
            serviceInfo.append("service: " + info.service + "\n");
            serviceInfo.append("started: " + info.started + "\n");
            serviceInfo.append("uid: " + info.uid + "\n");
            serviceInfo.append("\n");
        }
        ScrollView scrollView = new ScrollView(this);              //创建滚动视图
        TextView textView = new TextView(this);                    //创建文本视图
        textView.setBackgroundColor(Color.WHITE);                  //设置文本框背景颜色
        textView.setTextSize(25);                                  //设置字体大小
        textView.setText(serviceInfo.toString());                  //设置文本内容
        scrollView.addView(textView);                              //将文本视图增加到滚动视图
        setContentView(scrollView);                                //显示滚动视图
    }
```

```
    private static String formatData(long data) {                                    //用于格式化时间
        SimpleDateFormat format = new SimpleDateFormat("yyyy-MM-dd HH:mm:ss");
        return format.format(new Date(data));
    }
}
```

（2）修改 AndroidManifest.xml 文件，增加 Activity 和 Service 配置，其代码如下：

```xml
<?xml version="1.0" encoding="utf-8"?>
<manifest xmlns:android="http://schemas.android.com/apk/res/android"
    package="com.mingrisoft"
    android:versionCode="1"
    android:versionName="1.0" >
    <uses-sdk android:minSdkVersion="15" />
    <application
        android:icon="@drawable/ic_launcher"
        android:label="@string/app_name" >
        <activity
            android:label="@string/app_name"
            android:name=".ServicesListActivity" >
            <intent-filter >
                <action android:name="android.intent.action.MAIN" />
                <category android:name="android.intent.category.LAUNCHER" />
            </intent-filter>
        </activity>
    </application>
</manifest>
```

（3）启动应用程序，界面如图 13.13 所示。其中输出了服务的启动时间、连接的客户端个数等信息。

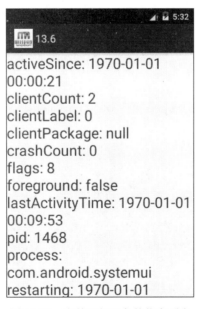

图 13.13　当前运行服务的信息列表

13.6 小　　结

本章详细介绍了 Android 四大组件之一的 Service（服务）。服务可以分成 Started 服务和 Bound 服务两大类。对于 Started 服务，有两种实现方式：继承 IntentService 类和继承 Service 类；对于 Bound 服务，有两种实现方式：继承 Binder 类和使用 Messenger 类。请读者认真区别各种方式，并能根据应用场合进行选择。

13.7　实践与练习

1. 编写 Android 程序，使用 IntentService 在后台每隔 5 秒钟输出应用程序运行时间。（**答案位置：光盘\TM\sl\13\13.7**）

2. 编写 Android 程序，查看 Started 服务的生命周期。（**答案位置：光盘\TM\sl\13\13.8**）

第14章

网络编程及 Internet 应用

（ 📹 教学录像：1 小时 37 分钟 ）

    Google 公司以网络搜索引擎起家，通过大胆的创意和不断地研发努力，目前已经成为网络世界的巨头，而出自于 Google 之手的 Android 平台，在网络编程和 Internet 应用上也是非常优秀的。本章将对 Android 中的网络编程和 Internet 应用的相关知识进行详细介绍。

    通过阅读本章，您可以：

- ▸▸ 掌握使用 HttpURLConnection 访问网络的方法
- ▸▸ 掌握使用 HttpClient 访问网络的方法
- ▸▸ 掌握如何使用 WebView 组件浏览网页
- ▸▸ 掌握在 WebView 组件中加载 HTML 代码的方法
- ▸▸ 掌握让 WebView 组件支持 JavaScript 的方法

14.1 通过 HTTP 访问网络

教学录像：光盘\TM\lx\14\通过 HTTP 访问网络.exe

随着智能手机和平板电脑等移动终端设备的迅速发展，现在的 Internet 已经不再只是传统的有线互联网，还包括移动互联网。同有线互联网一样，移动互联网也可以使用 HTTP 访问网络。在 Android 中，针对 HTTP 进行网络通信的方法主要有两种：一种是使用 HttpURLConnection 实现；另一种是使用 HttpClient 实现，下面分别进行介绍。

14.1.1 使用 HttpURLConnection 访问网络

HttpURLConnection 类位于 java.net 包中，用于发送 HTTP 请求和获取 HTTP 响应。由于该类是抽象类，不能直接实例化对象，则需要使用 URL 的 openConnection()方法来获得。例如，要创建一个 http://www.mingribook.com 网站对应的 HttpURLConnection 对象，可以使用下面的代码：

```
URL url = new URL("http://www.mingribook.com/");
HttpURLConnection urlConnection = (HttpURLConnection) url.openConnection();
```

说明 通过 openConnection()方法创建的 HttpURLConnection 对象，并没有真正执行连接操作，只是创建了一个新的实例，在进行连接前，还可以设置一些属性。例如，连接超时的时间和请求方式等。

创建了 HttpURLConnection 对象后，就可以使用该对象发送 HTTP 请求了。HTTP 请求通常分为 GET 请求和 POST 请求两种，下面分别进行介绍。

1. 发送 GET 请求

使用 HttpURLConnection 对象发送请求时，默认发送的就是 GET 请求。因此，发送 GET 请求比较简单，只需要在指定连接地址时，先将要传递的参数通过"?参数名=参数值"进行传递（多个参数间使用英文半角的逗号分隔。例如，要传递用户名和 E-mail 地址两个参数，可以使用?user=wgh,email= wgh717@sohu.com 实现），然后获取流中的数据，并关闭连接即可。

下面通过一个具体的实例来说明如何使用 HttpURLConnection 发送 GET 请求。

例 14.1 在 Eclipse 中创建 Android 项目，名称为 14.1，实现向服务器发送 GET 请求，并获取服务器的响应结果。（**实例位置：光盘\TM\sl\14\14.1**）

（1）修改新建项目的 res\layout 目录下的布局文件 main.xml，将默认添加的相对布局管理器和 TextView 组件删除，然后添加一个线性布局管理器，在其中添加一个 id 为 content 的编辑框（用于输入微博内容）以及一个"发表"按钮，再添加一个滚动视图，并在该视图中添加一个线性布局管理器，最后还需要在该线性布局管理器中添加一个文本框，用于显示从服务器上读取的微博内容，关键代码如下：

```xml
<LinearLayout xmlns:android="http://schemas.android.com/apk/res/android"
    android:layout_width="fill_parent"
    android:layout_height="fill_parent"
    android:gravity="center_horizontal"
    android:orientation="vertical" >
    <EditText
        android:id="@+id/content"
        android:layout_width="match_parent"
        android:layout_height="wrap_content" />
    <Button
        android:id="@+id/button"
        android:layout_width="wrap_content"
        android:layout_height="wrap_content"
        android:text="@string/button" />
    <ScrollView
        android:id="@+id/scrollView1"
        android:layout_width="match_parent"
        android:layout_height="wrap_content"
        android:layout_weight="1" >
        <LinearLayout
            android:id="@+id/linearLayout1"
            android:layout_width="match_parent"
            android:layout_height="match_parent" >
            <TextView
                android:id="@+id/result"
                android:layout_width="match_parent"
                android:layout_height="wrap_content"
                android:layout_weight="1" />
        </LinearLayout>
    </ScrollView>
</LinearLayout>
```

（2）在该 MainActivity 中，创建程序中所需的成员变量，具体代码如下：

```java
private EditText content;                    //声明一个输入文本内容的编辑框对象
private Button button;                        //声明一个"发表"按钮对象
private Handler handler;                      //声明一个 Handler 对象
private String result = "";                   //声明一个代表显示内容的字符串
private TextView resultTV;                    //声明一个显示结果的文本框对象
```

（3）编写一个无返回值的 send()方法，用于建立一个 HTTP 连接，并将输入的内容发送到 Web 服务器上，再读取服务器的处理结果，具体代码如下：

```java
public void send() {
    String target="";
    target = "http://192.168.1.66:8080/blog/index.jsp?content="
                    +base64(content.getText().toString().trim());    //要访问的 URL 地址
    URL url;
```

```
try {
    url = new URL(target);                                    //创建 URL 对象
    HttpURLConnection urlConn = (HttpURLConnection) url
            .openConnection();                                //创建一个 HTTP 连接
    InputStreamReader in = new InputStreamReader(
            urlConn.getInputStream());                        //获得读取的内容
    BufferedReader buffer = new BufferedReader(in);           //获取输入流对象
    String inputLine = null;
    //通过循环逐行读取输入流中的内容
    while ((inputLine = buffer.readLine()) != null) {
        result += inputLine + "\n";
    }
    in.close();                                               //关闭字符输入流对象
    urlConn.disconnect();                                     //断开连接
} catch (MalformedURLException e) {
    e.printStackTrace();
} catch (IOException e) {
    e.printStackTrace();
}
}
```

（4）在应用 GET 方法传递中文的参数时，会产生乱码，这时可以进行 Base64 编码来解决乱码问题，为此，需要编写一个 base64()方法，对要进行传递的参数进行 Base64 编码。base64()方法的具体代码如下：

```
public String base64(String content){
    try {
        //对字符串进行 Base64 编码
        content=Base64.encodeToString(content.getBytes("utf-8"), Base64.DEFAULT);
        content=URLEncoder.encode(content);                   //对字符串进行 URL 编码
    } catch (UnsupportedEncodingException e) {
        e.printStackTrace();                                  //输出异常信息
    }
    return content;
}
```

说明 要解决应用 GET 方法传递中文参数时产生乱码的问题，也可以使用 Java 提供的 URLEncoder 类来实现。

（5）在 onCreate()方法中，获取布局管理器中用于输入内容的编辑框、用于显示结果的文本框和"发表"按钮，并为"发表"按钮添加单击事件监听器，在重写的 onClick()方法中，首先判断输入的内容是否为空，如果为空，则给出消息提示；否则，创建一个新的线程，调用 send()方法发送并读取微博信息，具体代码如下：

```
content = (EditText) findViewById(R.id.content);              //获取输入文本内容的 EditText 组件
resultTV = (TextView) findViewById(R.id.result);             //获取显示结果的 TextView 组件
button = (Button) findViewById(R.id.button);                 //获取"发表"按钮组件
```

```
//为按钮添加单击事件监听器
button.setOnClickListener(new OnClickListener() {
    @Override
    public void onClick(View v) {
        if ("".equals(content.getText().toString())) {
            Toast.makeText(MainActivity.this, "请输入要发表的内容！",
                    Toast.LENGTH_SHORT).show();           //显示消息提示
            return;
        }
        //创建一个新线程，用于发送并读取微博信息
        new Thread(new Runnable() {
            public void run() {
                send();                                    //发送文本内容到 Web 服务器，并读取
                Message m = handler.obtainMessage();       //获取一个 Message
                handler.sendMessage(m);                    //发送消息
            }
        }).start();                                        //开启线程
    }
});
```

（6）创建一个 Handler 对象，在重写的 handleMessage()方法中，当变量 result 不为空时，将其显示到结果文本框中，并清空编辑器，具体代码如下：

```
handler = new Handler() {
    @Override
    public void handleMessage(Message msg) {
        if (result != null) {
            resultTV.setText(result);                      //显示获得的结果
            content.setText("");                           //清空编辑框
        }
        super.handleMessage(msg);
    }
};
```

（7）由于在本实例中需要访问网络资源，所以还需要在 AndroidManifest.xml 文件中指定允许访问网络资源的权限，具体代码如下：

```
<uses-permission android:name="android.permission.INTERNET"/>
```

另外，还需要编写一个 Java Web 实例，用于接收 Android 客户端发送的请求，并做出响应。这里编写一个名称为 index.jsp 的文件，在该文件中，首先获取参数 content 指定的微博信息，并保存到变量 content 中，然后替换变量 content 中的加号，这是由于在进行 URL 编码时，将加号转换为了%2B，最后对 content 进行 Base64 解码，并输出转码后的 content 变量的值，具体代码如下：

```
<%@ page contentType="text/html; charset=utf-8" language="java" import="sun.misc.BASE64Decoder"%>
<%
String content="";
if(request.getParameter("content")!=null){
    content=request.getParameter("content");               //获取输入的微博信息
```

```
        //替换 content 中的加号，这是由于在进行 URL 编码时，将"+"号转换为了%2B
        content=content.replaceAll("%2B","+");
        BASE64Decoder decoder=new BASE64Decoder();
        content=new String(decoder.decodeBuffer(content),"utf-8");          //进行 Base64 解码
    }
%>
<%="发表一条微博，内容如下："%>
<%=content%>
```

将 index.jsp 文件放到 Tomcat 安装路径下的 webapps\blog 目录下，并启动 Tomcat 服务器，然后运行本实例，在屏幕上方的编辑框中输入一条微博信息，再单击"发表"按钮，在下方将显示 Web 服务器的处理结果。例如，输入"how are you"后，单击"发表"按钮，将显示如图 14.1 所示的运行结果。

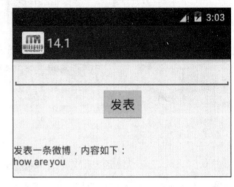

图 14.1　使用 GET 方式发表并显示微博信息

2. 发送 POST 请求

由于采用 GET 方式发送请求只适合发送大小在 1024 个字节以内的数据，所以当要发送的数据较大时，就需要使用 POST 方式来发送请求。在 Android 中，使用 HttpURLConnection 类发送请求时，默认采用的是 GET 请求，如果要发送 POST 请求，需要通过其 setRequestMethod() 方法进行指定。例如，创建一个 HTTP 连接，并为该连接指定请求的发送方式为 POST，可以使用下面的代码：

```
HttpURLConnection urlConn = (HttpURLConnection) url.openConnection();      //创建一个 HTTP 连接
urlConn.setRequestMethod("POST");                                          //指定请求方式为 POST
```

发送 POST 请求要比发送 GET 请求复杂一些，它经常需要通过 HttpURLConnection 类及其父类 URLConnection 提供的方法设置相关内容，常用的方法如表 14.1 所示。

表 14.1　发送 POST 请求时常用的方法

方　　法	描　　述
setDoInput(boolean newValue)	用于设置是否向连接中写入数据，如果参数值为 true，表示写入数据；否则不写入数据
setDoOutput(boolean newValue)	用于设置是否从连接中读取数据，如果参数值为 true，表示读取数据；否则不读取数据
setUseCaches(boolean newValue)	用于设置是否缓存数据，如果参数值为 true，表示缓存数据；否则表示禁用缓存
setInstanceFollowRedirects(boolean followRedirects)	用于设置是否应该自动执行 HTTP 重定向，参数值为 true 时，表示自动执行；否则不自动执行
setRequestProperty(String field, String newValue)	用于设置一般请求属性，例如，要设置内容类型为表单数据，可以进行以下设置 setRequestProperty("Content-Type","application/x-www-form-urlencoded")

下面通过一个具体的实例来介绍如何使用 HttpURLConnection 类发送 POST 请求。

例 14.2　在 Eclipse 中创建 Android 项目，名称为 14.2，实现向服务器发送 POST 请求，并获取服

务器的响应结果。(**实例位置：光盘\TM\sl\14\14.2**)

（1）修改新建项目的 res\layout 目录下的布局文件 main.xml，将默认添加的相对布局管理器和 TextView 组件删除，然后添加一个线性布局管理器，在其中添加一个 id 为 content 的编辑框（用于输入微博内容）以及一个"发表"按钮，最后添加一个滚动视图，并在该视图中添加一个线性布局管理器，同时，还需要在该线性布局管理器中添加一个文本框，用于显示从服务器上读取的微博内容，具体代码请参见光盘。

（2）在该 MainActivity 中，创建程序中所需的成员变量，具体代码如下：

```
private EditText nickname;                        //声明一个输入昵称的编辑框对象
private EditText content;                         //声明一个输入文本内容的编辑框对象
private Button button;                            //声明一个"发表"按钮对象
private Handler handler;                          //声明一个 Handler 对象
private String result = "";                       //声明一个代表显示内容的字符串
private TextView resultTV;                        //声明一个显示结果的文本框对象
```

（3）编写一个无返回值的 send()方法，用于建立一个 HTTP 连接，并使用 POST 方式将输入的昵称和内容发送到 Web 服务器上，再读取服务器处理的结果，具体代码如下：

```
public void send() {
    String target = "http://192.168.1.66:8080/blog/dealPost.jsp";     //要提交的目标地址
    URL url;
    try {
        url = new URL(target);
        HttpURLConnection urlConn = (HttpURLConnection) url
                .openConnection();                                    //创建一个 HTTP 连接
        urlConn.setRequestMethod("POST");                             //指定使用 POST 请求方式
        urlConn.setDoInput(true);                                     //向连接中写入数据
        urlConn.setDoOutput(true);                                    //从连接中读取数据
        urlConn.setUseCaches(false);                                  //禁止缓存
        urlConn.setInstanceFollowRedirects(true);                     //自动执行 HTTP 重定向
        urlConn.setRequestProperty("Content-Type",
                "application/x-www-form-urlencoded");                  //设置内容类型
        DataOutputStream out = new DataOutputStream(
                urlConn.getOutputStream());                           //获取输出流
        String param = "nickname="
                + URLEncoder.encode(nickname.getText().toString(), "utf-8")
                + "&content="
                + URLEncoder.encode(content.getText().toString(), "utf-8");   //连接要提交的数据
        out.writeBytes(param);                                        //将要传递的数据写入数据输出流
        out.flush();                                                  //输出缓存
        out.close();                                                  //关闭数据输出流
        //判断是否响应成功
        if (urlConn.getResponseCode() == HttpURLConnection.HTTP_OK) {
            InputStreamReader in = new InputStreamReader(
                    urlConn.getInputStream());                        //获得读取的内容
            BufferedReader buffer = new BufferedReader(in);           //获取输入流对象
            String inputLine = null;
            while ((inputLine = buffer.readLine()) != null) {
```

```
            result += inputLine + "\n";
        }
        in.close();                                          //关闭字符输入流
    }
    urlConn.disconnect();                                    //断开连接
} catch (MalformedURLException e) {
    e.printStackTrace();
} catch (IOException e) {
    e.printStackTrace();
}
}
```

 说明

在设置要提交的数据时，如果包括多个参数，则各个参数间使用 "&" 进行连接。

（4）在 onCreate()方法中，获取布局管理器中添加的昵称编辑框、内容编辑框、显示结果的文本框和"发表"按钮，并为"发表"按钮添加单击事件监听器，在重写的 onClick()方法中，首先判断输入的昵称和内容是否为空，只要有一个为空，就给出消息提示；否则，创建一个新的线程，用于调用 send()方法发送并读取服务器处理后的微博信息，具体代码如下：

```
content = (EditText) findViewById(R.id.content);            //获取输入文本内容的 EditText 组件
resultTV = (TextView) findViewById(R.id.result);           //获取显示结果的 TextView 组件
nickname=(EditText)findViewById(R.id.nickname);            //获取输入昵称的 EditText 组件
button = (Button) findViewById(R.id.button);               //获取"发表"按钮组件
//为按钮添加单击事件监听器
button.setOnClickListener(new OnClickListener() {
    @Override
    public void onClick(View v) {
        if ("".equals(content.getText().toString())) {
            Toast.makeText(MainActivity.this, "请输入要发表的内容！",Toast.LENGTH_SHORT).show();
            return;
        }
        //创建一个新线程，用于发送并读取微博信息
        new Thread(new Runnable() {
            public void run() {
                send();
                Message m = handler.obtainMessage();       //获取一个 Message
                handler.sendMessage(m);                    //发送消息
            }
        }).start();                                        //开启线程
    }
});
```

（5）创建一个 Handler 对象，在重写的 handleMessage()方法中，当变量 result 不为空时，将其显示到结果文本框中，并清空昵称和内容编辑器，具体代码如下：

```
handler = new Handler() {
    @Override
```

```
public void handleMessage(Message msg) {
    if (result != null) {
        resultTV.setText(result);              //显示获得的结果
        content.setText("");                   //清空内容编辑框
        nickname.setText("");                  //清空昵称编辑框
    }
    super.handleMessage(msg);
}
};
```

（6）由于在本实例中需要访问网络资源，所以还需要在 AndroidManifest.xml 文件中指定允许访问网络资源的权限，具体代码如下：

```
<uses-permission android:name="android.permission.INTERNET"/>
```

另外，还需要编写一个 Java Web 实例，用于接收 Android 客户端发送的请求，并做出响应。这里编写一个名称为 dealPost.jsp 的文件，在该文件中，首先获取参数 nickname 和 content 指定的昵称和微博信息，并保存到相应的变量中，然后当昵称和微博内容均不为空时，对其进行转码，并获取系统时间，同时组合微博信息输出到页面上，具体代码如下：

```
<%@ page contentType="text/html; charset=utf-8" language="java" %>
<%
String content=request.getParameter("content");          //获取输入的微博信息
String nickname=request.getParameter("nickname");        //获取输入的昵称
if(content!=null && nickname!=null){
    nickname=new String(nickname.getBytes("iso-8859-1"),"utf-8");   //对昵称进行转码
    content=new String(content.getBytes("iso-8859-1"),"utf-8");     //对内容进行转码
    String date=new java.util.Date().toLocaleString();              //获取系统时间
%>
    <%="[ "+nickname+" ]于 "+date+" 发表一条微博，内容如下："%>
    <%=content%>
<% }%>
```

将 dealPost.jsp 文件放到 Tomcat 安装路径下的 webapps\blog 目录下，并启动 Tomcat 服务器，然后运行本实例，在屏幕上方的编辑框中输入昵称和微博信息，单击"发表"按钮，在下方将显示 Web 服务器的处理结果。例如，输入昵称为"Tom"、微博内容为"how are you"后，单击"发表"按钮，将显示如图 14.2 所示的运行结果。

图 14.2　应用 POST 方式发表一条微博信息

14.1.2　使用 HttpClient 访问网络

在 14.1.1 节中，介绍了使用 java.net 包中的 HttpURLConnection 类来访问网络，在一般情况下，如果只需要到某个简单页面提交请求并获取服务器的响应，完全可以使用该技术来实现。不过，对于

比较复杂的联网操作，使用 HttpURLConnection 类就不一定能满足要求，这时，可以使用 Apache 组织提供的 HttpClient 项目来实现。在 Android 中，已经成功地集成了 HttpClient，所以可以直接在 Android 中使用 HttpClient 来访问网络。

HttpClient 实际上是对 Java 提供的访问网络的方法进行了封装。HttpURLConnection 类中的输入/输出流操作，在 HttpClient 中被统一封装成了 HttpGet、HttpPost 和 HttpResponse 类，这样，就简化了操作。其中，HttpGet 类代表发送 GET 请求；HttpPost 类代表发送 POST 请求；HttpResponse 类代表处理响应的对象。

同使用 HttpURLConnection 类一样，使用 HttpClient 发送 HTTP 请求也可以分为发送 GET 请求和 POST 请求两种，下面分别进行介绍。

1. 发送 GET 请求

同 HttpURLConnection 类一样，使用 HttpClient 发送 GET 请求的方法也比较简单，大致可以分为以下几个步骤。

（1）创建 HttpClient 对象。

（2）创建 HttpGet 对象。

（3）如果需要发送请求参数，可以直接将要发送的参数连接到 URL 地址中，也可以调用 HttpGet 的 setParams()方法来添加请求参数。

（4）调用 HttpClient 对象的 execute()方法发送请求。执行该方法将返回一个 HttpResponse 对象。

（5）调用 HttpResponse 的 getEntity()方法，可获得包含服务器响应内容的 HttpEntity 对象，通过该对象可以获取服务器的响应内容。

下面通过一个具体的实例来说明如何使用 HttpClient 来发送 GET 请求。

例 14.3 在 Eclipse 中创建 Android 项目，名称为 14.3，实现使用 HttpClient 向服务器发送 GET 请求，并获取服务器的响应结果。（**实例位置：光盘\TM\sl\14\14.3**）

（1）修改新建项目的 res\layout 目录下的布局文件 main.xml，将默认添加的相对布局管理器修改为线性布局管理器，在默认添加的 TextView 组件的上方添加一个 Button 组件，并设置其显示文本为"发送 GET 请求"，然后将 TextView 组件的 id 属性修改为 result。具体代码请参见光盘。

（2）在该 MainActivity 中，创建程序中所需的成员变量，具体代码如下：

```
private Button button;                    //声明一个"发送 GET 请求"按钮对象
private Handler handler;                   //声明一个 Handler 对象
private String result = "";                //声明一个代表显示结果的字符串
private TextView resultTV;                 //声明一个显示结果的文本框对象
```

（3）编写一个无返回值的 send()方法，用于建立一个发送 GET 请求的 HTTP 连接，并将指定的参数发送到 Web 服务器上，再读取服务器的响应信息，具体代码如下：

```
public void send() {
    String target = "http://192.168.1.66:8080/blog/deal_httpclient.jsp?param=get";  //要提交的目标地址
    HttpClient httpclient = new DefaultHttpClient();          //创建 HttpClient 对象
    HttpGet httpRequest = new HttpGet(target);                //创建 HttpGet 连接对象
    HttpResponse httpResponse;
    try {
```

```
            httpResponse = httpclient.execute(httpRequest);                      //执行 HttpClient 请求
            if (httpResponse.getStatusLine().getStatusCode() == HttpStatus.SC_OK){
                result = EntityUtils.toString(httpResponse.getEntity());          //获取返回的字符串
            }else{
                result="请求失败！";
            }
        } catch (ClientProtocolException e) {
            e.printStackTrace();                                                  //输出异常信息
        } catch (IOException e) {
            e.printStackTrace();
        }
}
```

（4）在 onCreate()方法中，获取布局管理器中添加的用于显示结果的文本框和"发表"按钮，并为"发表"按钮添加单击事件监听器，在重写的 onClick()方法中，创建并开启一个新的线程，并且在重写的 run()方法中，首先调用 send()方法发送并读取微博信息，然后获取一个 Message 对象，并调用其 sendMessage()方法发送消息，具体代码如下：

```
resultTV = (TextView) findViewById(R.id.result);                     //获取显示结果的 TextView 组件
button = (Button) findViewById(R.id.button);                         //获取"发送 GET 请求"按钮组件
//为按钮添加单击事件监听器
button.setOnClickListener(new OnClickListener() {
    @Override
    public void onClick(View v) {

        //创建一个新线程，用于发送并获取 GET 请求
        new Thread(new Runnable() {
            public void run() {
                send();
                Message m = handler.obtainMessage();               //获取一个 Message
                handler.sendMessage(m);                            //发送消息
            }
        }).start();                                                //开启线程
    }
});
```

（5）创建一个 Handler 对象，在重写的 handleMessage()方法中，当变量 result 不为空时，将其显示到结果文本框中，具体代码如下：

```
handler = new Handler() {
    @Override
    public void handleMessage(Message msg) {
        if (result != null) {
            resultTV.setText(result);                             //显示获得的结果
        }
        super.handleMessage(msg);
    }
};
```

（6）由于在本实例中需要访问网络资源，所以还需要在 AndroidManifest.xml 文件中指定允许访问网络资源的权限，具体代码如下：

```
<uses-permission android:name="android.permission.INTERNET"/>
```

另外，还需要编写一个 Java Web 实例，用于接收 Android 客户端发送的请求，并做出响应。这里编写一个名称为 deal_httpclient.jsp 的文件，在该文件中，首先获取参数 param 的值，如果该值不为空，则判断其值是否为 get，如果是 get，则输出文字"发送 GET 请求成功！"，具体代码如下：

```
<%@ page contentType="text/html; charset=utf-8" language="java" %>
<%
 String param=request.getParameter("param");        //获取参数值
 if(!"".equals(param) || param!=null){
     if("get".equals(param)){
            out.println("发送 GET 请求成功！ ");
     }
 }
%>
```

将 deal_httpclient.jsp 文件放到 Tomcat 安装路径下的 webapps\blog 目录下，并启动 Tomcat 服务器，然后运行本实例，单击"发送 GET 请求"按钮，在下方将显示 Web 服务器的处理结果。如果请求发送成功，则显示如图 14.3 所示的运行结果；否则，显示文字"请求失败！"。

图 14.3　应用 HttpClient 发送 GET 请求

2．发送 POST 请求

同使用 HttpURLConnection 类发送请求一样，对于复杂的请求数据，也需要使用 POST 方式发送。使用 HttpClient 发送 POST 请求大致可以分为以下几个步骤：

（1）创建 HttpClient 对象。

（2）创建 HttpPost 对象。

（3）如果需要发送请求参数，可以调用 HttpPost 的 setParams()方法来添加请求参数，也可以调用 setEntity()方法来设置请求参数。

（4）调用 HttpClient 对象的 execute()方法发送请求。执行该方法将返回一个 HttpResponse 对象。

（5）调用 HttpResponse 的 getEntity()方法，可获得包含服务器响应内容的 HttpEntity 对象，通过该对象可以获取服务器的响应内容。

下面通过一个具体的实例来说明如何使用 HttpClient 来发送 POST 请求。

例 14.4　在 Eclipse 中创建 Android 项目，名称为 14.4，实现应用 HttpClient 向服务器发送 POST 请求，并获取服务器的响应结果。（**实例位置：光盘\TM\sl\14\14.4**）

（1）修改新建项目的 res\layout 目录下的布局文件 main.xml，将默认添加的相对布局管理器和 TextView 组件删除，然后添加一个线性布局管理器，在其中添加一个 id 为 content 的编辑框（用于输入微博内容）以及一个"发表"按钮，再添加一个滚动视图，并在该视图中添加一个线性布局管理器，最后还需要在该线性布局管理器中添加一个文本框，用于显示从服务器上读取的微博内容，具体代码请参见光盘。

（2）在该 MainActivity 中，创建程序中所需的成员变量，具体代码如下：

```
private EditText nickname;                              //声明一个输入昵称的编辑框对象
private EditText content;                               //声明一个输入文本内容的编辑框对象
private Button button;                                 //声明一个"发表"按钮对象
private Handler handler;                                //声明一个 Handler 对象
private String result = "";                            //声明一个代表显示内容的字符串
private TextView resultTV;                              //声明一个显示结果的文本框对象
```

（3）编写一个无返回值的 send()方法，用于建立一个使用 POST 请求方式的 HTTP 连接，并将输入的昵称和微博内容发送到 Web 服务器上，再读取服务器处理的结果，具体代码如下：

```
public void send() {
    String target = "http://192.168.1.66:8080/blog/deal_httpclient.jsp";    //要提交的目标地址
    HttpClient httpclient = new DefaultHttpClient();                        //创建 HttpClient 对象
    HttpPost httpRequest = new HttpPost(target);                            //创建 HttpPost 对象
    //将要传递的参数保存到 List 集合中
    List<NameValuePair> params = new ArrayList<NameValuePair>();
    params.add(new BasicNameValuePair("param", "post"));                    //标记参数
    params.add(new BasicNameValuePair("nickname", nickname.getText().toString()));    //昵称
    params.add(new BasicNameValuePair("content", content.getText().toString()));      //内容
    try {
        httpRequest.setEntity(new UrlEncodedFormEntity(params, "utf-8"));   //设置编码方式
        HttpResponse httpResponse = httpclient.execute(httpRequest);        //执行 HttpClient 请求
        if (httpResponse.getStatusLine().getStatusCode() == HttpStatus.SC_OK){    //如果请求成功
            result += EntityUtils.toString(httpResponse.getEntity());       //获取返回的字符串

        }else{
            result = "请求失败！";
        }
    } catch (UnsupportedEncodingException e1) {
        e1.printStackTrace();                                               //输出异常信息
    } catch (ClientProtocolException e) {
        e.printStackTrace();                                                //输出异常信息
    } catch (IOException e) {
        e.printStackTrace();                                                //输出异常信息
    }
}
```

（4）在 onCreate()方法中，获取布局管理器中添加的昵称编辑框、内容编辑框、显示结果的文本框和"发表"按钮，并为"发表"按钮添加单击事件监听器，在重写的 onClick()方法中，首先判断输入的昵称和内容是否为空，只要有一个为空，就给出消息提示；否则，创建一个新的线程，调用 send()方法发送并读取服务器处理后的微博信息，具体代码如下：

```
content = (EditText) findViewById(R.id.content);        //获取输入文本内容的 EditText 组件
resultTV = (TextView) findViewById(R.id.result);        //获取显示结果的 TextView 组件
nickname=(EditText)findViewById(R.id.nickname);         //获取输入昵称的 EditText 组件
button = (Button) findViewById(R.id.button);            //获取"发表"按钮组件
//为按钮添加单击事件监听器
```

```
button.setOnClickListener(new OnClickListener() {
    @Override
    public void onClick(View v) {
        if ("".equals(content.getText().toString())) {
            Toast.makeText(MainActivity.this, "请输入要发表的内容！",Toast.LENGTH_SHORT).show();
            return;
        }
        //创建一个新线程，用于发送并读取微博信息
        new Thread(new Runnable() {
            public void run() {
                send();
                Message m = handler.obtainMessage();            //获取一个 Message
                handler.sendMessage(m);                         //发送消息
            }
        }).start();                                             //开启线程
    }
});
```

（5）创建一个 Handler 对象，在重写的 handleMessage()方法中，当变量 result 不为空时，将其显示到结果文本框中，并清空昵称和内容编辑器，具体代码如下：

```
handler = new Handler() {
    @Override
    public void handleMessage(Message msg) {
        if (result != null) {
            resultTV.setText(result);                           //显示获得的结果
            content.setText("");                                //清空内容编辑框
            nickname.setText("");                               //清空昵称编辑框
        }
        super.handleMessage(msg);
    }
};
```

（6）由于在本实例中需要访问网络资源，所以还需要在 AndroidManifest.xml 文件中指定允许访问网络资源的权限，具体代码如下：

```
<uses-permission android:name="android.permission.INTERNET"/>
```

另外，还需要编写一个 Java Web 实例，用于接收 Android 客户端发送的请求，并做出响应。这里仍然使用例 14.3 中创建的 deal_httpclient.jsp 文件，在该文件的 if 语句的结尾处添加一个 else if 语句，用于处理当请求参数 param 的值为 post 的情况。关键代码如下：

```
else if("post".equals(param)){
    String content=request.getParameter("content");            //获取输入的微博信息
    String nickname=request.getParameter("nickname");          //获取输入昵称
    if(content!=null && nickname!=null){
        nickname=new String(nickname.getBytes("iso-8859-1"),"utf-8");   //对昵称进行转码
        content=new String(content.getBytes("iso-8859-1"),"utf-8");     //对内容进行转码
        String date=new java.util.Date().toLocaleString();     //获取系统时间
        out.println("[ "+nickname+" ]于 "+date+" 发表一条微博，内容如下："");
```

```
            out.println(content);
    }
}
```

> **说明**　在上面的代码中，首先获取参数 nickname 和 content 指定的昵称和微博信息，并保存到相应的变量中，然后当昵称和微博内容均不为空时对其进行转码，并获取系统时间，同时组合微博信息输出到页面上。

将 deal_httpclient.jsp 文件放到 Tomcat 安装路径下的 webapps\blog 目录下，并启动 Tomcat 服务器，然后运行本实例，在屏幕上方的编辑框中输入昵称和微博信息，单击"发表"按钮，在下方将显示 Web 服务器的处理结果。实例运行结果如图 14.4 所示。

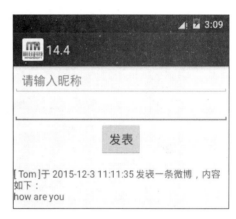

图 14.4　应用 HttpClient 发送 POST 请求

14.1.3　范例 1：从指定网站下载文件

例 14.5　在 Eclipse 中创建 Android 项目，名称为 14.5，实现从指定网站下载文件。（**实例位置：光盘\TM\sl\14\14.5**）

（1）修改新建项目的 res\layout 目录下的布局文件 main.xml，将默认添加的相对布局管理器修改为水平线性布局管理器，并将默认添加的 TextView 组件的 android:id 属性设置为@+id/editText_url；android:layout_weight 属性设置为 1；android:text 属性设置为@string/defaultvalue；android:lines 属性设置为 1，然后在该 TextView 组件的下方添加一个"下载"按钮，具体代码请参见光盘。

（2）在该 MainActivity 中，创建程序中所需的成员变量，具体代码如下：

```
private EditText urlText;                          //下载地址编辑框
private Button button;                             //下载按钮
private Handler handler;                           //声明一个 Handler 对象
private boolean flag = false;                      //标记是否成功的变量
```

（3）在 onCreate()方法中，获取布局管理器中添加的下载地址编辑框和"下载"按钮，并为"下载"按钮添加单击事件监听器，在重写的 onClick()方法中，创建并开启一个新线程，用于从网络上获取文件；在重写的 run()方法中，首先获取文件的下载地址，并创建一个相关的连接，然后获取输入流对象，并从下载地址中获取要下载文件的文件名及扩展名，再读取文件到一个输出流对象中，并关闭相关对象及断开连接，最后获取一个 Message 并发送消息，具体代码如下：

```
urlText = (EditText) findViewById(R.id.editText_url);      //获取布局管理器中添加的下载地址编辑框
button = (Button) findViewById(R.id.button_go);            //获取布局管理器中添加的"下载"按钮
//为"下载"按钮添加单击事件监听器
button.setOnClickListener(new OnClickListener() {
    @Override
    public void onClick(View v) {
```

```
                //创建一个新线程，用于从网络上获取文件
                new Thread(new Runnable() {
                    public void run() {
                        try {
                            String sourceUrl = urlText.getText().toString();       //获取下载地址
                            URL url = new URL(sourceUrl);                            //创建下载地址对应的 URL 对象
                            HttpURLConnection urlConn = (HttpURLConnection) url
                                .openConnection();                                  //创建一个连接
                            InputStream is = urlConn.getInputStream();              //获取输入流对象
                            if (is != null) {
                                String expandName = sourceUrl.substring(
                                    sourceUrl.lastIndexOf(".") + 1,
                                    sourceUrl.length()).toLowerCase();              //获取文件的扩展名
                                String fileName = sourceUrl.substring(
                                    sourceUrl.lastIndexOf("/") + 1,
                                    sourceUrl.lastIndexOf("."));                    //获取文件名
                                File file = new File("/sdcard/pictures/"
                                    + fileName + "." + expandName);                 //在 SD 卡上创建文件
                                FileOutputStream fos = new FileOutputStream(
                                    file);                                          //创建一个文件输出流对象
                                byte buf[] = new byte[128];                         //创建一个字节数组
                                //读取文件到输出流对象中
                                while (true) {
                                    int numread = is.read(buf);
                                    if (numread <= 0) {
                                        break;
                                    } else {
                                        fos.write(buf, 0, numread);
                                    }
                                }
                            }
                            is.close();                                             //关闭输入流对象
                            urlConn.disconnect();                                   //关闭连接
                            flag = true;
                        } catch (MalformedURLException e) {
                            e.printStackTrace();                                    //输出异常信息
                            flag = false;
                        } catch (IOException e) {
                            e.printStackTrace();                                    //输出异常信息
                            flag = false;
                        }
                        Message m = handler.obtainMessage();                        //获取一个 Message
                        handler.sendMessage(m);                                     //发送消息
                    }
                }).start();                                                         //开启线程
            }
        });
```

（4）创建一个 Handler 对象，在重写的 handleMessage()方法中，根据标记变量 flag 的值显示不同的消息提示，具体代码如下：

```
handler = new Handler() {
    @Override
    public void handleMessage(Message msg) {
        if (flag) {
            Toast.makeText(MainActivity.this, "文件下载完成！ ",
                    Toast.LENGTH_SHORT).show();          //显示消息提示
        } else {
            Toast.makeText(MainActivity.this, "文件下载失败！ ",
                    Toast.LENGTH_SHORT).show();          //显示消息提示
        }
        super.handleMessage(msg);
    }
};
```

（5）由于在本实例中需要访问网络资源并向 SD 卡上写文件，所以还需要在 AndroidManifest.xml 文件中指定允许访问网络资源和向 SD 卡上写文件的权限，具体代码如下：

```
<uses-permission android:name="android.permission.INTERNET"/>
<uses-permission android:name="android.permission.WRITE_EXTERNAL_STORAGE"/>
```

运行本实例，在下载地址编辑框中输入要下载文件的 URL 地址，单击"下载"按钮，即可将指定的文件下载到 SD 卡上。成功的前提是指定的 URL 地址真实存在，并且相应的文件也存在。实例运行结果如图 14.5 和图 14.6 所示。

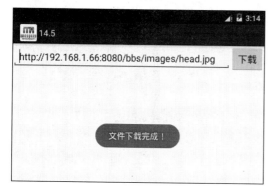

图 14.5　从指定网站下载文件

图 14.6　下载到 SD 卡上的文件

说明　　在运行本实例时，需要在应用界面中，为该应用开启访问存储空间的权限。具体方法为：切换到"设置"/"应用"界面，然后单击当前的实例名称选项（14.5），在进入的界面中，找到"权限"选项，再将"存储空间"右侧的开关按钮设置为开启状态即可。

14.1.4　范例 2：访问需要登录后才能访问的页面

例 14.6　在 Eclipse 中创建 Android 项目，名称为 14.6，使用 HttpClient 实现访问需要登录后才能访问的页面。（**实例位置：光盘\TM\sl\14\14.6**）

（1）修改新建项目的 res\layout 目录下的布局文件 main.xml，将默认添加的相对布局管理器和 TextView 组件删除，然后添加一个水平线性布局管理器，并在该布局管理器中添加两个居中显示的按钮，分别是"访问页面"按钮和"用户登录"按钮，最后添加一个滚动视图，在该滚动视图中添加一个线性布局管理器，并在该布局管理器中添加一个 TextView 组件，用于显示访问结果。具体代码请参见光盘。

（2）在该 MainActivity 中，创建程序中所需的成员变量，具体代码如下：

```
private Button button1;                                //声明一个"访问页面"按钮对象
private Button button2;                                //声明一个"用户登录"按钮对象
private Handler handler;                               //声明一个 Handler 对象
private String result = "";                            //声明一个代表显示内容的字符串
private TextView resultTV;                             //声明一个显示结果的文本框对象
public static HttpClient httpclient;                   //声明一个静态的全局 HttpClient 对象
```

（3）编写一个无返回值的 access()方法，用于建立一个发送 GET 请求的 HTTP 连接，并从服务器获得响应信息，具体代码如下：

```
public void access() {
    String target = "http://192.168.1.66:8080/login/index.jsp";   //要提交的目标地址
    HttpGet httpRequest = new HttpGet(target);                      //创建 HttpGet 对象
    HttpResponse httpResponse;
    try {
        httpResponse = httpclient.execute(httpRequest);            //执行 HttpClient 请求
        if (httpResponse.getStatusLine().getStatusCode() == HttpStatus.SC_OK) {
            result = EntityUtils.toString(httpResponse.getEntity());  //获取返回的字符串
        } else {
            result = "请求失败！";
        }
    } catch (ClientProtocolException e) {
        e.printStackTrace();                                       //输出异常信息
    } catch (IOException e) {
        e.printStackTrace();
    }
}
```

（4）在 onCreate()方法中，创建一个 HttpClient 对象，并获取显示结果的 TextView 组件和"访问页面"按钮，同时为"访问页面"按钮添加单击事件监听器，在重写的 onClick()方法中，创建并开启一个新的线程，在重写的 run()方法中，首先调用 access()方法向服务器发送一个 GET 请求，并获取相应结果，然后获取一个 Message 对象，并调用其 sendMessage()方法发送消息，具体代码如下：

```
httpclient = new DefaultHttpClient();                  //创建 HttpClient 对象
resultTV = (TextView) findViewById(R.id.result);       //获取显示结果的 TextView 组件
button1 = (Button) findViewById(R.id.button1);         //获取"访问页面"按钮组件
//为按钮添加单击事件监听器
button1.setOnClickListener(new OnClickListener() {
    @Override
    public void onClick(View v) {
        //创建一个新线程，用于向服务器发送一个 GET 请求
```

```
    new Thread(new Runnable() {
        public void run() {
            access();
            Message m = handler.obtainMessage();          //获取一个 Message
            handler.sendMessage(m);                        //发送消息
        }
    }).start();                                             //开启线程

    }
});
```

（5）创建一个 Handler 对象，在重写的 handleMessage()方法中，当变量 result 不为空时，将其显示到结果文本框中，具体代码如下：

```
handler = new Handler() {
    @Override
    public void handleMessage(Message msg) {
        if (result != null) {
            resultTV.setText(result);                      //显示获得的结果
        }
        super.handleMessage(msg);
    }
};
```

（6）获取布局管理器中添加的"用户登录"按钮，并为其添加单击事件监听器，在重写的 onClick()方法中，创建一个 Intent 对象，并启动一个新的带返回结果的 Activity，具体代码如下：

```
button2 = (Button) findViewById(R.id.button2);             //获取"用户登录"按钮
button2.setOnClickListener(new OnClickListener() {
    @Override
    public void onClick(View v) {
        Intent intent = new Intent(MainActivity.this,
                LoginActivity.class);                      //创建 Intent 对象
        startActivityForResult(intent, 0x11);              //启动新的 Activity
    }
});
```

（7）编写 LoginActivity，用于实现用户登录。在 LoginActivity 中，定义程序中所需的成员变量，具体代码如下：

```
private String username;                                   //保存用户名的变量
private String pwd;                                        //保存密码的变量
private String result = "";                                //保存显示结果的变量
private Handler handler;                                   //声明一个 Handler 对象
```

（8）编写一个无返回值的 login()方法，用于建立一个使用 POST 请求方式的 HTTP 连接，并将输入的用户名和密码发送到 Web 服务器上完成用户登录，然后读取服务器的处理结果，具体代码如下：

```
public void login() {
    String target = "http://192.168.1.66:8080/login/login.jsp";    //要提交的目标地址
```

```
HttpPost httpRequest = new HttpPost(target);                              //创建 HttpPost 对象
//将要传递的参数保存到 List 集合中
List<NameValuePair> params = new ArrayList<NameValuePair>();
params.add(new BasicNameValuePair("username", username));                 //用户名
params.add(new BasicNameValuePair("pwd", pwd));                           //密码
try {
    httpRequest.setEntity(new UrlEncodedFormEntity(params, "utf-8"));      //设置编码方式
    HttpResponse httpResponse = MainActivity.httpclient
            .execute(httpRequest);                                        //执行 HttpClient 请求
    if (httpResponse.getStatusLine().getStatusCode() == HttpStatus.SC_OK) { //如果请求成功
        result += EntityUtils.toString(httpResponse.getEntity());         //获取返回的字符串
    } else {
        result = "请求失败！";
    }
} catch (UnsupportedEncodingException e1) {
    e1.printStackTrace();                                                  //输出异常信息
} catch (ClientProtocolException e) {
    e.printStackTrace();                                                   //输出异常信息
} catch (IOException e) {
    e.printStackTrace();                                                   //输出异常信息
}
}
```

（9）在 LoginActivity 的 onCreate()方法中，首先设置布局文件，然后获取"登录"按钮，并为其添加单击事件监听器，在重写的 onClick()方法中，创建并开启一个新线程，用于实现用户登录，最后创建一个 Handler 对象，并且在重写的 handleMessage()方法中获取 Intent 对象，将 result 的值作为数据包保存到该 Intent 对象中，同时返回调用该 Activity 的 MainActivity 中。具体代码如下：

```
setContentView(R.layout.login);                                          //设置布局文件
Button login = (Button) findViewById(R.id.button1);                      //获取"登录"按钮
login.setOnClickListener(new OnClickListener() {
    @Override
    public void onClick(View v) {
        username = ((EditText) findViewById(R.id.editText1)).getText().toString(); //获取输入的用户名
        pwd = ((EditText) findViewById(R.id.editText2)).getText().toString();       //获取输入的密码
        //创建一个新线程，实现用户登录
        new Thread(new Runnable() {
            public void run() {
                login();                                                  //用户登录
                Message m = handler.obtainMessage();                      //获取一个 Message
                handler.sendMessage(m);                                   //发送消息
            }
        }).start();                                                       //开启线程
    }
});
handler = new Handler() {
    @Override
    public void handleMessage(Message msg) {
        if (result != null) {
```

```
            Intent intent = getIntent();            //获取 Intent 对象
            Bundle bundle = new Bundle();           //实例化传递的数据包
            bundle.putString("result", result);
            intent.putExtras(bundle);               //将数据包保存到 intent 中
            setResult(0x11, intent);                //设置返回的结果码，并返回调用该 Activity 的 Main Activity
            finish();                               //关闭当前 Activity
        }
        super.handleMessage(msg);
    }
};
```

说明

　　LoginActivity 中使用的布局文件的代码与第 3 章中的例 3.6 基本相同，这里不再介绍。

（10）获取布局管理器中添加的"退出"按钮，并为其添加单击事件监听器，在重写的 onClick()
方法中，使用 finish()方法关闭当前的 Activity。具体代码如下：

```
Button exit = (Button) findViewById(R.id.button2);   //获取"退出"按钮
exit.setOnClickListener(new OnClickListener() {
    @Override
    public void onClick(View v) {
        finish();                                    //关闭当前 Activity
    }
});
```

（11）由于在本实例中需要访问网络资源，所以还需要在 AndroidManifest.xml 文件中指定允许访问
网络资源的权限，具体代码如下：

```
<uses-permission android:name="android.permission.INTERNET"/>
```

（12）在 AndroidManifest.xml 文件中配置 LoginActivity，配置的主要属性有 Activity 使用的实现类、
标签和主题样式（这里为对话框），具体代码如下：

```
<activity android:name=".LoginActivity"
    android:label="@string/app_name"
    android:theme="@android:style/Theme.Dialog"
    >
</activity>
```

　　另外，还需要编写一个服务器端的 Java Web 实例。这里需要编写两个页面：一个是 index.jsp 页面，
用于根据 Session 变量的值来确认当前用户是否有访问页面的权限；另一个是 login.jsp 页面，用于实现
用户登录。

　　在 index.jsp 页面中，首先判断 Session 变量 username 的值是否为空，如果不为空，则获取 Session
中保存的用户名，然后判断该用户是否为合法用户，如果是合法用户，则显示公司信息，否则显示提
示信息"您没有访问该页面的权限！"。index.jsp 文件的具体代码如下：

```
<%@ page contentType="text/html; charset=utf-8" language="java"%>
<%
```

447

```
 String username="";
if(session.getAttribute("username")!=null){
    username=session.getAttribute("username").toString();        //获取保存在 Session 中的用户名
}
 if("mr".equals(username)){                                       //判断是否为合法用户
    out.println("吉林省明日科技有限公司");
    out.println("Tel：0431-84978981 84978982");
    out.println("E-mail：mingrisoft@mingrisoft.com");
    out.println("Address：长春市南关区财富领域");
 }else{                                                           //没有成功登录时
    out.println("您没有访问该页面的权限！");
 }
%>
```

在 login.jsp 页面中，首先获取参数 username（用户名）和 pwd（密码）的值，然后判断输入的用户名和密码是否合法，如果合法，则将当前用户名保存到 Session 中，最后重定向页面到 index.jsp 页面。login.jsp 文件的具体代码如下：

```
<%@ page contentType="text/html; charset=utf-8" language="java"%>
<%
String username=request.getParameter("username");              //获取用户名
 String pwd=request.getParameter("pwd");                        //获取密码
 if("mr".equals(username)){                                     //判断用户名是否正确
 if("mrsoft".equals(pwd)){                                      //判断密码是否正确
       session.setAttribute("username" , username);             //保存用户名到 session 中
    }
 }
response.sendRedirect("index.jsp");                             //重定向页面到 index.jsp 页面
%>
```

将 index.jsp 和 login.jsp 文件放到 Tomcat 安装路径下的 webapps\login 目录下，并启动 Tomcat 服务器，然后运行本实例，单击"访问页面"按钮，在下方将显示"您没有访问该页面的权限！"，如图 14.7 所示；单击"用户登录"按钮，将显示登录对话框，输入用户名（mr）和密码（mrsoft）后，如图 14.8 所示，单击"登录"按钮，将成功访问指定网页，并显示如图 14.9 所示的运行结果。

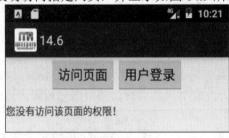

图 14.7　单击"访问页面"按钮的运行结果

 说明　当用户成功登录后，再次单击"访问页面"按钮，也将显示如图 14.9 所示的运行结果。这是因为 HttpClient 会自动维护与服务器之间的 Session 状态。

图 14.8　单击"用户登录"按钮显示登录对话框

图 14.9　输入正确的用户名和密码后显示公司信息

14.2　使用 WebView 显示网页

📷 **教学录像：光盘\TM\lx\14\使用 WebView 显示网页.exe**

Android 提供了内置的浏览器，该浏览器使用了开源的 WebKit 引擎。WebKit 不仅能够搜索网址、查看电子邮件，而且能够播放视频节目。在 Android 中，要使用内置的浏览器，需要通过 WebView 组件来实现。通过 WebView 组件可以轻松实现显示网页的功能。下面将对如何使用 WebView 组件来显示网页进行详细介绍。

14.2.1　使用 WebView 组件浏览网页

WebView 组件是专门用来浏览网页的，其使用方法与其他组件一样，既可以在 XML 布局文件中使用 <WebView>标记添加，又可以在 Java 文件中通过 new 关键字创建。推荐采用第一种方法，即通过<WebView>标记在 XML 布局文件中添加。在 XML 布局文件中添加一个 WebView 组件可以使用下面的代码：

```
<WebView
    android:id="@+id/webView1"
    android:layout_width="match_parent"
    android:layout_height="match_parent" />
```

添加 WebView 组件后，就可以应用该组件提供的方法来执行浏览器操作了。Web 组件提供的常用方法如表 14.2 所示。

表 14.2　WebView 组件提供的常用方法

方　　法	描　　述
loadUrl(String url)	用于加载指定 URL 对应的网页
loadData(String data, String mimeType, String encoding)	用于将指定的字符串数据加载到浏览器中

续表

方　　法	描　　述
loadDataWithBaseURL(String baseUrl, String data, String mimeType, String encoding, String historyUrl)	用于基于 URL 加载指定的数据
capturePicture()	用于创建当前屏幕的快照
goBack()	执行后退操作，相当于浏览器上的后退按钮的功能
goForward()	执行前进操作，相当于浏览器上的前进按钮的功能
stopLoading()	用于停止加载当前页面
reload()	用于刷新当前页面

下面通过一个具体的实例来说明如何使用 WebView 组件浏览网页。

例 14.7　在 Eclipse 中创建 Android 项目，名称为 14.7，实现应用 WebView 组件浏览指定网页。（实例位置：光盘\TM\sl\14\14.7）

（1）修改新建项目的 res\layout 目录下的布局文件 main.xml，将默认添加的相对布局管理器修改为线性布局管理器，并将默认添加的 TextView 组件删除，然后添加一个 WebView 组件，关键代码如下：

```
<WebView
    android:id="@+id/webView1"
    android:layout_width="match_parent"
    android:layout_height="match_parent" />
```

（2）在 MainActivity 的 onCreate()方法中，获取布局管理器中添加的 WebView 组件，并为其指定要加载网页的 URL 地址，具体代码如下：

```
WebView webview=(WebView)findViewById(R.id.webView1);      //获取布局管理器中添加的 WebView 组件
webview.loadUrl("http://192.168.1.66:8080/bbs/");          //指定要加载的网页
```

（3）由于在本实例中需要访问网络资源，所以还需要在 AndroidManifest.xml 文件中指定允许访问网络资源的权限，具体代码如下：

```
<uses-permission android:name="android.permission.INTERNET"/>
```

运行本实例，在屏幕上将显示通过 URL 地址指定的网页，如图 14.10 所示。

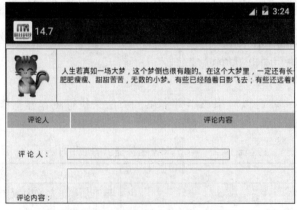

图 14.10　使用 WebView 浏览网页

技巧　如果想让 WebView 组件具有放大和缩小网页的功能，则要进行以下设置：

```
webview.getSettings().setSupportZoom(true);
webview.getSettings().setBuiltInZoomControls(true);
```

14.2.2　使用 WebView 加载 HTML 代码

在进行 Android 开发时，对于一些游戏的帮助信息，使用 HTML 代码进行显示比较实用，不仅可以让界面更加美观，而且可以让开发更加简单、快捷。WebView 组件提供了 loadData() 和 loadDataWithBaseURL() 方法来加载 HTML 代码。使用 loadData() 方法加载带中文的 HTML 内容时会产生乱码，但使用 loadDataWithBaseURL() 方法就不会出现这种情况。loadDataWithBaseURL() 方法的基本语法格式如下：

```
loadDataWithBaseURL(String baseUrl, String data, String mimeType, String encoding, String historyUrl)
```

loadDataWithBaseURL() 方法各参数的说明如表 14.3 所示。

表 14.3　loadDataWithBaseURL() 方法的参数说明

参　　数	描　　述
baseUrl	用于指定当前页使用的基本 URL。如果为 null，则使用默认的 about:blank，即空白页
data	用于指定要显示的字符串数据
mimeType	用于指定要显示内容的 MIME 类型。如果为 null，则默认使用 text/html
encoding	用于指定数据的编码方式
historyUrl	用于指定当前页的历史 URL，也就是进入该页前显示页的 URL。如果为 null，则使用默认的 about:blank

下面通过一个具体的实例来说明如何使用 WebView 组件加载 HTML 代码。

例 14.8　在 Eclipse 中创建 Android 项目，名称为 14.8，实现应用 WebView 组件加载使用 HTML 代码添加的帮助信息。（**实例位置：光盘\TM\sl\14\14.8**）

（1）修改新建项目的 res\layout 目录下的布局文件 main.xml，将默认添加的相对布局管理器修改为线性布局管理器，并将默认添加的 TextView 组件删除，然后添加一个 WebView 组件，关键代码如下：

```
<WebView
    android:id="@+id/webView1"
    android:layout_width="match_parent"
    android:layout_height="match_parent" />
```

（2）在 MainActivity 的 onCreate() 方法中，首先获取布局管理器中添加的 WebView 组件，然后创建一个字符串构建器，将要显示的 HTML 代码放置在该构建器中，最后应用 loadDataWithBaseURL() 方法加载构建器中的 HTML 代码，具体代码如下：

```
WebView webview=(WebView)findViewById(R.id.webView1);        //获取布局管理器中添加的 WebView 组件
StringBuilder sb=new StringBuilder();//创建一个字符串构建器，将要显示的 HTML 内容放置在该构建器中
sb.append("<div>选择选项，然后从以下选项中进行选择：</div>");
```

```
sb.append("<ul>");
sb.append("<li>编辑内容：用于增加、移动和删除桌面上的快捷工具。</li>");
sb.append("<li>隐藏内容：用于隐藏桌面上的小工具。</li>");
sb.append("<li>显示内容：用于显示桌面上的小工具。</li>");
sb.append("</ul>");
webview.loadDataWithBaseURL(null, sb.toString(), "text/html", "utf-8", null);      //加载数据
```

运行本实例，在屏幕上将显示如图 14.11 所示的由 HTML 代码指定的帮助信息。

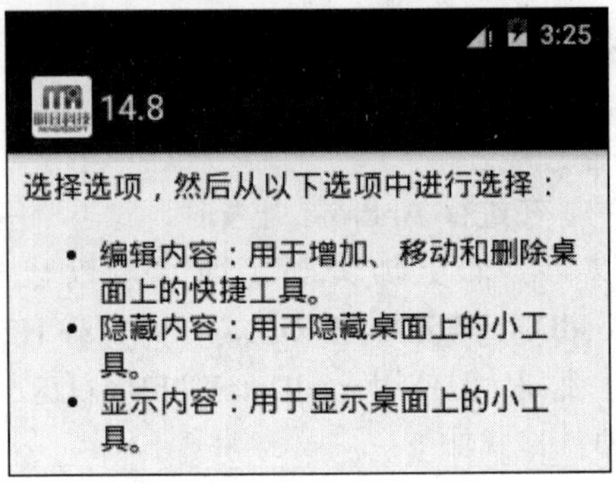

14.2.3 让 WebView 支持 JavaScript

在默认的情况下，WebView 组件是不支持 JavaScript 的，但是在运行某些不得不使用 JavaScript 代码的网站时，需要让 WebView 支持 JavaScript。实际上，让 WebView 组件支持JavaScript比较简单，只需以下两个步骤就可以实现。

图 14.11　使用 WebView 加载 HTML 代码

（1）使用 WebView 组件的 WebSettings 对象提供的 setJavaScriptEnabled()方法让 JavaScript 可用。例如，存在一个名称为 webview 的 WebView 组件，要设置在该组件中允许使用 JavaScript，可以使用下面的代码：

```
webview.getSettings().setJavaScriptEnabled(true);      //设置 JavaScript 可用
```

（2）经过以上设置后，网页中的大部分 JavaScript 代码均可用。但是，对于通过 window.alert()方法弹出的对话框并不可用。要想显示弹出的对话框，需要使用 WebView 组件的 setWebChromeClient()方法来处理 JavaScript 的对话框，具体代码如下：

```
webview.setWebChromeClient(new WebChromeClient());
```

这样设置后，在使用 WebView 显示带弹出 JavaScript 对话框的网页时，网页中弹出的对话框将不会被屏蔽掉。下面通过一个具体的实例来说明如何让 WebView 支持 JavaScript。

例 14.9　在 Eclipse 中创建 Android 项目，名称为 14.9，实现控制 WebView 组件是否支持 JavaScript。（实例位置：光盘\TM\sl\14\14.9）

（1）修改新建项目的 res\layout 目录下的布局文件 main.xml，将默认添加的相对布局管理器修改为线性布局管理器，并将默认添加的 TextView 组件删除，然后添加一个 CheckBox 和 WebView，关键代码如下：

```
<CheckBox
    android:id="@+id/checkBox1"
    android:layout_width="wrap_content"
    android:layout_height="wrap_content"
    android:text="允许执行 JavaScript 代码" />
<WebView
    android:id="@+id/webView1"
    android:layout_width="match_parent"
    android:layout_height="match_parent" />
```

（2）在 MainActivity 中，声明一个 WebView 组件的对象 webview，具体代码如下：

```
private WebView webview;                                    //声明 WebView 组件的对象
```

（3）在 onCreate()方法中，首先获取布局管理器中添加的 WebView 组件和复选框组件，然后为复选框组件添加选中状态被改变的事件监听器，在重写的 onCheckedChanged()方法中，根据复选框的选中状态决定是否允许使用 JavaScript，最后为 WebView 组件指定要加载的网页，具体代码如下：

```
webview = (WebView) findViewById(R.id.webView1);            //获取布局管理器中添加的 WebView 组件
CheckBox check = (CheckBox) findViewById(R.id.checkBox1);   //获取布局管理器中添加的复选框组件
check.setOnCheckedChangeListener(new OnCheckedChangeListener() {
    @Override
    public void onCheckedChanged(CompoundButton buttonView,
            boolean isChecked) {
        if (isChecked) {
            webview.getSettings().setJavaScriptEnabled(true);       //设置 JavaScript 可用
            webview.setWebChromeClient(new WebChromeClient());
            webview.loadUrl("http://192.168.1.66:8080/bbs/allowJS.jsp");  //指定要加载的网页
        }else{
            webview.loadUrl("http://192.168.1.66:8080/bbs/allowJS.jsp");  //指定要加载的网页
        }
    }
});
webview.loadUrl("http://192.168.1.66:8080/bbs/allowJS.jsp");     //指定要加载的网页
```

（4）由于在本实例中需要访问网络资源，所以还需要在 AndroidManifest.xml 文件中指定允许访问网络资源的权限，具体代码如下：

```
<uses-permission android:name="android.permission.INTERNET"/>
```

运行本实例，在屏幕上将显示不支持 JavaScript 的网页，选中上面的"允许执行 JavaScript 代码"复选框后，该网页将支持 JavaScript。例如，选中"允许执行 JavaScript 代码"复选框后，将页面滑动到底部，然后单击网页中的"发表"按钮，将弹出一个提示对话框，如图 14.12 所示。

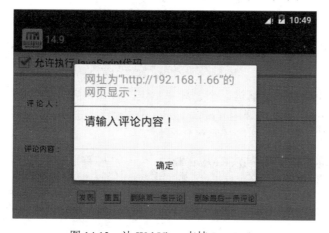

图 14.12　让 WebView 支持 JavaScript

14.3　经 典 范 例

14.3.1　打造功能实用的网页浏览器

例 14.10　在 Eclipse 中创建 Android 项目，名称为 14.10，实现一个包含前进、后退功能并支持 JavaScript 的网页浏览器。（实例位置：光盘\TM\sl\14\14.10）

（1）修改新建项目的 res\layout 目录下的布局文件 main.xml，将默认添加的相对布局管理器和 TextView 组件删除，然后添加一个水平线性布局管理器和一个用于显示网页的 WebView 组件，并在该布局管理器中添加"前进"按钮、"后退"按钮、地址栏编辑框和 GO 按钮，具体代码请参见光盘。

（2）在 MainActivity 中，声明一个 WebView 组件的对象 webView，一个 EditText 对象和 GO 按钮对象，具体代码如下：

```
private WebView webView;                    //声明 WebView 组件的对象
private EditText urlText;                   //声明作为地址栏的 EditText 对象
private Button goButton;                    //声明 GO 按钮对象
```

（3）在 onCreate()方法中，首先获取布局管理器中添加的作为地址栏的 EditText 组件、GO 按钮和 WebView 组件，然后让 WebView 组件支持 JavaScript，并为 WebView 组件设置处理各种通知和请求事件，具体代码如下：

```
urlText=(EditText)findViewById(R.id.editText_url);       //获取布局管理器中添加的地址栏
goButton=(Button)findViewById(R.id.button_go);           //获取布局管理器中添加的 GO 按钮
webView=(WebView)findViewById(R.id.webView1);            //获取 WebView 组件
webView.getSettings().setJavaScriptEnabled(true);        //设置 JavaScript 可用
webView.setWebChromeClient(new WebChromeClient());       //处理 JavaScript 对话框
//处理各种通知和请求事件，如果不使用这句代码，将使用内置浏览器访问网页
webView.setWebViewClient(new WebViewClient());
```

 说明　在上面的代码中，加粗的代码一定不能省略，如果不使用该句代码，将使用内置浏览器访问网页。

（4）获取布局管理中添加的"前进"按钮和"后退"按钮，并分别为它们添加单击事件监听器，在"前进"按钮的 onClick()方法中调用 goForward()方法实现前进功能；在"后退"按钮的 onClick()方法中调用 goBack()方法实现后退功能。具体代码如下：

```
Button forward=(Button)findViewById(R.id.forward);       //获取布局管理器中添加的"前进"按钮
forward.setOnClickListener(new OnClickListener() {
    @Override
    public void onClick(View v) {
        webView.goForward();                             //前进
    }
});
```

```
Button back=(Button)findViewById(R.id.back);            //获取布局管理器中添加的"后退"按钮
back.setOnClickListener(new OnClickListener() {
    @Override
    public void onClick(View v) {
        webView.goBack();                               //后退
    }
});
```

（5）为地址栏添加键盘按键被按下的事件监听器，实现当按下 Enter 键时，如果地址栏中的 URL 地址不为空，则调用 openBrowser()方法浏览网页；否则，调用 showDialog()方法弹出提示对话框。具体代码如下：

```
urlText.setOnKeyListener(new OnKeyListener() {
    @Override
    public boolean onKey(View v, int keyCode, KeyEvent event) {
        if(keyCode==KeyEvent.KEYCODE_ENTER){            //如果为 Enter 键
            if(!"".equals(urlText.getText().toString())){
                openBrowser();                          //浏览网页
                return true;
            }else{
                showDialog();                           //弹出提示对话框
            }
        }
        return false;
    }
});
```

（6）为 GO 按钮添加单击事件监听器，实现单击该按钮时，如果地址栏中的 URL 地址不为空，则调用 openBrowser()方法浏览网页；否则，调用 showDialog()方法弹出提示对话框。具体代码如下：

```
goButton.setOnClickListener(new OnClickListener() {

    @Override
    public void onClick(View v) {
        if(!"".equals(urlText.getText().toString())){
            openBrowser();                              //浏览网页
        }else{
            showDialog();                               //弹出提示对话框
        }

    }
});
```

（7）编写 openBrowser()方法，用于浏览网页，具体代码如下：

```
private void openBrowser(){
    webView.loadUrl(urlText.getText().toString());      //浏览网页
    Toast.makeText(this, "正在加载："+urlText.getText().toString(), Toast.LENGTH_SHORT).show();
}
```

（8）编写 showDialog()方法，用于显示一个带"确定"按钮的对话框，通知用户输入要访问的网址。showDialog()方法的具体代码如下：

```
private void showDialog(){
    new AlertDialog.Builder(MainActivity.this)
    .setTitle("网页浏览器")
    .setMessage("请输入要访问的网址")
    .setPositiveButton("确定",new DialogInterface.OnClickListener(){
        public void onClick(DialogInterface dialog,int which){
            Log.d("WebWiew","单击确定按钮");
        }
    }).show();
}
```

（9）由于在本实例中需要访问网络资源，所以还需要在 AndroidManifest.xml 文件中指定允许访问网络资源的权限，具体代码如下：

```
<uses-permission android:name="android.permission.INTERNET"/>
```

运行本实例，单击 GO 按钮，将访问地址栏中指定的网站，单击"前进"和"后退"按钮，将实现类似于 IE 浏览器上的前进和后退功能。实例运行结果如图 14.13 所示。

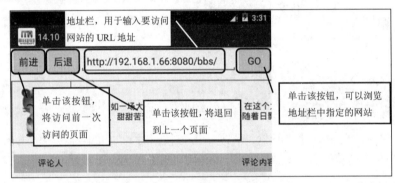

图 14.13　打造功能实用的网页浏览器

说明 本实例打造的网页浏览器支持 JavaScript 功能，在图 14.13 中，输入"评论人"和"评论内容"后，单击"发表"按钮，即可将评论信息显示到上方的评论表格中。

14.3.2　获取天气预报

例 14.11　在 Eclipse 中创建 Android 项目，名称为 14.11，实现获取指定城市的天气预报。（**实例位置：光盘\TM\sl\14\14.11**）

（1）修改新建项目的 res\layout 目录下的布局文件 main.xml，将默认添加的相对布局管理器和 TextView 组件删除，然后添加一个水平线性布局管理器和一个用于显示网页的 WebView 组件，并在该布局管理器中添加"北京"按钮、"上海"按钮、"哈尔滨"按钮、"长春"按钮、"沈阳"按钮和"广州"按钮，具体代码请参见光盘。

（2）在 MainActivity 中，声明一个 WebView 组件的对象 webView，具体代码如下：

```
private WebView webView;                              //声明 WebView 组件的对象
```

（3）在 onCreate()方法中，首先获取布局管理器中添加的 WebView 组件，然后设置该组件允许使用 JavaScript，并处理 JavaScript 对话框和各种请求事件，再为 WebView 组件指定要加载的天气预报信息，最后将网页内容滚动到合适位置，并缩放 60%，具体代码如下：

```
webView=(WebView)findViewById(R.id.webView1);                              //获取 WebView 组件
webView.getSettings().setJavaScriptEnabled(true);                         //设置 JavaScript 可用
webView.setWebChromeClient(new WebChromeClient());                        //处理 JavaScript 对话框
//处理各种通知和请求事件，如果不使用该句代码，将使用内置浏览器访问网页
webView.setWebViewClient(new WebViewClient());
webView.loadUrl("http://m.weather.com.cn/mweather/101010100.shtml"); //设置默认显示的天气预报信息
webView.scrollTo(0,95);                                                    //滚动页面到（0，95）的位置
webView.setInitialScale(60);                                               //将网页内容缩放 60%
```

（4）让 MainActivity 实现 OnClickListener 接口，用于添加单击事件监听器。修改后的代码如下：

```
public class MainActivity extends Activity implements OnClickListener {
```

（5）重写 onClick()方法，用于为屏幕中的各个按钮的单击事件设置不同的响应，也就是在单击各个按钮时，调用 openUrl()方法获取不同地区的天气预报信息，具体代码如下：

```
@Override
public void onClick(View view){
    switch(view.getId()){
    case R.id.bj:                                    //单击的是"北京"按钮
        openUrl("101010100");
        break;
    case R.id.sh:                                    //单击的是"上海"按钮
        openUrl("101020100");
        break;
    case R.id.heb:                                   //单击的是"哈尔滨"按钮
        openUrl("101050101");
        break;
    case R.id.cc:                                    //单击的是"长春"按钮
        openUrl("101060101");
        break;
    case R.id.sy:                                    //单击的是"沈阳"按钮
        openUrl("101070101");
        break;
    case R.id.gz:                                    //单击的是"广州"按钮
        openUrl("101280101");
        break;
    }
}
```

（6）获取布局管理器中添加的"北京"按钮、"上海"按钮、"哈尔滨"按钮、"长春"按钮、"沈阳"按钮和"广州"按钮，并分别为它们添加单击事件监听器，具体代码如下：

```
Button bj=(Button)findViewById(R.id.bj);                //获取布局管理器中添加的"北京"按钮
bj.setOnClickListener(this);
Button sh=(Button)findViewById(R.id.sh);                //获取布局管理器中添加的"上海"按钮
```

```
sh.setOnClickListener(this);
Button heb=(Button)findViewById(R.id.heb);          //获取布局管理器中添加的"哈尔滨"按钮
heb.setOnClickListener(this);
Button cc=(Button)findViewById(R.id.cc);            //获取布局管理器中添加的"长春"按钮
cc.setOnClickListener(this);
Button sy=(Button)findViewById(R.id.sy);            //获取布局管理器中添加的"沈阳"按钮
sy.setOnClickListener(this);
Button gz=(Button)findViewById(R.id.gz);            //获取布局管理器中添加的"广州"按钮
gz.setOnClickListener(this);
```

（7）编写用于打开网页获取天气预报信息的方法 openUrl()，在该方法中，将根据传递的参数不同，获取不同地区的天气预报信息，具体代码如下：

```
private void openUrl(String id){
    webView.loadUrl("http://m.weather.com.cn/mweather/"+id+".shtml"); //获取并显示天气预报信息
}
```

说明 在中国天气网（http://www.weather.com.cn/）中提供了单城市天气预报插件，使用该插件可以实现在 Android 中获取指定城市的天气预报。

（8）由于在本实例中需要访问网络资源，所以还需要在 AndroidManifest.xml 文件中指定允许访问网络资源的权限，具体代码如下：

```
<uses-permission android:name="android.permission.INTERNET"/>
```

运行本实例，在屏幕上将显示默认城市的天气预报信息，单击上方的"北京"、"上海"、"哈尔滨"、"长春"、"沈阳"和"广州"按钮，将显示对应城市的天气预报信息。例如，单击"长春"按钮，将显示如图 14.14 所示的效果。

图 14.14　获取长春市的天气预报

14.4　小　　结

本章首先介绍了如何通过 HTTP 访问网络，主要有两种方法：一种是使用 java.net 包中的 HttpURLConnection 实现；另一种是通过 Android 提供的 HttpClient 实现。对于一些简单的访问网络的操作，可以使用 HttpURLConnection 实现，但是如果操作比较复杂，就需要使用 HttpClient 来实现了。之后介绍了使用 Android 提供的 WebView 组件来显示网页，使用该组件可以很方便地实现基本的网页浏览器功能。

14.5　实践与练习

1. 编写 Android 项目，在发送 GET 请求时，不使用 Base64 编码来解决中文乱码问题。(**答案位置：光盘\TM\sl\14\14.12**)

2. 编写 Android 项目，实现使用系统内置的浏览器打开指定网页。(**答案位置：光盘\TM\sl\14\14.13**)

第 **3** 篇

项目实战篇

▶▶ **第15章 基于 Android 的家庭理财通**

　　本篇通过一个完整的家庭理财通实例，运用软件工程的设计思想，讲解如何进行 Android 桌面应用程序的开发。实例按照"系统分析→系统设计→系统开发及运行环境→数据库与数据表设计→创建项目→系统文件夹组织结构→公共类设计→登录模块设计→系统主窗体设计→收入管理模块设计→便签管理模块设计→系统设置模块设计→运行项目→将程序安装到 Android 手机上"的流程进行介绍，带领读者一步一步亲身体验开发项目的全过程。

第15章

基于 Android 的家庭理财通

(📹 教学录像：57 分钟)

随着 3G 智能手机的迅速普及，移动互联网离我们越来越近，由互联网巨头 Google 推出的免费手机平台 Android，已经得到众多厂商和开发者的拥护，而随着 Android 手机操作系统的大热，基于 Android 的软件也越来越受到广大用户的欢迎。本章将使用 Android 技术开发一个家庭理财通系统，通过该系统，可以随时随地记录用户的收入及支出等信息。

通过阅读本章，您可以：

▶▶│ 熟悉软件的开发流程

▶▶│ 掌握 Android 布局文件的设计

▶▶│ 掌握 SQLite 数据库的使用

▶▶│ 掌握公共类的设计及使用

▶▶│ 掌握如何在 Android 程序中操作 SQLite 数据库

▶▶│ 掌握如何将 Android 程序安装到 Android 手机上

15.1　系　统　分　析

🎬 教学录像：光盘\TM\lx\15\系统分析.exe

15.1.1　需求分析

你是"月光族"吗？你能说出每月的钱都用到什么地方了吗？为了更好地记录您每月的收入及支出情况，这里开发了一款基于 Android 系统的家庭理财通软件。通过该软件，用户可以随时随地记录自己的收入、支出等信息；另外，为了保护自己的隐私，还可以为家庭理财通软件设置密码。

15.1.2　可行性分析

根据《GB8567－88 计算机软件产品开发文件编制指南》中可行性分析的要求，制定可行性研究报告如下。

1．引言

（1）编写目的

为了给软件开发企业的决策层提供是否实施项目的参考依据，现以文件的形式分析项目的风险、需要的投资与效益。

（2）背景

为了更好地记录用户每月的收入及支出详细情况，现委托其他公司开发一款个人记账相关的软件，项目名称为"家庭理财通"。

2．可行性研究的前提

（1）要求

☑　系统的功能符合用户的实际情况。

☑　可方便地对收入及支出情况进行增、删、改、查等操作。

☑　系统的功能操作要方便、易懂，不要有多余或复杂的操作。

☑　保证软件的安全性。

📖 **说明**　在开发项目时，明确项目的需求是十分重要的，需求就是项目要实现的目的。例如，我要去医院买药，去医院只是一个过程，好比是编写的程序代码，目的是去买药（需求）。

（2）目标

方便对个人的收入及支出等信息进行管理。

（3）评价尺度

项目需要在一个月内交付用户使用，系统分析人员需要 3 天内到位，用户需要 2 天时间确认需求分析文档，去除其中可能出现的问题，如用户可能临时有事，占用 5 天时间确认需求分析，那么程序开发人员需要在 25 天的时间内进行系统设计、程序编码、系统测试、程序调试和安装部署工作，其间，还包括了员工每周的休息时间。

3. 投资及效益分析

（1）支出

根据预算，公司计划投入 3 个人，为此需要支付 1.5 万元的工资及各种福利待遇；项目的安装、调试以及用户培训等费用支出需要 5 千元；项目后期维护阶段预计需要投入 5 千元，项目累计投入 2.5 万元。

（2）收益

客户提供项目开发资金 5 万元，对于项目后期进行的改动，采取协商的原则，根据改动规模额外提供资金。因此，从投资与收益的效益比上，公司大致可以获得 2.5 万元的利润。

项目完成后，会给公司提供资源储备，包括技术、经验的积累。

4. 结论

根据上面的分析，在技术上不会存在问题，因此项目延期的可能性很小；在效益上，公司投入 3 个人、一个月的时间获利 2.5 万元，比较可观；另外，公司还可以储备项目开发的经验和资源。因此，认为该项目可以开发。

15.1.3　编写项目计划书

根据《GB8567－88 计算机软件产品开发文件编制指南》中的项目开发计划要求，结合单位实际情况，设计项目计划书如下。

1. 引言

（1）编写目的

为了能使项目按照合理的顺序开展，并保证按时、高质量地完成，现拟订项目计划书，将项目开发生命周期中的任务范围、团队组织结构、团队成员的工作任务、团队内外沟通协作方式、开发进度、检查项目工作等内容描述出来，作为项目相关人员之间的共识、约定以及项目生命周期内的所有项目活动的行动基础。

（2）背景

家庭理财通是本公司与王××签订的待开发项目，项目性质为个人记账类型，可以方便地记录用户的收入、支出等信息，项目周期为一个月。项目背景规划如表 15.1 所示。

表 15.1　项目背景规划

项 目 名 称	签订项目单位	项目负责人	参与开发部门
家庭理财通	甲方：×××科技有限公司	甲方：王经理	设计部门
	乙方：王××	乙方：王××	开发部门 测试部门

2．概述

（1）项目目标

项目应当符合 SMART 原则，把项目要完成的工作用清晰的语言描述出来。"家庭理财通"项目的主要目标是为用户提供一套能够方便地管理个人收入及支出信息的软件。

（2）应交付成果

项目开发完成后，交付的内容如下。

☑　以光盘的形式提供家庭理财通的源程序、apk 安装文件和系统使用说明书。

☑　系统发布后，进行 6 个月的无偿维护和服务，超过 6 个月进行系统有偿维护与服务。

（3）项目开发环境

开发本项目所用的操作系统可以是 Windows 或者 Linux，开发工具为 Eclipse+Android 5.0，数据库采用 Android 自带的 SQLite3。

（4）项目验收方式与依据

项目验收分为内部验收和外部验收两种方式。项目开发完成后，首先进行内部验收，由测试人员根据用户需求和项目目标进行验收。在通过内部验收后，交给客户进行外部验收，验收的主要依据为需求规格说明书。

3．项目团队组织

本公司针对该项目组建了一个由软件工程师、界面设计师和测试人员构成的开发团队，为了明确项目团队中每个人的任务分工，现制定人员分工表，如表 15.2 所示。

表 15.2　人员分工表

姓　　名	技 术 水 平	所 属 部 门	角　　色	工 作 描 述
王某	中级软件工程师	项目开发部	软件工程师	负责需求分析、软件设计与编码
刘某	中级美工设计师	设计部	界面设计师	负责软件的界面设计
李某	中级系统测试工程师	软件测试部	测试人员	对软件进行测试、编写软件测试文档

15.2　系 统 设 计

📹 **教学录像：光盘\TM\lx\15\系统设计.exe**

15.2.1　系统目标

根据用户对家庭理财通软件的要求，制定目标如下：

☑　操作简单方便，界面简洁美观。

☑　方便地对收入及支出信息进行增、删、改、查等操作。

☑　通过便签方便地记录用户的计划。

☑　能够通过设置密码保证程序的安全性。

☑　系统运行稳定、安全可靠。

15.2.2 系统功能结构

家庭理财通软件的功能结构如图 15.1 所示。

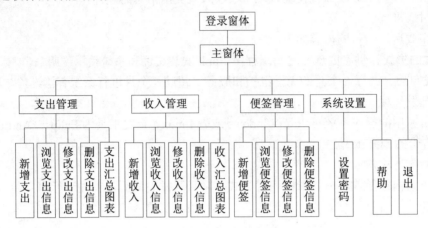

图 15.1　家庭理财通功能结构图

15.2.3 系统业务流程

家庭理财通软件的业务流程如图 15.2 所示。

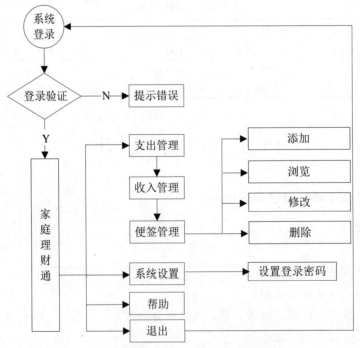

图 15.2　家庭理财通业务流程图

注意

在制作项目前，必须根据其实现目标制作业务流程图。

15.2.4　系统编码规范

开发应用程序常常需要通过团队合作来完成，每个人负责不同的业务模块，为了使程序的结构与代码风格统一标准化，增加代码的可读性，需要在编码之前制定一套统一的编码规范。下面介绍家庭理财通系统开发中的编码规范。

1．数据库命名规范

（1）数据库

数据库以数据库相关英文单词或缩写进行命名，如表 15.3 所示。

表 15.3　数据库命名

数据库名称	描　　述
account.db	家庭理财通数据库

（2）数据表

数据表名称以字母 tb 开头（小写），后面加数据表相关英文单词或缩写，如表 15.4 所示。

表 15.4　数据表命名

数据表名称	描　　述
tb_outaccount	支出信息表

（3）字段

字段一率采用英文单词或词组（可利用翻译软件）命名，如找不到专业的英文单词或词组，可以用相同意义的英文单词或词组代替，如表 15.5 所示。

表 15.5　字段命名

字　段　名　称	描　　述
_id	编号
money	金额

说明

在数据库中使用命名规范，有助于其他用户更好地理解数据表及其中各字段的内容。

2．程序代码命名规范

（1）数据类型简写规则

程序中定义常量、变量或方法等内容时，常常需要指定类型。下面介绍一种常见的数据类型简写规则，如表 15.6 所示。

表 15.6　数据类型简写规则

数 据 类 型	简　　写
整型	int
字符串	str
布尔型	bl
单精度浮点型	flt
双精度浮点型	dbl

（2）组件命名规则

所有的组件对象名称都为组件名称的拼音简写，出现冲突时可采用不同的简写规则。组件命名规则如表 15.7 所示。

表 15.7　组件命名规则

组　　件	缩 写 形 式
EditText	txt
Button	btn
Spinner	sp
ListView	lv
…	…

说明　在项目中使用良好的命名规则，有助于开发者快速了解变量、方法、类、窗体以及各组件的用处。

15.3　系统开发及运行环境

教学录像：光盘\TM\lx\15\系统开发及运行环境.exe

本系统的软件开发及运行环境具体如下。

- ☑　操作系统：Windows 7。
- ☑　JDK 环境：Java SE Development KET(JDK) version 7。
- ☑　开发工具：Eclipse 4.4.2+Android 5.0。
- ☑　开发语言：Java、XML。
- ☑　数据库管理软件：SQLite 3。
- ☑　运行平台：Windows、Linux 各版本。
- ☑　分辨率：最佳效果 1024×768 像素。

15.4 数据库与数据表设计

教学录像：光盘\TM\lx\15\数据库与数据表设计.exe

开发应用程序时，对数据库的操作是必不可少的，数据库设计是根据程序的需求及其实现功能所制定的，数据库设计的合理性将直接影响程序的开发过程。

15.4.1 数据库分析

家庭理财通是一款运行在 Android 系统上的程序，在 Android 系统中，集成了一种轻量型的数据库，即 SQLite，该数据库是使用 C 语言编写的开源嵌入式数据库，支持的数据库大小为 2TB，使用该数据库，可以像使用 SQL Server 数据库或者 Oracle 数据库那样来存储、管理和维护数据。本系统采用了 SQLite 数据库，并且命名为 account.db，该数据库中用到了 4 个数据表，分别是 tb_flag、tb_inaccount、tb_outaccount 和 tb_pwd，如图 15.3 所示。

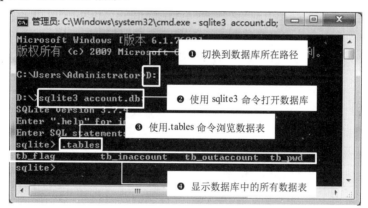

图 15.3 家庭理财通系统中用到的数据表

15.4.2 创建数据库

家庭理财通系统在创建数据库时，是通过使用 SQLiteOpenHelper 类的构造函数来实现的，实现代码如下：

```
private static final int VERSION = 1;                       //定义数据库版本号
private static final String DBNAME = "account.db";          //定义数据库名

public DBOpenHelper(Context context)                        //定义构造函数
{
    super(context, DBNAME, null, VERSION);                  //重写基类的构造函数，以创建数据库
}
```

> **技巧** 创建数据库时，也可以在 cmd 命令窗口中使用 sqlite3 命令打开 SQLite 数据库，然后使用 create database 语句创建，但这里需要注意的是，在 cmd 命令窗口中操作 SQLite 数据库时，SQL 语句最后需要加分号 ";"。

15.4.3　创建数据表

在创建数据表前，首先要根据项目实际要求规划相关的数据表结构，然后在数据库中创建相应的数据表。

（1）tb_pwd（密码信息表）

tb_pwd 表用于保存家庭理财通系统的密码信息，该表的结构如表 15.8 所示。

表 15.8　密码信息表

字　段　名	数　据　类　型	是　否　主　键	描　述
password	varchar(20)	否	用户密码

（2）tb_outaccount（支出信息表）

tb_outaccount 表用于保存用户的支出信息，该表的结构如表 15.9 所示。

表 15.9　支出信息表

字　段　名	数　据　类　型	是　否　主　键	描　述
_id	integer	是	编号
money	decimal	否	支出金额
time	varchar(10)	否	支出时间
type	varchar(10)	否	支出类别
address	varchar(100)	否	支出地点
mark	varchar(200)	否	备注

（3）tb_inaccount（收入信息表）

tb_inaccount 表用于保存用户的收入信息，该表的结构如表 15.10 所示。

表 15.10　收入信息表

字　段　名	数　据　类　型	是　否　主　键	描　述
_id	integer	是	编号
money	decimal	否	收入金额
time	varchar(10)	否	收入时间
type	varchar(10)	否	收入类别
handler	varchar(100)	否	付款方
mark	varchar(200)	否	备注

（4）tb_flag（便签信息表）

tb_flag 表用于保存家庭理财通系统的便签信息，该表的结构如表 15.11 所示。

表 15.11　便签信息表

字　段　名	数据类型	是否主键	描　　述
_id	integer	是	编号
flag	varchar(200)	否	便签内容

15.5　创　建　项　目

教学录像：光盘\TM\lx\15\创建项目.exe

家庭理财通系统的项目名称为 AccountMS，该项目是使用 Eclipse+Android 7.1 开发的，在 Eclipse 开发环境中创建该项目的步骤如下：

（1）启动 Eclipse，单击工具栏中的 按钮，或者在菜单栏中依次选择"文件"/"新建"/Android Application Project 命令，如图 15.4 所示。如果"新建"菜单中没有 Android Application Project 子菜单，则选择"新建"/"其他"命令，在弹出的"新建"窗口中展开 Android 节点，选择 Android Application Project 节点，如图 15.5 所示，然后单击"下一步"按钮。

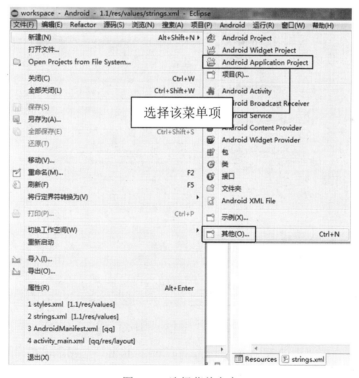

图 15.4　选择菜单命令

（2）弹出 New Android Project 窗口，在该窗口中，输入应用程序名称、项目名称和包名，然后分别在 Minimum Required SDK、Target SDK、Compile With 和 Theme 下拉列表中选择可以运行的最低版本、创建 Android 程序的版本，以及编译时使用的版本和使用的主题，如图 15.6 所示，然后单击"下一步"按钮，进入 Configure Project 界面，在该界面中可以配置项目存放位置，这里采用默认。

图 15.5　"新建"窗口

图 15.6　新建 Android 项目对话框

（3）单击"下一步"按钮，进入 Configure Launcher Icon 窗口，在该窗口中可以对 Android 程序的图标相关信息进行设置，如图 15.7 所示。

（4）单击"下一步"按钮，进入 Create Activity 窗口，该窗口设置要生成的 Activity 的模板，如图 15.8 所示。

（5）单击"下一步"按钮，进入 Empty Activity 窗口，在该窗口设置 Activity 的相关信息，包括 Activity 的名称、布局文件名称等，然后单击"完成"按钮，这样即可创建 AccountMS 项目。

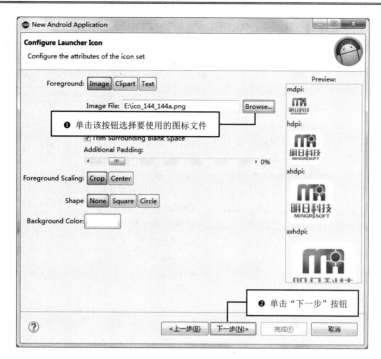

图 15.7　Configure Launcher Icon 窗口

图 15.8　Create Activity 窗口

15.6　系统文件夹组织结构

教学录像：光盘\TM\lx\15\系统文件夹组织结构.exe

在编写项目代码之前，需要制定好项目的系统文件夹组织结构，如不同的 Java 包存放不同的窗体、公共类、数据模型、工具类或者图片资源等，这样不但可以保证团队开发的一致性，也可以规范系统的整体架构。创建完系统中可能用到的文件夹或者 Java 包之后，在开发时，只需将创建的类文件或者资源文件保存到相应的文件夹中即可。家庭理财通系统的文件夹组织结构如图 15.9 所示。

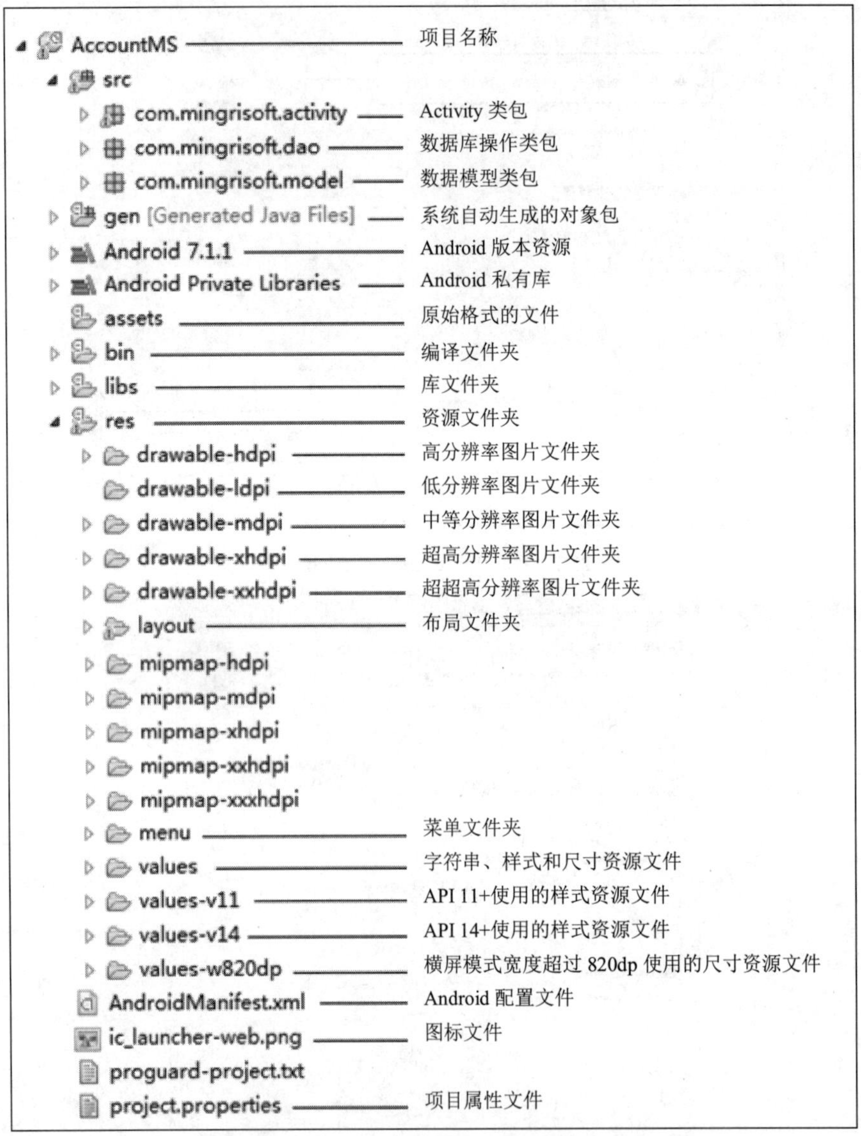

```
▲ 🐾 AccountMS ──────────────  项目名称
  ▲ 🖾 src
    ▷ ⊞ com.mingrisoft.activity ───  Activity 类包
    ▷ ⊞ com.mingrisoft.dao ──────  数据库操作类包
    ▷ ⊞ com.mingrisoft.model ─────  数据模型类包
  ▷ 🖾 gen [Generated Java Files] ───  系统自动生成的对象包
  ▷ ▣ Android 7.1.1 ──────────  Android 版本资源
  ▷ ▣ Android Private Libraries ───  Android 私有库
    🕭 assets ─────────────────  原始格式的文件
  ▷ 🕭 bin ──────────────────  编译文件夹
  ▷ 🕭 libs ─────────────────  库文件夹
  ▲ 🕭 res ──────────────────  资源文件夹
    ▷ 📂 drawable-hdpi ─────────  高分辨率图片文件夹
      📂 drawable-ldpi ─────────  低分辨率图片文件夹
    ▷ 📂 drawable-mdpi ─────────  中等分辨率图片文件夹
    ▷ 📂 drawable-xhdpi ────────  超高分辨率图片文件夹
    ▷ 📂 drawable-xxhdpi ───────  超超高分辨率图片文件夹
    ▷ 📂 layout ──────────────  布局文件夹
    ▷ 📂 mipmap-hdpi
    ▷ 📂 mipmap-mdpi
    ▷ 📂 mipmap-xhdpi
    ▷ 📂 mipmap-xxhdpi
    ▷ 📂 mipmap-xxxhdpi
    ▷ 📂 menu ───────────────  菜单文件夹
    ▷ 📂 values ──────────────  字符串、样式和尺寸资源文件
    ▷ 📂 values-v11 ───────────  API 11+使用的样式资源文件
    ▷ 📂 values-v14 ───────────  API 14+使用的样式资源文件
    ▷ 📂 values-w820dp ─────────  横屏模式宽度超过 820dp 使用的尺寸资源文件
    📄 AndroidManifest.xml ──────  Android 配置文件
    🖾 ic_launcher-web.png ──────  图标文件
    📄 proguard-project.txt
    📄 project.properties ────────  项目属性文件
```

图 15.9   文件夹组织结构

说明

从图 15.9 可以看出，res 和 assets 文件夹都用来存放资源文件，但在实际开发时，Android 不为 assets 文件夹下的资源文件生成 ID，用户需要通过 AssetManager 类以文件路径和文件名的方式来访问 assets 文件夹中的文件。

15.7　公共类设计

📀 **教学录像：光盘\TM\lx\15\公共类设计.exe**

公共类是代码重用的一种形式，它将各个功能模块经常调用的方法提取到公用的 Java 类中，例如，访问数据库的 Dao 类容纳了所有访问数据库的方法，并同时管理着数据库的连接、关闭等内容。使用公共类，不但实现了项目代码的重用，还提供了程序性能和代码的可读性。本节将介绍家庭理财通系统中的公共类设计。

15.7.1　数据模型公共类

在 com.xiaoke.accountsoft.model 包中存放的是数据模型公共类，它们对应着数据库中不同的数据表，这些模型将被访问数据库的 Dao 类和程序中各个模块甚至各个组件所使用。数据模型是对数据表中所有字段的封装，主要用于存储数据，并通过相应的 getXXX()和 setXXX()方法实现不同属性的访问原则。现在以收入信息表为例，介绍它所对应的数据模型类的实现代码，主要代码如下：

```java
package com.xiaoke.accountsoft.model;
public class Tb_inaccount                          //收入信息实体类
{
    private int _id;                               //存储收入编号
    private double money;                          //存储收入金额
    private String time;                           //存储收入时间
    private String type;                           //存储收入类别
    private String handler;                        //存储收入付款方
    private String mark;                           //存储收入备注
    public Tb_inaccount()                          //默认构造函数
    {
        super();
    }
    //定义有参构造函数，用来初始化收入信息实体类中的各个字段
    public Tb_inaccount(int id, double money, String time,String type,String handler,String mark)
    {
        super();
        this._id = id;                             //为收入编号赋值
        this.money = money;                        //为收入金额赋值
        this.time = time;                          //为收入时间赋值
        this.type = type;                          //为收入类别赋值
        this.handler = handler;                    //为收入付款方赋值
        this.mark = mark;                          //为收入备注赋值
    }
    public int getid()                             //设置收入编号的可读属性
    {
        return _id;
```

```
    }
    public void setid(int id)                          //设置收入编号的可写属性
    {
        this._id = id;
    }
    public double getMoney()                           //设置收入金额的可读属性
    {
        return money;
    }
    public void setMoney(double money)                 //设置收入金额的可写属性
    {
        this.money = money;
    }
    public String getTime()                            //设置收入时间的可读属性
    {
        return time;
    }
    public void setTime(String time)                   //设置收入时间的可写属性
    {
        this.time = time;
    }
    public String getType()                            //设置收入类别的可读属性
    {
        return type;
    }
    public void setType(String type)                   //设置收入类别的可写属性
    {
        this.type = type;
    }
    public String getHandler()                         //设置收入付款方的可读属性
    {
        return handler;
    }
    public void setHandler(String handler)             //设置收入付款方的可写属性
    {
        this.handler = handler;
    }
    public String getMark()                            //设置收入备注的可读属性
    {
        return mark;
    }
    public void setMark(String mark)                   //设置收入备注的可写属性
    {
        this.mark = mark;
    }
}
```

其他数据模型类的定义与收入数据模型类的定义方法类似，其属性内容就是数据表中相应的字段。

com.xiaoke.accountsoft.model 包中包含的数据模型类如表 15.12 所示。

表 15.12　com.xiaoke.accountsoft.model 包中的数据模型类

类　名	说　明
Tb_flag	便签信息数据表模型类
Tb_inaccount	收入信息数据表模型类
Tb_outaccount	支出信息数据表模型类
Tb_pwd	密码信息数据表模型类

说明　表 15.12 中的所有模型类都定义了对应数据表字段的属性,并提供了访问相应属性的 getXXX() 和 setXXX()方法。

15.7.2　Dao 公共类

Dao 的全称是 Data Access Object,即数据访问对象,本系统中创建了 com.xiaoke.accountsoft.dao 包,该包中包含 DBOpenHelper、FlagDAO、InaccountDAO、OutaccountDAO 和 PwdDAO 5 个数据访问类,其中,DBOpenHelper 类用来实现创建数据库、数据表等功能;FlagDAO 类用来对便签信息进行管理;InaccountDAO 类用来对收入信息进行管理;OutaccountDAO 类用来对支出信息进行管理;PwdDAO 类用来对密码信息进行管理。下面主要对 DBOpenHelper 类和 InaccountDAO 类进行详细讲解。

说明　FlagDAO 类、OutaccountDAO 类和 PwdDAO 类的实现过程与 InaccountDAO 类类似,这里不进行详细介绍,请参见本书附带光盘中的源代码。

1. DBOpenHelper.java 类

DBOpenHelper 类主要用来实现创建数据库和数据表的功能,该类继承自 SQLiteOpenHelper 类。在该类中,首先需要在构造函数中创建数据库,然后在覆写的 onCreate()方法中使用 SQLiteDatabase 对象的 execSQL()方法分别创建 tb_outaccount、tb_inaccount、tb_pwd 和 tb_flag 数据表。DBOpenHelper 类的实现代码如下:

```
package com.xiaoke.accountsoft.dao;
import android.content.Context;
import android.database.sqlite.SQLiteDatabase;
import android.database.sqlite.SQLiteOpenHelper;
public class DBOpenHelper extends SQLiteOpenHelper
{
    private static final int VERSION = 1;                      //定义数据库版本号
    private static final String DBNAME = "account.db";         //定义数据库名

    public DBOpenHelper(Context context)                       //定义构造函数
    {
        super(context, DBNAME, null, VERSION);                 //重写基类的构造函数
```

```
        }
        @Override
        public void onCreate(SQLiteDatabase db)                                    //创建数据库
        {
            db.execSQL("create table tb_outaccount (_id integer primary key,money decimal,time varchar(10)," +
                    "type varchar(10),address varchar(100),mark varchar(200))");       //创建支出信息表
            db.execSQL("create table tb_inaccount (_id integer primary key,money decimal,time varchar(10)," +
                    "type varchar(10),handler varchar(100),mark varchar(200))");       //创建收入信息表
            db.execSQL("create table tb_pwd (password varchar(20))");              //创建密码表
            db.execSQL("create table tb_flag (_id integer primary key,flag varchar(200))"); //创建便签信息表
        }
//覆写基类的 onUpgrade 方法，以便数据库版本更新
        @Override
        public void onUpgrade(SQLiteDatabase db, int oldVersion, int newVersion)
        {
        }
}
```

2．InaccountDAO.java 类

InaccountDAO 类主要用来对收入信息进行管理，包括收入信息的添加、修改、删除、查询及获取最大编号、总记录数等功能，下面对该类中的构造函数和方法进行详细讲解。

（1）InaccountDAO 类的构造函数

在 InaccountDAO 类中定义 DBOpenHelper 和 SQLiteDatabase 对象，然后创建该类的构造函数，在构造函数中初始化 DBOpenHelper 对象。主要代码如下：

```
private DBOpenHelper helper;                                //创建 DBOpenHelper 对象
private SQLiteDatabase db;                                  //创建 SQLiteDatabase 对象
public InaccountDAO(Context context)                       //定义构造函数
{
    helper = new DBOpenHelper(context);                    //初始化 DBOpenHelper 对象
}
```

（2）add(Tb_inaccount tb_inaccount)方法

该方法的主要功能是添加收入信息，其中，参数 tb_inaccount 表示收入数据表对象。主要代码如下：

```
/**
 * 添加收入信息
 *
 * @param tb_inaccount
 */
public void add(Tb_inaccount tb_inaccount)
{
    db = helper.getWritableDatabase();                     //初始化 SQLiteDatabase 对象
    //执行添加收入信息操作
    db.execSQL("insert  into  tb_inaccount  (_id,money,time,type,handler,mark)  values  (?,?,?,?,?,?)", new
Object[]
    {tb_inaccount.getid(),tb_inaccount.getMoney(),
```

478

```
tb_inaccount.getTime(),tb_inaccount.getType(),tb_inaccount.getHandler(),tb_inaccount.getMark() });
}
```

（3）update(Tb_inaccount tb_inaccount)方法

该方法的主要功能是根据指定的编号修改收入信息，其中，参数 tb_inaccount 表示收入数据表对象。主要代码如下：

```
/**
 * 更新收入信息
 *
 * @param tb_inaccount
 */
public void update(Tb_inaccount tb_inaccount)
{
    db = helper.getWritableDatabase();                       //初始化 SQLiteDatabase 对象
    //执行修改收入信息操作
    db.execSQL("update tb_inaccount set money = ?,time = ?,type = ?,handler = ?,mark = ? where _id = ?",
new Object[]
    {tb_inaccount.getMoney(),    tb_inaccount.getTime(),tb_inaccount.getType(),tb_inaccount.getHandler(),tb_
inaccount.getMark(),tb_inaccount.getid() });
}
```

（4）find(int id)方法

该方法的主要功能是根据指定的编号查找收入信息，其中，参数 id 表示要查找的收入编号，返回值为 Tb_inaccount 对象。主要代码如下：

```
/**
 * 查找收入信息
 *
 * @param id
 * @return
 */
public Tb_inaccount find(int id)
{
    db = helper.getWritableDatabase();                       //初始化 SQLiteDatabase 对象
    Cursor cursor = db.rawQuery("select _id,money,time,type,handler,mark from tb_inaccount where _id = ?",
new String[]
    { String.valueOf(id) });                                 //根据编号查找收入信息，并存储到 Cursor 类中
    if (cursor.moveToNext())                                 //遍历查找到的收入信息
    {
        //将遍历到的收入信息存储到 Tb_inaccount 类中
        return   new   Tb_inaccount(cursor.getInt(cursor.getColumnIndex("_id")),
cursor.getDouble(cursor.getColumnIndex("money")),    cursor.getString(cursor.getColumnIndex("time")),
cursor.getString(cursor.getColumnIndex("type")),    cursor.getString(cursor.getColumnIndex("handler")),
cursor.getString(cursor.getColumnIndex("mark")));
    }
    return null;                                             //如果没有信息，则返回 null
}
```

（5）detele(Integer... ids)方法

该方法的主要功能是根据指定的一系列编号删除收入信息，其中，参数 ids 表示要删除的收入编号的集合。主要代码如下：

```
/**
 * 删除收入信息
 *
 * @param ids
 */
public void detele(Integer... ids)
{
    if (ids.length > 0)                                          //判断是否存在要删除的 id
    {
        StringBuffer sb = new StringBuffer();                    //创建 StringBuffer 对象
        for (int i = 0; i < ids.length; i++)                     //遍历要删除的 id 集合
        {
            sb.append('?').append(',');                          //将删除条件添加到 StringBuffer 对象中
        }
        sb.deleteCharAt(sb.length() - 1);                        //去掉最后一个 "," 字符
        db= helper.getWritableDatabase();                        //初始化 SQLiteDatabase 对象
        //执行删除收入信息操作
        db.execSQL("delete from tb_inaccount where _id in (" + sb + ")", (Object[]) ids);
    }
}
```

（6）getScrollData(int start, int count)方法

该方法的主要功能是从收入数据表的指定索引处获取指定数量的收入数据，其中，参数 start 表示要从此处开始获取数据的索引；参数 count 表示要获取的数量；返回值为 List<Tb_inaccount>对象。主要代码如下：

```
/**
 * 获取收入信息
 * @param start 起始位置
 * @param count 每页显示数量
 * @return
 */
public List<Tb_inaccount> getScrollData(int start, int count)
{
    List<Tb_inaccount> tb_inaccount = new ArrayList<Tb_inaccount>(); //创建集合对象
    db = helper.getWritableDatabase();                              //初始化 SQLiteDatabase 对象
    Cursor cursor = db.rawQuery("select * from tb_inaccount limit ?,?", new String[]{ String.valueOf(start),
String.valueOf(count) });                                           //获取所有收入信息
    while (cursor.moveToNext())                                      //遍历所有的收入信息
    {
        tb_inaccount.add(new  Tb_inaccount(cursor.getInt(cursor.getColumnIndex("_id")),
cursor.getDouble(cursor.getColumnIndex("money")),  cursor.getString(cursor.getColumnIndex("time")),
cursor.getString(cursor.getColumnIndex("type")),  cursor.getString(cursor.getColumnIndex("handler")),
cursor.getString(cursor.getColumnIndex("mark"))));                  //将遍历到的收入信息添加到集合中
```

```
        }
        return tb_inaccount;                                              //返回集合
}
```

（7）getCount()方法

该方法的主要功能是获取收入数据表中的总记录数，返回值为获取到的总记录数。主要代码如下：

```
/**
 * 获取总记录数
 * @return
 */
public long getCount()
{
    db = helper.getWritableDatabase();                                   //初始化 SQLiteDatabase 对象
    Cursor cursor = db.rawQuery("select count(_id) from tb_inaccount", null);  //获取收入信息的记录数
    if (cursor.moveToNext())                                             //判断 Cursor 中是否有数据
    {
        return cursor.getLong(0);                                        //返回总记录数
    }
    return 0;                                                           //如果没有数据，则返回 0
}
```

（8）getMaxId()方法

该方法的主要功能是获取收入数据表中的最大编号，返回值为获取到的最大编号。主要代码如下：

```
/**
 * 获取收入最大编号
 * @return
 */
public int getMaxId()
{
    db = helper.getWritableDatabase();                                   //初始化 SQLiteDatabase 对象
    Cursor cursor = db.rawQuery("select max(_id) from tb_inaccount", null);  //获取收入信息表中的最大编号
    while (cursor.moveToLast()) {                                        //访问 Cursor 中的最后一条数据
        return cursor.getInt(0);                                        //获取访问到的数据，即最大编号
    }
    return 0;                                                           //如果没有数据，则返回 0
}
```

15.8　登录模块设计

📹 **教学录像：光盘\TM\lx\15\登录模块设计.exe**

▦ **本模块使用的数据表：tb_pwd**

登录模块主要用于通过输入正确的密码进入家庭理财通的主窗体，它可以提高程序的安全性，保护数据资料不外泄。登录模块运行结果如图 15.10 所示。

图 15.10　系统登录

15.8.1　设计登录布局文件

在 res\layout 目录下新建文件 login.xml，用来作为登录窗体的布局文件，在该布局文件中，将布局方式修改为 RelativeLayout，然后添加一个 TextView 组件、一个 EditText 组件和两个 Button 组件，实现代码如下：

```xml
<?xml version="1.0" encoding="utf-8"?>
<RelativeLayout xmlns:android="http://schemas.android.com/apk/res/android"
    android:layout_width="fill_parent"
    android:layout_height="fill_parent"
    android:padding="5dp"
    >
<TextView android:id="@+id/tvLogin"
        android:layout_width="wrap_content"
        android:layout_height="wrap_content"
        android:layout_gravity="center"
        android:gravity="center_horizontal"
        android:text="请输入密码："
        android:textSize="25dp"
        android:textColor="#8C6931"
/>
<EditText android:id="@+id/txtLogin"
        android:layout_width="match_parent"
        android:layout_height="wrap_content"
        android:layout_below="@id/tvLogin"
        android:inputType="textPassword"
        android:hint="请输入密码"
/>
<Button android:id="@+id/btnClose"
        android:layout_width="90dp"
        android:layout_height="wrap_content"
        android:layout_below="@id/txtLogin"
        android:layout_alignParentRight="true"
```

```
        android:layout_marginLeft="10dp"
        android:text="取消"
    />
    <Button android:id="@+id/btnLogin"
        android:layout_width="90dp"
        android:layout_height="wrap_content"
        android:layout_below="@id/txtLogin"
        android:layout_toLeftOf="@id/btnClose"
        android:text="登录"
    />
</RelativeLayout>
```

15.8.2　登录功能的实现

在 com.xiaoke.accountsoft.activity 包中创建一个 Login.java 文件，该文件的布局文件设置为 login.xml。当用户在"请输入密码"文本框中输入密码后，单击"登录"按钮，为"登录"按钮设置监听事件。在监听事件中，判断数据库中是否设置了密码、输入的密码是否为空、输入的密码是否与数据库中的密码一致，如果条件满足，则登录主 Activity；否则，弹出信息提示框。代码如下：

```
txtlogin=(EditText) findViewById(R.id.txtLogin);                 //获取密码文本框
btnlogin=(Button) findViewById(R.id.btnLogin);                  //获取"登录"按钮
btnlogin.setOnClickListener(new OnClickListener() {            //为"登录"按钮设置监听事件
    @Override
    public void onClick(View arg0) {
        Intent intent=new Intent(Login.this, MainActivity.class);   //创建 Intent 对象
        PwdDAO pwdDAO=new PwdDAO(Login.this);                //创建 PwdDAO 对象
        if (pwdDAO.getCount() == 0 || pwdDAO.find().getPassword().isEmpty()) {
            if(txtlogin.getText().toString().isEmpty()){
                startActivity(intent);                       //启动主 Activity
            }else{
                Toast.makeText(Login.this, "请不要输入任何密码登录系统！",
                    Toast.LENGTH_SHORT).show();
            }
        }
        else {
            //判断输入的密码是否与数据库中的密码一致
            if (pwdDAO.find().getPassword().equals(txtlogin.getText().toString())) {
                startActivity(intent);                       //启动主 Activity
            }
            else {
                //弹出信息提示
                Toast.makeText(Login.this, "请输入正确的密码！", Toast.LENGTH_SHORT).show();
            }
        }
        txtlogin.setText("");                                //清空密码文本框
    }
});
```

说明　本系统中，在 com.xiaoke.accountsoft.activity 包中创建的.java 类文件都是基于 Activity 类的，下面再遇到时将不再说明。

15.8.3　退出登录窗口

单击"取消"按钮，为"取消"按钮设置监听事件。在监听事件中，调用 finish()方法实现退出当前程序的功能。代码如下：

```
btnclose=(Button) findViewById(R.id.btnClose);              //获取"取消"按钮
btnclose.setOnClickListener(new OnClickListener() {          //为"取消"按钮设置监听事件
    @Override
    public void onClick(View arg0) {
        //TODO Auto-generated method stub
        finish();                                            //退出当前程序
    }
});
```

15.9　系统主窗体设计

教学录像：光盘\TM\lx\15\系统主窗体设计.exe

主窗体是程序操作过程中必不可少的，是与用户交互的重要环节。通过主窗体，用户可以调用系统相关的各子模块，快速掌握本系统中所实现的各个功能。家庭理财通系统中，当登录窗体验证成功后，将进入主窗体，主窗体中以图标和文本相结合的方式显示各功能按钮，单击这些功能按钮可打开相应功能的 Activity。主窗体运行结果如图 15.11 所示。

图 15.11　家庭理财通主窗体

15.9.1　设计系统主窗体布局文件

在 res\layout 目录下新建文件 main.xml，用来作为主窗体的布局文件，在该布局文件中，添加一个 GridView 组件，用来显示功能图标及文本，实现代码如下：

```xml
<?xml version="1.0" encoding="utf-8"?>
<GridView xmlns:android="http://schemas.android.com/apk/res/android"
    android:id="@+id/gvInfo"
    android:layout_width="fill_parent"
    android:layout_height="fill_parent"
    android:columnWidth="90dp"
    android:numColumns="auto_fit"
    verticalSpacing="10dp"
    android:horizontalSpacing="10dp"
    android:stretchMode="spacingWidthUniform"
    android:gravity="center"
/>
```

在 res\layout 目录下再新建一个文件 gvitem.xml，用来为 main.xml 布局文件中的 GridView 组件提供资源，然后在该文件中添加一个 ImageView 组件和一个 TextView 组件，实现代码如下：

```xml
<?xml version="1.0" encoding="utf-8"?>
<LinearLayout xmlns:android="http://schemas.android.com/apk/res/android"
    android:id="@+id/item"
    android:orientation="vertical"
    android:layout_width="wrap_content"
    android:layout_height="wrap_content"
    android:layout_marginTop="5dp"
    >
    <ImageView android:id="@+id/ItemImage"
        android:layout_width="75dp"
        android:layout_height="75dp"
        android:layout_gravity="center"
        android:scaleType="fitXY"
        android:padding="4dp"
    />
    <TextView android:id="@+id/ItemTitle"
        android:layout_width="wrap_content"
        android:layout_height="wrap_content"
        android:layout_gravity="center"
        android:gravity="center_horizontal"
    />
</LinearLayout>
```

15.9.2　显示各功能窗口

在 com.xiaoke.accountsoft.activity 包中创建一个 MainActivity.java 文件，该文件的布局文件设置为

main.xml。在 MainActivity.java 文件中，首先创建一个 GridView 组件对象，然后分别定义一个 String 类型的数组和一个 int 类型的数组，分别用来存储系统功能的文本及对应的图标，代码如下：

```
GridView gvInfo;                                                    //创建 GridView 对象
String[] titles=new String[]{"新增支出","新增收入","我的支出","我的收入","数据管理","系统设置","收支便签","退
出"};                                                              //定义字符串数组，存储系统功能的文本
int[] images=new int[]{R.drawable.addoutaccount,R.drawable.addinaccount,
      R.drawable.outaccountinfo,R.drawable.inaccountinfo,R.drawable.showinfo,R.drawable.sysset,R.drawable.
accountflag,R.drawable.exit};                                      //定义 int 数组，存储功能对应的图标
```

当用户在主窗体中单击各功能按钮时，使用相应功能所对应的 Activity 初始化 Intent 对象，然后使用 startActivity()方法启动相应的 Activity，而如果用户单击的是"退出"按钮，则调用 finish()方法关闭当前 Activity。代码如下：

```
@Override
public void onCreate(Bundle savedInstanceState) {
     super.onCreate(savedInstanceState);
     setContentView(R.layout.main);
     gvInfo=(GridView) findViewById(R.id.gvInfo);              //获取布局文件中的 gvInfo 组件
     pictureAdapter adapter=new pictureAdapter(titles,images,this); //创建 pictureAdapter 对象
     gvInfo.setAdapter(adapter);                               //为 GridView 设置数据源
     gvInfo.setOnItemClickListener(new OnItemClickListener() { //为 GridView 设置项单击事件
         @Override
         public void onItemClick(AdapterView<?> arg0, View arg1, int arg2,
                 long arg3) {
             Intent intent = null;                            //创建 Intent 对象
             switch (arg2) {
             case 0:
                 //使用 AddOutaccount 窗口初始化 Intent
                 intent=new Intent(MainActivity.this, AddOutaccount.class);
                 startActivity(intent);                       //打开 AddOutaccount
                 break;
             case 1:
                 //使用 AddInaccount 窗口初始化 Intent
                 intent=new Intent(MainActivity.this, AddInaccount.class);
                 startActivity(intent);                       //打开 AddInaccount
                 break;
             case 2:
                 //使用 Outaccountinfo 窗口初始化 Intent
                 intent=new Intent(MainActivity.this, Outaccountinfo.class);
                 startActivity(intent);                       //打开 Outaccountinfo
                 break;
             case 3:
                 //使用 Inaccountinfo 窗口初始化 Intent
                 intent=new Intent(MainActivity.this, Inaccountinfo.class);
                 startActivity(intent);                       //打开 Inaccountinfo
                 break;
             case 4:
                 //使用 Showinfo 窗口初始化 Intent
                 intent=new Intent(MainActivity.this, Showinfo.class);
```

```
                startActivity(intent);                                  //打开 Showinfo
                break;
            case 5:
                intent=new Intent(MainActivity.this, Sysset.class);      //使用 Sysset 窗口初始化 Intent
                startActivity(intent);                                   //打开 Sysset
                break;
            case 6:
                //使用 Accountflag 窗口初始化 Intent
                intent=new Intent(MainActivity.this, Accountflag.class);
                startActivity(intent);                                   //打开 Accountflag
                break;
            case 7:
                finish();                                                //关闭当前 Activity
            }
        }
    });
}
```

15.9.3　定义文本及图片组件

定义一个 ViewHolder 类，用来定义文本组件及图片组件对象，代码如下：

```
class ViewHolder                                                         //创建 ViewHolder 类
{
    public TextView title;                                               //创建 TextView 对象
    public ImageView image;                                              //创建 ImageView 对象
}
```

15.9.4　定义功能图标及说明文字

定义一个 Picture 类，用来定义功能图标及说明文字的实体，代码如下：

```
class Picture                                                           //创建 Picture 类
{
    private String title;                                               //定义字符串，表示图像标题
    private int imageId;                                                 //定义 int 变量，表示图像的二进制值
    public Picture()                                                    //默认构造函数
    {
        super();
    }
    public Picture(String title,int imageId)                            //定义有参构造函数
    {
        super();
        this.title=title;                                               //为图像标题赋值
        this.imageId=imageId;                                           //为图像的二进制值赋值
    }
    public String getTitle() {                                          //定义图像标题的可读属性
        return title;
```

```
    }
    public void setTitle(String title) {                      //定义图像标题的可写属性
        this.title=title;
    }
    public int getImageId() {                                 //定义图像二进制值的可读属性
        return imageId;
    }
    public void setimageId(int imageId) {                     //定义图像二进制值的可写属性
        this.imageId=imageId;
    }
}
```

15.9.5　设置功能图标及说明文字

定义一个 pictureAdapter 类，该类继承自 BaseAdapter 类，用来为 ViewHolder 类中的 TextView 和 ImageView 组件设置功能图标及说明性文字，代码如下：

```
class pictureAdapter extends BaseAdapter                      //创建基于 BaseAdapter 的子类
{
    private LayoutInflater inflater;                          //创建 LayoutInflater 对象
    private List<Picture> pictures;                           //创建 List 泛型集合
    //为类创建构造函数
    public pictureAdapter(String[] titles,int[] images,Context context) {
        super();
        pictures=new ArrayList<Picture>();                    //初始化泛型集合对象
        inflater=LayoutInflater.from(context);                //初始化 LayoutInflater 对象
        for(int i=0;i<images.length;i++)                      //遍历图像数组
        {
            Picture picture=new Picture(titles[i], images[i]);//使用标题和图像生成 Picture 对象
            pictures.add(picture);                            //将 Picture 对象添加到泛型集合中
        }
    }
    @Override
    public int getCount() {                                   //获取泛型集合的长度
        //TODO Auto-generated method stub
        if (null != pictures) {                               //如果泛型集合不为空
            return pictures.size();                           //返回泛型长度
        }
        else {
            return 0;                                         //返回 0
        }
    }
    @Override
    public Object getItem(int arg0) {
        //TODO Auto-generated method stub
        return pictures.get(arg0);                            //获取泛型集合指定索引处的项
    }
    @Override
    public long getItemId(int arg0) {
        //TODO Auto-generated method stub
```

```
        return arg0;                                          //返回泛型集合的索引
    }
    @Override
    public View getView(int arg0, View arg1, ViewGroup arg2) {
        //TODO Auto-generated method stub
        ViewHolder viewHolder;                                //创建 ViewHolder 对象
        if(arg1==null)                                        //判断图像标识是否为空
        {
            arg1=inflater.inflate(R.layout.gvitem, null);     //设置图像标识
            viewHolder=new ViewHolder();                       //初始化 ViewHolder 对象
            viewHolder.title=(TextView) arg1.findViewById(R.id.ItemTitle);   //设置图像标题
            viewHolder.image=(ImageView) arg1.findViewById(R.id.ItemImage);  //设置图像的二进制值
            arg1.setTag(viewHolder);                          //设置提示
        }
        else {
            viewHolder=(ViewHolder) arg1.getTag();            //设置提示
        }
        viewHolder.title.setText(pictures.get(arg0).getTitle());          //设置图像标题
        viewHolder.image.setImageResource(pictures.get(arg0).getImageId()); //设置图像的二进制值
        return    arg1;                                      //返回图像标识
    }
}
```

15.10　收入管理模块设计

📹 **教学录像：光盘\TM\lx\15\收入管理模块设计.exe**

▣ 本模块使用的数据表：**tb_inaccount**

收入管理模块主要包括 3 部分，分别是新增收入、收入信息浏览和修改/删除收入信息模块。其中，新增收入模块用来添加收入信息；收入信息浏览模块用来显示所有的收入信息；修改/删除收入信息模块用来根据编号修改或者删除收入信息，本节将从这 3 个方面对收入管理模块进行详细介绍。

首先来看新增收入模块，"新增收入"窗体运行结果如图 15.12 所示。

图 15.12　新增收入

15.10.1 设计新增收入布局文件

在 res\layout 目录下新建文件 addinaccount.xml，用来作为新增收入窗体的布局文件，该布局文件使用 LinearLayout 结合 RelativeLayout 进行布局，在该布局文件中添加 5 个 TextView 组件、4 个 EditText 组件、一个 Spinner 组件和两个 Button 组件，实现代码如下：

```xml
<?xml version="1.0" encoding="utf-8"?>
<LinearLayout xmlns:android="http://schemas.android.com/apk/res/android"
    android:id="@+id/initem"
    android:orientation="vertical"
    android:layout_width="fill_parent"
    android:layout_height="fill_parent"
    >
    <LinearLayout
        android:orientation="vertical"
        android:layout_width="fill_parent"
        android:layout_height="fill_parent"
        android:layout_weight="3"
        >
        <TextView
            android:layout_width="wrap_content"
            android:layout_gravity="center"
            android:gravity="center_horizontal"
            android:text="新增收入"
            android:textSize="40sp"
            android:textColor="#ffffff"
            android:textStyle="bold"
            android:layout_height="wrap_content"/>
    </LinearLayout>
    <LinearLayout
        android:orientation="vertical"
        android:layout_width="fill_parent"
        android:layout_height="fill_parent"
        android:layout_weight="1"
        >
        <RelativeLayout android:layout_width="fill_parent"
            android:layout_height="fill_parent"
            android:padding="10dp"
            >
            <TextView android:layout_width="90dp"
            android:id="@+id/tvInMoney"
            android:textSize="20sp"
            android:text="金    额："
            android:layout_height="wrap_content"
            android:layout_alignBaseline="@+id/txtInMoney"
            android:layout_alignBottom="@+id/txtInMoney"
            android:layout_alignParentLeft="true"
```

```
android:layout_marginLeft="16dp">
</TextView>
<EditText
android:id="@+id/txtInMoney"
android:layout_width="210dp"
android:layout_height="wrap_content"
android:layout_toRightOf="@id/tvInMoney"
android:inputType="number"
android:numeric="integer"
android:maxLength="9"
android:hint="0.00"
/>
<TextView android:layout_width="90dp"
android:id="@+id/tvInTime"
android:textSize="20sp"
android:text="时　间："
android:layout_height="wrap_content"
android:layout_alignBaseline="@+id/txtInTime"
android:layout_alignBottom="@+id/txtInTime"
android:layout_toLeftOf="@+id/txtInMoney">
</TextView>
<EditText
android:id="@+id/txtInTime"
android:layout_width="210dp"
android:layout_height="wrap_content"
android:layout_toRightOf="@id/tvInTime"
android:layout_below="@id/txtInMoney"
android:inputType="datetime"
android:hint="2017-01-01"
/>
<TextView android:layout_width="90dp"
android:id="@+id/tvInType"
android:textSize="20sp"
android:text="类　别："
android:layout_height="wrap_content"
android:layout_alignBaseline="@+id/spInType"
android:layout_alignBottom="@+id/spInType"
android:layout_alignLeft="@+id/tvInTime">
</TextView>
<Spinner android:id="@+id/spInType"
android:layout_width="210dp"
android:layout_height="wrap_content"
android:layout_toRightOf="@id/tvInType"
android:layout_below="@id/txtInTime"
android:entries="@array/intype"
/>
<TextView android:layout_width="90dp"
android:id="@+id/tvInHandler"
android:textSize="20sp"
android:text="付款方："
android:layout_height="wrap_content"
android:layout_alignBaseline="@+id/txtInHandler"
```

```
            android:layout_alignBottom="@+id/txtInHandler"
            android:layout_toLeftOf="@+id/splnType">
        </TextView>
        <EditText
        android:id="@+id/txtInHandler"
        android:layout_width="210dp"
        android:layout_height="wrap_content"
        android:layout_toRightOf="@id/tvInHandler"
        android:layout_below="@id/splnType"
        android:singleLine="false"
        />
        <TextView android:layout_width="90dp"
        android:id="@+id/tvInMark"
        android:textSize="20sp"
        android:text="备　注："
        android:layout_height="wrap_content"
        android:layout_alignTop="@+id/txtInMark"
        android:layout_toLeftOf="@+id/txtInHandler">
        </TextView>
        <EditText
        android:id="@+id/txtInMark"
        android:layout_width="210dp"
        android:layout_height="150dp"
        android:layout_toRightOf="@id/tvInMark"
        android:layout_below="@id/txtInHandler"
        android:gravity="top"
        android:singleLine="false"
        />
        </RelativeLayout>
</LinearLayout>
<LinearLayout
    android:orientation="vertical"
    android:layout_width="fill_parent"
    android:layout_height="fill_parent"
    android:layout_weight="3"
    >
    <RelativeLayout android:layout_width="fill_parent"
        android:layout_height="fill_parent"
        android:padding="10dp"
        >
    <Button
        android:id="@+id/btnInCancel"
        android:layout_width="80dp"
        android:layout_height="wrap_content"
        android:layout_alignParentRight="true"
        android:layout_marginLeft="10dp"
        android:text="取消"
        />
        <Button
         android:id="@+id/btnInSave"
         android:layout_width="80dp"
        android:layout_height="wrap_content"
```

```
                android:layout_toLeftOf="@id/btnInCancel"
                android:text="保存"
                />
        </RelativeLayout>
    </LinearLayout>
</LinearLayout>
```

15.10.2　设置收入时间

在 com.xiaoke.accountsoft.activity 包中创建一个 AddInaccount.java 文件，该文件的布局文件设置为 addinaccount.xml。在 AddInaccount.java 文件中，首先创建类中需要用到的全局对象及变量，代码如下：

```
protected static final int DATE_DIALOG_ID = 0;          //创建日期对话框常量
EditText txtInMoney,txtInTime,txtInHandler,txtInMark;    //创建 4 个 EditText 对象
Spinner spInType;                                        //创建 Spinner 对象
Button btnInSaveButton;                                  //创建 Button 对象"保存"
Button btnInCancelButton;                                //创建 Button 对象"取消"
private int mYear;                                       //年
private int mMonth;                                      //月
private int mDay;                                        //日
```

在 onCreate()覆写方法中，初始化创建的 EditText、Spinner 和 Button 对象，代码如下：

```
txtInMoney=(EditText) findViewById(R.id.txtInMoney);       //获取"金额"文本框
txtInTime=(EditText) findViewById(R.id.txtInTime);         //获取"时间"文本框
txtInHandler=(EditText) findViewById(R.id.txtInHandler);   //获取"付款方"文本框
txtInMark=(EditText) findViewById(R.id.txtInMark);         //获取"备注"文本框
spInType=(Spinner) findViewById(R.id.spInType);            //获取"类别"下拉列表
btnInSaveButton=(Button) findViewById(R.id.btnInSave);     //获取"保存"按钮
btnInCancelButton=(Button) findViewById(R.id.btnInCancel); //获取"取消"按钮
```

单击"时间"文本框，为该文本框设置监听事件，在监听事件中使用 showDialog()方法弹出时间选择对话框，并且在 Activity 创建时，默认显示当前的系统时间，代码如下：

```
txtInTime.setOnClickListener(new OnClickListener() {       //为"时间"文本框设置单击监听事件
    @Override
    public void onClick(View arg0) {
        //TODO Auto-generated method stub
        showDialog(DATE_DIALOG_ID);                         //显示日期选择对话框
    }
});
final Calendar c = Calendar.getInstance();                 //获取当前系统日期
mYear = c.get(Calendar.YEAR);                              //获取年份
mMonth = c.get(Calendar.MONTH);                            //获取月份
mDay = c.get(Calendar.DAY_OF_MONTH);                       //获取天数
updateDisplay();                                           //显示当前系统时间
```

上面的代码中用到了 updateDisplay()方法，该方法用来显示设置的时间，其代码如下：

```
private void updateDisplay()
```

```
{
    txtInTime.setText(new StringBuilder().append(mYear).append("-").append(mMonth+ 1).append("-").append
(mDay));                                                        //显示设置的时间
}
```

在为"时间"文本框设置监听事件时，弹出了时间选择对话框，该对话框的弹出需要覆写 onCreateDialog()方法，该方法用来根据指定的标识弹出时间选择对话框，代码如下：

```
@Override
protected Dialog onCreateDialog(int id)                         //重写 onCreateDialog()方法
{
    switch (id)
    {
    case DATE_DIALOG_ID:                                        //弹出时间选择对话框
        return new DatePickerDialog(this, mDateSetListener, mYear, mMonth, mDay);
    }
    return null;
}
```

上面的代码中用到了 mDateSetListener 对象，该对象是 OnDateSetListener 类的一个对象，用来显示用户设置的时间，代码如下：

```
private DatePickerDialog.OnDateSetListener mDateSetListener = new DatePickerDialog.OnDateSetListener()
{
    public void onDateSet(DatePicker view, int year, int monthOfYear, int dayOfMonth)
    {
        mYear = year;                                          //为年份赋值
        mMonth = monthOfYear;                                  //为月份赋值
        mDay = dayOfMonth;                                     //为天赋值
        updateDisplay();                                       //显示设置的日期
    }
};
```

15.10.3 添加收入信息

填写完信息后，单击"保存"按钮，为该按钮设置监听事件。在监听事件中，使用 InaccountDAO 对象的 add()方法将用户的输入保存到收入信息表中，代码如下：

```
btnInSaveButton.setOnClickListener(new OnClickListener() {     //为"保存"按钮设置监听事件
    @Override
    public void onClick(View arg0) {
        //TODO Auto-generated method stub
        String strInMoney= txtInMoney.getText().toString();    //获取"金额"文本框的值
        if(!strInMoney.isEmpty()){                             //判断金额不为空
            //创建 InaccountDAO 对象
            InaccountDAO inaccountDAO=new InaccountDAO(AddInaccount.this);
            Tb_inaccount tb_inaccount=new Tb_inaccount(inaccountDAO.getMaxId()+1, Double.parseDouble
(strInMoney), txtInTime.getText().toString(), spInType.getSelectedItem().toString(), txtInHandler.getText().toString(),
txtInMark.getText().toString());                               //创建 Tb_inaccount 对象
            inaccountDAO.add(tb_inaccount);                    //添加收入信息
```

```
                //弹出信息提示
                Toast.makeText(AddInaccount.this, "〖新增收入〗数据添加成功！",Toast.LENGTH_SHORT).show();
            }
            else {
                Toast.makeText(AddInaccount.this, "请输入收入金额！ ",Toast.LENGTH_SHORT).show();
            }
        }
});
```

15.10.4　重置新增收入窗口中的各个控件

单击"取消"按钮，重置新增收入窗口中的各个控件，代码如下：

```
btnInCancelButton.setOnClickListener(new OnClickListener() {        //为"取消"按钮设置监听事件
    @Override
    public void onClick(View arg0) {
        //TODO Auto-generated method stub
        txtInMoney.setText("");                                     //设置"金额"文本框为空
        txtInMoney.setHint("0.00");                                 //为"金额"文本框设置提示
        txtInTime.setText("");                                      //设置"时间"文本框为空
        txtInTime.setHint("2017-01-01");                            //为"时间"文本框设置提示
        txtInHandler.setText("");                                   //设置"付款方"文本框为空
        txtInMark.setText("");                                      //设置"备注"文本框为空
        spInType.setSelection(0);                                   //设置"类别"下拉列表默认选择第一项
    }
});
```

15.10.5　设计收入信息浏览布局文件

收入信息浏览窗体运行效果如图 15.13 所示。

图 15.13　收入信息浏览

在 res\layout 目录下新建一个 inaccountinfo.xml 文件，用来作为收入信息浏览窗体的布局文件，该布局文件使用 LinearLayout 结合 RelativeLayout 进行布局，在该布局文件中添加一个 TextView 组件和一个 ListView 组件，代码如下：

```xml
<?xml version="1.0" encoding="utf-8"?>
<LinearLayout xmlns:android="http://schemas.android.com/apk/res/android"
    android:id="@+id/iteminfo" android:orientation="vertical"
    android:layout_width="wrap_content" android:layout_height="wrap_content"
    android:layout_marginTop="5dp"
    android:weightSum="1">
    <LinearLayout android:id="@+id/linearLayout1"
            android:layout_height="wrap_content"
            android:layout_width="match_parent"
            android:orientation="vertical"
            android:layout_weight="0.06">
        <RelativeLayout android:layout_height="wrap_content"
            android:layout_width="match_parent">
        <TextView android:text="我的收入"
            android:layout_width="fill_parent"
            android:layout_height="wrap_content"
            android:gravity="center"
            android:textSize="20dp"
            android:textColor="#8C6931"
        />
        </RelativeLayout>
    </LinearLayout>
    <LinearLayout android:id="@+id/linearLayout2"
            android:layout_height="wrap_content"
            android:layout_width="match_parent"
            android:orientation="vertical"
            android:layout_weight="0.94">
        <ListView android:id="@+id/lvinaccountinfo"
            android:layout_width="match_parent"
            android:layout_height="match_parent"
            android:scrollbarAlwaysDrawVerticalTrack="true"
            />
    </LinearLayout>
</LinearLayout>
```

15.10.6　显示所有的收入信息

在 com.xiaoke.accountsoft.activity 包中创建一个 Inaccountinfo.java 文件，该文件的布局文件设置为 inaccountinfo.xml。在 Inaccountinfo.java 文件中，首先创建类中需要用到的全局对象及变量，代码如下：

```java
public static final String FLAG = "id";              //定义一个常量，用来作为请求码
ListView lvinfo;                                     //创建 ListView 对象
String strType = "";                                 //创建字符串，记录管理类型
```

在 onCreate()覆写方法中，初始化创建的 ListView 对象，并显示所有的收入信息，代码如下：

```
lvinfo=(ListView) findViewById(R.id.lvinaccountinfo);          //获取布局文件中的 ListView 组件
ShowInfo(R.id.btnininfo);                                      //调用自定义方法显示收入信息
```

上面的代码中用到了 ShowInfo()方法，该方法用来根据参数中传入的管理类型 id，显示相应的信息，代码如下：

```
private void ShowInfo(int intType) {                           //用来根据管理类型显示相应的信息
    String[] strInfos = null;                                  //定义字符串数组，用来存储收入信息
    ArrayAdapter<String> arrayAdapter = null;                  //创建 ArrayAdapter 对象
    strType="btnininfo";                                       //为 strType 变量赋值
    InaccountDAO inaccountinfo=new InaccountDAO(Inaccountinfo.this);//创建 InaccountDAO 对象
    //获取所有收入信息，并存储到 List 泛型集合中
    List<Tb_inaccount> listinfos=inaccountinfo.getScrollData(0, (int) inaccountinfo.getCount());
    strInfos=new String[listinfos.size()];                     //设置字符串数组的长度
    int m=0;                                                    //定义一个开始标识
    for (Tb_inaccount tb_inaccount:listinfos) {                //遍历 List 泛型集合
        //将收入相关信息组合成一个字符串，存储到字符串数组的相应位置
        strInfos[m]=tb_inaccount.getid()+"|"+tb_inaccount.getType()+" "+String.valueOf(tb_inaccount.getMoney())+ "
元    "+tb_inaccount.getTime();
        m++;                                                   //标识加 1
    }
    //使用字符串数组初始化 ArrayAdapter 对象
    arrayAdapter=new ArrayAdapter<String>(this, android.R.layout.simple_list_item_1, strInfos);
    lvinfo.setAdapter(arrayAdapter);                           //为 ListView 列表设置数据源
}
```

15.10.7　单击指定项时打开详细信息

当用户单击 ListView 列表中的某条收入记录时，为其设置监听事件，在监听事件中，根据用户单击的收入信息的编号，打开相应的 Activity，代码如下：

```
lvinfo.setOnItemClickListener(new OnItemClickListener()        //为 ListView 添加项单击事件
{
    //覆写 onItemClick()方法
    @Override
    public void onItemClick(AdapterView<?> parent, View view, int position, long id)
    {
        String strInfo=String.valueOf(((TextView) view).getText());  //记录收入信息
        String strid=strInfo.substring(0, strInfo.indexOf('|'));     //从收入信息中截取收入编号
        Intent intent = new Intent(Inaccountinfo.this, InfoManage.class);//创建 Intent 对象
        intent.putExtra(FLAG, new String[]{strid,strType});          //设置传递数据
        startActivity(intent);                                       //执行 Intent 操作
    }
});
```

15.10.8　设计修改/删除收入布局文件

修改/删除收入信息窗体运行效果如图 15.14 所示。

图 15.14　修改/删除收入信息

　　在 res\layout 目录下新建一个 infomanage.xml 文件，用来作为修改、删除收入信息和支出信息窗体的布局文件，该布局文件使用 LinearLayout 结合 RelativeLayout 进行布局，在该布局文件中添加 5 个 TextView 组件、4 个 EditText 组件、一个 Spinner 组件和两个 Button 组件，实现代码如下：

```xml
<?xml version="1.0" encoding="utf-8"?>
<LinearLayout xmlns:android="http://schemas.android.com/apk/res/android"
    android:id="@+id/inoutitem"
    android:orientation="vertical"
    android:layout_width="fill_parent"
    android:layout_height="fill_parent"
    >
    <LinearLayout
        android:orientation="vertical"
        android:layout_width="fill_parent"
        android:layout_height="fill_parent"
        android:layout_weight="3"
        >
        <TextView android:id="@+id/inouttitle"
            android:layout_width="wrap_content"
            android:layout_gravity="center"
            android:gravity="center_horizontal"
            android:text="支出管理"
            android:textColor="#ffffff"
            android:textSize="40sp"
            android:textStyle="bold"
            android:layout_height="wrap_content"/>
    </LinearLayout>
    <LinearLayout
        android:orientation="vertical"
        android:layout_width="fill_parent"
        android:layout_height="fill_parent"
        android:layout_weight="1"
```

```
    >
<RelativeLayout android:layout_width="fill_parent"
    android:layout_height="fill_parent"
    android:padding="10dp"
    >
    <TextView android:layout_width="90dp"
    android:id="@+id/tvInOutMoney"
    android:textSize="20sp"
    android:text="金　额："
    android:layout_height="wrap_content"
    android:layout_alignBaseline="@+id/txtInOutMoney"
    android:layout_alignBottom="@+id/txtInOutMoney"
    android:layout_alignParentLeft="true"
    android:layout_marginLeft="16dp">
    </TextView>
    <EditText
    android:id="@+id/txtInOutMoney"
    android:layout_width="210dp"
    android:layout_height="wrap_content"
    android:layout_toRightOf="@id/tvInOutMoney"
    android:inputType="number"
    android:numeric="integer"
    android:maxLength="9"
    />
    <TextView android:layout_width="90dp"
    android:id="@+id/tvInOutTime"
    android:textSize="20sp"
    android:text="时　间："
    android:layout_height="wrap_content"
    android:layout_alignBaseline="@+id/txtInOutTime"
    android:layout_alignBottom="@+id/txtInOutTime"
    android:layout_toLeftOf="@+id/txtInOutMoney">
    </TextView>
    <EditText
    android:id="@+id/txtInOutTime"
    android:layout_width="210dp"
    android:layout_height="wrap_content"
    android:layout_toRightOf="@id/tvInOutTime"
    android:layout_below="@id/txtInOutMoney"
    android:inputType="datetime"
    />
    <TextView android:layout_width="90dp"
    android:id="@+id/tvInOutType"
    android:textSize="20sp"
    android:text="类　别："
    android:layout_height="wrap_content"
    android:layout_alignBaseline="@+id/spInOutType"
    android:layout_alignBottom="@+id/spInOutType"
    android:layout_alignLeft="@+id/tvInOutTime">
    </TextView>
    <Spinner android:id="@+id/spInOutType"
    android:layout_width="210dp"
```

```
            android:layout_height="wrap_content"
            android:layout_toRightOf="@id/tvInOutType"
            android:layout_below="@id/txtInOutTime"
            android:entries="@array/type"
            android:textColor="#000000"
            />
            <TextView android:layout_width="90dp"
            android:id="@+id/tvInOut"
            android:textSize="20sp"
            android:text="付款方： "
            android:layout_height="wrap_content"
            android:layout_alignBaseline="@+id/txtInOut"
            android:layout_alignBottom="@+id/txtInOut"
            android:layout_toLeftOf="@+id/spInOutType">
            </TextView>
            <EditText
            android:id="@+id/txtInOut"
            android:layout_width="210dp"
            android:layout_height="wrap_content"
            android:layout_toRightOf="@id/tvInOut"
            android:layout_below="@id/spInOutType"
            android:singleLine="false"
            />
            <TextView android:layout_width="90dp"
            android:id="@+id/tvInOutMark"
            android:textSize="20sp"
            android:text="备  注： "
            android:layout_height="wrap_content"
            android:layout_alignTop="@+id/txtInOutMark"
            android:layout_toLeftOf="@+id/txtInOut">
            </TextView>
            <EditText
            android:id="@+id/txtInOutMark"
            android:layout_width="210dp"
            android:layout_height="150dp"
            android:layout_toRightOf="@id/tvInOutMark"
            android:layout_below="@id/txtInOut"
            android:gravity="top"
            android:singleLine="false"
            />
            </RelativeLayout>
    </LinearLayout>
    <LinearLayout
        android:orientation="vertical"
        android:layout_width="fill_parent"
        android:layout_height="fill_parent"
        android:layout_weight="3"
        >
        <RelativeLayout android:layout_width="fill_parent"
            android:layout_height="fill_parent"
            android:padding="10dp"
            >
```

```
            <Button
                android:id="@+id/btnInOutDelete"
                android:layout_width="80dp"
                android:layout_height="wrap_content"
                android:layout_alignParentRight="true"
                android:layout_marginLeft="10dp"
                android:text="删除"
                />
            <Button
                android:id="@+id/btnInOutEdit"
                android:layout_width="80dp"
                android:layout_height="wrap_content"
                android:layout_toLeftOf="@id/btnInOutDelete"
                android:text="修改"
                />
        </RelativeLayout>
    </LinearLayout>
</LinearLayout>
```

说明

修改、删除收入信息和支出信息的布局文件都使用 infomanage.xml。

15.10.9　显示指定编号的收入信息

在 com.xiaoke.accountsoft.activity 包中创建一个 InfoManage.java 文件，该文件的布局文件设置为 infomanage.xml。在 InfoManage.java 文件中，首先创建类中需要用到的全局对象及变量，代码如下：

```
protected static final int DATE_DIALOG_ID = 0;      //创建日期对话框常量
TextView tvtitle,textView;                          //创建两个 TextView 对象
EditText txtMoney,txtTime,txtHA,txtMark;            //创建 4 个 EditText 对象
Spinner spType;                                     //创建 Spinner 对象
Button btnEdit,btnDel;                              //创建两个 Button 对象
String[] strInfos;                                  //定义字符串数组
String strid,strType;                              //定义两个字符串变量，分别用来记录信息编号和管理类型
private int mYear;                                  //年
private int mMonth;                                 //月
private int mDay;                                   //日
OutaccountDAO outaccountDAO;                        //声明 OutaccountDAO 对象
InaccountDAO inaccountDAO;                          //声明 InaccountDAO 对象
```

说明　修改、删除收入信息和支出信息的功能都是在 InfoManage.java 文件中实现的，所以在 15.10.10 节和 15.10.11 节中讲解修改、删除收入信息时，可能会涉及支出信息的修改与删除。

在 onCreate()覆写方法中，首先实例化 OutaccountDAO 对象和 InaccountDAO 对象，然后初始化创建的 EditText、Spinner 和 Button 对象，代码如下

```
outaccountDAO = new OutaccountDAO(InfoManage.this);        //创建 OutaccountDAO 对象
inaccountDAO = new InaccountDAO(InfoManage.this);          //创建 InaccountDAO 对象
tvtitle=(TextView) findViewById(R.id.inouttitle);          //获取标题标签对象
textView=(TextView) findViewById(R.id.tvInOut);            //获取"地点/付款方"标签对象
txtMoney=(EditText) findViewById(R.id.txtInOutMoney);      //获取"金额"文本框
txtTime=(EditText) findViewById(R.id.txtInOutTime);        //获取"时间"文本框
spType=(Spinner) findViewById(R.id.spInOutType);           //获取"类别"下拉列表
txtHA=(EditText) findViewById(R.id.txtInOut);              //获取"地点/付款方"文本框
txtMark=(EditText) findViewById(R.id.txtInOutMark);        //获取"备注"文本框
btnEdit=(Button) findViewById(R.id.btnInOutEdit);          //获取"修改"按钮
btnDel=(Button) findViewById(R.id.btnInOutDelete);         //获取"删除"按钮
```

在 onCreate()覆写方法中初始化各组件对象后，使用字符串记录传入的 id 和类型，并根据类型判断显示收入信息还是支出信息，代码如下：

```
Intent intent=getIntent();                                 //创建 Intent 对象
Bundle bundle=intent.getExtras();                          //获取传入的数据，并使用 Bundle 记录
strInfos=bundle.getStringArray(Showinfo.FLAG);             //获取 Bundle 中记录的信息
strid=strInfos[0];                                         //记录 id
strType=strInfos[1];                                       //记录类型
if(strType.equals("btnoutinfo"))                           //如果类型是 btnoutinfo
{
    tvtitle.setText("支出管理");                            //设置标题为"支出管理"
    textView.setText("地　点：");                           //设置"地点/付款方"标签文本为"地　点："
    //根据编号查找支出信息，并存储到 Tb_outaccount 对象中
    Tb_outaccount tb_outaccount=outaccountDAO.find(Integer.parseInt(strid));
    txtMoney.setText(String.valueOf(tb_outaccount.getMoney()));    //显示金额
    txtTime.setText(tb_outaccount.getTime());              //显示时间
    spType.setPrompt(tb_outaccount.getType());             //显示类别
    txtHA.setText(tb_outaccount.getAddress());             //显示地点
    txtMark.setText(tb_outaccount.getMark());              //显示备注
}
else if(strType.equals("btnininfo"))                       //如果类型是 btnininfo
{
    tvtitle.setText("收入管理");                            //设置标题为"收入管理"
    textView.setText("付款方：");                           //设置"地点/付款方"标签文本为"付款方："
    //根据编号查找收入信息，并存储到 Tb_outaccount 对象中
    Tb_inaccount tb_inaccount= inaccountDAO.find(Integer.parseInt(strid));
    txtMoney.setText(String.valueOf(tb_inaccount.getMoney()));     //显示金额
    txtTime.setText(tb_inaccount.getTime());               //显示时间
    spType.setPrompt(tb_inaccount.getType());              //显示类别
    txtHA.setText(tb_inaccount.getHandler());              //显示付款方
    txtMark.setText(tb_inaccount.getMark());               //显示备注
}
```

15.10.10 修改收入信息

当修改完显示的收入或者支出信息后，单击"修改"按钮，如果显示的是支出信息，则调用 OutaccountDAO 对象的 update()方法修改支出信息；如果显示的是收入信息，则调用 InaccountDAO 对

象的 update()方法修改收入信息。代码如下：

```
btnEdit.setOnClickListener(new OnClickListener() {                              //为"修改"按钮设置监听事件
    @Override
    public void onClick(View arg0) {
        //TODO Auto-generated method stub
        if(strType.equals("btnoutinfo"))                                       //判断类型如果是 btnoutinfo
        {
            Tb_outaccount tb_outaccount=new Tb_outaccount();                    //创建 Tb_outaccount 对象
            tb_outaccount.setid(Integer.parseInt(strid));                      //设置编号
            tb_outaccount.setMoney(Double.parseDouble(txtMoney.getText().toString()));    //设置金额
            tb_outaccount.setTime(txtTime.getText().toString());               //设置时间
            tb_outaccount.setType(spType.getSelectedItem().toString());        //设置类别
            tb_outaccount.setAddress(txtHA.getText().toString());              //设置地点
            tb_outaccount.setMark(txtMark.getText().toString());               //设置备注
            outaccountDAO.update(tb_outaccount);                               //更新支出信息
        }
        else if(strType.equals("btnininfo"))                                   //判断类型如果是 btnininfo
        {
            Tb_inaccount tb_inaccount=new Tb_inaccount();                      //创建 Tb_inaccount 对象
            tb_inaccount.setid(Integer.parseInt(strid));                      //设置编号
            tb_inaccount.setMoney(Double.parseDouble(txtMoney.getText().toString()));    //设置金额
            tb_inaccount.setTime(txtTime.getText().toString());               //设置时间
            tb_inaccount.setType(spType.getSelectedItem().toString());        //设置类别
            tb_inaccount.setHandler(txtHA.getText().toString());              //设置付款方
            tb_inaccount.setMark(txtMark.getText().toString());               //设置备注
            inaccountDAO.update(tb_inaccount);                                //更新收入信息
        }
        //弹出信息提示
        Toast.makeText(InfoManage.this, "〖数据〗修改成功！", Toast.LENGTH_SHORT).show();
    }
});
```

15.10.11　删除收入信息

单击"删除"按钮，如果显示的是支出信息，则调用 OutaccountDAO 对象的 detele()方法删除支出信息；如果显示的是收入信息，则调用 InaccountDAO 对象的 detele()方法删除收入信息。代码如下：

```
btnDel.setOnClickListener(new OnClickListener() {                              //为"删除"按钮设置监听事件
    @Override
    public void onClick(View arg0) {
        //TODO Auto-generated method stub
        if(strType.equals("btnoutinfo"))                                       //判断类型如果是 btnoutinfo
        {
            outaccountDAO.detele(Integer.parseInt(strid));                     //根据编号删除支出信息
        }
        else if(strType.equals("btnininfo"))                                   //判断类型如果是 btnininfo
        {
            inaccountDAO.detele(Integer.parseInt(strid));                      //根据编号删除收入信息
```

```
        }
        Toast.makeText(InfoManage.this, "〖数据〗删除成功！", Toast.LENGTH_SHORT).show();
    }
});
```

15.11 便签管理模块设计

📹 教学录像：光盘\TM\lx\15\便签管理模块设计.exe
📋 本模块使用的数据表：**tb_flag**

便签管理模块主要包括 3 部分，分别是新增便签、便签信息浏览和修改/删除便签信息模块，其中，新增便签模块用来添加便签信息；便签信息浏览模块用来显示所有的便签信息；修改/删除便签信息模块用来根据编号修改或者删除便签信息，本节将从这 3 个方面对便签管理模块进行详细介绍。

首先来看新增便签模块，新增便签窗口运行结果如图 15.15 所示。

图 15.15 新增便签

15.11.1 设计新增便签布局文件

在 res\layout 目录下新建一个 accountflag.xml 文件，用来作为新增便签窗体的布局文件，该布局文件使用 LinearLayout 结合 RelativeLayout 进行布局，在该布局文件中添加两个 TextView 组件、一个 EditText 组件和两个 Button 组件，实现代码如下：

```xml
<?xml version="1.0" encoding="utf-8"?>
<LinearLayout xmlns:android="http://schemas.android.com/apk/res/android"
    android:id="@+id/itemflag"
    android:orientation="vertical"
    android:layout_width="fill_parent"
```

```xml
android:layout_height="fill_parent"
>
<LinearLayout
    android:orientation="vertical"
    android:layout_width="fill_parent"
    android:layout_height="fill_parent"
    android:layout_weight="3"
    >
    <TextView
        android:layout_width="wrap_content"
        android:layout_gravity="center"
        android:gravity="center_horizontal"
        android:text="新增便签"
        android:textSize="40sp"
        android:textColor="#ffffff"
        android:textStyle="bold"
        android:layout_height="wrap_content"/>
</LinearLayout>
<LinearLayout
    android:orientation="vertical"
    android:layout_width="fill_parent"
    android:layout_height="fill_parent"
    android:layout_weight="1"
    >
    <RelativeLayout android:layout_width="fill_parent"
        android:layout_height="fill_parent"
        android:padding="5dp"
        >
        <TextView android:layout_width="350dp"
        android:id="@+id/tvFlag"
        android:textSize="23sp"
        android:text="请输入便签，最多输入 200 字"
        android:textColor="#8C6931"
        android:layout_alignParentRight="true"
        android:layout_height="wrap_content"
        />
        <EditText
        android:id="@+id/txtFlag"
        android:layout_width="350dp"
        android:layout_height="400dp"
        android:layout_below="@id/tvFlag"
        android:gravity="top"
        android:singleLine="false"
        />
    </RelativeLayout>
</LinearLayout>
<LinearLayout
    android:orientation="vertical"
    android:layout_width="fill_parent"
    android:layout_height="fill_parent"
    android:layout_weight="3"
    >
```

```
        <RelativeLayout android:layout_width="fill_parent"
            android:layout_height="fill_parent"
            android:padding="10dp"
            >
        <Button
            android:id="@+id/btnflagCancel"
            android:layout_width="80dp"
            android:layout_height="wrap_content"
            android:layout_alignParentRight="true"
            android:layout_marginLeft="10dp"
            android:text="取消"
            />
            <Button
             android:id="@+id/btnflagSave"
             android:layout_width="80dp"
             android:layout_height="wrap_content"
             android:layout_toLeftOf="@id/btnflagCancel"
             android:text="保存"
             android:maxLength="200"
            />
        </RelativeLayout>
    </LinearLayout>
</LinearLayout>
```

15.11.2 添加便签信息

在 com.xiaoke.accountsoft.activity 包中创建一个 Accountflag.java 文件，该文件的布局文件设置为 accountflag.xml。在 Accountflag.java 文件中，首先创建类中需要用到的全局对象及变量，代码如下：

```
EditText txtFlag;                                          //创建 EditText 组件对象
Button btnflagSaveButton;                                  //创建 Button 组件对象
Button btnflagCancelButton;                                //创建 Button 组件对象
```

在 onCreate()覆写方法中，初始化创建的 EditText 和 Button 对象，代码如下：

```
txtFlag=(EditText) findViewById(R.id.txtFlag);                           //获取便签文本框
btnflagSaveButton=(Button) findViewById(R.id.btnflagSave);               //获取"保存"按钮
btnflagCancelButton=(Button) findViewById(R.id.btnflagCancel);           //获取"取消"按钮
```

填写完信息后，单击"保存"按钮，为该按钮设置监听事件。在监听事件中，使用 FlagDAO 对象的 add()方法将用户的输入保存到便签信息表中，代码如下：

```
btnflagSaveButton.setOnClickListener(new OnClickListener() {             //为"保存"按钮设置监听事件
    @Override
    public void onClick(View arg0) {
        //TODO Auto-generated method stub
        String strFlag= txtFlag.getText().toString();                   //获取便签文本框的值
        if(!strFlag.isEmpty()){                                          //判断获取的值不为空
            FlagDAO flagDAO=new FlagDAO(Accountflag.this);              //创建 FlagDAO 对象
```

506

```
                    Tb_flag tb_flag=new Tb_flag(flagDAO.getMaxId()+1, strFlag);   //创建 Tb_flag 对象
                    flagDAO.add(tb_flag);                                          //添加便签信息
                    //弹出信息提示
                    Toast.makeText(Accountflag.this, "〖新增便签〗数据添加成功！",Toast.LENGTH_SHORT).show();
                }
                else {
                    Toast.makeText(Accountflag.this, "请输入便签！ ",Toast.LENGTH_SHORT).show();
                }
            }
        });
```

15.11.3　清空便签文本框

单击"取消"按钮，清空便签文本框中的内容，代码如下：

```
btnflagCancelButton.setOnClickListener(new OnClickListener() {     //为"取消"按钮设置监听事件
        @Override
        public void onClick(View arg0) {
            //TODO Auto-generated method stub
            txtFlag.setText("");                                   //清空便签文本框
        }
    });
```

15.11.4　设计便签信息浏览布局文件

便签信息浏览窗体运行效果如图 15.16 所示。

图 15.16　便签信息浏览

>**说明**　便签信息浏览功能是在数据管理窗体中实现的，该窗体的布局文件是 showinfo.xml，对应的 java 文件是 Showinfo.java，所以下面讲解时，会通过对 showinfo.xml 布局文件和 Showinfo.java 文件的讲解，来介绍便签信息浏览功能的实现过程。

在 res\layout 目录下新建一个 showinfo.xml 文件，用来作为数据管理窗体的布局文件，该布局文件中可以浏览支出信息、收入信息和便签信息。showinfo.xml 布局文件使用 LinearLayout 结合 RelativeLayout 进行布局，在该布局文件中添加 3 个 Button 组件和一个 ListView 组件，代码如下：

```xml
<?xml version="1.0" encoding="utf-8"?>
<LinearLayout xmlns:android="http://schemas.android.com/apk/res/android"
    android:id="@+id/iteminfo" android:orientation="vertical"
    android:layout_width="wrap_content" android:layout_height="wrap_content"
    android:layout_marginTop="5dp"
    android:weightSum="1">
    <LinearLayout android:id="@+id/linearLayout1"
            android:layout_height="wrap_content"
            android:layout_width="match_parent"
            android:orientation="vertical"
            android:layout_weight="0.06">
        <RelativeLayout android:layout_height="wrap_content"
            android:layout_width="match_parent">
        <Button android:text="支出信息"
            android:id="@+id/btnoutinfo"
            android:layout_width="wrap_content"
            android:layout_height="wrap_content"
            android:textSize="20dp"
            android:textColor="#8C6931"
        />
        <Button android:text="收入信息"
            android:id="@+id/btnininfo"
            android:layout_width="wrap_content"
            android:layout_height="wrap_content"
            android:layout_toRightOf="@id/btnoutinfo"
            android:textSize="20dp"
            android:textColor="#8C6931"
            />
        <Button android:text="便签信息"
            android:id="@+id/btnflaginfo"
            android:layout_width="wrap_content"
            android:layout_height="wrap_content"
            android:layout_toRightOf="@id/btnininfo"
            android:textSize="20dp"
            android:textColor="#8C6931"
            />
        </RelativeLayout>
    </LinearLayout>
    <LinearLayout android:id="@+id/linearLayout2"
            android:layout_height="wrap_content"
            android:layout_width="match_parent"
            android:orientation="vertical"
            android:layout_weight="0.94">
        <ListView android:id="@+id/lvinfo"
            android:layout_width="match_parent"
            android:layout_height="match_parent"
```

```
            android:scrollbarAlwaysDrawVerticalTrack="true"
            />
        </LinearLayout>
</LinearLayout>
```

15.11.5　显示所有的便签信息

在 com.xiaoke.accountsoft.activity 包中创建一个 Showinfo.java 文件，该文件的布局文件设置为 showinfo.xml。单击"便签信息"按钮，为该按钮设置监听事件，在监听事件中，调用 ShowInfo()方法显示便签信息，代码如下：

```
btnflaginfo.setOnClickListener(new OnClickListener() {        //为"便签信息"按钮设置监听事件
    @Override
    public void onClick(View arg0) {
        //TODO Auto-generated method stub
        ShowInfo(R.id.btnflaginfo);                           //显示便签信息
    }
});
```

上面的代码中用到了 ShowInfo()方法，该方法为自定义的无返回值类型方法，主要用来根据传入的管理类型显示相应的信息，该方法中有一个 int 类型的参数，用来表示传入的管理类型，该参数的取值主要有 R.id.btnoutinfo、R.id.btnininfo 和 R.id.btnflaginfo 3 个，分别用来显示支出信息、收入信息和便签信息。ShowInfo()方法的代码如下：

```
private void ShowInfo(int intType) {                       //用来根据传入的管理类型显示相应的信息
    String[] strInfos = null;                              //定义字符串数组，用来存储收入信息
    ArrayAdapter<String> arrayAdapter = null;              //创建 ArrayAdapter 对象
    switch (intType) {                                     //以 intType 为条件进行判断
    case R.id.btnoutinfo:                                  //如果是 btnoutinfo 按钮
        strType="btnoutinfo";                              //为 strType 变量赋值
        OutaccountDAO outaccountinfo=new OutaccountDAO(Showinfo.this);
                                                           //创建 OutaccountDAO 对象
        //获取所有支出信息，并存储到 List 泛型集合中
        List<Tb_outaccount> listoutinfos=outaccountinfo.getScrollData(0, (int) outaccountinfo.getCount());
        strInfos=new String[listoutinfos.size()];          //设置字符串数组的长度
        int i=0;                                           //定义一个开始标识
        for (Tb_outaccount tb_outaccount:listoutinfos) {   //遍历 List 泛型集合
            //将支出相关信息组合成一个字符串，存储到字符串数组的相应位置
            strInfos[i]=tb_outaccount.getid()+"|"+tb_outaccount.getType()+" "+String.valueOf(tb_outaccount.
getMoney())+"元        "+tb_outaccount.getTime();
            i++;                                           //标识加 1
        }
        break;
    case R.id.btnininfo:                                   //如果是 btnininfo 按钮
        strType="btnininfo";                               //为 strType 变量赋值
        InaccountDAO inaccountinfo=new InaccountDAO(Showinfo.this);    //创建 InaccountDAO 对象
        //获取所有收入信息，并存储到 List 泛型集合中
        List<Tb_inaccount> listinfos=inaccountinfo.getScrollData(0, (int) inaccountinfo.getCount());
```

```
            strInfos=new String[listinfos.size()];          //设置字符串数组的长度
            int m=0;                                          //定义一个开始标识
            for (Tb_inaccount tb_inaccount:listinfos) {       //遍历 List 泛型集合
                //将收入相关信息组合成一个字符串，存储到字符串数组的相应位置
                strInfos[m]=tb_inaccount.getid()+"|"+tb_inaccount.getType()+"  "+String.valueOf(tb_inaccount.
getMoney())+"元         "+tb_inaccount.getTime();
                m++;                                          //标识加 1
            }
            break;
        case R.id.btnflaginfo:                                //如果是 btnflaginfo 按钮
            strType="btnflaginfo";                            //为 strType 变量赋值
            FlagDAO flaginfo=new FlagDAO(Showinfo.this);      //创建 FlagDAO 对象
            //获取所有便签信息，并存储到 List 泛型集合中
            List<Tb_flag> listFlags=flaginfo.getScrollData(0, (int) flaginfo.getCount());
            strInfos=new String[listFlags.size()];            //设置字符串数组的长度
            int n=0;                                          //定义一个开始标识
            for (Tb_flag tb_flag:listFlags) {                 //遍历 List 泛型集合
                //将便签相关信息组合成一个字符串，存储到字符串数组的相应位置
                strInfos[n]=tb_flag.getid()+"|"+tb_flag.getFlag();
                if(strInfos[n].length()>30)                   //判断便签信息的长度是否大于 30
                    //将位置大于 30 之后的字符串用"……"代替
                    strInfos[n]=strInfos[n].substring(0,30)+"……";
                n++;                                          //标识加 1
            }
            break;
        }
        //使用字符串数组初始化 ArrayAdapter 对象
        arrayAdapter=new ArrayAdapter<String>(this, android.R.layout.simple_list_item_1, strInfos);
        lvinfo.setAdapter(arrayAdapter);                      //为 ListView 列表设置数据源
}
```

15.11.6 单击指定项时打开详细信息

当用户单击 ListView 列表中的某条便签记录时，为其设置监听事件，在监听事件中，根据单击的便签信息的编号，打开相应的 Activity，代码如下：

```
lvinfo.setOnItemClickListener(new OnItemClickListener()        //为 ListView 添加项单击事件
{
    //覆写 onItemClick()方法
    @Override
    public void onItemClick(AdapterView<?> parent, View view, int position, long id)
    {
        String strInfo=String.valueOf(((TextView) view).getText()); //记录单击的项信息
        String strid=strInfo.substring(0, strInfo.indexOf('|')); //从项信息中截取编号
        Intent intent = null;                                 //创建 Intent 对象
        if (strType=="btnoutinfo" | strType=="btnininfo") {   //判断如果是支出或者收入信息
            intent=new Intent(Showinfo.this, InfoManage.class); //使用 InfoManage 窗口初始化 Intent 对象
            intent.putExtra(FLAG, new String[]{strid,strType}); //设置要传递的数据
        }
```

```
        else if (strType=="btnflaginfo") {              //判断如果是便签信息
            intent=new Intent(Showinfo.this, FlagManage.class);//使用 FlagManage 窗口初始化 Intent 对象
            intent.putExtra(FLAG, strid);                //设置要传递的数据
        }
        startActivity(intent);                           //执行 Intent，打开相应的 Activity
    }
});
```

15.11.7　设计修改/删除便签布局文件

修改/删除便签信息窗体运行效果如图 15.17 所示。

图 15.17　修改/删除便签信息

在 res\layout 目录下新建一个 flagmanage.xml 文件，用来作为修改、删除便签信息窗体的布局文件，该布局文件使用 LinearLayout 结合 RelativeLayout 进行布局，在该布局文件中添加两个 TextView 组件、一个 EditText 组件和两个 Button 组件，实现代码如下：

```
<?xml version="1.0" encoding="utf-8"?>
<LinearLayout xmlns:android="http://schemas.android.com/apk/res/android"
    android:id="@+id/flagmanage"
    android:orientation="vertical"
    android:layout_width="fill_parent"
    android:layout_height="fill_parent"
    >
    <LinearLayout
        android:orientation="vertical"
        android:layout_width="fill_parent"
        android:layout_height="fill_parent"
        android:layout_weight="3"
```

```
            >
            <TextView
                android:layout_width="wrap_content"
                android:layout_gravity="center"
                android:gravity="center_horizontal"
                android:text="便签管理"
                android:textSize="40sp"
                android:textColor="#ffffff"
                android:textStyle="bold"
                android:layout_height="wrap_content"/>
    </LinearLayout>
    <LinearLayout
            android:orientation="vertical"
            android:layout_width="fill_parent"
            android:layout_height="fill_parent"
            android:layout_weight="1"
            >
            <RelativeLayout android:layout_width="fill_parent"
                android:layout_height="fill_parent"
                android:padding="5dp"
                >
                <TextView android:layout_width="350dp"
                android:id="@+id/tvFlagManage"
                android:textSize="23sp"
                android:text="请输入便签，最多输入 200 字"
                android:textColor="#8C6931"
                android:layout_alignParentRight="true"
                android:layout_height="wrap_content"
                />
                <EditText
                android:id="@+id/txtFlagManage"
                android:layout_width="350dp"
                android:layout_height="400dp"
                android:layout_below="@id/tvFlagManage"
                android:gravity="top"
                android:singleLine="false"
                />
                </RelativeLayout>
    </LinearLayout>
    <LinearLayout
            android:orientation="vertical"
            android:layout_width="fill_parent"
            android:layout_height="fill_parent"
            android:layout_weight="3"
            >
            <RelativeLayout android:layout_width="fill_parent"
                android:layout_height="fill_parent"
                android:padding="10dp"
                >
            <Button
```

```
android:id="@+id/btnFlagManageDelete"
android:layout_width="80dp"
android:layout_height="wrap_content"
android:layout_alignParentRight="true"
android:layout_marginLeft="10dp"
android:text="删除"
/>
<Button
 android:id="@+id/btnFlagManageEdit"
 android:layout_width="80dp"
android:layout_height="wrap_content"
android:layout_toLeftOf="@id/btnFlagManageDelete"
android:text="修改"
android:maxLength="200"
/>
    </RelativeLayout>
  </LinearLayout>
</LinearLayout>
```

15.11.8　显示指定编号的便签信息

在 com.xiaoke.accountsoft.activity 包中创建一个 FlagManage.java 文件，该文件的布局文件设置为 flagmanage.xml。在 FlagManage.java 文件中，首先创建类中需要用到的全局对象及变量，代码如下：

```
EditText txtFlag;                           //创建 EditText 对象
Button btnEdit,btnDel;                      //创建两个 Button 对象
String strid;                               //创建字符串，表示便签的 id
```

在 onCreate()覆写方法中，初始化创建的 EditText 和 Button 对象，代码如下：

```
txtFlag=(EditText) findViewById(R.id.txtFlagManage);      //获取便签文本框
btnEdit=(Button) findViewById(R.id.btnFlagManageEdit);    //获取“修改”按钮
btnDel=(Button) findViewById(R.id.btnFlagManageDelete);   //获取“删除”按钮
```

在 onCreate()覆写方法中初始化各组件对象后，使用字符串记录传入的 id，并根据该 id 显示便签信息，代码如下：

```
Intent intent=getIntent();                              //创建 Intent 对象
Bundle bundle=intent.getExtras();                       //获取便签 id
strid=bundle.getString(Showinfo.FLAG);                  //将便签 id 转换为字符串
final FlagDAO flagDAO=new FlagDAO(FlagManage.this);      //创建 FlagDAO 对象
txtFlag.setText(flagDAO.find(Integer.parseInt(strid)).getFlag()); //根据便签 id 查找便签信息，并显示在文本框中
```

15.11.9　修改便签信息

当用户修改完显示的便签信息后，单击“修改”按钮，调用 FlagDAO 对象的 update()方法修改便签信息。代码如下：

```
btnEdit.setOnClickListener(new OnClickListener() {          //为“修改”按钮设置监听事件
    @Override
    public void onClick(View arg0) {
        //TODO Auto-generated method stub
        Tb_flag tb_flag=new Tb_flag();                      //创建 Tb_flag 对象
        tb_flag.setid(Integer.parseInt(strid));             //设置便签 id
        tb_flag.setFlag(txtFlag.getText().toString());      //设置便签值
        flagDAO.update(tb_flag);                            //修改便签信息
        //弹出信息提示
        Toast.makeText(FlagManage.this, "〖便签数据〗修改成功！", Toast.LENGTH_SHORT).show();
    }
});
```

15.11.10 删除便签信息

单击“删除”按钮，调用 FlagDAO 对象的 detele()方法删除便签信息，并弹出信息提示。代码如下：

```
btnDel.setOnClickListener(new OnClickListener() {           //为“删除”按钮设置监听事件
    @Override
    public void onClick(View arg0) {
        //TODO Auto-generated method stub
        flagDAO.detele(Integer.parseInt(strid));            //根据指定的 id 删除便签信息
        Toast.makeText(FlagManage.this, "〖便签数据〗删除成功！", Toast.LENGTH_SHORT).show();
    }
});
```

15.12 系统设置模块设计

📹 **教学录像：光盘\TM\lx\15\系统设置模块设计.exe**

▦ **本模块使用的数据表：tb_pwd**

系统设置模块主要对家庭理财通中的登录密码进行设置，系统设置窗体运行结果如图 15.18 所示。

图 15.18 系统设置

说明

在系统设置模块中，可以将登录密码设置为空。

15.12.1　设计系统设置布局文件

在 res\layout 目录下新建一个 sysset.xml 文件，用来作为系统设置窗体的布局文件，在该布局文件中，将布局方式修改为 RelativeLayout，然后添加一个 TextView 组件、一个 EditText 组件和两个 Button 组件，实现代码如下：

```xml
<?xml version="1.0" encoding="utf-8"?>
<RelativeLayout xmlns:android="http://schemas.android.com/apk/res/android"
    android:layout_width="fill_parent"
    android:layout_height="fill_parent"
    android:padding="5dp"
    >
    <TextView android:id="@+id/tvPwd"
        android:layout_width="wrap_content"
        android:layout_height="wrap_content"
        android:layout_gravity="center"
        android:gravity="center_horizontal"
        android:text="请输入密码："
        android:textSize="25dp"
        android:textColor="#8C6931"
    />
    <EditText android:id="@+id/txtPwd"
        android:layout_width="match_parent"
        android:layout_height="wrap_content"
        android:layout_below="@id/tvPwd"
        android:inputType="textPassword"
        android:hint="请输入密码"
    />
    <Button android:id="@+id/btnsetCancel"
        android:layout_width="90dp"
        android:layout_height="wrap_content"
        android:layout_below="@id/txtPwd"
        android:layout_alignParentRight="true"
        android:layout_marginLeft="10dp"
        android:text="取消"
    />
    <Button android:id="@+id/btnSet"
        android:layout_width="90dp"
        android:layout_height="wrap_content"
        android:layout_below="@id/txtPwd"
        android:layout_toLeftOf="@id/btnsetCancel"
```

```
            android:text="设置"
    />
</RelativeLayout>
```

15.12.2　设置登录密码

在 com.xiaoke.accountsoft.activity 包中创建一个 Sysset.java 文件，该文件的布局文件设置为 sysset.xml。在 Sysset.java 文件中，首先创建一个 EditText 对象和两个 Button 对象，代码如下：

```
EditText txtpwd;                                                    //创建 EditText 对象
Button btnSet,btnsetCancel;                                        //创建两个 Button 对象
```

在 onCreate()覆写方法中，初始化创建的 EditText 和 Button 对象，代码如下：

```
txtpwd=(EditText) findViewById(R.id.txtPwd);                       //获取密码文本框
btnSet=(Button) findViewById(R.id.btnSet);                         //获取"设置"按钮
btnsetCancel=(Button) findViewById(R.id.btnsetCancel);             //获取"取消"按钮
```

当用户单击"设置"按钮时，为"设置"按钮添加监听事件，在监听事件中，首先创建 PwdDAO 类的对象和 Tb_pwd 类的对象，然后判断数据库中是否已经设置密码，如果没有，则添加用户密码；否则，修改用户密码，最后弹出提示信息。代码如下：

```
btnSet.setOnClickListener(new OnClickListener() {                  //为"设置"按钮添加监听事件
    @Override
    public void onClick(View arg0) {
        //TODO Auto-generated method stub
        PwdDAO pwdDAO=new PwdDAO(Sysset.this);                    //创建 PwdDAO 对象
        Tb_pwd tb_pwd=new Tb_pwd(txtpwd.getText().toString());    //根据输入的密码创建 Tb_pwd 对象
        if(pwdDAO.getCount()==0){                                 //判断数据库中是否已经设置了密码
            pwdDAO.add(tb_pwd);                                   //添加用户密码
        }
        else {
            pwdDAO.update(tb_pwd);                                //修改用户密码
        }
        //弹出信息提示
        Toast.makeText(Sysset.this, "〖密码〗设置成功！", Toast.LENGTH_SHORT).show();
    }
});
```

15.12.3　重置密码文本框

单击"取消"按钮，清空密码文本框，并为其设置初始提示，代码如下：

```
btnsetCancel.setOnClickListener(new OnClickListener() {
    @Override
    public void onClick(View arg0) {
        //TODO Auto-generated method stub
        txtpwd.setText("");                                       //清空密码文本框
```

```
        txtpwd.setHint("请输入密码");                                    //为密码文本框设置提示
    }
});
```

15.13　运行项目

📀 教学录像：光盘\TM\lx\15\运行项目.exe

模块设计及代码编写完成之后，单击 Eclipse 开发工具的工具栏中的 ▶ 图标，或者在菜单栏中选择"运行"/"运行"命令，运行该项目，显示家庭理财通登录窗口，如图 15.19 所示。

图 15.19　家庭理财通登录窗口

在登录窗口中输入密码，单击"登录"按钮，进入家庭理财通的主窗体，然后可以通过单击主窗体中的各个功能图标来调用各个子模块。例如，在主窗体中单击"新增支出"按钮，将显示新增支出窗口，如图 15.20 所示。在该窗口中，用户可以对支出信息进行添加操作。

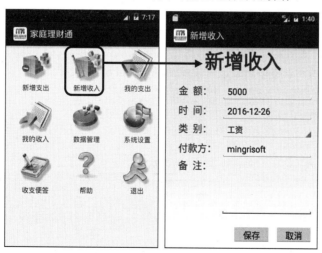

图 15.20　新增支出窗口

再如，在主窗体中单击"数据管理"按钮，可以显示数据管理窗口，如图 15.21 所示。在该窗口中，用户可以查看支出、收入和便签等信息。

图 15.21　数据管理窗口

15.14　将程序安装到 Android 手机上

教学录像：光盘\TM\lx\15\将程序安装到 Android 手机上.exe

Android 程序开发完成之后，需要安装到载有 Android 操作系统的手机上，那么如何将家庭理财通安装到 Android 手机上呢？本节将进行详细介绍。

说明　在第 2 章的 2.3 节中介绍了两种安装 Android 程序的方法，这里使用 adb 命令安装本章开发的家庭理财通；另外，这里通过将家庭理财通安装到 Android 模拟器上来演示如何将程序安装到 Android 手机上。

使用 adb 命令将家庭理财通安装到 Android 模拟器上的步骤如下：

（1）开发完家庭理财通后，在 Eclipse 中运行该程序，会在项目文件夹的 bin 文件夹下自动生成一个.apk 文件，如图 15.22 所示，将该.apk 文件复制到 Android SDK 安装路径下的 platform-tools 文件夹中。

图 15.22　项目 bin 文件夹下自动生成的.apk 文件

（2）在"开始"菜单中打开 cmd 命令提示窗口，首先把路径切换到 Android SDK 安装路径的 platform-tools 文件夹，然后使用 adb install 命令将 AccountMS.apk 文件安装到 Android 模拟器上。如果要将.apk 文件安装到 Android 模拟器的 SD 卡上，则使用 adb install -s 命令，如图 15.23 所示。

图 15.23　使用 adb 命令安装家庭理财通

说明

这里将家庭理财通软件安装到了 Android 模拟器的 SD 卡上。

（3）安装完成后，显示 Success 成功信息，打开 Android 模拟器，可以看到安装的家庭理财通软件，如图 15.24 所示。

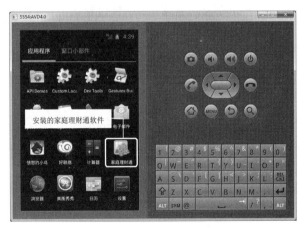

图 15.24　安装的家庭理财通软件

15.15　开发中常见问题与解决方法

教学录像：光盘\TM\lx\15\开发中常见问题与解决方法.exe

15.15.1　程序在装有 Android 系统的手机上无法运行

问题描述：现有一款 HTC 智能手机，为什么不能安装该程序生成的 APK 文件？

解决方法：该问题可能是由于 Android 版本低造成的，由于家庭理财通系统要求的最小 SDK 版本是 Andriod 4.0，所以需要安装在 Android 4.0 及以上版本的手机上运行，可以联系供应商升级 Android 到最新版本，然后再安装使用。

15.15.2　无法将最新修改在 Android 模拟器中体现

问题描述：在 Eclipse 开发环境中修改完代码，重新运行程序时，出现如图 15.25 所示的错误提示。

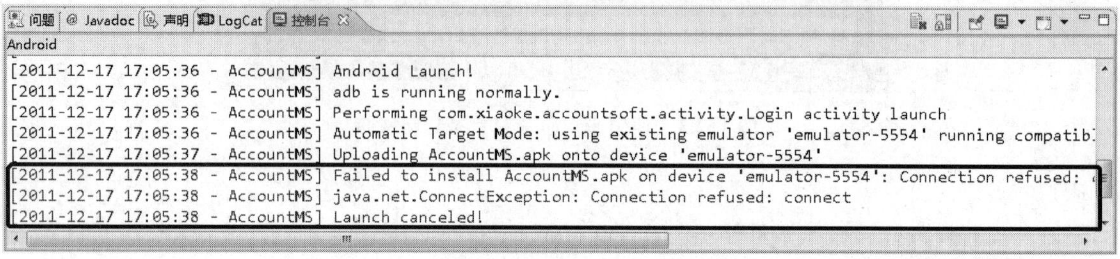

```
问题  @ Javadoc  声明  LogCat  控制台

Android

[2011-12-17 17:05:36 - AccountMS] Android Launch!
[2011-12-17 17:05:36 - AccountMS] adb is running normally.
[2011-12-17 17:05:36 - AccountMS] Performing com.xiaoke.accountsoft.activity.Login activity launch
[2011-12-17 17:05:36 - AccountMS] Automatic Target Mode: using existing emulator 'emulator-5554' running compatibl
[2011-12-17 17:05:37 - AccountMS] Uploading AccountMS.apk onto device 'emulator-5554'
[2011-12-17 17:05:38 - AccountMS] Failed to install AccountMS.apk on device 'emulator-5554': Connection refused:
[2011-12-17 17:05:38 - AccountMS] java.net.ConnectException: Connection refused: connect
[2011-12-17 17:05:38 - AccountMS] Launch canceled!
```

图 15.25　修改完代码再次运行时的错误提示

解决方法：这是由于 Android 使用超时引起的，Android 版的模拟器在使用一段时间后，会自动超时，从而导致有的修改无法在 Android 模拟器上体现，遇到这种情况，只需要关闭当前 Android 模拟器，并重新启动即可。

15.15.3　退出系统后还能使用记录的密码登录

问题描述：使用家庭理财通系统时，当用户单击 Android 模拟器的返回按钮或者单击主窗体中的"退出"按钮时，返回登录窗口，这时登录窗口还记录着用户原来输入的密码，再次单击"登录"按钮，可以直接进入家庭理财通系统的主窗体。

解决方法：该问题主要是由于在登录时没有清空密码文本框造成的，要解决该问题，只需在"登录"按钮的监听事件中添加一段清空密码文本框的代码即可，代码如下：

```
txtlogin.setText("");                                    //清空密码文本框
```

15.16　小　　结

本章重点讲解了家庭理财通系统中关键模块的开发过程、项目的运行及安装。通过对本章的学习，读者应该熟悉软件的开发流程，并重点掌握如何在 Android 项目中对多个不同的数据表进行添加、修改、删除以及查询等操作。另外，还应该掌握如何使用多种布局管理器对 Android 程序的界面进行布局。